MATHEMATIK

OBERSTUFE LÄNDERAUSGABE SW

Cornelsen
SCHWANN

Herausgegeben von Karl Josef Klauer,

erarbeitet von Heribert Gathen, Gertrud Gonsior,
Rolf Kirsch, Marita Sommer, Franz B. Wember.

✱ Aufgaben mit erhöhter Schwierigkeit
o Aufgaben zur Wiederholung

Bildnachweis

Hilko Caspers, Norden: S. 224
Franz Daub und Söhne, Hamburg: S. 58
Deutsche Bundesbahn, Bahnhof Freiburg: S. 213
Deutsche Presseagentur GmbH, Frankfurt: S. 206
Düsseldorfer EC: S. 42
Europäisches Parlament, Bonn: S. 194
Fotoverlag Huber, Garmisch-Partenkirchen: S. 5, 267
Fraunhofer-Gesellschaft, ISE Freiburg: S. 224
Martin Frech, Tübingen/Berlin: S. 280 bis 287
Greiner und Meyer GbR, Braunschweig: S. 266
Hafen Hamburg: S. 185
Interfoto, München: S. 228
Peter Jäckl, Köln: S. 200
Jugendherbergswerk, Mainz: S. 62
Jürgens Photo, Berlin: S. 172
Ingo Kugenbuch, Wernigerode: S. 50, 51
Landesbildstelle Württemberg: S. 267
Lichtbildstelle der Bundesbahndirektion Köln, R. Wylezalek: S. 182, 210
Mairs Geographischer Verlag, Ostfildern: S. 262, 263
Horst Müller, Düsseldorf, S. 37
Michael Ricks, Kempen: S. 173
Stadtsparkasse Mönchengladbach, Uwe Pietzner: S. 165, 186, 189
Stadtwerbung und Touristik Münster, Bernd Corsmeier: S. 168
Alle übrigen Fotos: Jens Schacht, Düsseldorf

Für den Gebrauch an Schulen

Bestellnummer 581136
1. Auflage
Druck 4 3 2 1 / 96 95 94 93
Alle Drucke derselben Auflage sind im Unterricht parallel verwendbar.

Illustrationen: Sabine Büttner, Braunschweig
Einbandgestaltung: Wenzel Schmidt, Essen
Satz: Fotosatz Rademacher, Mülheim (Ruhr)
Druck: Cornelsen Druck, Berlin
Bindearbeiten: Fritzsche/Ludwig, Berlin

ISBN 3-464-58113-6

Inhalt

Inhalt

Im Ferienlager

Ein Paket kommt an

1 Julia und Daniel haben ein Paket erhalten.
Sie teilen gleichmäßig. Was bekommt jeder?

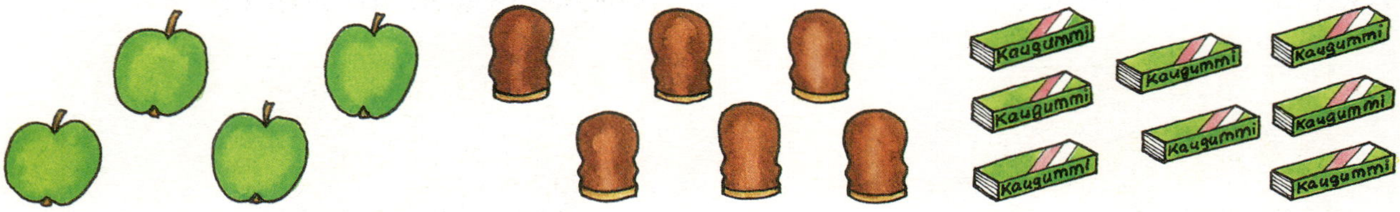

2 Was nun? Wie wird hier geteilt?

Julia und Daniel teilen mit ihren Freunden.

1

Verteile an 4 Kinder.
Wie machst du das?

2

Verteile an 8 Kinder.
Wieviel bekommt jeder?

3

Verteile an 3 Kinder.
Wieviel bekommt jeder?

4

Verteile an 5 Kinder.
Wieviel bekommt jeder?

5

Verteile an 4 Kinder.
Wieviel bekommt jeder?

6

Verteile an 8 Kinder.
Wieviel bekommt jeder?

7

Verteile an 3 Kinder.
Wieviel bekommt jeder?

8

Verteile an 6 Kinder.
Wieviel bekommt jeder?

Wir teilen verschieden auf

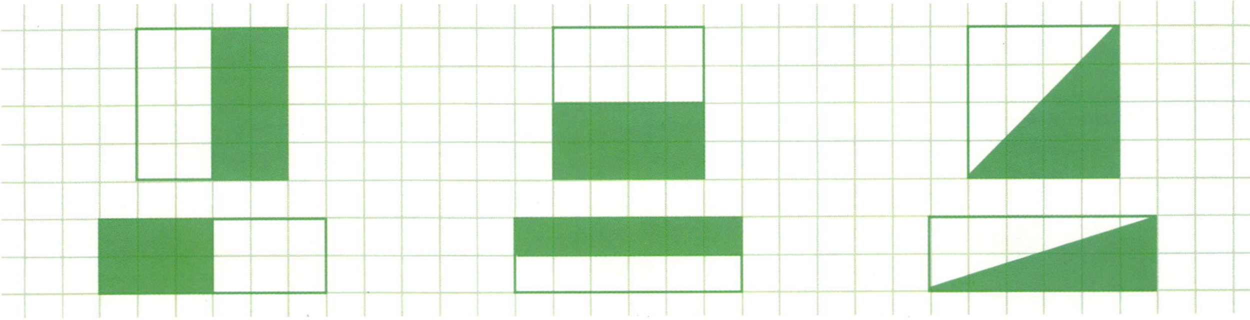

Zeichne in dein Heft. Teile auf verschiedene Weise in 2 gleiche Teile.
Male immer eine halbe Figur bunt.

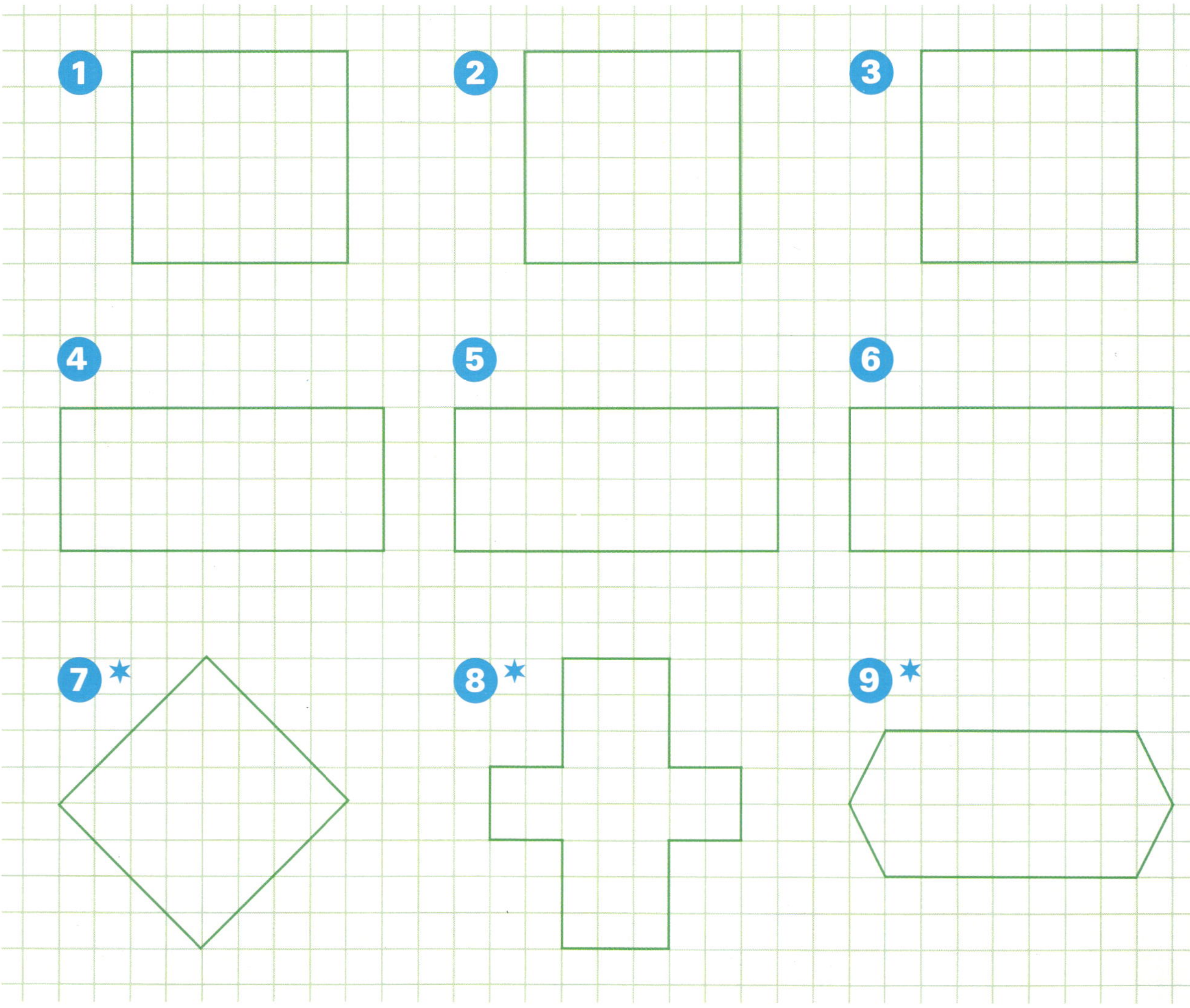

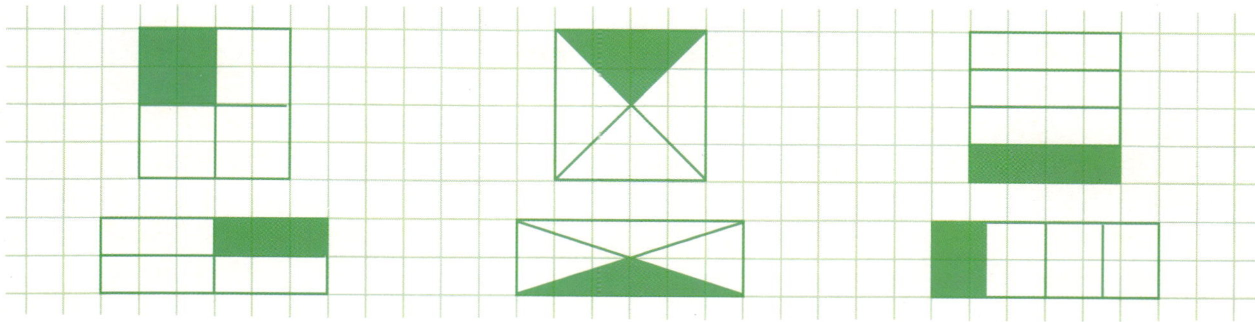

Zeichne in dein Heft. Teile auf verschiedene Weise in 4 gleiche Teile.
Male ein Viertel der Figur bunt.

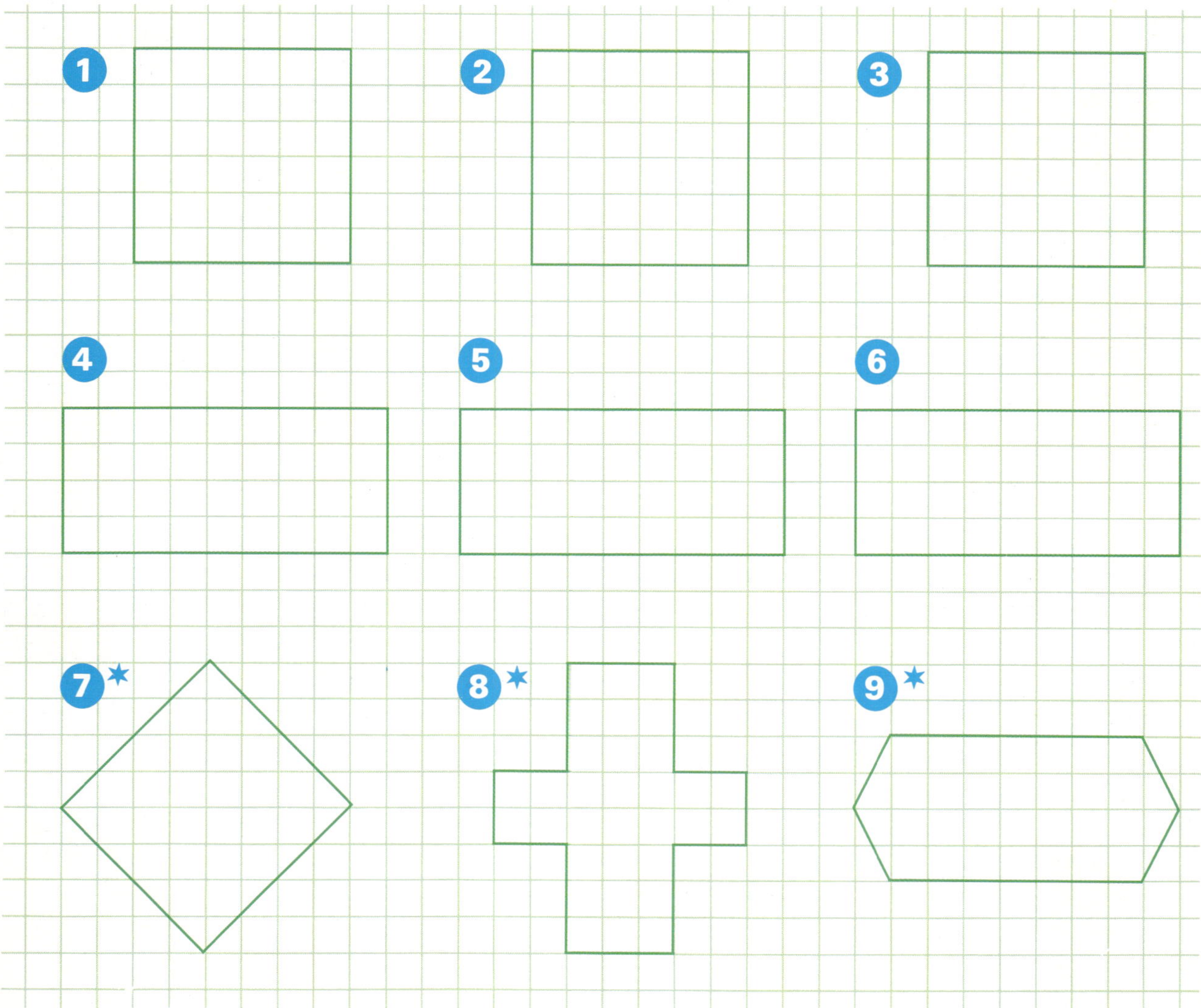

Wir teilen gleichmäßig

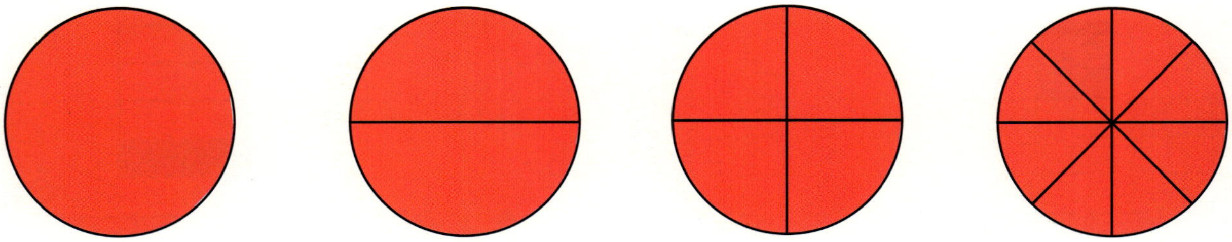

1 Ganzes — 2 Halbe — ■ Viertel — ■ Achtel

Benenne den farbigen Bruchteil.

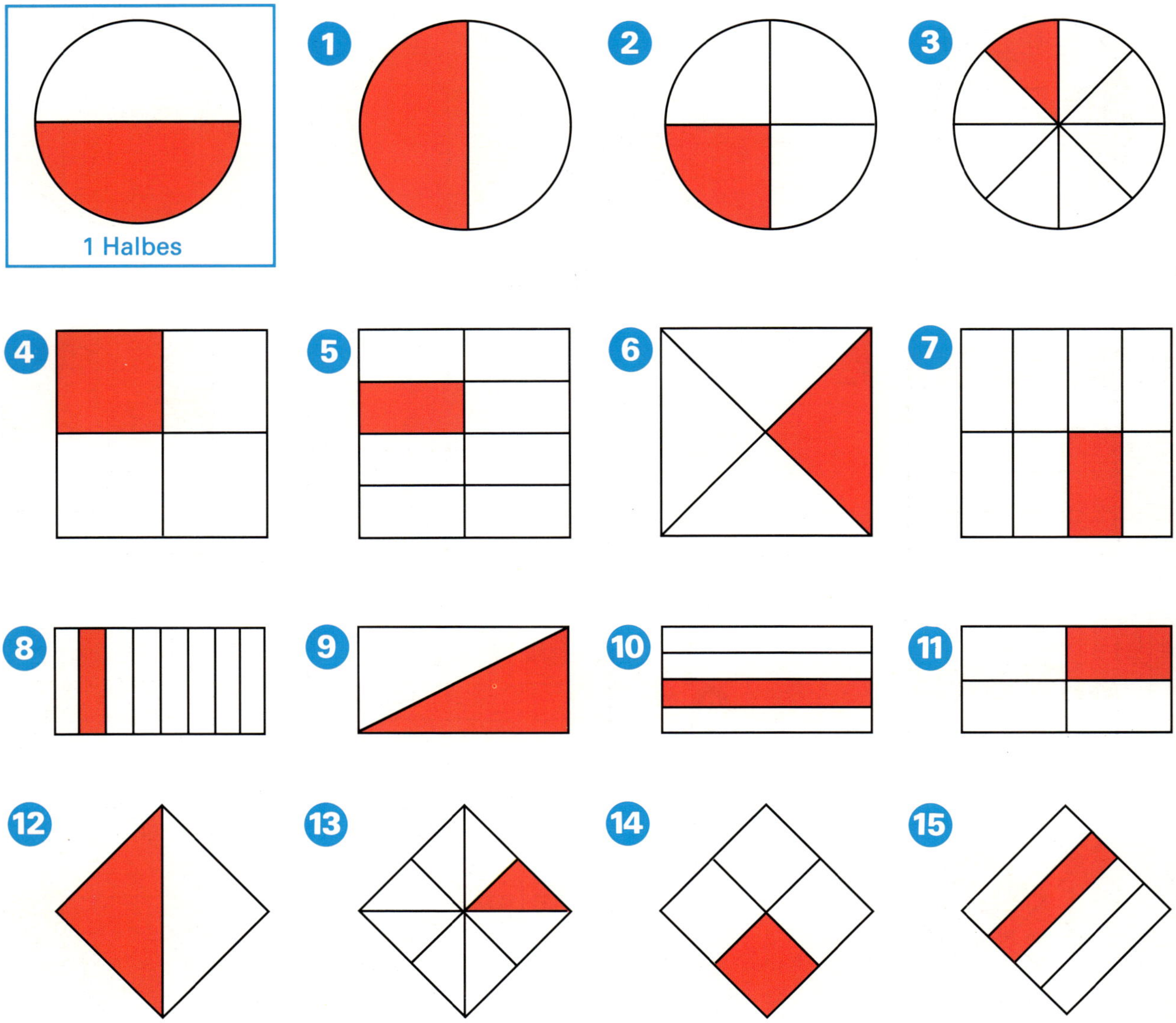

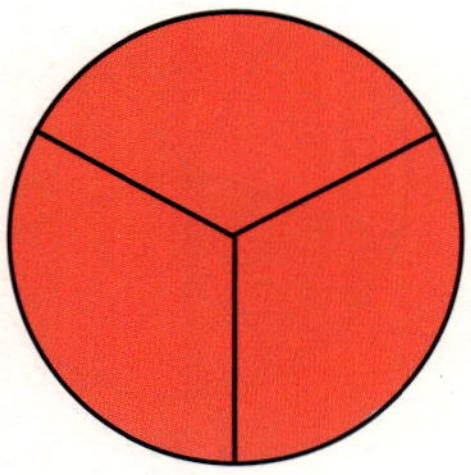

3 Drittel

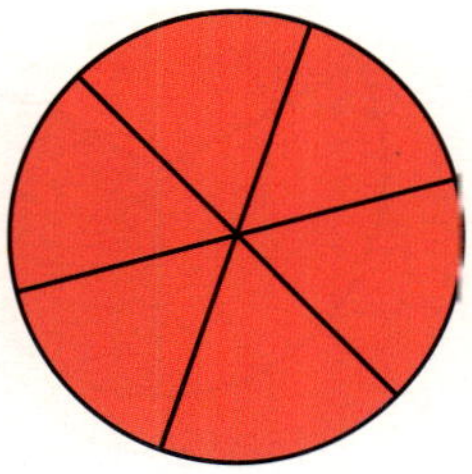

■ Sechstel

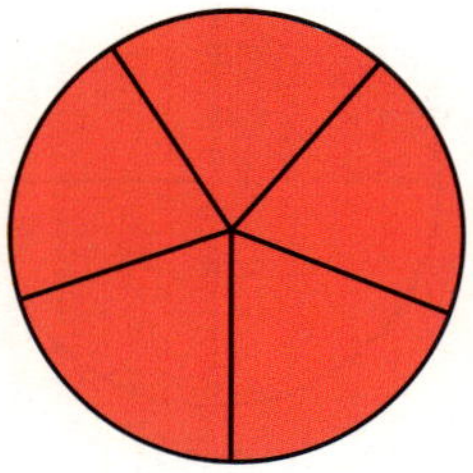

■ Fünftel

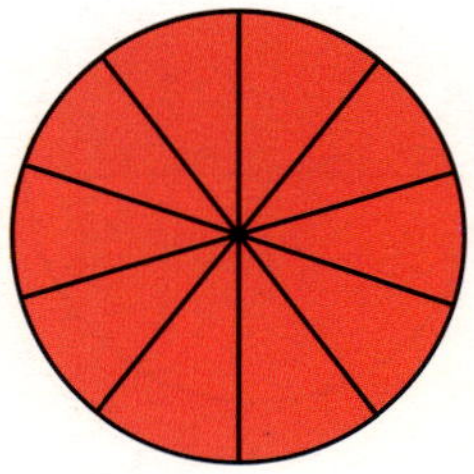

■ Zehntel

Benenne den farbigen Bruchteil.

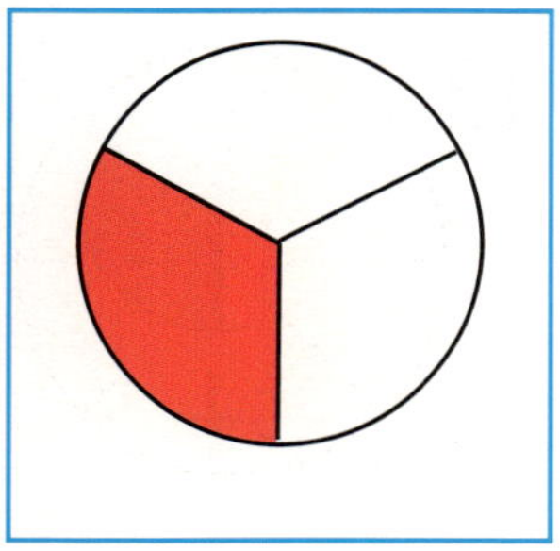

1
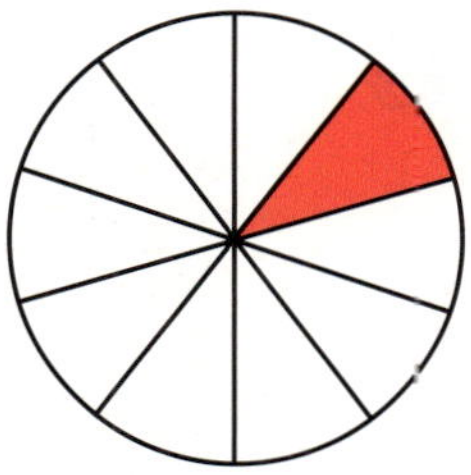

2
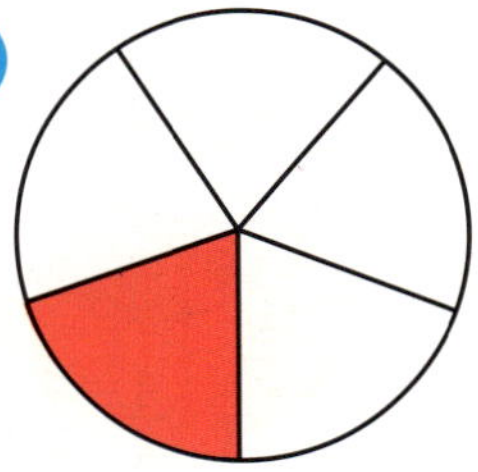

3
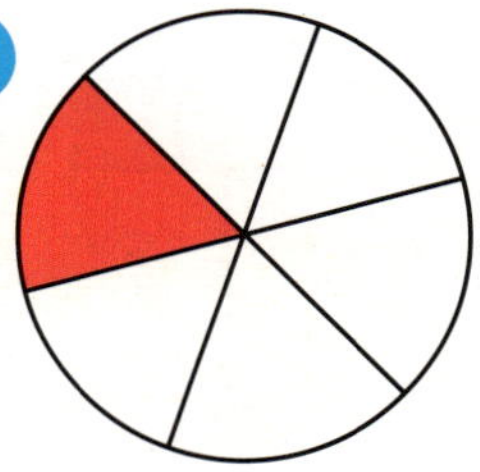

4
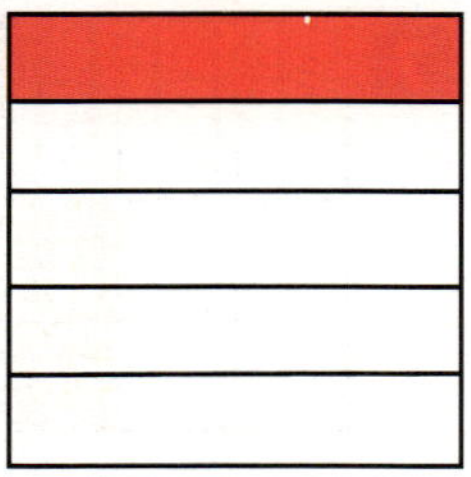

5
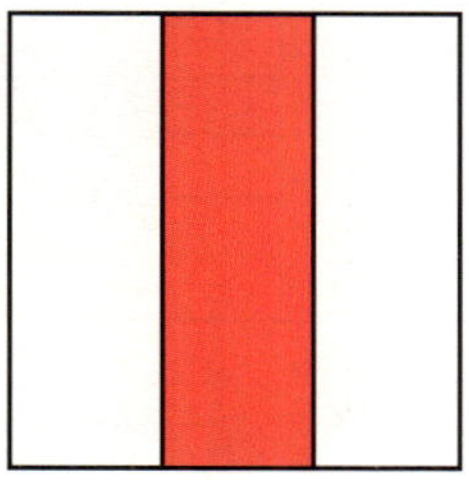

6
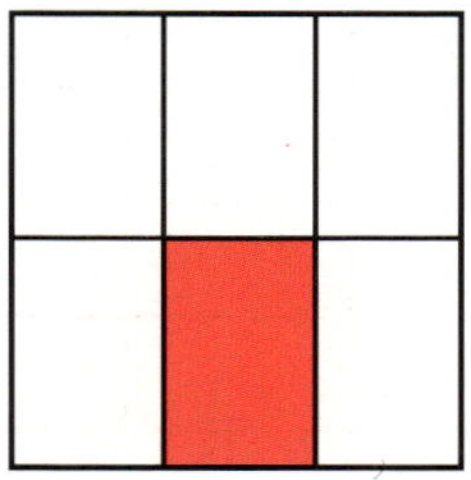

7
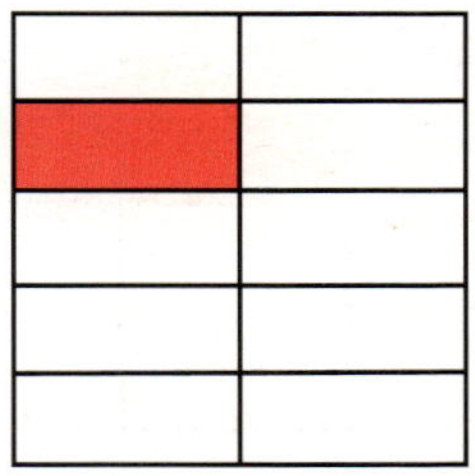

8
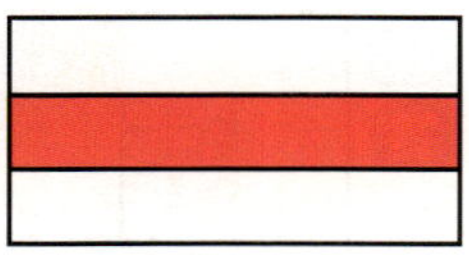

9
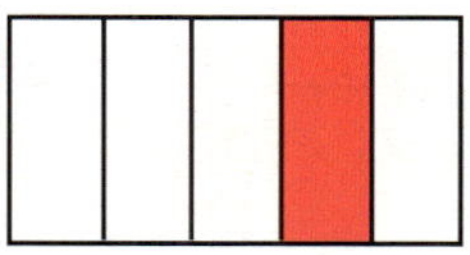

10
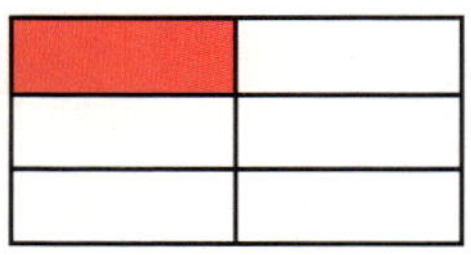

11
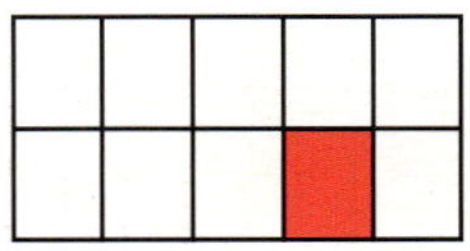

12
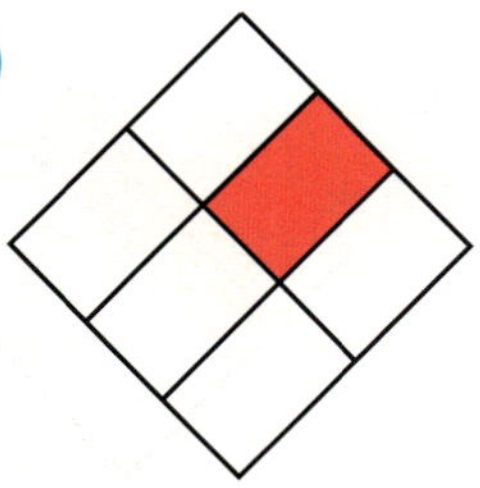

13
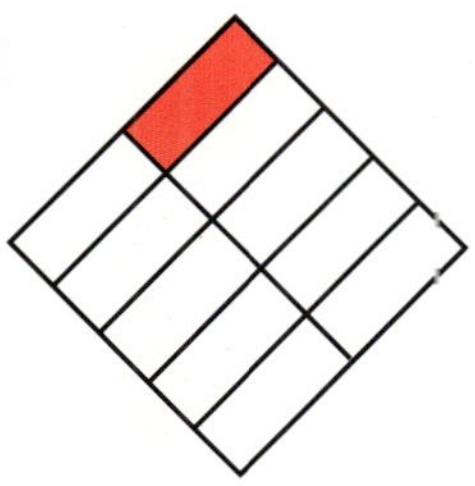

14
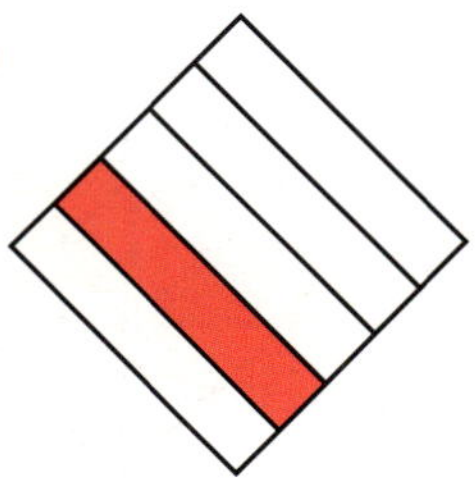

15
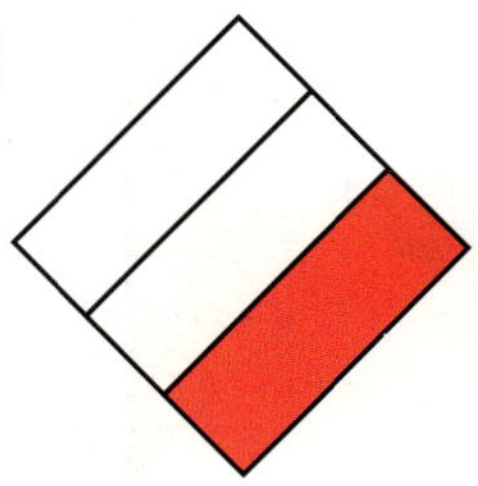

Bruchteile

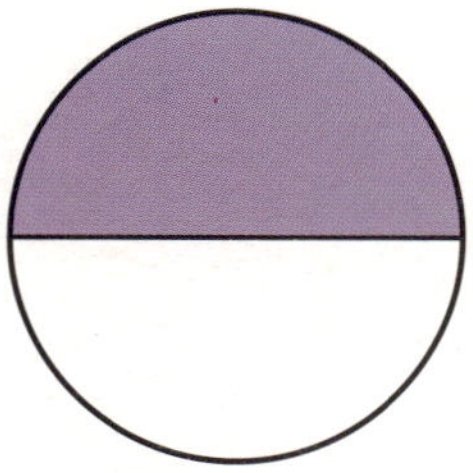

Lies: 1 Halbes

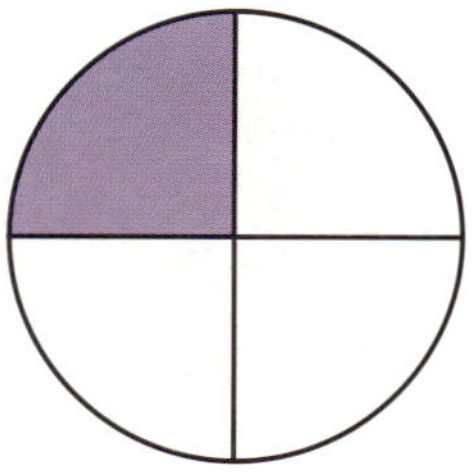

Lies: 1 Viertel

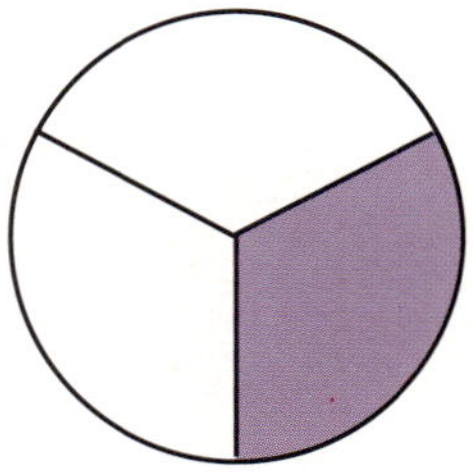

Lies: 1 Drittel

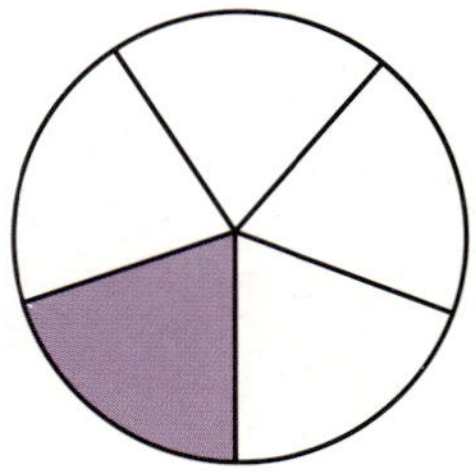

Lies: 1 Fünftel

Die Zahl unter dem Bruchstrich gibt an, in wie viele Teile das Ganze geteilt wird.

Wähle die richtige Benennung und schreibe sie ins Heft.

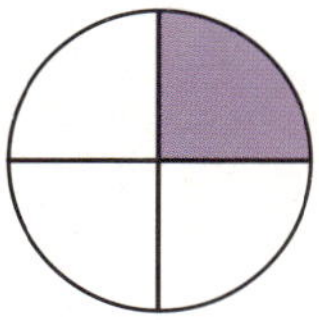

$\frac{1}{4}$

1

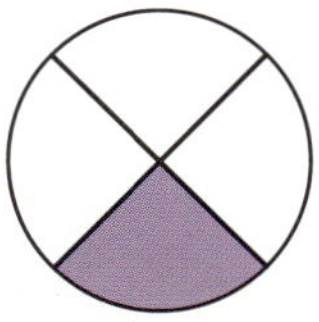

$\frac{1}{3}$ $\frac{1}{4}$ $\frac{1}{8}$

2

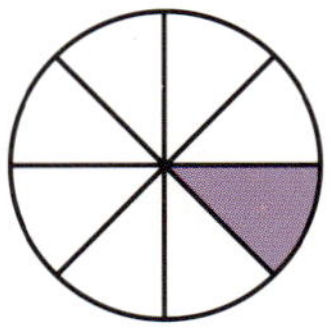

$\frac{1}{2}$ $\frac{1}{8}$ $\frac{1}{5}$

3

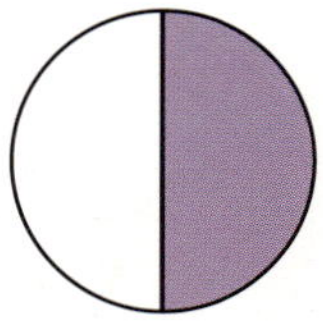

$\frac{1}{3}$ $\frac{1}{4}$ $\frac{1}{2}$

4

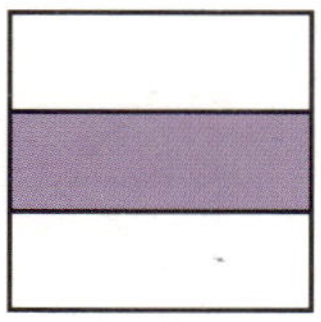

$\frac{1}{4}$ $\frac{1}{3}$ $\frac{1}{5}$

5

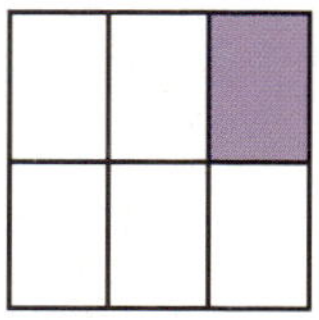

$\frac{1}{6}$ $\frac{1}{5}$ $\frac{1}{4}$

6

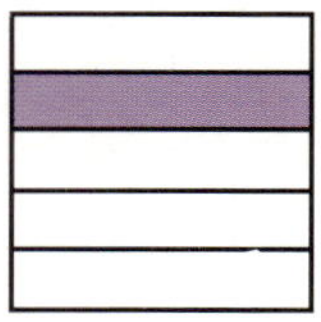

$\frac{1}{6}$ $\frac{1}{4}$ $\frac{1}{5}$

7

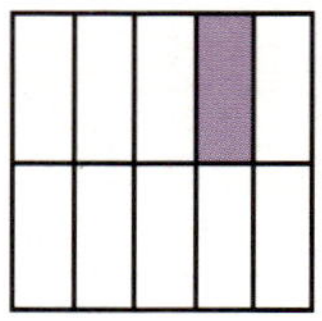

$\frac{1}{10}$ $\frac{1}{6}$ $\frac{1}{8}$

8

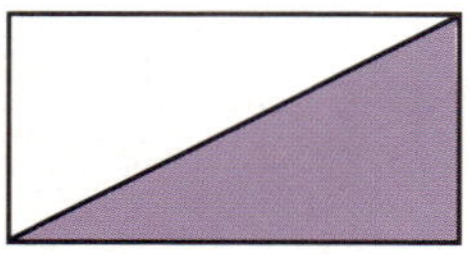

9

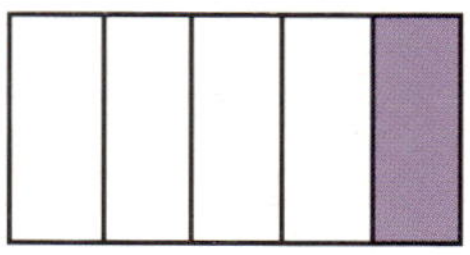

10

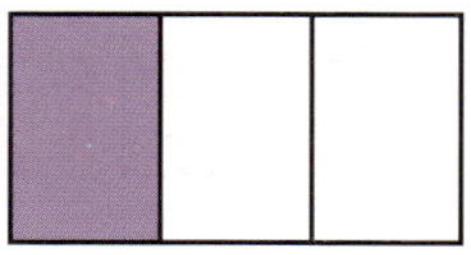

11

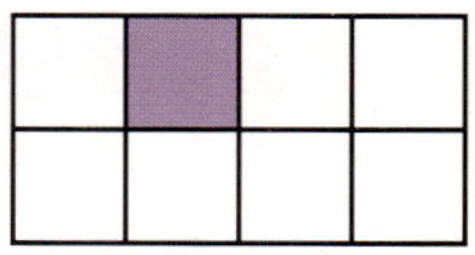

12 *

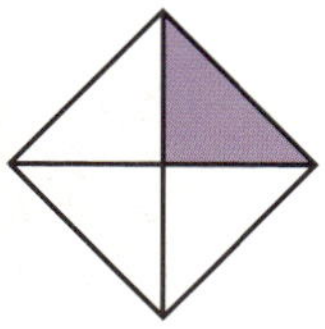

13 *

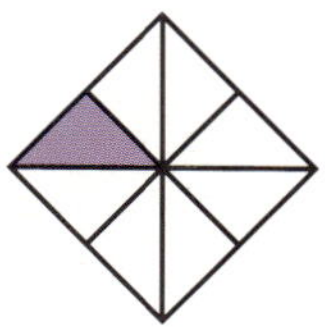

14 *

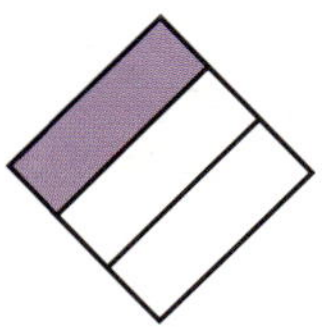

15 *

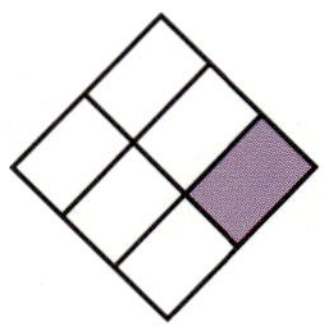

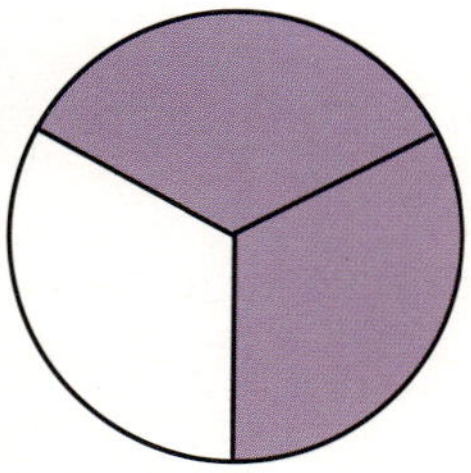

Lies: 2 Drittel

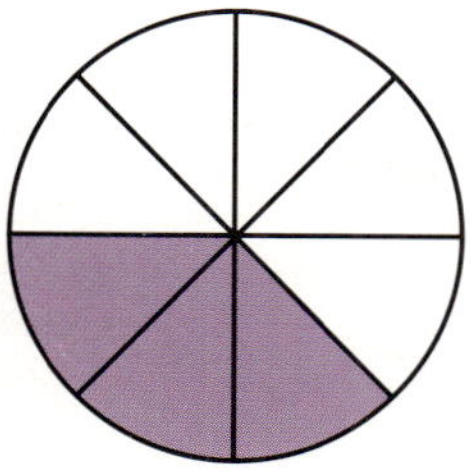

Lies: 3 Achtel

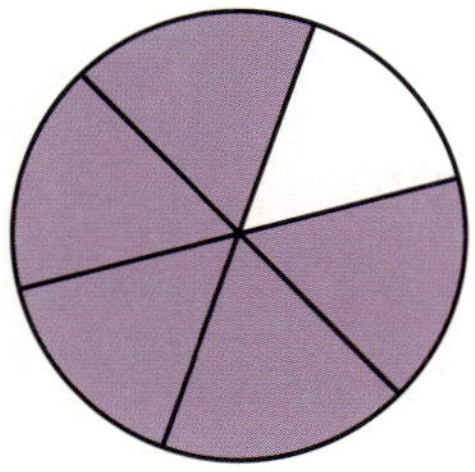

Lies: 5 Sechstel

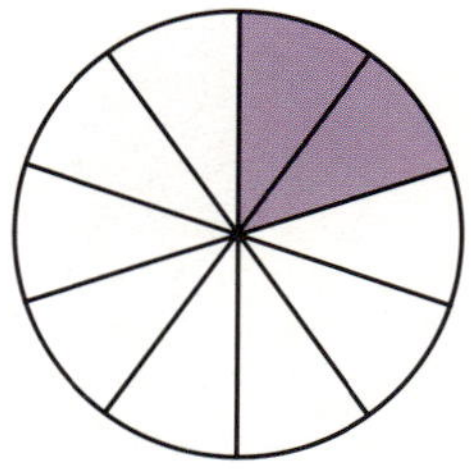

Lies: 2 Zehntel

Die Zahl über dem Bruchstrich gibt an, wie viele Teile vom Ganzen genommen werden.

Wähle die richtige Benennung und schreibe sie ins Heft.

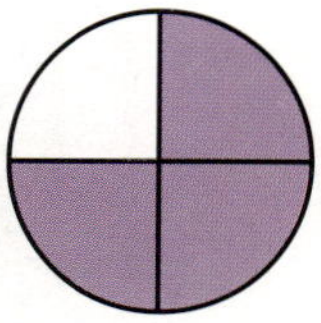

$\frac{3}{4}$

1

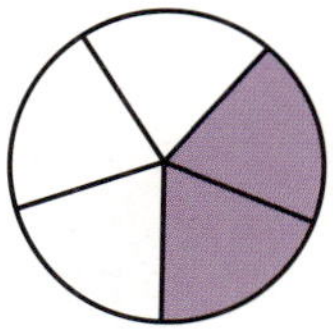

$\frac{2}{5}$ $\frac{2}{6}$ $\frac{2}{8}$

2

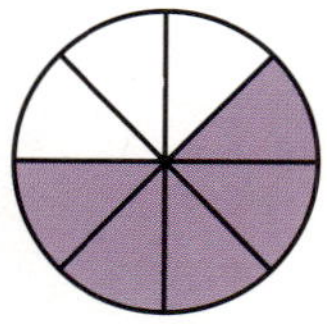

$\frac{5}{10}$ $\frac{5}{6}$ $\frac{5}{8}$

3

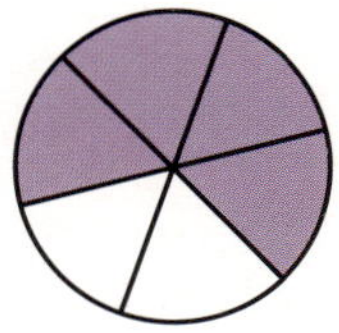

$\frac{4}{6}$ $\frac{4}{5}$ $\frac{4}{8}$

4

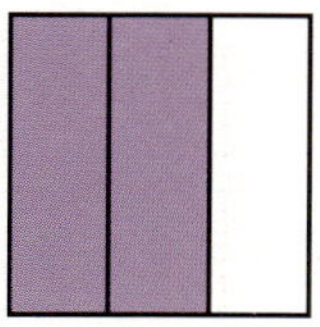

$\frac{2}{4}$ $\frac{2}{3}$ $\frac{2}{5}$

5

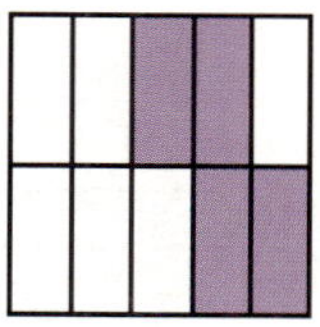

$\frac{4}{8}$ $\frac{4}{10}$ $\frac{4}{6}$

6

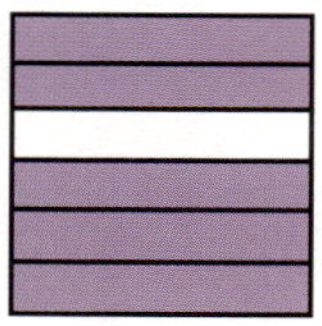

$\frac{5}{6}$ $\frac{5}{8}$ $\frac{5}{10}$

7

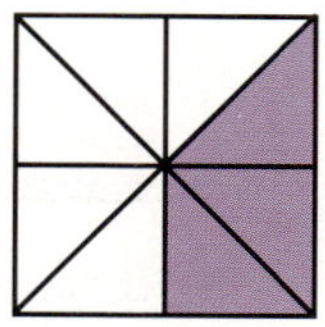

$\frac{3}{5}$ $\frac{3}{6}$ $\frac{3}{8}$

8

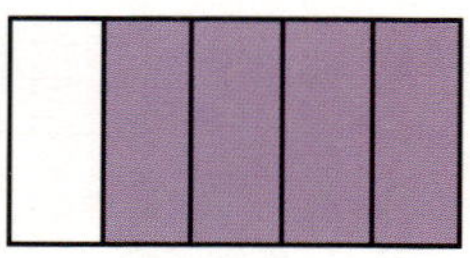

9

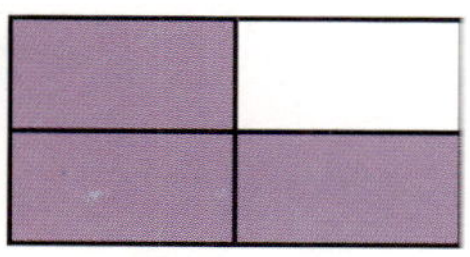

10

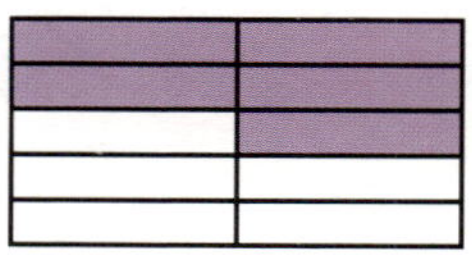

11

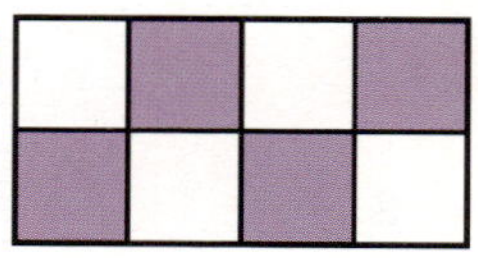

12 *

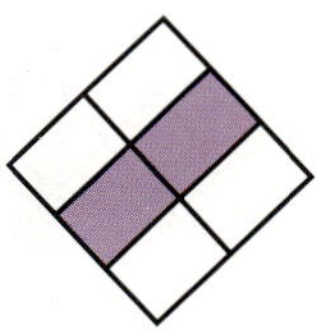

13 *

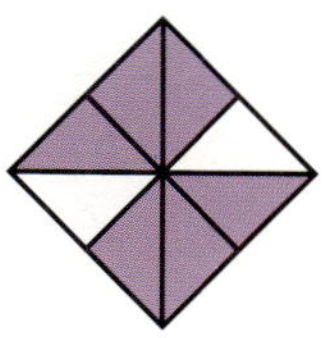

14 *

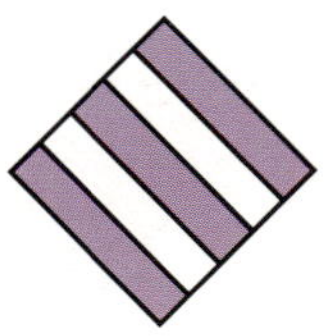

15 *

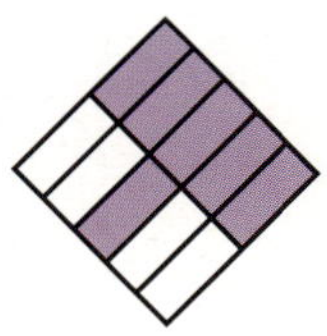

Bruchteile

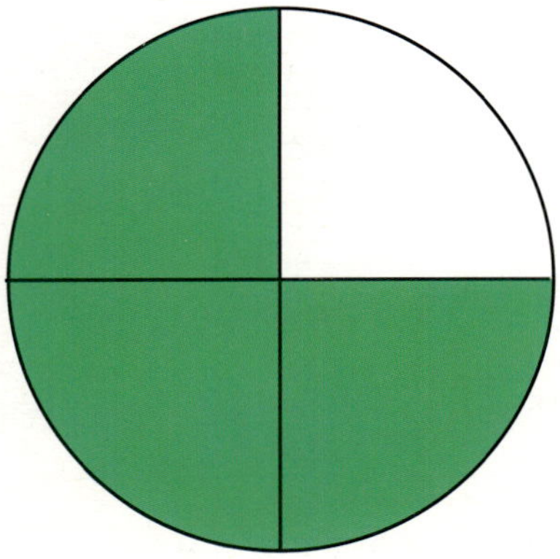

$\frac{3}{4}$

Der **Zähler** steht über dem Bruchstrich. Er gibt an, wie viele Teile vom Ganzen genommen werden.

Der **Nenner** steht unter dem Bruchstrich. Er gibt an, in wie viele Teile das Ganze geteilt ist.

Schreibe den Bruch. Bestimme dazu Zähler und Nenner.

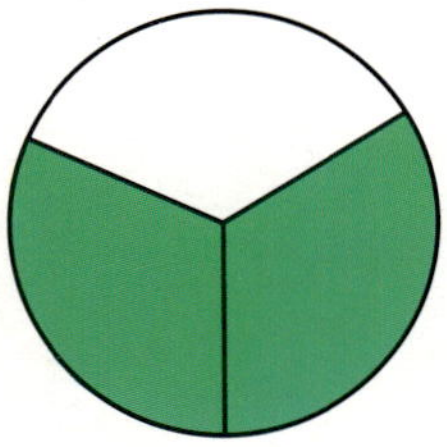

$\frac{2}{3}$

1
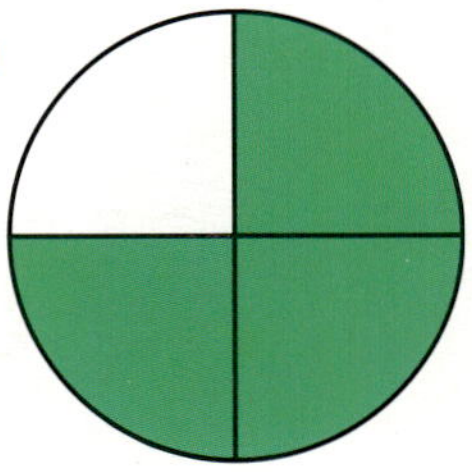

2
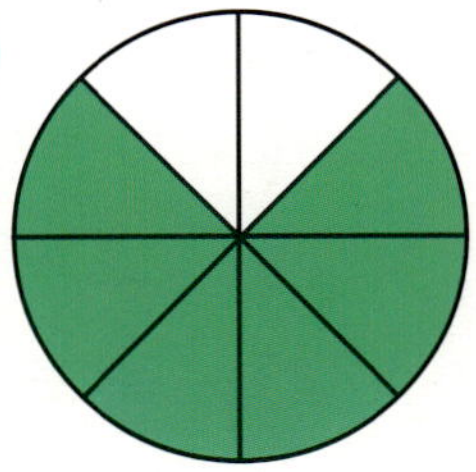

3
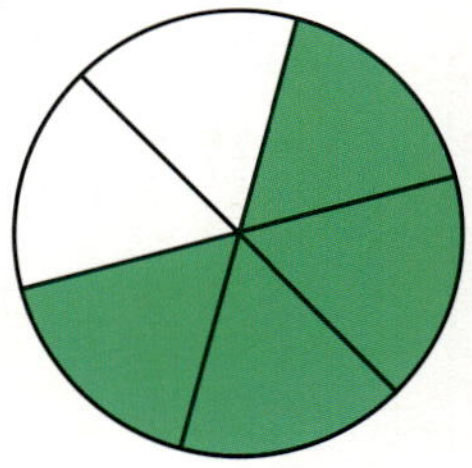

4

5
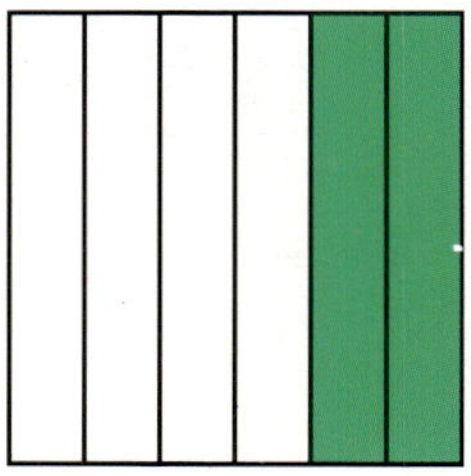

6

7

8
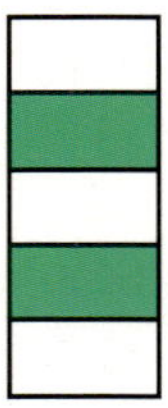

9
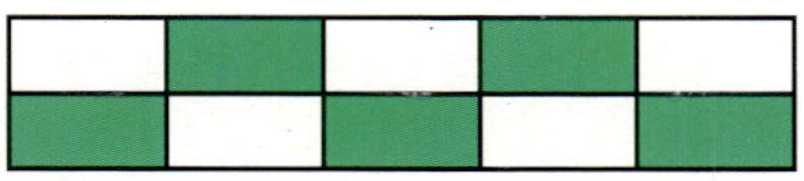

10

11
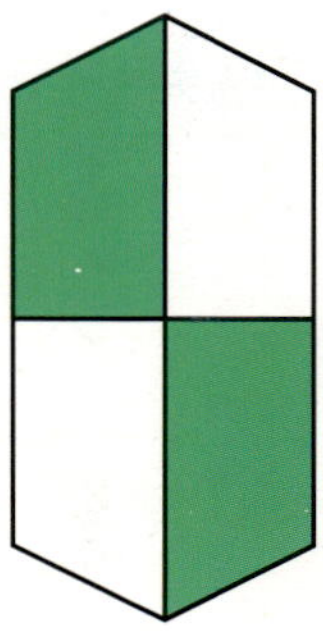

Zeichne die Figuren in dein Heft.
Teile sie und male die angegebenen Bruchteile bunt.

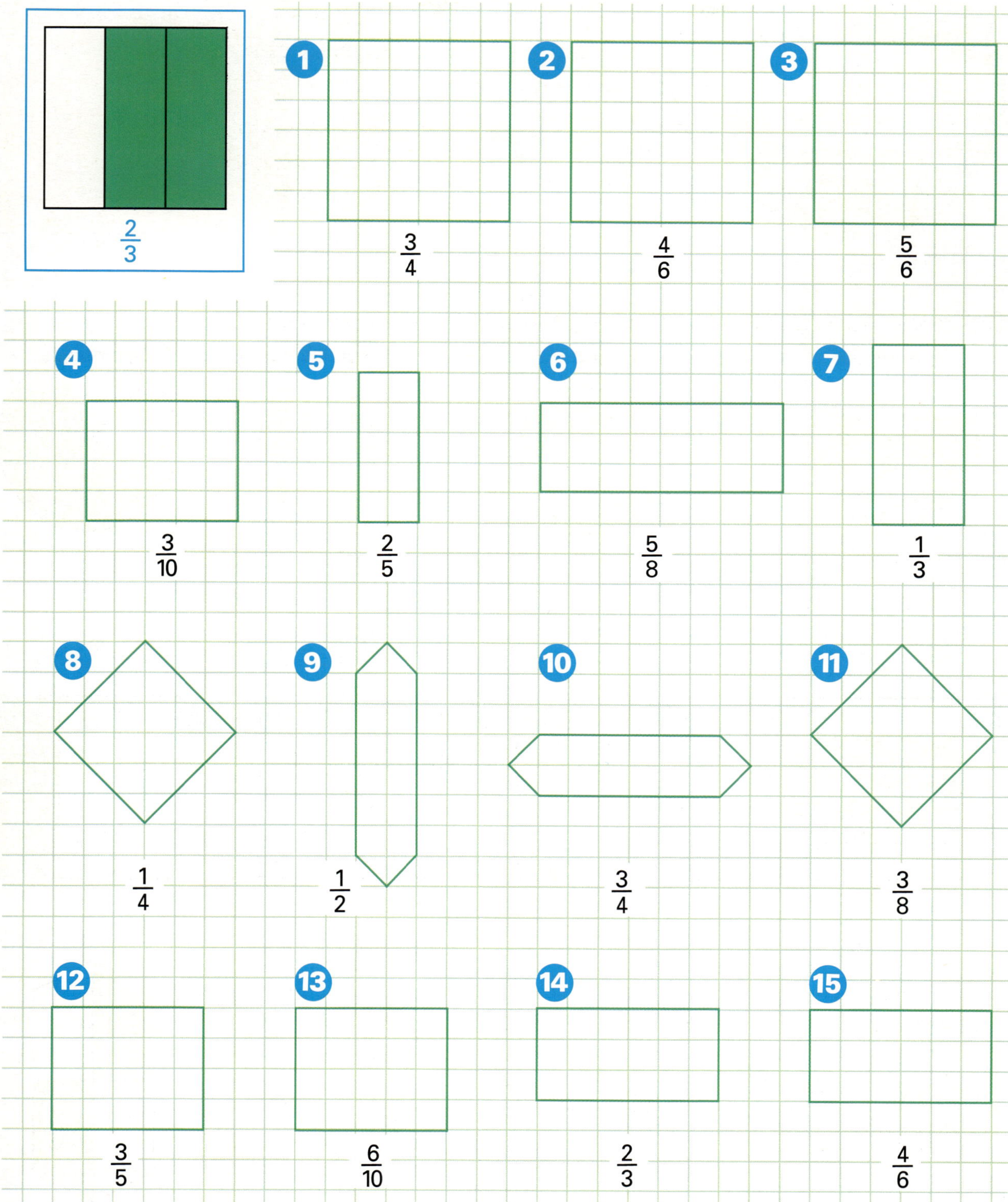

In der Metzgerei

1 Kilogramm = 1000 Gramm	1 kg = 1000 g

Frau Wagner kauft $\frac{1}{4}$ kg Hackfleisch.
Wieviel Gramm sind das?
$\frac{1}{4}$ von 1000 g = ■
1000 : 4 = 250
Frau Wagner hat 250 g Hackfleisch gekauft.

Sie kauft außerdem $\frac{3}{4}$ kg Rinderbraten.
Wieviel Gramm sind das?
$\frac{3}{4}$ von 1000 g = ■
1000 : 4 = 250
250 · 3 = 750
Sie hat 750 g Rinderbraten gekauft.

1
$\frac{1}{2}$ von 100 g
$\frac{1}{2}$ von 500 g
$\frac{1}{2}$ von 300 g
$\frac{1}{2}$ von 200 g

2
$\frac{1}{4}$ von 800 g
$\frac{3}{4}$ von 800 g
$\frac{1}{4}$ von 400 g
$\frac{3}{4}$ von 400 g

3
$\frac{1}{8}$ von 800 g
$\frac{3}{8}$ von 800 g
$\frac{5}{8}$ von 800 g
$\frac{7}{8}$ von 800 g

4 ★
$\frac{1}{4}$ von 1 kg
$\frac{3}{4}$ von 1 kg
$\frac{1}{8}$ von 1 kg
$\frac{3}{8}$ von 1 kg

Berechne in Gramm.

Aus Omas Kochbuch

Alle Zutaten sind für 4 Personen berechnet.

1 *Zigeunergulasch*
- $\frac{3}{4}$ kg Rindfleisch
- $\frac{1}{2}$ kg Schweinefleisch
- $\frac{3}{8}$ kg Zwiebeln
- Salz, Pfeffer, Muskat

2 *Fleischbällchen*
- $\frac{3}{4}$ kg Hackfleisch
- $\frac{1}{2}$ kg Reis
- $\frac{1}{4}$ kg Zwiebeln
- Salz, Pfeffer, Majoran

3 *Rouladen*
- $\frac{3}{4}$ kg Rinderfilet
- $\frac{2}{8}$ kg Speck
- $\frac{1}{8}$ kg Zwiebeln
- Salz, Pfeffer, Senf

4 *Frikassee*
- $\frac{3}{4}$ kg Hühnerbrust
- $\frac{3}{8}$ kg Pilze
- $\frac{1}{4}$ kg Spargel
- Salz, Petersilie

5 *Teufelssalat*
- $\frac{3}{4}$ kg Rindfleisch
- $\frac{3}{8}$ kg rote Paprika
- $\frac{1}{2}$ kg Zwiebeln
- Salz, Pfeffer, Curry

6 *Essigwurst*
- $\frac{1}{2}$ kg Fleischwurst
- $\frac{3}{8}$ kg Salami
- $\frac{1}{8}$ kg Zwiebeln
- Essig, Lorbeerblatt

7 *Nudelsalat*
- $\frac{1}{2}$ kg Nudeln
- $\frac{1}{4}$ kg Fleischwurst
- $\frac{3}{8}$ kg Erbsen
- $\frac{1}{8}$ kg Möhren
- Salz, Gurken, Muskat

8 *Serbisches Reisfleisch*
- $\frac{1}{4}$ kg Reis
- $\frac{3}{4}$ kg Rindfleisch
- $\frac{1}{4}$ kg Zwiebeln
- $\frac{2}{8}$ kg Paprika
- Salz, Pfeffer, Paprika

9 *Gebackene Leber*
- $\frac{3}{4}$ kg Kalbsleber
- $\frac{1}{2}$ kg Äpfel
- $\frac{3}{8}$ kg Zwiebeln
- $\frac{1}{10}$ kg geriebenen Käse
- Salz, Pfeffer, Sahne

Auf dem Waldlehrpfad

1 Kilometer = 1000 m   1 km = 1000 m

Stefan läuft $\frac{3}{4}$ des Waldlehrpfades.
Wieviel Meter sind das?

$\frac{3}{4}$ von 1000 m = ■

1000 : 4 = 250

250 · 3 = 750

Stefan ist 750 m gelaufen.

1

Wieviel Meter müssen bis zum Rastplatz zurückgelegt werden?

2

Maria und Robert gehen zu den Nistkästen. Wieviel Meter sind das?

3

Wieviel Meter müssen von den Nistkästen aus noch gelaufen werden?

4

$\frac{1}{4}$ der Strecke ist Waldweg, der Rest ein Sandpfad. Wieviel Meter Sandpfad sind das?

5

$\frac{1}{2}$ von 600 m

$\frac{1}{2}$ von 300 m

$\frac{1}{2}$ von 800 m

$\frac{1}{2}$ von 400 m

6

$\frac{1}{4}$ von 800 m

$\frac{3}{4}$ von 800 m

$\frac{1}{4}$ von 500 m

$\frac{3}{4}$ von 500 m

7

$\frac{1}{5}$ von 1 km

$\frac{3}{5}$ von 1 km

$\frac{1}{10}$ von 1 km

$\frac{3}{10}$ von 1 km

8

$\frac{1}{8}$ von 600 m

$\frac{3}{8}$ von 600 m

$\frac{5}{8}$ von 600 m

$\frac{7}{8}$ von 600 m

Wandertag einer Schulklasse

1 Berechne die Entfernungen in Meter.

Parkplatz – Fernsehturm	■ m	Schloßruine – Rastplatz	■ m
Fernsehturm – Fischteich	■ m	Rastplatz – Aussichtsturm	■ m
Fischteich – Schloßruine	■ m	Aussichtsturm – Parkplatz	■ m

2

$\frac{1}{2}$ von 1 km = ■ m

$\frac{1}{2}$ von 2 km = ■ m

3

$\frac{1}{3}$ von 3 km = ■ m

$\frac{1}{3}$ von 6 km = ■ m

4

$\frac{1}{4}$ von 2 km = ■ m

$\frac{1}{4}$ von 4 km = ■ m

5 ○

3000 + 5000
2000 + 4000
1000 + 7000

6 ○

5000 + 2300
3000 + 6700
4000 + 3800

7 ○

2400 + 1300
6200 + 2500
3800 + 4100

8 ○ ✶

1420 + 3260
5360 + 2520
3810 + 4170

9 ○

6000 – 3000
8000 – 5000
9000 – 2000

10 ○

7800 – 6000
3500 – 1000
9200 – 9000

11 ○

5800 – 2400
3900 – 1700
8600 – 4300

12 ○ ✶

6850 – 2530
9380 – 5140
5790 – 3260

Ausbildung und Lernen

1 Jahr = 12 Monate

Ankes Ausbildung dauert noch $\frac{3}{4}$ Jahr.
Wie viele Monate sind das?
$\frac{3}{4}$ von 12 Monaten = ▢
$12 : 4 = 3$
$3 \cdot 3 = 9$
Ankes Ausbildung dauert noch 9 Monate.

1 Wie viele Monate dauert Mirkos Ausbildung noch?

2 Rayhan besucht einen Sprachkurs. Der Sprachkurs dauert $\frac{1}{2}$ Jahr. Wie viele Monate sind das?

3 ***ENGLISCH** – in einem $\frac{3}{4}$ Jahr! Intensivkurs! Beginn: 1. Februar*

Wann endet der Kurs?

4

$\frac{1}{2}$ Jahr = ▢ Monate

$\frac{1}{4}$ Jahr = ▢ Monate

$\frac{3}{4}$ Jahr = ▢ Monate

2 Jahre = ▢ Monate

5

$\frac{1}{2}$ von 8 Monaten

$\frac{1}{2}$ von 12 Monaten

$\frac{1}{2}$ von 18 Monaten

$\frac{1}{2}$ von 24 Monaten

6

6 Monate = $\frac{▢}{▢}$ Jahr

3 Monate = $\frac{▢}{▢}$ Jahr

9 Monate = $\frac{▢}{▢}$ Jahr

24 Monate = ▢ Jahre

Jugendfreizeitstätte

Musik

1 *Gitarrenspiel*
Kursdauer: $\frac{3}{4}$ Jahr
Kursbeginn: 1. September
Wann ist der Kurs beendet?

2 *Keyboardspiel*
Kursdauer: $\frac{1}{2}$ Jahr
Kursbeginn: 1. Mai
Wann endet der Kurs?

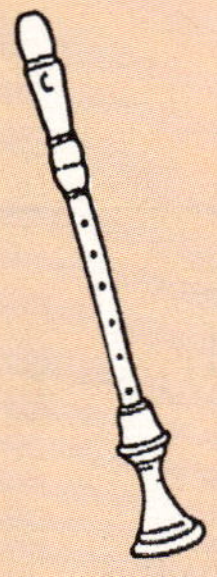

3 *Blockflötenspiel*
Kursdauer: $\frac{1}{2}$ Jahr
Kursbeginn: 1. März
Wann endet der Kurs?

4 *Rhythmik und Schlagzeugunterricht*
Kursdauer: $\frac{3}{4}$ Jahr
Kursbeginn: 1. Juni
Wann ist der Kurs beendet?

Kreatives Gestalten & Werken

5 *Schmuck und Masken selbst gemacht*
Kursdauer: $\frac{1}{2}$ Jahr
Wie viele Monate sind das?

6 *Seidenmalerei*
Kursdauer: $\frac{3}{4}$ Jahr
Wie viele Monate dauert der Kurs?

7 *Töpfern und Modellieren*
Kursdauer: $\frac{1}{4}$ Jahr
Wie viele Monate sind das?

8 *Modellbau*
Kursdauer: $\frac{1}{3}$ Jahr
Wie viele Monate dauert der Kurs?

Fitness & Gesundheit

9 *Krafttraining*
Kursdauer: $\frac{1}{3}$ Jahr
Wie viele Monate sind das?

10 *Mach mit, bleib fit!*
Kursdauer: $\frac{1}{4}$ Jahr
Wie viele Monate sind das?

11 *Yoga für Jugendliche*
Kursdauer: $\frac{1}{2}$ Jahr
Wie viele Monate dauert der Kurs?

12 *Konditionsfördernde Gymnastik*
Kursdauer: $\frac{3}{4}$ Jahr
Wie viele Monate dauert der Kurs?

Auf dem Bahnsteig

IC 532 RÜGEN

KÖLN Hbf

Abfahrt 18^{50}

Der Zug hat etwa ■ Minuten Verspätung.

1 Stunde = 60 Minuten	1 h* = 60 min * lateinisch: hora (h) = Stunde

Der IC 532 Rügen hat $\frac{1}{4}$ Stunde Verspätung.
Wie viele Minuten werden auf der Tafel angezeigt?

$\frac{1}{4}$ von 60 min = ■

60 : 4 = 15

Auf der Tafel werden 15 Minuten Verspätung angezeigt.

Der IC 670 Markgraf fährt um 18^{20} Uhr in Offenburg ab. Nach einer halben Stunde ist er in Karlsruhe. Wann kommt er dort an?

Der D-Zug Görlitz–Hannover fährt um 18^{40} Uhr in Dresden ab. Nach $\frac{3}{4}$ Stunde ist er in Riesa.
Wann kommt er dort an?

3

$\frac{1}{2}$ h = ■ min

$\frac{1}{4}$ h = ■ min

$\frac{3}{4}$ h = ■ min

$\frac{2}{4}$ h = ■ min

4

$\frac{1}{2}$ von 2 h = ■ min

$\frac{1}{2}$ von 3 h = ■ min

$\frac{1}{4}$ von 2 h = ■ min

$\frac{3}{4}$ von 2 h = ■ min

5

$\frac{1}{4}$ von 4 h = ■ min

$\frac{1}{2}$ von 4 h = ■ min

$\frac{3}{4}$ von 4 h = ■ min

$\frac{2}{4}$ von 4 h = ■ min

6

15 min = $\frac{■}{■}$ h

30 min = $\frac{■}{■}$ h

45 min = $\frac{■}{■}$ h

120 min = ■ h

1

Die City-Bahn Gummersbach—Köln fährt 7^{20} Uhr in Gummersbach ab. Nach $\frac{1}{4}$ Stunde ist sie in Ründeroth. Errechne die Ankunftszeit.

2

Die City-Bahn Mannheim—Heidelberg fährt 16^{10} Uhr in Mannheim ab. Nach $\frac{1}{4}$ Stunde ist sie in Heidelberg. Errechne die Ankunftszeit.

3

Der Eilzug Kaiserslautern—Saarbrücken kommt 9^{10} Uhr in Saarbrücken an. Die Fahrzeit beträgt $\frac{3}{4}$ Stunde. Errechne die Abfahrtszeit.

4

Der Eilzug Kiel—Neumünster kommt 10^{15} Uhr in Neumünster an. Die Fahrzeit beträgt $\frac{1}{2}$ Stunde. Errechne die Abfahrtszeit.

5

Herr Roth fährt von Bremen nach München. Er muß in Mannheim umsteigen. Ankunft Mannheim 19^{50} Uhr. Weiterfahrt nach $\frac{1}{2}$ Stunde. Um wieviel Uhr fährt er weiter?

6

Frau Berghoff fährt von Berlin nach Würzburg. Sie muß in Hannover umsteigen. Ankunft Hannover 14^{35} Uhr. Weiterfahrt nach $\frac{3}{4}$ Stunde. Um wieviel Uhr fährt sie weiter?

7

Abfahrt Frankfurt 6^{50} Uhr
Ankunft Darmstadt 7^{05} Uhr
Errechne die Fahrzeit.

8

Abfahrt Braunschweig 6^{10} Uhr
Ankunft Magdeburg 7^{40} Uhr
Errechne die Fahrzeit.

9

$\frac{1}{4}$ von 2 h

$\frac{3}{4}$ von 2 h

$\frac{1}{4}$ von 3 h

$\frac{3}{4}$ von 3 h

10

60 min = ■ h

120 min = ■ h

45 min = $\frac{■}{■}$ h

30 min = $\frac{■}{■}$ h

11

$\frac{3}{8}$ von 400 g

$\frac{1}{4}$ von 500 g

$\frac{1}{2}$ von 4 kg

$\frac{3}{4}$ von 4 kg

12

$\frac{5}{8}$ von 800 m

$\frac{3}{4}$ von 600 m

$\frac{1}{2}$ von 6 km

$\frac{1}{4}$ von 8 km

Wir wandeln um

1

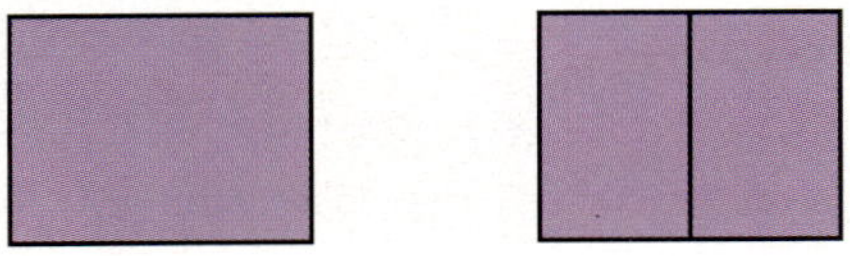

1 $\qquad 1 = \frac{2}{2}$

2

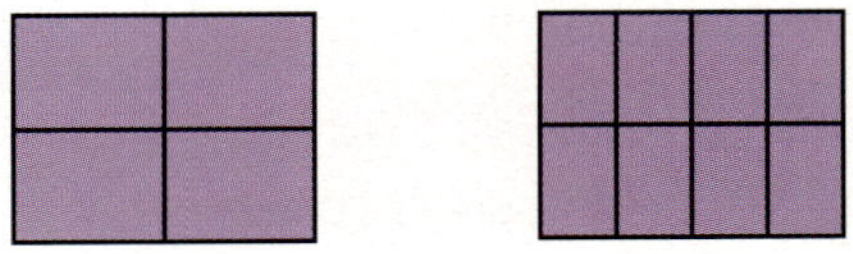

$1 = \frac{\square}{4}$ $\qquad 1 = \frac{\square}{8}$

3

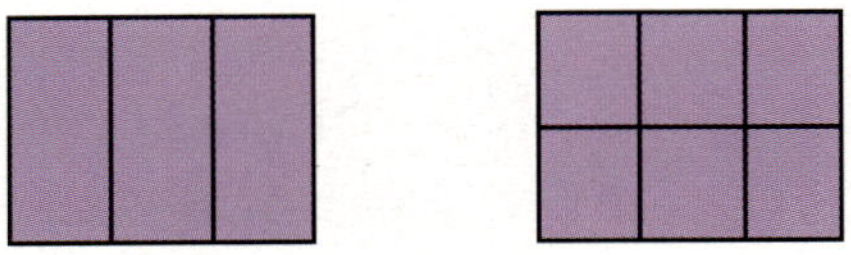

$1 = \frac{\square}{3}$ $\qquad 1 = \frac{\square}{6}$

4

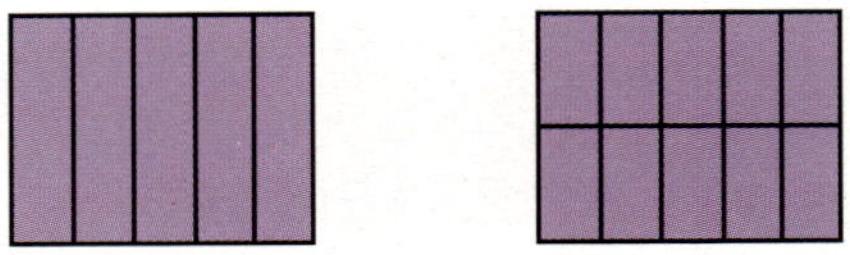

$1 = \frac{\square}{5}$ $\qquad 1 = \frac{\square}{10}$

5

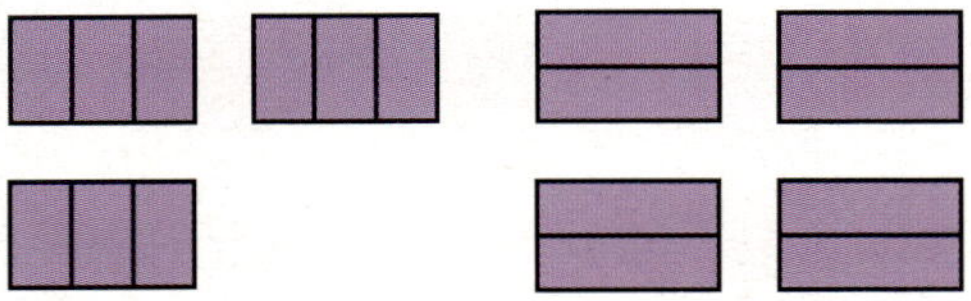

$3 = \frac{\square}{3}$ $\qquad 4 = \frac{\square}{\square}$

6

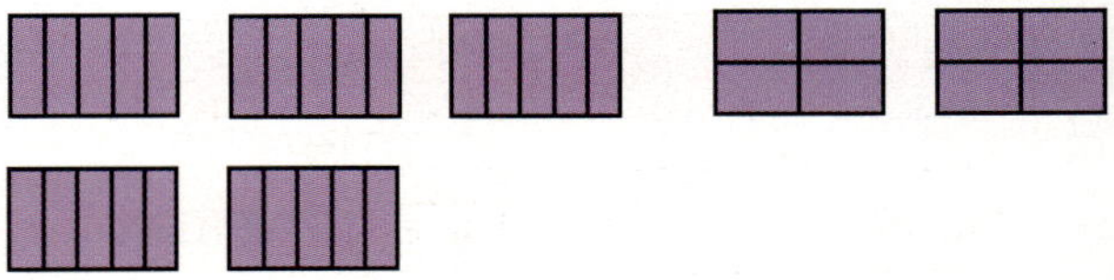

$5 = \frac{\square}{\square}$ $\qquad 2 = \frac{\square}{\square}$

7

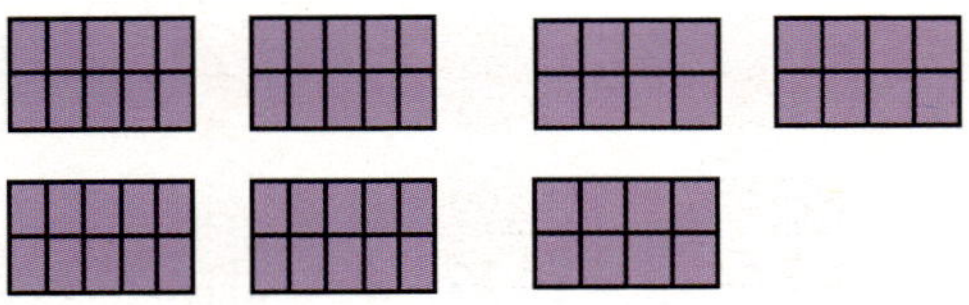

$4 = \frac{\square}{\square}$ $\qquad 3 = \frac{\square}{\square}$

8

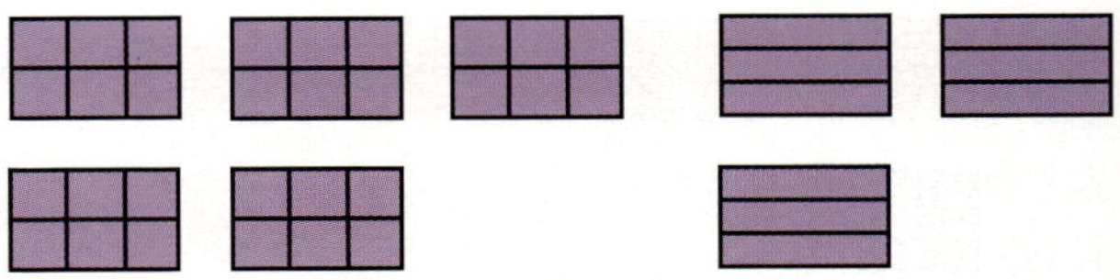

$5 = \frac{\square}{\square}$ $\qquad 3 = \frac{\square}{\square}$

9

$2 = \frac{\square}{2}$

$4 = \frac{\square}{2}$

$3 = \frac{\square}{2}$

$5 = \frac{\square}{2}$

10

$3 = \frac{\square}{4}$

$5 = \frac{\square}{4}$

$4 = \frac{\square}{6}$

$3 = \frac{\square}{6}$

11

$5 = \frac{\square}{5}$

$4 = \frac{\square}{5}$

$3 = \frac{\square}{10}$

$4 = \frac{\square}{10}$

12

$3 = \frac{\square}{3}$

$4 = \frac{\square}{3}$

$3 = \frac{\square}{8}$

$4 = \frac{\square}{8}$

13

$4 = \frac{\square}{4}$

$3 = \frac{\square}{5}$

$5 = \frac{\square}{7}$

$6 = \frac{\square}{3}$

1

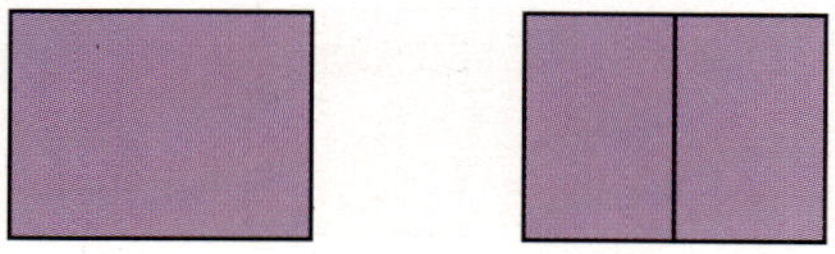

1 $\qquad$ $\frac{2}{2} = 1$

2

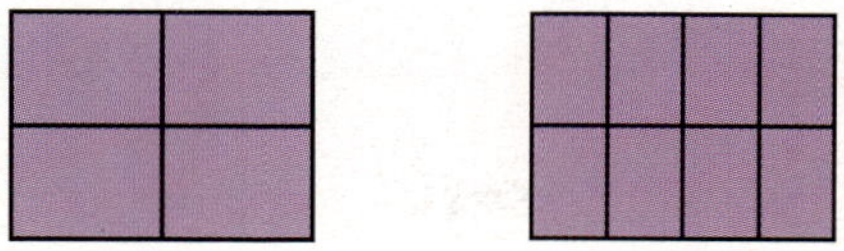

$\frac{\square}{4} = 1$ $\qquad$ $\frac{\square}{8} = 1$

3

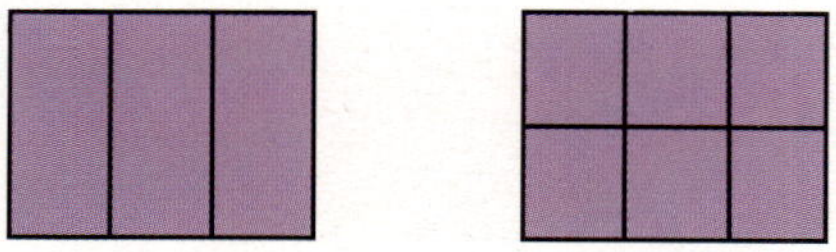

$\frac{\square}{3} = 1$ $\qquad$ $\frac{\square}{6} = 1$

4

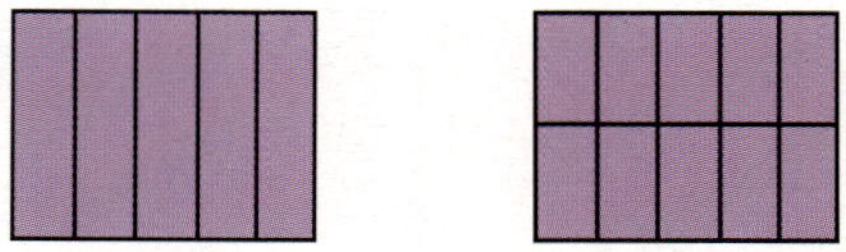

$\frac{\square}{5} = 1$ $\qquad$ $\frac{\square}{10} = 1$

5

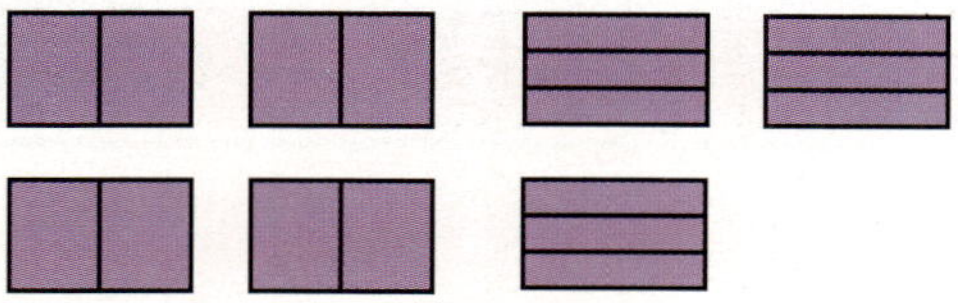

$\frac{8}{2} = \square$ $\qquad$ $\frac{9}{3} = \square$

6

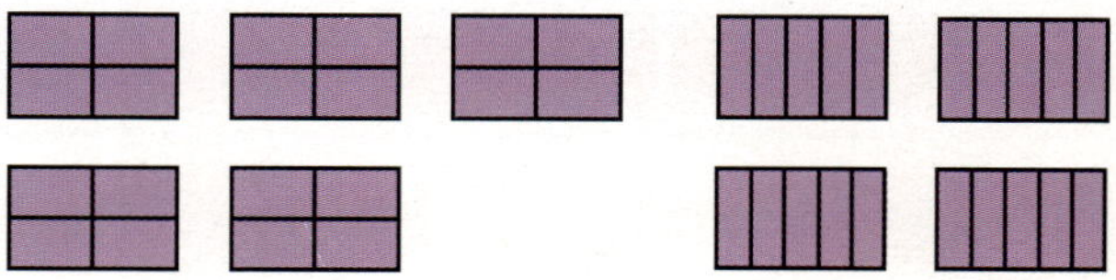

$\frac{20}{4} = \square$ $\qquad$ $\frac{20}{5} = \square$

7

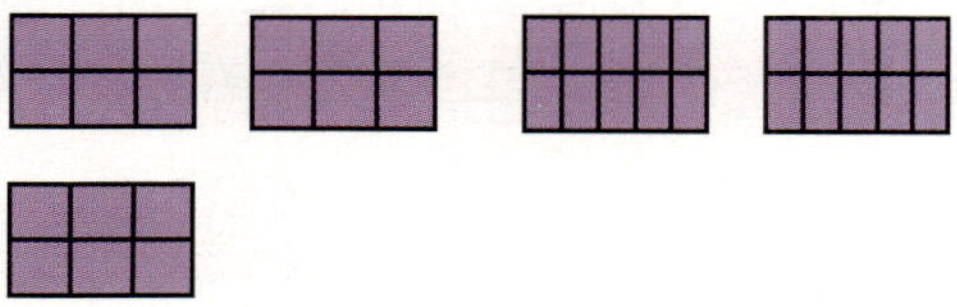

$\frac{18}{6} = \square$ $\qquad$ $\frac{20}{10} = \square$

8

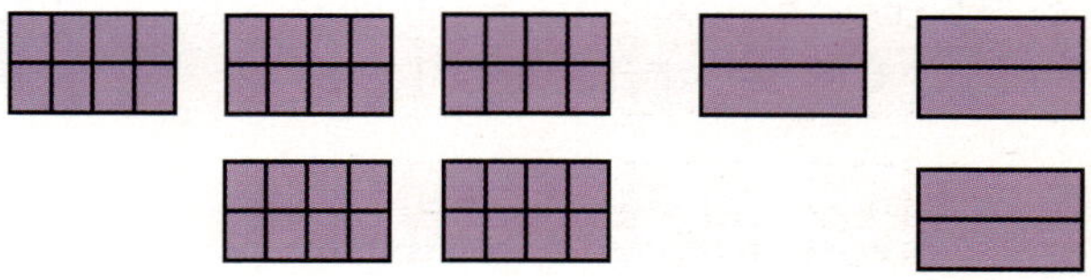

$\frac{40}{8} = \square$ $\qquad$ $\frac{6}{2} = \square$

9

$\frac{4}{2} = \square$

$\frac{6}{2} = \square$

$\frac{12}{4} = \square$

$\frac{20}{4} = \square$

10

$\frac{25}{5} = \square$

$\frac{10}{5} = \square$

$\frac{24}{6} = \square$

$\frac{18}{6} = \square$

11

$\frac{32}{8} = \square$

$\frac{40}{8} = \square$

$\frac{30}{10} = \square$

$\frac{50}{10} = \square$

12

$\frac{15}{3} = \square$

$\frac{24}{3} = \square$

$\frac{21}{7} = \square$

$\frac{18}{9} = \square$

13

$\frac{16}{4} = \square$

$\frac{30}{6} = \square$

$\frac{15}{5} = \square$

$\frac{28}{7} = \square$

Am Zahlenstrahl

1 Zeichne den Zahlenstrahl in dein Heft und trage die Bruchzahlen ein.

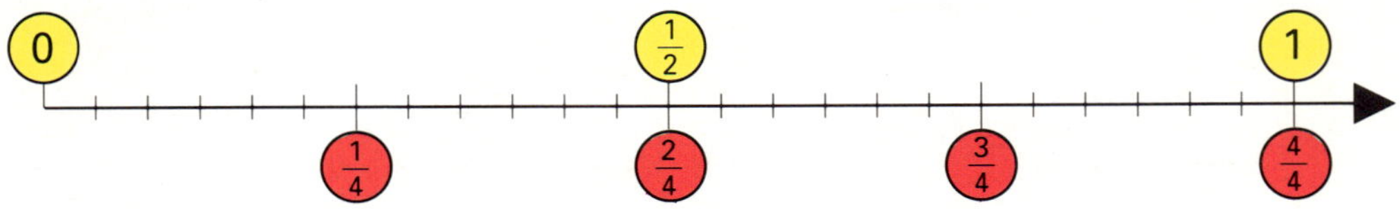

1 Ganzes = 24 Kästchen

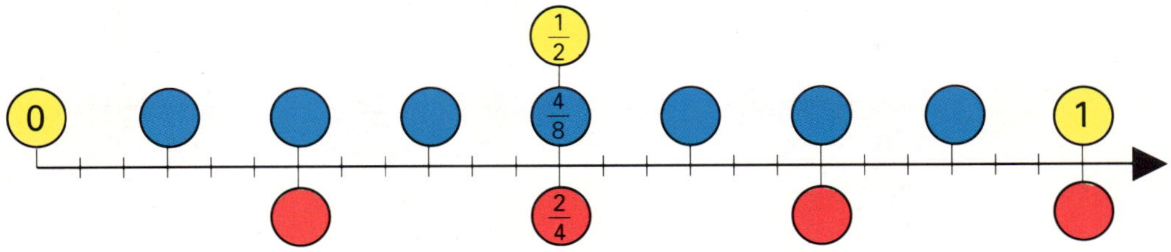

1 Ganzes = 24 Kästchen

2

Zeichne einen Zahlenstrahl
(1 Ganzes = 20 Kästchen).
a) Teile in 2 gleich große Teile.
b) Teile in 4 gleich große Teile.
Trage die Bruchzahlen ein.

3

Zeichne einen Zahlenstrahl
(1 Ganzes = 24 Kästchen).
a) Teile in 4 gleich große Teile.
b) Teile in 8 gleich große Teile.
Trage die Bruchzahlen ein.

4

Zeichne einen Zahlenstrahl
(1 Ganzes = 16 Kästchen).
Teile und trage $\frac{1}{2}$ und $\frac{2}{4}$ ein.
Was stellst du fest?

5

Zeichne einen Zahlenstrahl
(1 Ganzes = 24 Kästchen).
Teile und trage $\frac{1}{2}$; $\frac{2}{4}$ und $\frac{4}{8}$ ein.
Was stellst du fest?

6

Zeichne einen Zahlenstrahl
(1 Ganzes = 16 Kästchen).
Teile und trage $\frac{3}{4}$ und $\frac{5}{8}$ ein.
Welche Teilstrecke ist länger?

7

Zeichne einen Zahlenstrahl
(1 Ganzes = 16 Kästchen).
Teile und trage $\frac{2}{4}$ und $\frac{3}{8}$ ein.
Welche Teilstrecke ist kürzer?

1 Zeichne die folgenden Zahlenstrahlen in dein Heft und trage die Bruchzahlen ein.

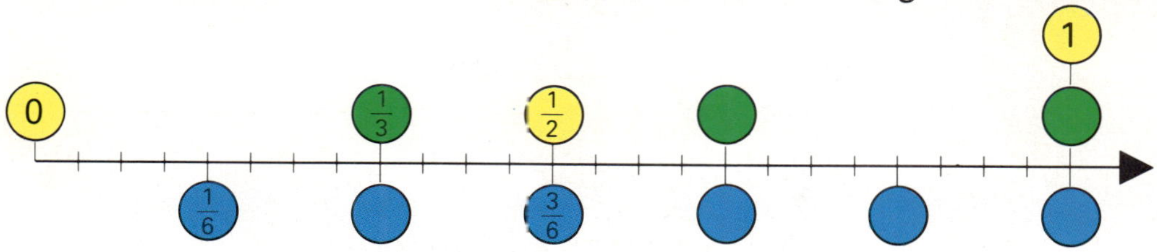

1 Ganzes = 24 Kästchen

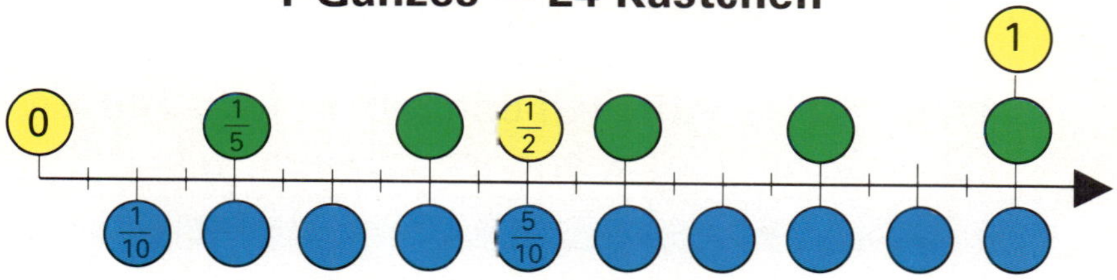

1 Ganzes = 20 Kästchen

2

Zeichne einen Zahlenstrahl (1 Ganzes = 12 Kästchen).
a) Teile in 3 gleich große Teile.
b) Teile in 6 gleich große Teile.
Trage die Bruchzahlen ein.

3

Zeichne einen Zahlenstrahl (1 Ganzes = 20 Kästchen).
a) Teile in 5 gleich große Teile.
b) Teile in 10 gleich große Teile.
Trage die Bruchzahlen ein.

4

Zeichne einen Zahlenstrahl (1 Ganzes = 12 Kästchen).
Teile und trage $\frac{2}{3}$ und $\frac{4}{6}$ ein.
Was stellst du fest?

5

Zeichne einen Zahlenstrahl (1 Ganzes = 20 Kästchen).
Teile und trage $\frac{1}{5}$; $\frac{4}{5}$; $\frac{2}{10}$ und $\frac{8}{10}$ ein.
Was stellst du fest?

6

Zeichne einen Zahlenstrahl (1 Ganzes = 18 Kästchen).
Teile und trage $\frac{2}{6}$ und $\frac{1}{2}$ ein.
Welche Teilstrecke ist länger?

7

Zeichne einen Zahlenstrahl (1 Ganzes = 20 Kästchen).
Teile und trage $\frac{4}{5}$ und $\frac{8}{10}$ ein.
Welche Teilstrecke ist kürzer?

In der Pizzeria

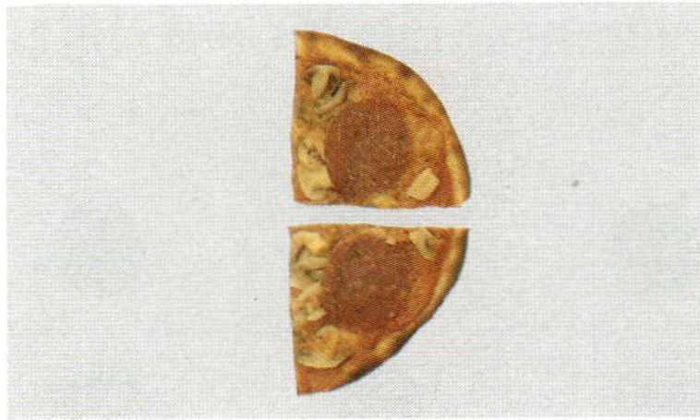

$\frac{1}{2} = \frac{2}{4} = \frac{4}{8}$

Durch weiteres Aufteilen entstehen mehr Stücke.
Das Gesamtstück ändert sich aber nicht.

Was erhältst du, wenn du weiter aufteilst? Schreibe das Ergebnis in dein Heft.

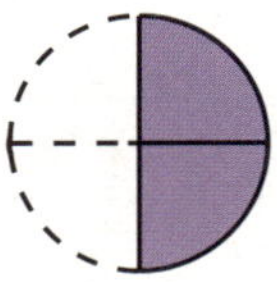
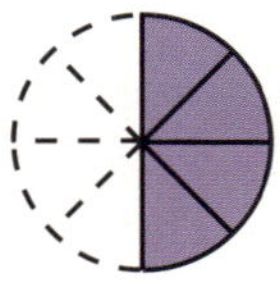

$\frac{2}{4} = \frac{4}{8}$

1

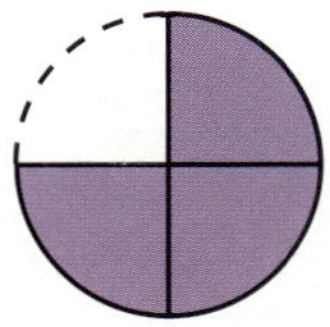
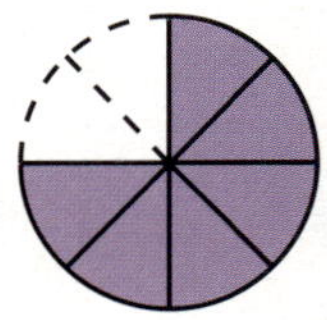

$\frac{3}{4} = \frac{\square}{\square}$

2

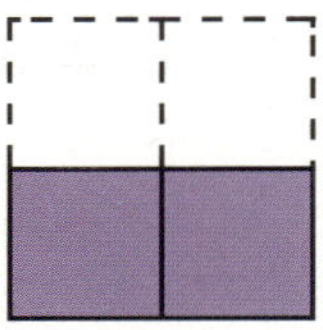
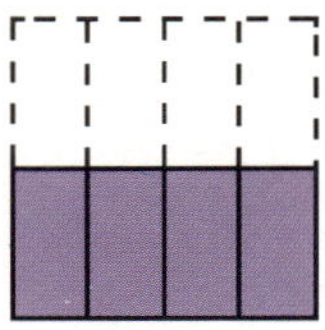

$\frac{\square}{\square} = \frac{\square}{\square}$

3

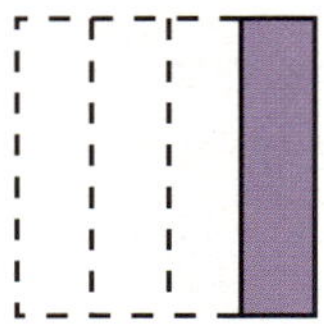
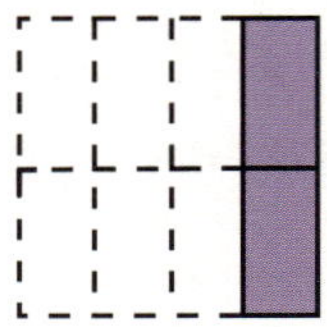

$\frac{\square}{\square} = \frac{\square}{\square}$

4

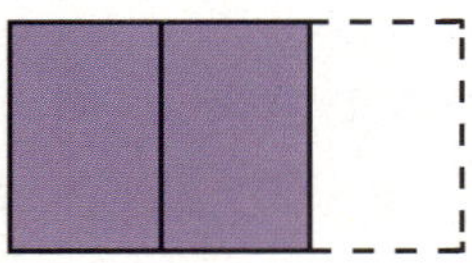
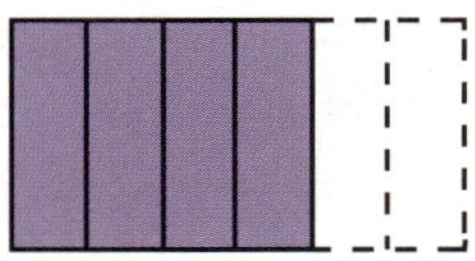

$\frac{\square}{\square} = \frac{\square}{\square}$

5

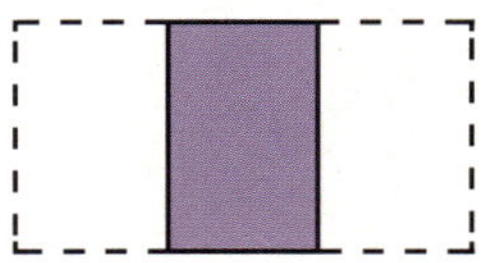
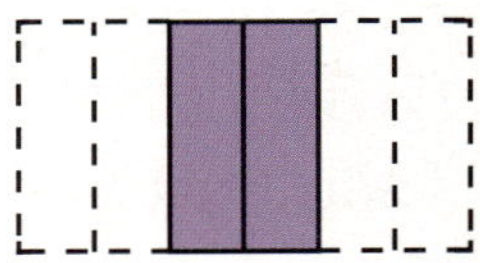

$\frac{\square}{\square} = \frac{\square}{\square}$

6

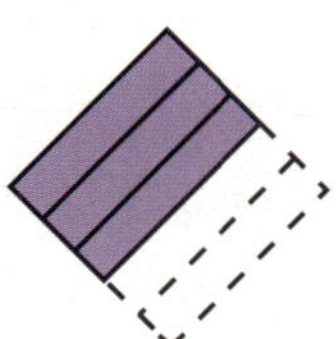
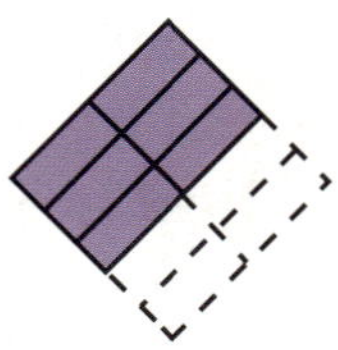

$\frac{\square}{\square} = \frac{\square}{\square}$

7

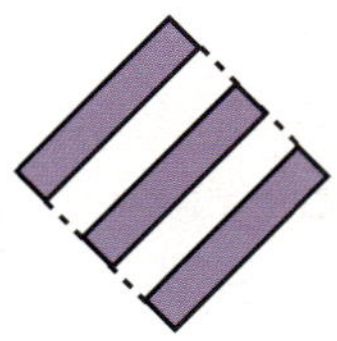
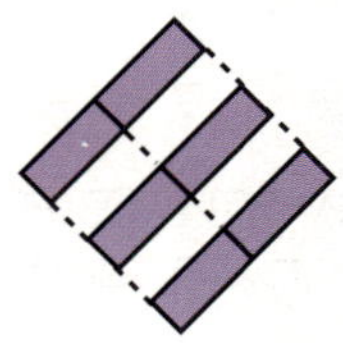

$\frac{\square}{\square} = \frac{\square}{\square}$

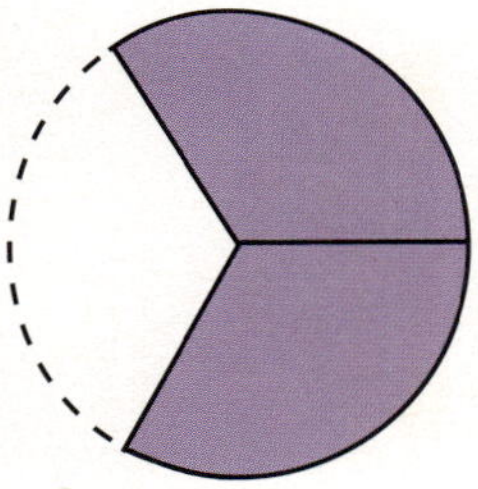

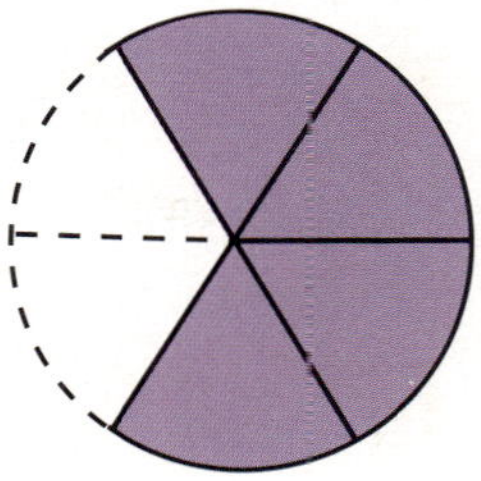

$\frac{2}{3} = \frac{4}{6}$

So rechnen wir:

$\frac{2}{3} = \frac{2 \cdot 2}{3 \cdot 2} = \frac{4}{6}$

Wir haben mit 2 erweitert.

Zähler und Nenner mit der gleichen Zahl multiplizieren nennt man **Erweitern.**
Der Wert eines Bruches ändert sich durch Erweitern nicht.

Erweitere mit 2

$\frac{3}{4} = \frac{3 \cdot 2}{4 \cdot 2} = \frac{6}{8}$

1

$\frac{1}{2} = \frac{1 \cdot 2}{2 \cdot 2} = \frac{■}{■}$

$\frac{2}{3} = \frac{2 \cdot ■}{3 \cdot ■} = \frac{■}{■}$

$\frac{3}{4} = \frac{3 \cdot ■}{4 \cdot ■} = \frac{■}{■}$

2 Erweitere mit 3

$\frac{3}{4} = \frac{3 \cdot 3}{4 \cdot 3} = \frac{■}{■}$

$\frac{3}{8} = \frac{■ \cdot ■}{■ \cdot ■} = \frac{■}{■}$

$\frac{3}{5} = \frac{■ \cdot ■}{■ \cdot ■} = \frac{■}{■}$

$\frac{2}{3} = \frac{■ \cdot ■}{■ \cdot ■} = \frac{■}{■}$

3 Erweitere mit 4

$\frac{3}{4} = \frac{3 \cdot 4}{4 \cdot 4} = \frac{■}{■}$

$\frac{2}{6} = \frac{■ \cdot ■}{■ \cdot ■} = \frac{■}{■}$

$\frac{2}{3} = \frac{■ \cdot ■}{■ \cdot ■} = \frac{■}{■}$

$\frac{1}{2} = \frac{■ \cdot ■}{■ \cdot ■} = \frac{■}{■}$

4 Erweitere mit 2

$\frac{1}{3};\ \frac{2}{5};\ \frac{5}{6};\ \frac{1}{4}$

5 Erweitere mit 3

$\frac{1}{2};\ \frac{1}{4};\ \frac{1}{3};\ \frac{2}{5}$

6 Erweitere mit 5

$\frac{1}{3};\ \frac{1}{4};\ \frac{5}{6};\ \frac{2}{5}$

7°

$3 \cdot 5 = ■$
$2 \cdot 7 = ■$
$4 \cdot 3 = ■$
$5 \cdot 6 = ■$
$7 \cdot 9 = ■$
$9 \cdot 8 = ■$

8°

$6 \cdot 4 = ■$
$9 \cdot 3 = ■$
$7 \cdot 5 = ■$
$6 \cdot 8 = ■$
$4 \cdot 9 = ■$
$3 \cdot 7 = ■$

9°

$8 \cdot 5 = ■$
$6 \cdot 9 = ■$
$3 \cdot 8 = ■$
$4 \cdot 5 = ■$
$5 \cdot 7 = ■$
$9 \cdot 6 = ■$

10°

$49 : 7 = ■$
$72 : 9 = ■$
$36 : 4 = ■$
$40 : 5 = ■$
$42 : 6 = ■$
$32 : 8 = ■$

11°

$28 : 4 = ■$
$56 : 7 = ■$
$63 : 9 = ■$
$30 : 5 = ■$
$21 : 3 = ■$
$48 : 6 = ■$

In der Pizzeria

 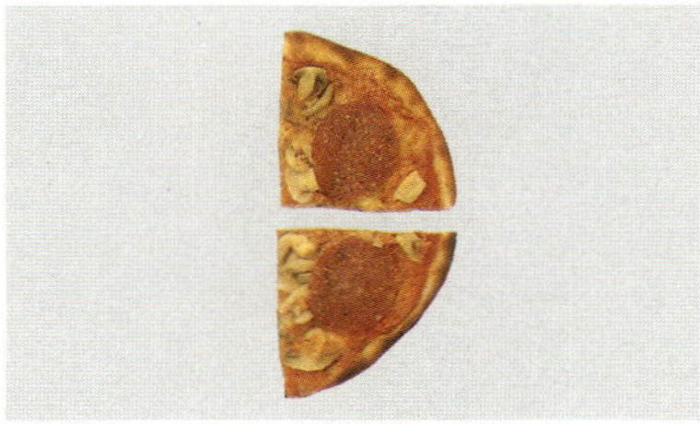 

$\frac{4}{8} = \frac{2}{4} = \frac{1}{2}$

Durch Zusammenfügen entstehen weniger Stücke.
Das Gesamtstück ändert sich aber nicht.

Was erhältst du, wenn du wieder zusammenfügst? Schreibe das Ergebnis in dein Heft.

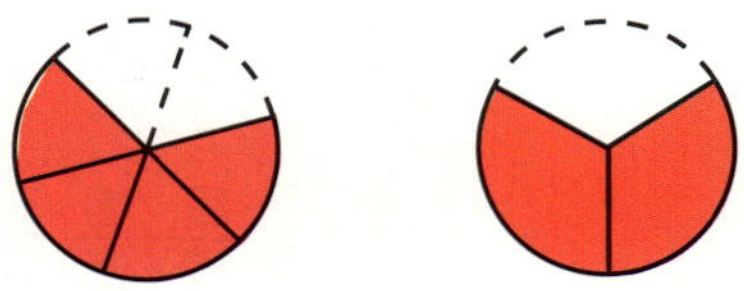

$\frac{4}{6} = \frac{2}{3}$

1

$\frac{6}{8} = \frac{\square}{\square}$

2

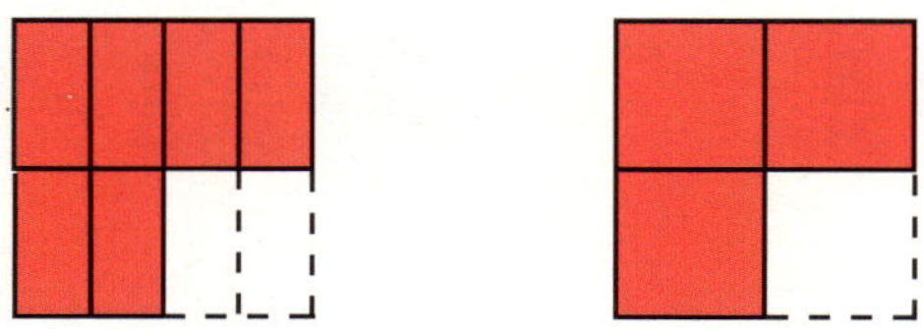

$\frac{\square}{\square} = \frac{\square}{\square}$

3

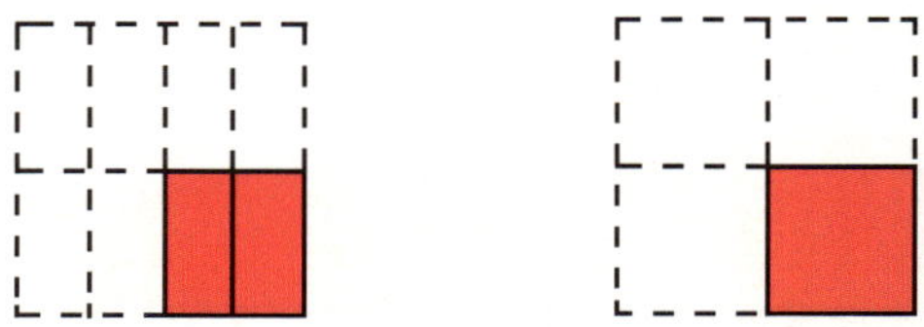

$\frac{\square}{\square} = \frac{\square}{\square}$

4

$\frac{\square}{\square} = \frac{\square}{\square}$

5

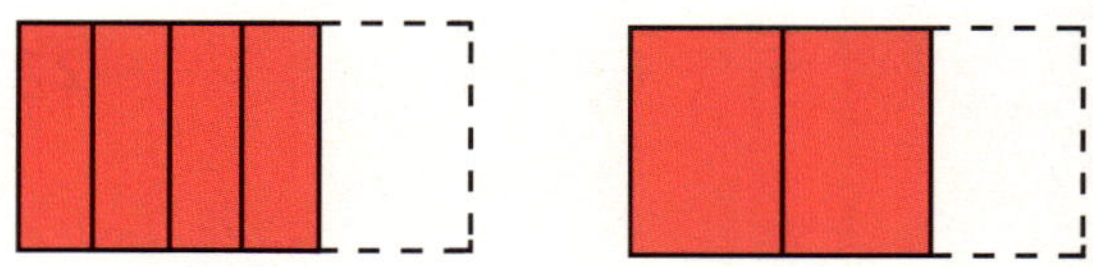

$\frac{\square}{\square} = \frac{\square}{\square}$

6

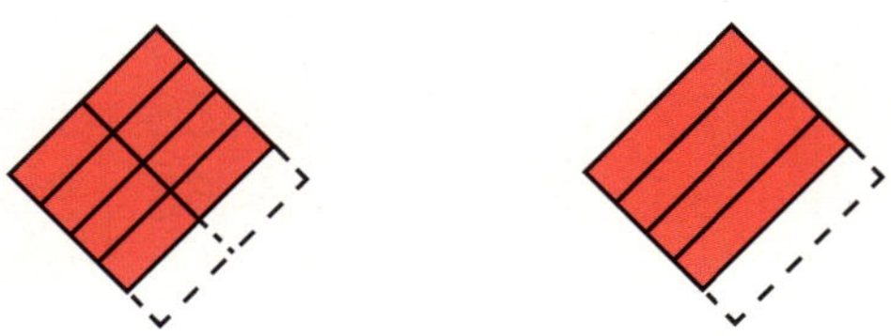

$\frac{\square}{\square} = \frac{\square}{\square}$

7

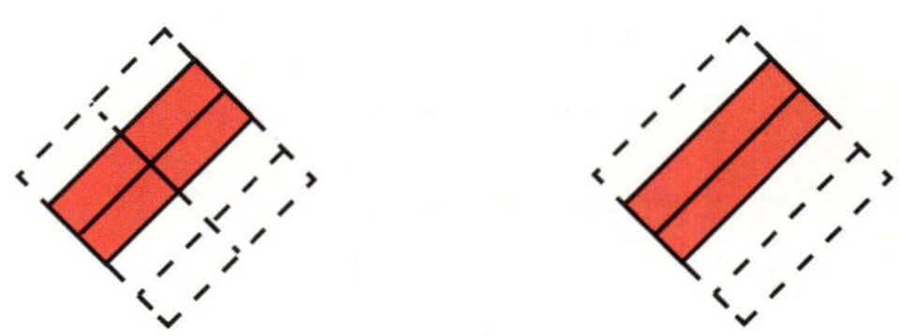

$\frac{\square}{\square} = \frac{\square}{\square}$

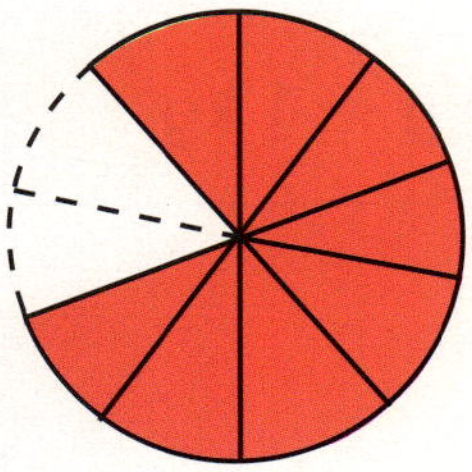

$\frac{8}{10}$ = $\frac{4}{5}$

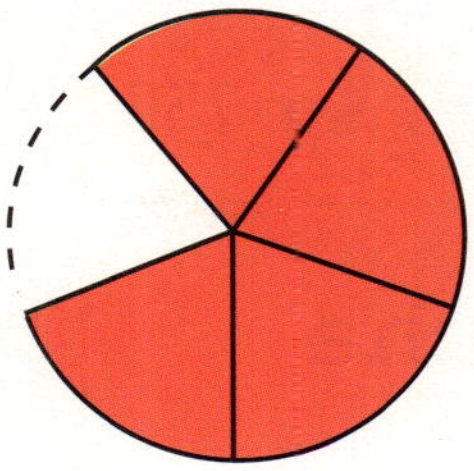

So rechnen wir:

$$\frac{8}{10} = \frac{8:2}{10:2} = \frac{4}{5}$$

Wir haben durch 2 gekürzt.

> Zähler und Nenner durch die gleiche Zahl dividieren nennt man **Kürzen.**
> Der Wert eines Bruches ändert sich durch Kürzen nicht.

Kürze durch 2

$$\frac{4}{6} = \frac{4:2}{6:2} = \frac{2}{3}$$

1

$\frac{6}{8} = \frac{6:2}{8:2} = \frac{\square}{\square}$

$\frac{4}{10} = \frac{4:\square}{10:\square} = \frac{\square}{\square}$

$\frac{2}{4} = \frac{2:\square}{4:\square} = \frac{\square}{\square}$

2 Kürze durch 3

$\frac{9}{12} = \frac{9:3}{12:3} = \frac{\square}{\square}$

$\frac{6}{12} = \frac{\square:\square}{\square:\square} = \frac{\square}{\square}$

$\frac{3}{6} = \frac{\square:\square}{\square:\square} = \frac{\square}{\square}$

$\frac{6}{9} = \frac{\square:\square}{\square:\square} = \frac{\square}{\square}$

3 Kürze durch 4

$\frac{8}{20} = \frac{8:4}{20:4} = \frac{\square}{\square}$

$\frac{4}{8} = \frac{\square:\square}{\square:\square} = \frac{\square}{\square}$

$\frac{4}{16} = \frac{\square:\square}{\square:\square} = \frac{\square}{\square}$

$\frac{8}{12} = \frac{\square:\square}{\square:\square} = \frac{\square}{\square}$

4 Kürze durch 2

$\frac{2}{6}$; $\frac{4}{8}$; $\frac{6}{10}$; $\frac{2}{8}$

5 Kürze durch 3

$\frac{3}{12}$; $\frac{6}{15}$; $\frac{3}{9}$; $\frac{9}{15}$

6 Kürze durch 5

$\frac{5}{10}$; $\frac{10}{20}$; $\frac{5}{15}$; $\frac{15}{25}$

$\frac{6}{12} = \square$

$\frac{6}{12} = \frac{6:2}{12:2} = \frac{3}{6}$

$\frac{3}{6} = \frac{3:3}{6:3} = \frac{1}{2}$

$\frac{6}{12} = \frac{1}{2}$

Kürze soweit wie möglich.

7

$\frac{4}{20} = \square$ $\frac{10}{30} = \square$

$\frac{9}{18} = \square$ $\frac{6}{18} = \square$

$\frac{4}{16} = \square$ $\frac{20}{50} = \square$

$\frac{6}{24} = \square$ $\frac{5}{15} = \square$

8

$\frac{18}{30} = \square$ $\frac{6}{24} = \square$

$\frac{8}{12} = \square$ $\frac{12}{18} = \square$

$\frac{8}{16} = \square$ $\frac{12}{16} = \square$

$\frac{8}{40} = \square$ $\frac{6}{12} = \square$

Einkäufe, Preisvergleiche

Merke: 250 g = $\frac{1}{4}$ kg 500 g = $\frac{1}{2}$ kg 750 g = $\frac{3}{4}$ kg 1000 g = 1 kg

Aus der Tiefkühltruhe

1

Erbsen, fein.....500 g
Brechbohnen.....750 g
Suppengemüse...1000 g
Rosenkohl.......250 g
Rahmspinat......500 g

Gib in Kilogramm an.

2

Hasenrücken....1000 g
Putenbrust......250 g
Gulasch.........750 g
Fischfilet......500 g
Fischstäbchen...750 g

Gib in Kilogramm an.

3

Vanilleeis......$\frac{1}{2}$ kg
Schokoeis.......$\frac{3}{4}$ kg
Apfelstrudel....$\frac{1}{2}$ kg
Zitronenrolle...$\frac{1}{4}$ kg
Eistorte........1 kg

Gib in Gramm an.

Preisvergleiche

4

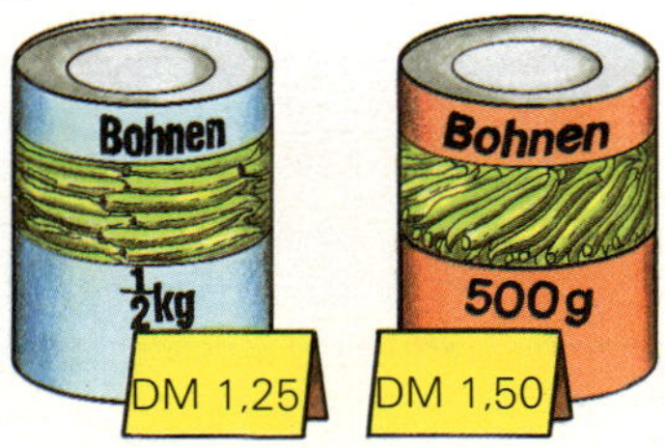

5

6

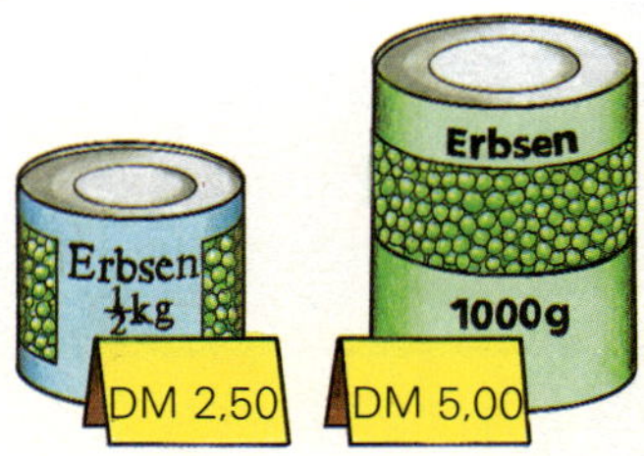

Wie kaufst du am günstigsten?

7
$\frac{1}{2}$ kg = ■ g
$\frac{1}{4}$ kg = ■ g
$\frac{3}{4}$ kg = ■ g
1 kg = ■ g
2 kg = ■ g

8
1000 g = ■ kg
250 g = $\frac{\blacksquare}{\blacksquare}$ kg
750 g = $\frac{\blacksquare}{\blacksquare}$ kg
500 g = $\frac{\blacksquare}{\blacksquare}$ kg
2000 g = ■ kg

9
$\frac{1}{2}$ von 4 kg = ■ g
$\frac{1}{4}$ von 4 kg = ■ g
$\frac{1}{2}$ von 2 kg = ■ g
$\frac{1}{4}$ von 2 kg = ■ g
$\frac{1}{2}$ von 1 kg = ■ g

Merke: 250 m = $\frac{1}{4}$ km 500 m = $\frac{1}{2}$ km 750 m = $\frac{3}{4}$ km 1000 m = 1 km

Wanderwege

1 Gib in Meter an.

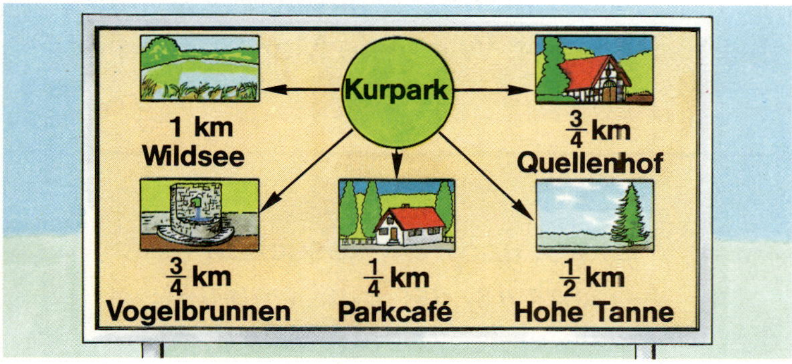

2 Gib in Kilometer an.

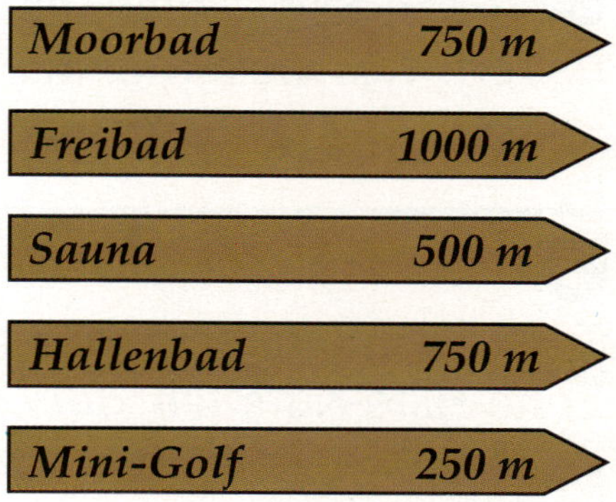

Vergleiche die Wegmarkierungen. Suche den kürzeren Weg.

3

◆ *Wildsee über Tobel $\frac{3}{4}$ km*

● *Wildsee über Talbach 1000 m*

4

✚ *Almquelle über Höfen $\frac{1}{2}$ km*

◎ *Almquelle über Matten 750 m*

5 *

▲ *Sommerhof über Unterbach 1 km*

8 *Sommerhof über Oberdorf 1000 m*

6

$\frac{1}{2}$ km = ■ m

$\frac{3}{4}$ km = ■ m

$\frac{1}{4}$ km = ■ m

1 km = ■ m

3 km = ■ m

7

750 m = $\frac{■}{■}$ km

1000 m = ■ km

250 m = $\frac{■}{■}$ km

500 m = $\frac{■}{■}$ km

2000 m = ■ km

8

$\frac{1}{2}$ von 2 km = ■ m

$\frac{1}{4}$ von 2 km = ■ m

$\frac{1}{2}$ von 4 km = ■ m

$\frac{1}{4}$ von 4 km = ■ m

$\frac{1}{2}$ von 3 km = ■ m

Fortbildung

Merke: 3 Monate = $\frac{1}{4}$ Jahr 6 Monate = $\frac{1}{2}$ Jahr 9 Monate = $\frac{3}{4}$ Jahr

1
Karsten will an einem Schweiß-Lehrgang teilnehmen, der $\frac{1}{2}$ Jahr dauert. Wie viele Monate sind das?

2
Renate besucht einen Abendkurs für Maschinenschreiben, der $\frac{3}{4}$ Jahr dauert. Wie viele Monate sind das?

3
Zwei Freundinnen nehmen an einem Erste-Hilfe-Kurs teil, der $\frac{1}{4}$ Jahr dauert. Wie viele Monate sind das?

4
Horst und Falk besuchen einen Tanzkurs, der $\frac{1}{2}$ Jahr dauert. Wie viele Monate sind das?

5 *
Ein Sprach-Lehrgang beginnt am 1. März und dauert $\frac{1}{2}$ Jahr. Wann endet der Kurs?

6 *
Ein Gymnastik-Kurs beginnt am 1. April und dauert $\frac{1}{4}$ Jahr. Wann endet der Kurs?

7 *
Englisch für Anfänger. Kursdauer $\frac{3}{4}$ Jahr. Kursbeginn 1. Mai. Wann endet der Kurs?

8 *
Englisch für Fortgeschrittene. Kursdauer $\frac{1}{2}$ Jahr. Kursbeginn 1. Oktober. Wann endet der Kurs?

9

$\frac{1}{4}$ von 12 Monaten

$\frac{1}{2}$ von 12 Monaten

$\frac{3}{4}$ von 12 Monaten

10

$\frac{1}{4}$ Jahr = ■ Monate

$\frac{1}{2}$ Jahr = ■ Monate

$\frac{3}{4}$ Jahr = ■ Monate

11

12 Monate = ■ Jahr

36 Monate = ■ Jahre

9 Monate = $\frac{■}{■}$ Jahr

Schiffsreisen

Merke: 15 min = $\frac{1}{4}$ h 30 min = $\frac{1}{2}$ h 45 min = $\frac{3}{4}$ h 60 min = 1 h

1

Familie Schneider macht eine Schiffsreise auf dem Rhein. Von Linz nach Königswinter dauert die Fahrt $\frac{1}{4}$ Stunde. Berechne die Fahrzeit in Minuten.

2

Familie Borger fährt mit dem Elbe-Dampfer von Pillnitz nach Dresden. Die Fahrt dauert $\frac{3}{4}$ Stunde. Berechne die Fahrzeit in Minuten.

3

Verena und Jonas machen eine Donaureise. Von Windorf bis Passau dauert die Fahrt $\frac{1}{2}$ Stunde. Abfahrt in Windorf 9^{45} Uhr. Wann kommt das Schiff in Passau an?

4

Eine Fahrt über den Bodensee von Friedrichshafen nach Romanshorn dauert $\frac{1}{2}$ Stunde. Abfahrt in Friedrichshafen 11^{50} Uhr. Wann kommt das Schiff in Romanshorn an?

5*

Die Fahrt mit der Autofähre von Nordstrand nach Ostersiel dauert $\frac{3}{4}$ Stunde. Abfahrt 8^{30} Uhr.

a) Berechne die Fahrzeit in Minuten.
b) Wann kommt die Fähre an?

6*

Eine Moselfahrt von Trier nach Bernkastel dauert $\frac{1}{2}$ Stunde. Abfahrt 11^{20} Uhr.

a) Berechne die Fahrzeit in Minuten.
b) Wann kommt das Schiff an?

7

$\frac{1}{4}$ h = ■ min

$\frac{1}{2}$ h = ■ min

$\frac{3}{4}$ h = ■ min

8

45 min = $\frac{■}{■}$ h

120 min = ■ h

30 min = $\frac{■}{■}$ h

9

$\frac{1}{2}$ von 2 h = ■ min

$\frac{1}{4}$ von 2 h = ■ min

$\frac{3}{4}$ von 2 h = ■ min

10

$\frac{1}{2}$ von 4 h = ■ min

$\frac{1}{4}$ von 4 h = ■ min

$\frac{3}{4}$ von 4 h = ■ min

Wir üben

Addition, Subtraktion, Multiplikation, Division

1

2517	3825	3635	6034	4350
+ 5382	+ 2479	+ 5487	+ 2480	+ 1680

2

1232	3510	2470	1098	1974
3123	2046	3580	2672	2788
+ 4541	+ 1373	+ 1240	+ 1806	+ 2897

3

3628	5796	5607	3134	4261
− 1013	− 2570	− 734	− 462	− 353

4

3815	2034	4208	7560	5000
− 69	− 58	− 49	− 73	− 80

5	6	7	8
1453 · 4	3826 · 2	1712 · 4	3206 · 2
1134 · 6	2315 · 3	1826 · 5	2435 · 2
2306 · 2	1014 · 6	3120 · 3	2305 · 4
1630 · 4	1508 · 5	3043 · 3	2008 · 4
2405 · 2	1942 · 4	1620 · 5	3094 · 3

9	10	11	12
8246 : 2	2975 : 7	5376 : 4	4245 : 5
6414 : 3	4194 : 6	8232 : 3	5276 : 4
9278 : 2	3916 : 4	4361 : 7	8121 : 3
7215 : 3	5305 : 5	8406 : 6	3208 : 8
6734 : 2	6592 : 8	9998 : 2	2376 : 6

Zahlen bis 100 000

Olympiastadion München

Im Sportstadion

Haupttribüne		Gegentribüne	
Block A	1– 5 000	Block E	20 001–25 000
Block B	5 001–10 000	Block F	25 001–30 000
Block C	10 001–15 000	Block G	30 001–35 000
Block D	15 001–20 000	Block H	35 001–40 000

Ostkurve		Westkurve	
Block J	40 001–45 000	Block P	70 001– 75 000
Block K	45 001–50 000	Block Q	75 001– 80 000
Block L	50 001–55 000	Block R	80 001– 85 000
Block M	55 001–60 000	Block S	85 001– 90 000
Block N	60 001–65 000	Block T	90 001– 95 000
Block O	65 001–70 000	Block U	95 001–100 000

1
Wie viele Plätze hat das Stadion?

2
Wie viele Plätze hat die Haupttribüne?

3
Welche Platznummern hat der Block K?

4
Wie viele Plätze hat jeder einzelne Block?

5
In welchem Block sind die Plätze 326, 1 417, 24 305, 25 001, 35 002?

6
In welchem Block sind die Plätze 40 007, 55 555, 81 000, 16 000, 44 000?

7
Schreibe mit Ziffern.

a) zwanzigtausend
b) zwanzigtausenddreihundert
c) zwanzigtausendvierhundertzwei
d) zweiundzwanzigtausendsechshundertachtzehn
e) zweitausendvier
f) zweitausendfünfzehn
g) zweiunddreißigtausend
h) zweitausendvierhundertfünfunddreißig

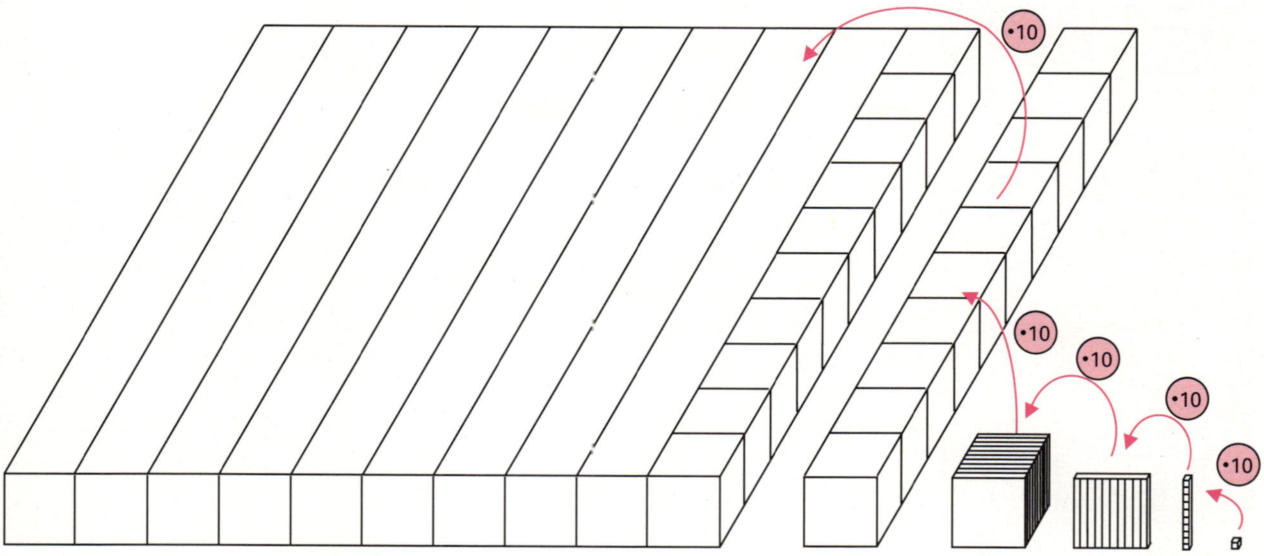

1

Erkläre die Zeichnung, beachte die Pfeile.

10 Einer ergeben 1 Zehner.
10 Zehner ergeben ■ Hunderter.
10 Hunderter ergeben ■ ...

Setze die Reihen fort.

2

Wie viele Tausender enthält eine Zehntausenderstange? Schreibe die Zahl.

3

Wie viele Zehnerstangen enthält ein Tausenderwürfel? Schreibe die Zahl.

4

Wie viele Zehntausenderstangen enthält eine Hunderttausenderplatte? Schreibe die Zahl.

5

Wie viele Einer haben ein Tausenderwürfel und zwei Hunderterplatten zusammen? Schreibe die Zahl.

Vorgänger	*Zahl*	*Nachfolger*
662	663	664
1 244	1 245	1 246
51 999	52 000	52 001
40 698	40 699	40 700
41 000	41 001	41 002
49 990	49 991	49 992

6

Schreibe die Nachbarzahlen auf.

420	70 000	22 463
4 200	80 000	43 000
42 000	20 000	42 499
42 001	50 000	40 601
42 051	90 000	40 030

Große Zahlen einordnen

HT	ZT	T	H	Z	E
	4	0	0	0	0
	5	4	2	1	5
1	0	0	0	0	0
	3	0	4	0	0
		5	6	4	3
	2	0	0	3	0
	4	4	3	3	3

1 ZT = 10 000

2 ZT 5 T = 25 000

1 Lies die Zahlen in der Stellentafel. Beachte die Null.

2 Wie heißen die Zahlen? Schreibe sie mit Ziffern.

a) 5 T
b) 4 ZT 3 T
c) 5 T 4 H 6 Z
d) 8 ZT 6 T 7 H
e) 7 ZT
f) 2 ZT 4 T 3 H
g) 1 HT
h) 5 ZT 3 H 4 Z 2 E

Zeichne eine Stellentafel und trage die Zahlen ein.

3 a) 25 000 b) 48 000 c) 660 d) 3 690 e) 40 600 f) 25 406

4 a) 403 b) 4 007 c) 10 000 d) 22 000 e) 43 406 f) 42 527

Trage mit Ziffern in eine Stellentafel ein.

5 a) fünftausendzweihundertzehn
b) zweitausenddreihundertsieben
c) dreihundertzwanzig

6 a) sechzigtausendzwölf
b) dreitausendvierhundertzwei
c) dreiunddreißigtausend

Trage in eine Stellentafel mit Ziffern ein.

7 a) 2 ZT 4 H b) 3 T 2 E c) 5 T 2 H 6 Z 4 E d) 4 T 2 H 3 E

8 a) 6 H 3 H b) 6 ZT 3 H c) 5 ZT 3 T 4 H d) 6 T 3 H 3 Z

9 | 42 000 | ■ | 42 002 | | 53 688 | ■ | 53 690 | | 62 999 | ■ | 63 001 |

10 | ■ | 54 200 | ■ | | ■ | 24 617 | ■ | | ■ | 37 210 | ■ |

Ordne die Zahlen der Größe nach. Beginne mit der kleinsten Zahl.

11 8000 16 000 12 000

12 23 000 14 216 22 463

13 7500 7 453 7 651

14 43 972 43 981 43 988

15 4 444 4 000 4 004

16 60 300 30 600 60 003

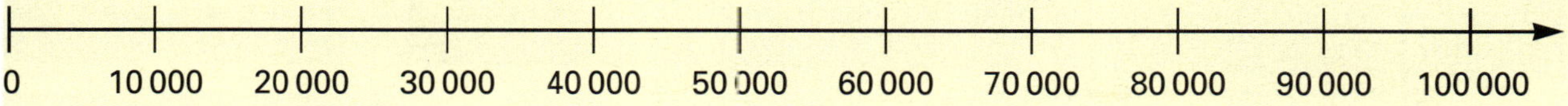

1
Male einen Zahlenstrahl auf Tapete.
Markiere die Zehntausender.

2
Markiere an einem Zahlenstrahl.
42 000, 54 000, 95 000, 80 000, 43 000

Ergänze die Reihen.

3
23 000 | 24 000 | . . . | 41 000

4
56 000 | 55 000 | . . . | 27 000

5
10 000 | 20 000 | . . . | 100 000

6
90 000 | 80 000 | . . . | 10 000

7
10 000 | 15 000 | . . . | 100 000

8
90 000 | 85 000 | . . . | 10 000

Nachbar-Einer	*23 435*		*23 437*	Nachbar-Einer
Nachbar-Zehner	*23 430*		*23 440*	Nachbar-Zehner
Nachbar-Hunderter	*23 400*	*23 436*	*23 500*	Nachbar-Hunderter
Nachbar-Tausender	*23 000*		*24 000*	Nachbar-Tausender
Nachbar-Zehntausender	*20 000*		*30 000*	Nachbar-Zehntausender

9
Runde auf volle Zehner.
14 372 62 763 87 238

10
Runde auf volle Hunderter.
31 258 51 270 34 017

11
Runde auf volle Tausender.
46 211 33 420 47 800

12
Runde auf volle Zehntausender.
54 676 43 000 57 860

Im Eishockeystadion

Fassungsvermögen von Eisstadien

Verein	*Plätze*
Düsseldorfer EG	10 500
SB Rosenheim	7 500
Kölner EC	7 000
Preussen Berlin	6 000
ERC Schwenningen	5 000
EHC Freiburg	6 000
Mannheimer ERC	8 500
EC Hedos München	7 000

Zuschauer bei einigen Spielen

Spiel	*Zuschauer*
München – Köln	6 300
Schwenningen – Rosenheim	5 000
Düsseldorf – Berlin	10 700
Köln – München	7 600
Rosenheim – Schwenningen	6 700
Berlin – Mannheim	6 100
Freiburg – Düsseldorf	5 800
Mannheim – Freiburg	5 500

1
Welches Eishockeystadion faßt die meisten Zuschauer?

2
Welches Stadion faßt die wenigsten Zuschauer?

3
Wie viele Zuschauer kamen zu den Spielen zwischen den Vereinen aus München und Köln?

4
Wie viele Zuschauer sahen beide Spiele der Mannschaft von Düsseldorf?

5
Wie viele Zuschauer faßt das Stadion in München mehr als das Stadion in Freiburg?

6
Wie viele Zuschauer faßt das Stadion in Schwenningen weniger als das Stadion in Rosenheim?

1

Bei einem Eishockeyspiel wurden 8 000 Karten zum Normalpreis und 1 800 Karten zu einem ermäßigten Preis verkauft.
Berechne die Gesamtzahl der verkauften Karten.

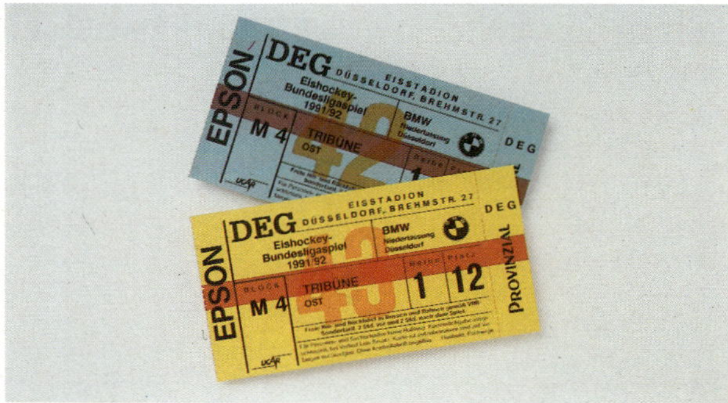

2

20 000 + 30 000
40 000 + 20 000
10 000 + 40 000
30 000 + 60 000
50 000 + 30 000

3

25 000 + 30 000
36 000 + 20 000
47 000 + 10 000
19 000 + 30 000
52 000 + 40 000

4

40 000 + 27 000
20 000 + 43 000
60 000 + 15 000
30 000 + 23 000
10 000 + 44 000

5

26 000 + 3 200
72 000 + 1 400
85 000 + 2 100
62 000 + 6 400
14 000 + 4 300

6

23 000 + 500
45 000 + 200
32 000 + 600
66 000 + 700
73 000 + 600

7

54 000 + 312
86 000 + 416
92 000 + 120
43 000 + 244
36 000 + 134

8

34 000 + 4 700
42 000 + 5 800
25 000 + 3 700
12 000 + 6 800
58 000 + 2 400

9

25 000 + 3 470
34 000 + 2 160
57 000 + 1 420
22 000 + 7 180
31 000 + 5 330

10

Das Stadion von Köln wurde bei einem Bundesligaspiel nur halb voll.
Wie viele Besucher kamen zu diesem Spiel?

11

Im Stadion von Freiburg wurden bei einem Spiel ein Viertel der Eintrittskarten gespendet.
Wie viele Karten waren das?

12

Bestimme die Hälfte von

30 000	100 000	90 000
50 000	80 000	70 000
20 000	40 000	60 000
12 000	24 000	28 000

13

Bestimme ein Viertel von

4 000	40 000	20 000
8 000	80 000	60 000
2 400	24 000	16 000
1 200	12 000	32 000

Fußball-Bundesliga

Plätze in Stadien der Fußball-Bundesliga	
Bayern München	73000
Werder Bremen	41000
1. FC Kaiserslautern	39000
Hamburger SV	61000
Eintracht Frankfurt	61000
Borussia Dortmund	52000
Bayer Leverkusen	27000
1. FC Köln	60000
VfL Bochum	42000
VfB Stuttgart	68000
Fortuna Düsseldorf	68000
Wattenscheid 09	15000
Borussia Mönchengladbach	35000
Karlsruher SC	33000
Stuttgarter Kickers	68000
FC Schalke 04	71000
1. FC Nürnberg	52000
MSV Duisburg	30000
Hansa Rostock	25000
Dynamo Dresden	32000

1
Welches Stadion hat die meisten Plätze, welches Stadion die wenigsten Plätze?

2
Wie viele Plätze fehlen im Stadion von Bayern München an 100000 Plätzen?

3
Schreibe die Anzahl der Plätze von allen Stadien auf, die über mehr als 60000 Plätze verfügen.

4
Schreibe die Platzzahlen der Stadien auf, die zwischen 30000 und 40000 Plätze haben.

5
Wie viele Plätze hat das Stadion vom 1. FC Köln weniger als das Stadion von Schalke 04?

6
Wie viele Plätze hat das Stadion von VfB Stuttgart mehr als das Stadion von Borussia Mönchengladbach?

7

43000 − 20000
42000 − 30000
63000 − 40000
70000 − 50000
66000 − 40000

8

54000 − 31000
80000 − 44000
74000 − 32000
22000 − 11000
46000 − 21000

9

33800 − 32000
46600 − 14000
54300 − 22000
24600 − 14000
58900 − 22000

10

40000 − 500
30000 − 400
80000 − 200
70000 − 300
60000 − 700

1

60 000 − 2 000
40 000 − 1 000
30 000 − 2 000
80 000 − 4 000
90 000 − 3 000

2

32 000 − 1 000
56 000 − 4 000
58 000 − 6 000
67 000 − 2 000
69 000 − 3 000

3

32 000 − 4 000
46 000 − 8 000
54 000 − 7 000
62 000 − 4 000
42 000 − 3 000

4*

36 000 − 400
88 000 − 600
74 000 − 300
52 000 − 700
67 000 − 900

5

64 300 − 2 200
57 200 − 4 100
46 300 − 3 300
57 200 − 4 200
76 200 − 5 400

6

48 000 − 17 000
59 000 − 28 000
62 000 − 41 000
73 000 − 61 000
84 000 − 22 000

7

46 000 − 8 000
57 000 − 4 000
86 000 − 2 000
93 000 − 1 000
84 000 − 3 000

8

48 400 − 600
54 500 − 800
83 400 − 900
93 600 − 700
47 200 − 300

Rechne zuerst mit Überschlag.

Aufgabe $21\,413 + 23\,400 = \blacksquare$
Überschlag $20\,000 + 20\,000 = 40\,000$
Rechnung

$$\begin{array}{r} 21\,413 \\ +\ 23\,400 \\ \hline 44\,813 \end{array}$$

Aufgabe $48\,648 - 21\,439 = \blacksquare$
Überschlag $50\,000 - 20\,000 = 30\,000$
Rechnung

$$\begin{array}{r} 48\,648 \\ -\ 21\,439 \\ \hline 27\,209 \end{array}$$

9

$$\begin{array}{r} 46\,391 \\ +\ 12\,580 \\ \hline \end{array} \quad \begin{array}{r} 36\,145 \\ +\ 25\,836 \\ \hline \end{array} \quad \begin{array}{r} 22\,496 \\ +\ 11\,407 \\ \hline \end{array} \quad \begin{array}{r} 27\,315 \\ +\ 21\,518 \\ \hline \end{array} \quad \begin{array}{r} 54\,276 \\ +\ 27\,036 \\ \hline \end{array}$$

33 903	58 971	46 249	61 981	48 833	81 312

10

$$\begin{array}{r} 37\,400 \\ -\ 12\,480 \\ \hline \end{array} \quad \begin{array}{r} 58\,219 \\ -\ 32\,178 \\ \hline \end{array} \quad \begin{array}{r} 48\,536 \\ -\ 21\,735 \\ \hline \end{array} \quad \begin{array}{r} 35\,618 \\ -\ 12\,439 \\ \hline \end{array} \quad \begin{array}{r} 42\,630 \\ -\ 11\,321 \\ \hline \end{array}$$

24 920	23 179	26 801	42 407	26 041	31 309

Im Radiogeschäft

1 Herr Simon bestellt 30 Pakete mit je 24 Videocassetten.
Wie viele Videocassetten bestellt er?

Aufgabe $24 \cdot 30 = \blacksquare$

Überschlag $20 \cdot 30 = 600$

Rechnung

1. Schritt

$24 \cdot 30$

1 (Übertrag, durchgestrichen)

72

2. Schritt

$24 \cdot 30$

720

Antwort *Herr Simon bestellte 720 Videocassetten.*

2

$35 \cdot 60$
$71 \cdot 20$
$36 \cdot 40$
$42 \cdot 50$
$53 \cdot 60$

2100	1420	1440
2100	3180	1640

3

$43 \cdot 90$
$38 \cdot 60$
$44 \cdot 40$
$53 \cdot 50$
$94 \cdot 80$

2280	1760	4360
3870	2650	7520

4

$66 \cdot 30$
$45 \cdot 90$
$33 \cdot 80$
$77 \cdot 70$
$99 \cdot 40$

5390	2640	3960
1980	4050	4060

5

$46 \cdot 40$
$73 \cdot 40$
$29 \cdot 40$
$65 \cdot 40$
$63 \cdot 40$

1840	1160	2520
2920	2600	2630

$124 \cdot 60 = \blacksquare$

$124 \cdot 60$

7440

6

$128 \cdot 30$
$146 \cdot 70$
$154 \cdot 90$

3840	10220
13860	14690

7

$422 \cdot 30$
$516 \cdot 40$
$921 \cdot 60$

12660	55260
23440	20640

8

$502 \cdot 80$
$704 \cdot 60$
$206 \cdot 80$

16480	40160
18560	42240

1 Firma Peters liefert 36 Kartons mit je 24 Cassetten für Recorder aus. Wie viele Cassetten sind das?

Aufgabe $36 \cdot 24 = ■$ *Überschlag* $40 \cdot 20 = 800$

Rechnung

1. Schritt	2. Schritt	3. Schritt
36 · 24	36 · 24	36 · 24
72 (Übertrag 1)	72	72
	144 (Übertrag 2)	144
		864

Antwort *Es wurden 864 Cassetten geliefert.*

2 Ein Radiogeschäft liefert 18 Kartons mit je 36 Cassetten. Berechne die Gesamtzahl der Cassetten.

3 Eine Firma liefert 25 Großkartons mit Cassetten. Jeder Karton enthält 48 Stück. Berechne die Gesamtzahl.

4
74 · 36
65 · 32
27 · 21
38 · 54
49 · 46

2080	2664
2052	444
567	2254

5
45 · 29
76 · 58
79 · 36
86 · 23
74 · 68

1305	2844
4612	4408
1978	5032

6
93 · 27
52 · 37
63 · 42
46 · 51
93 · 72

1924	2646
2511	2346
6696	4432

7
149 · 46
364 · 58
432 · 44
594 · 36
729 · 76

6854	21112
19008	21384
55404	24367

Was die Baustoffhandlung liefert

1 Firma Schnitzler liefert 24 Paletten mit Blendsteinen.
Jede Palette trägt 400 Steine. Berechne die Gesamtzahl der Blendsteine.

Aufgabe $24 \cdot 400 = \blacksquare$ *Überschlag* $20 \cdot 400 = 800$

Rechnung *1. Schritt* *2. Schritt*

$24 \cdot 400$ → 96 (Übertrag 1) $24 \cdot 400$ → 9600

Antwort *Firma Schnitzler lieferte 9600 Blendsteine.*

2 Herr Meurer erhält für seinen Neubau 33 Paletten mit Kalksandsteinen. Jede Palette trägt 300 Steine. Wie viele Steine hat Herr Meurer bestellt?

3 Ein Bauherr hat sich für Klinker entschieden. Sie werden zu je 500 Stück geliefert. Er bestellt 16 Pakete. Wie viele Steine sind das?

4
$48 \cdot 400$
$52 \cdot 600$
$63 \cdot 800$

5
$46 \cdot 200$
$53 \cdot 700$
$17 \cdot 800$

6
$57 \cdot 700$
$98 \cdot 800$
$63 \cdot 200$

7
$40 \cdot 600$
$60 \cdot 700$
$80 \cdot 900$

8°
$143 \cdot 30$
$358 \cdot 70$
$264 \cdot 60$

13461	15840
25060	4290

9°
$124 \cdot 40$
$476 \cdot 80$
$792 \cdot 90$

4960	38080
71280	54620

10°
$543 \cdot 70$
$672 \cdot 50$
$508 \cdot 30$

38010	15240
33600	16420

11°
$149 \cdot 70$
$347 \cdot 80$
$247 \cdot 60$

10430	27760
14820	18630

1 Ein Lastkahn transportiert 270 Paletten mit Ziegelsteinen.
Jede Palette enthält 340 Steine. Berechne die Gesamtzahl der Ziegelsteine.

Aufgabe $270 \cdot 340 = \blacksquare$ *Überschlag* $300 \cdot 300 = 900$

Rechnung

1. Schritt	2. Schritt	3. Schritt	4. Schritt
270 · 340	270 · 340	270 · 340	270 · 340
810	810	810	810
	1080	10800	10800
			91800

Antwort *Es wurden 91 800 Steine transportiert.*

2 Ein Lastwagen wird mit 240 Paletten Steine beladen. Jede Palette enthält 220 Steine. Berechne die Gesamtzahl.

3 Firma Brandts liefert 220 Großpakete Steine. Jedes Paket enthält 420 Stück. Berechne die Gesamtzahl.

4

124 · 360
276 · 280
534 · 140
137 · 430
238 · 350

44 640	74 760
77 280	58 910
83 300	44 200

5

333 · 220
116 · 350
247 · 360
142 · 140
412 · 210

88 920	73 260
40 600	19 880
98 880	76 800

6

276 · 360
241 · 340
108 · 630
237 · 350
160 · 480

82 950	99 360
81 940	76 800
68 040	54 900

7

407 · 230
207 · 440
108 · 330
208 · 350
309 · 160

93 610	91 080
72 800	35 640
49 440	48 440

In der Fußgängerzone

1

In Wernigerode wird eine Straße in eine Fußgängerzone einbezogen. Die Straße ist 214 m lang und 8 m breit. Wie groß ist die Fläche, die jetzt dazukommt?

2	3	4
244 · 7	319 · 4	258 · 5
418 · 6	468 · 6	318 · 6
533 · 5	421 · 7	222 · 7
326 · 3	326 · 2	346 · 8
462 · 5	383 · 6	821 · 4

5

In der Fußgängerzone entsteht ein neuer Platz mit Springbrunnen. Die Fläche, die gepflastert werden muß, ist 47 m breit und 39 m lang. Berechne die Fläche.

6	7	8
76 · 42	63 · 32	37 · 39
44 · 68	72 · 52	52 · 73
94 · 76	35 · 48	64 · 68
55 · 53	43 · 44	63 · 72
46 · 58	59 · 84	64 · 73

9	10	11	12
43 · 300	21 · 600	77 · 40	87 · 70
56 · 400	48 · 300	66 · 60	46 · 80
84 · 900	54 · 700	33 · 80	39 · 30
53 · 700	22 · 500	44 · 90	51 · 90
62 · 200	53 · 400	55 · 20	24 · 80
65 · 800	44 · 500	22 · 90	81 · 20

22 400	12 900	21 200	22 000	3 080	3 960	6 090	4 590
12 400	37 100	11 000	14 400	3 960	2 640	3 680	1 920
52 000	75 600	37 800	12 600	1 100	1 980	1 170	1 620

1

Die Stadtgärtnerei muß 650 Blumenkästen bepflanzen. Für jeden Kasten sind 7 Pflanzen vorgesehen. Wie viele Pflanzen müssen besorgt werden?

2	3	4
340 · 6	480 · 5	331 · 6
260 · 7	360 · 9	423 · 2
370 · 8	240 · 3	645 · 4
560 · 5	340 · 5	334 · 7
340 · 9	560 · 4	462 · 9

5

20 Beete in einer Fußgängerzone werden bepflanzt. In jedes Beet kommen 620 Pflanzen. Wie viele Pflanzen müssen besorgt werden?

6	7	8
420 · 20	440 · 30	425 · 60
640 · 30	260 · 50	241 · 40
520 · 40	430 · 90	324 · 50
340 · 50	280 · 70	836 · 30
260 · 70	319 · 80	438 · 90

9	10	11	12
220 · 56	420 · 38	462 · 51	426 · 22
330 · 48	390 · 42	391 · 43	392 · 44
520 · 63	680 · 51	586 · 21	426 · 33
630 · 47	420 · 64	243 · 34	343 · 55
470 · 94	540 · 77	514 · 46	401 · 88
740 · 29	260 · 57	457 · 39	132 · 22

29610	12320	26880	15960	16813	8262	9372	18865
15840	44180	16380	41580	23562	17823	17248	35288
32760	21460	34680	14820	12306	23644	14058	2904

Aus dem Gartencenter

In einem Gartencenter werden Blumenzwiebeln in Päckchen abgefüllt.
Jedes Päckchen enthält 20 Stück. Herr Sander muß 8360 Zwiebeln abfüllen.
Wie viele Päckchen ergibt das?

Aufgabe 8360 : 20 = ■ *Überschlag* 8000 : 20 = 400

Rechnung

1. Schritt

```
8360 : 20 = 4
80
--
 3
```

2. Schritt

```
8360 : 20 = 41
80
--
 36
 20
 --
 16
```

3. Schritt

```
8360 : 20 = 418
80          ===
--
 36
 20
 --
 160
 160
 ---
   0
```

Probe

```
418 · 20
--------
    8360
    ====
```

Antwort Es können 418 Päckchen gepackt werden.

Gartencenter Peters
Lieferschein für Tulpen

Sorte	Farbe	Stückzahl
Appeldoorn	scharlachrot	4650
Oxford	orange	6300
Meißen	rosa mit weiß	3850
First Lady	rötlich	7800
Garten Party	weiß	5050

1
Wie viele Säckchen mit 50 Blumenzwiebeln können jeweils gefüllt werden?

2
6240 Krokusse werden in Tüten zu 30 verpackt. Wie viele Tüten ergibt das?

Rechne zuerst mit Überschlag.

3
2100 : 60
4680 : 60
3900 : 60
5100 : 60
2700 : 60

78 85 55 65 45 35

4
2240 : 40
1960 : 40
2120 : 40
1440 : 40
1840 : 40

49 36 56 53 46 74

5
2250 : 30
4440 : 30
1050 : 30
2190 : 30
1950 : 30

148 73 75 35 65 63

6
1920 : 60
1750 : 50
5120 : 80
3710 : 70
3680 : 40

35 53 32 64 92 23

Rechne mit Probe.

7
2100 : 70
3240 : 60
6150 : 50
1800 : 40
7200 : 30

54 45 30 123 240 90

8
1840 : 80
2940 : 70
2040 : 60
3350 : 50
2480 : 40

67 42 23 62 34 29

9
1710 : 30
4080 : 80
2380 : 70
2760 : 40
1900 : 50

34 51 56 69 38 57

10
6640 : 80
3120 : 60
6240 : 30
1960 : 20
3920 : 40

52 98 83 208 98 48

11
5628 Narzissen werden in Beutel zu 40 Stück verpackt. Wie viele Beutel ergibt das?

5628 : 40 = 140 Rest 28
40
162
160
28
0
28

12
3464 : 60
4268 : 40
3257 : 80
4280 : 60

13
5478 : 70
3689 : 30
4230 : 40
3925 : 30

Schulausflüge

1

Am Wandertag wollen die 15 Schüler der Klasse 7 eine Klassenfahrt auf die Insel Rügen machen. Dort werden sie am Ostseestrand bis zum Königsstuhl wandern. Die Kosten für die Fahrt betragen insgesamt 735 DM.
Wieviel DM Fahrtkosten muß jeder Schüler bezahlen?

Aufgabe 735 : 15 = ■

Rechnung 735 : 15 = 49
60
135
135
0

Antwort Jeder Schüler muß 49 DM Fahrtkosten bezahlen.

2

1395 : 31
1134 : 18
2108 : 62
1323 : 49
2006 : 59

34	27	22
45	63	34

3

1406 : 19
3087 : 49
1856 : 32
2444 : 52
2074 : 61

58	22	63
47	74	34

4

2898 : 69
1656 : 92
2736 : 38
1155 : 21
1395 : 31

45	55	72
18	42	55

5

4182 : 51
3672 : 68
2808 : 72
4823 : 91
1116 : 18

53	39	72
82	45	62

1

Eine Klasse mit 28 Schülern möchte das Pergamonmuseum in Berlin besichtigen. Die Gruppenreise mit der Bahn kostet 1512 DM. Wieviel DM muß jeder Schüler bezahlen?

2

Eine Gruppe mit 11 Schülerinnen muß in der Jugendherberge Bad Münstereifel für einen Aufenthalt 2508 DM zahlen. Wieviel DM entfallen auf jede Schülerin?

3

24 Schüler fahren zusammen zur FOTOKINA nach Köln.
Die Fahrtkosten betragen 648 DM.
Wie teuer ist die Fahrt für jeden Schüler?

4

21 Schülerinnen und Schüler fahren zwei Wochen ins Schullandheim.
Der Aufenthalt kostet 4704 DM.
Wieviel DM kostet der Aufenthalt für einen Schüler?

Es bleibt immer ein Rest.

Aufgabe

1280 : 15 = ■

Rechnung

```
1280 : 15 = 85 Rest 5
120
  80
  75
   5
```

5	**6**	**7**
353 : 18	873 : 92	573 : 49
948 : 61	287 : 59	235 : 11
719 : 42	663 : 11	697 : 58
563 : 22	946 : 69	424 : 39
645 : 59	394 : 19	862 : 71

8	**9**	**10**
2132 : 82	3534 : 62	4368 : 78
1768 : 52	4263 : 49	1273 : 19
2646 : 42	1606 : 22	2546 : 38
2844 : 79	5162 : 89	3294 : 61
2187 : 81	4992 : 78	3192 : 42

11°

3465	4928	7438
642	591	1711

12°

44000	42806	44570
3695	2137	138

13°

4629	3852	4308
− 461	− 214	264

14°

43072	41460	56800
− 1115	− 324	2344

Im Gebrauchtwagenzentrum

1

Michaels Vater hat einen Gebrauchtwagen gekauft, den er in Raten bezahlen möchte. Bei 12 Monatsraten beträgt der Preis des Wagens 6 048 DM. Wie hoch sind die einzelnen Monatsraten?

6048 : 12 = 504
60
4
0
48
48
0

Probe
504 · 12
504
1008
6048

Eine Rate beträgt 504 DM.

Berechne die Preise für eine Rate.

2

Preis bei Ratenzahlung	Anzahl der Raten
7 260 DM	12
19 344 DM	24
21 780 DM	36
14 640 DM	48
29 232 DM	72

406 DM 605 DM 507 DM
605 DM 305 DM 806 DM

3

Preis bei Ratenzahlung	Anzahl der Raten
9 648 DM	12
4 848 DM	24
7 488 DM	36
14 832 DM	48
36 144 DM	72

502 DM 208 DM 309 DM
202 DM 804 DM 403 DM

1

Frau Neitzel interessiert sich für den Campingwagen Eifelgold. Der Preis bei Ratenzahlung (24 Raten) beträgt 17 280 DM. Wie hoch ist eine Rate?

```
17280 : 24 = 720
168
 48
 48
  0
  0

Probe
720 · 24
 1440
  2880
 17280
```

Eine Rate beträgt 720 DM.

2

3500	:	14
17 360	:	28
10 240	:	32
15 180	:	46
14 280	:	34

620 360 320 250 420 330

3

6 240	:	52
4 180	:	38
11 200	:	56
17 640	:	84
32 130	:	63

120 210 510 200 110 910

4

1 380	:	46
2 650	:	53
1 920	:	64
1 860	:	31
1 380	:	23

30 30 70 50 60 60

5

2 640	:	44
4 960	:	62
3 550	:	71
1 440	:	24
4 400	:	55

60 50 80 80 60 70

Beachte den Rest.

```
4568 : 38 = 120 Rest 8
38
 76
 76
  8
  0
  8

Probe 120 · 38
        360
         960
        4560
Rest       8
        4568
```

6

24 564	:	32
11 046	:	46
18 725	:	52
24 488	:	34
24 846	:	46
46 339	:	43

7

9 753	:	28
7 653	:	19
7 650	:	27
4 681	:	31
5 439	:	41
2 490	:	38

8°

3 465	4 928	7 438
− 642	− 591	− 1 711

9°

44 226	33 846	20 693
− 1 774	− 1 624	− 2 167

10°

4 300	5 978	7 394
− 568	− 624	− 326

11°

4 261	4 520	4 000
− 1 391	− 1 129	− 789

In der Großbäckerei

In Großbäckereien wird das Brot auf großen Backstraßen gebacken. Der geformte Teig wandert auf einem Stahlnetzband durch große Öfen und kommt als fertiges Brot am Ende heraus. Diese Öfen nennt man Netzbandöfen.

1

Die Tagesproduktion einer Großbäckerei beträgt 11 200 Brote.
Die Lieferfahrzeuge fassen 800 Brote.
Wie viele Fahrten sind für die Auslieferung erforderlich?

1. Schritt

11200 : 800 = 1
800
320

2. Schritt

11200 : 800 = 14
800
3200
3200
0

Antwort
14 Fahrten sind erforderlich.

2

Eine Brotfabrik liefert 13 800 Pakete Bauernbrot. Die Auslieferung erfolgt mit Paletten zu 600 Stück. Wie viele Paletten müssen bereitgestellt werden?

3

Eine Kuchenfabrik muß 12 400 Stollen liefern. Die Fabrik kann in einer Stunde 400 Stollen herstellen.
Wie lange dauert die Herstellung?

4

5 400 : 300
3 200 : 200
7 600 : 400
3 400 : 200
4 600 : 200

16 17 18 19 20 23

5

7 500 : 500
10 200 : 600
9 800 : 700
9 000 : 500
7 600 : 400

14 15 16 17 18 19

6

9 600 : 800
9 900 : 900
7 800 : 600
5 700 : 300
6 400 : 400

11 12 13 14 16 19

7*

5 200 : 200
23 800 : 700
27 600 : 600
12 400 : 400
16 800 : 300

34 26 46 53 31 56

1

Eine Brotfabrik liefert 11700 Pakete Steinofenbrot zu 250 g. Die Auslieferung erfolgt durch Rollcontainer; sie fassen jeweils 450 Brote.
Wie viele Rollcontainer sind erforderlich?

1. Schritt
11700 : 450 = 2
900
270

2. Schritt
11700 : 450 = 26
900
2700
2700
0

Antwort
26 Rollcontainer sind erforderlich.

2

7200 : 120
3900 : 130
7000 : 140
6400 : 160
3400 : 170

30	40	50
20	60	70

3

7360 : 160
6460 : 170
7560 : 180
8360 : 190
6720 : 140

38	40	42
44	46	48

4

8840 : 520
9240 : 440
7480 : 340
7680 : 240
9880 : 380

17	21	22
26	27	32

5

10500 : 420
26520 : 780
13650 : 910
16380 : 390
19610 : 530

15	21	25
34	37	42

6

Eine Großbäckerei produziert an einem Tag 2688 Brote. Sie werden auf Regale verteilt. Jedes Regal faßt 192 Brote.
Wie viele Regale werden täglich gefüllt?

1. Schritt
2688 : 192 = 1
192
76

2. Schritt
2688 : 192 = 14
192
768
768
0

Antwort
Täglich werden 14 Regale gefüllt.

7

3948 : 141
9994 : 263
8976 : 187
9512 : 164
8976 : 132

18	28	38
48	58	68

8

26256 : 547
39672 : 684
32096 : 472
31504 : 358
22306 : 587

88	78	68
58	48	38

9

22200 : 555
44400 : 888
39960 : 666
31080 : 444
23310 : 777

80	70	60
50	40	30

10

16885 : 307
20196 : 306
39116 : 508
50193 : 507
17864 : 406

99	88	77
66	55	44

Rund ums Fahrrad

Artikel	Preis
Klingel	4,50 DM
Vorderradbremse	23,00 DM
Hinterradbremse	25,00 DM
Scheinwerfer mit Dynamo	43,90 DM
Rücklicht	7,50 DM
Rückstrahler	5,50 DM
Vorderstrahler weiß	3,00 DM
Großflächenstrahler	5,50 DM
Speichenstrahler	6,00 DM
Sturzhelm	65,80 DM
Luftpumpe	4,80 DM
Flickzeug	3,50 DM

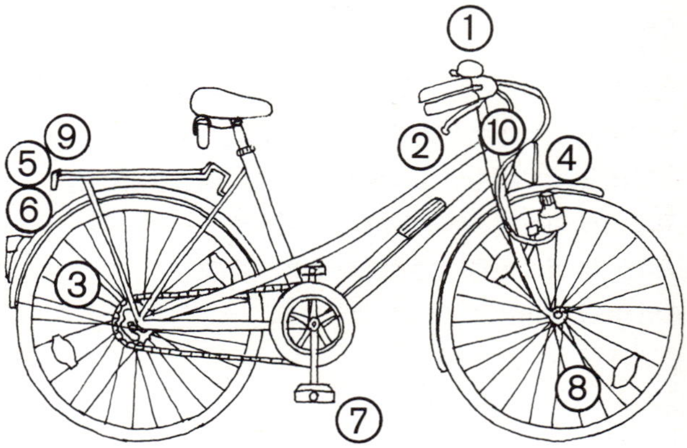

1

Schreibe die Teile auf, die zu einem sicheren Fahrrad gehören.

① Klingel
② ...

2

Berechne die Gesamtkosten für ein sicheres Fahrrad
a) ohne Sturzhelm
b) mit Sturzhelm

3

Klaus kauft einen Sturzhelm, eine Luftpumpe und Flickzeug. Er bezahlt mit einem 100-DM-Schein.
Wieviel DM erhält er zurück?

4

David will die Decken erneuern.
Er hat sich nach dem Preis erkundigt.

1 Decke	16,90 DM
1 Schlauch	7,00 DM
1 Ventil	1,50 DM
Montage für das Vorderrad	6,80 DM
Montage für das Hinterrad	9,60 DM

a) David hat 90 DM bei sich.
Kommt er mit diesem Betrag aus?

b) Wie teuer wird die Reparatur, wenn David sie selbst ausführt?

5

Klara und Edith machen eine Fahrradtour von Krefeld nach Wankum (45 km). Plötzlich hat Klara eine Reifenpanne. Der Tacho gibt als gefahrene Strecke 39,4 km an. Wie weit sind sie noch vom Ziel entfernt?

6

Ein PKW kostet 25 720 DM. Wie viele Fahrräder zum Einzelpreis von 643 DM kann man dafür kaufen?

7

Kevin fährt jeden Tag seinen Schulweg von 14 km mit dem Rad. Welche Strecke fährt er im Jahr bei 220 Schultagen?

1

Klaus hat für ein neues Fahrrad 500 DM gespart. Den Rest hat er sich als Geburtstagsgeschenk gewünscht. Er hat sich für ein Sportrad zum Preis von 695 DM entschieden. Hierzu möchte er noch einige Extras haben:

Tacho elektronisch	DM 40,–
Lenkerumwicklung	DM 12,–
Ringschloß	DM 18,50
Tragekorb	DM 21,30

a) Wieviel DM kosten die Extras zusammen?

b) Wieviel DM kostet das Fahrrad mit den Extras?

c) Bei Barkauf erhält Klaus einen Rabatt von 60 DM. Wie teuer wird der Kauf bei Barzahlung?

d) Wieviel DM müssen die Eltern als Geburtstagsgeschenk zum Kauf des Fahrrades hinzugeben?

2

Wieviel DM nimmt der Fahrradhändler ein, wenn er alle drei Fahrräder verkauft?

3

Mareike will ein neues Fahrrad kaufen. Sie hat 560 DM gespart. Wieviel DM fehlen ihr für das teuerste Fahrrad?

4

Lisa kauft sich das Fahrrad für 678 DM. Sie zahlt den Preis in fünf gleichen Monatsraten ab. Wie hoch sind die einzelnen Raten, die sie zahlt?

5

Claudia fährt an 8 Monaten mit dem Fahrrad zum Schwimmtraining. Die Buskarte kostet jeden Monat 45,60 DM. Wieviel DM spart sie?

6

Werner legt mit seinem Fahrrad in einer Stunde durchschnittlich 18 km zurück. Er fährt von Mannheim bis Weinheim 54 km. Wie lange braucht er für diese Strecke?

Willkommen in der Jugendherberge

Fast 5400 Jugendherbergen in der Welt und 750 Jugendherbergen in der Bundesrepublik Deutschland bieten jungen Menschen auf Reisen und Wanderungen eine gastfreundliche und preiswerte Unterkunft. Jugendherbergen sind nicht nur für die Übernachtung da. Sie dienen auch als Stätten für Freizeit, Erholung, Sport und Bildung. Voraussetzung zur Benutzung der Jugendherbergen ist die Mitgliedschaft im Jugendherbergswerk.

Die Mitgliedschaft im Deutschen Jugendherbergswerk (DJH) kostet*
bis 26 Jahre DM 15,– ab 27 Jahre DM 24,– für Familien DM 24,–
Vereine, Schulen und Organisationen zahlen als Jahresbeitrag DM 30,–

* zuzüglich einer einmaligen Aufnahmegebühr von DM 2,–

DJH Dahn/Pfälzer Wald

Leistungen

Unterkunft und Vollverpflegung (bei Tagestouren wird ein Lunchpaket ausgegeben und abends ein warmes Abendessen), Gebühr für Bettwäsche, Info-Paket mit ausführlicher Beschreibung sowie alle Leistungen im Programm.

Preis pro Person:

5-Tage-Programm

— bei 18-30 Personen	206,70 DM
— bei 31-50 Personen	190,20 DM

3-Tage-Programm

— bei 18-30 Personen	76,00 DM
— bei 31-50 Personen	74,00 DM
Verlängerungstag	46,00 DM

1

Die Klassen 7 und 8 planen für 23 Schülerinnen und Schüler einen Aufenthalt in der Jugendherberge Dahn im Pfälzer Wald.

a) Wieviel DM kostet die Mitgliedschaft einschließlich Aufnahmegebühr im DJH?

b) Wieviel DM kostet der Aufenthalt für 5 Tage?

c) Wie teuer würde der Aufenthalt für 4 Tage werden?

Preisliste für die Jugendherbergen

Stand: 1992
Kosten pro Person in DM

Kategorie	Orte	Übernachtung/ Frühstück (Ü/F)	Halbpension (HP)	Vollpension (VP)
1	Thallichtenberg Wittenberg	13,70	20,50	23,00
2	Bernkastel Binz/Rügen Speyer	15,20	22,00	24,50
3	Bingen Cochem Cottbus Schwerin	15,70	22,50	25,00
4	Chemnitz Dietz/Lahn Meißen Saarbrücken	16,20	23,00	25,50
5	Dresden Koblenz Mainz Weimar	16,90	23,70	26,00

1

Vergleiche die Preise für Halbpension und die Preise für Vollpension.

2

Vergleiche die Preise für Übernachtung mit Frühstück und die Preise für Vollpension.

3

Wie teuer wird dieser Aufenthalt?
Ort: Bernkastel, Dauer: 5 Tage
Buchung: Vollpension,
Teilnehmer: 20 Personen.

4

Wieviel DM kostet ein Aufenthalt in der Jugendherberge in Meißen (2 Personen, Halbpension, Dauer: 3 Tage)?

5*

Eine Klasse mit 14 Schülern plant einen Aufenthalt für 5 Tage in der Jugendherberge in Weimar. Die Kosten für die Anreise betragen 2164 DM. Zusätzlich soll eine Fahrt nach Erfurt durchgeführt werden (Kosten pro Person 15 DM).
Wieviel DM muß jeder Schüler bezahlen?

6*

Zwei Klassen mit zusammen 25 Schülerinnen und Schülern planen eine Fahrt an die Mosel. Sie wollen 4 Tage in Cochem übernachten. Sie wählen die Vollpension. Als zusätzliche Kosten sind zu bezahlen: Bootsfahrt nach Trier pro Person 18,50 DM, Eintrittsgeld in Idar-Oberstein 4,50 DM. Die Anreise mit dem Bus kostet 1075 DM. Wie teuer wird die Fahrt für jeden Schüler?

Keine Angst vor dem Taschenrechner

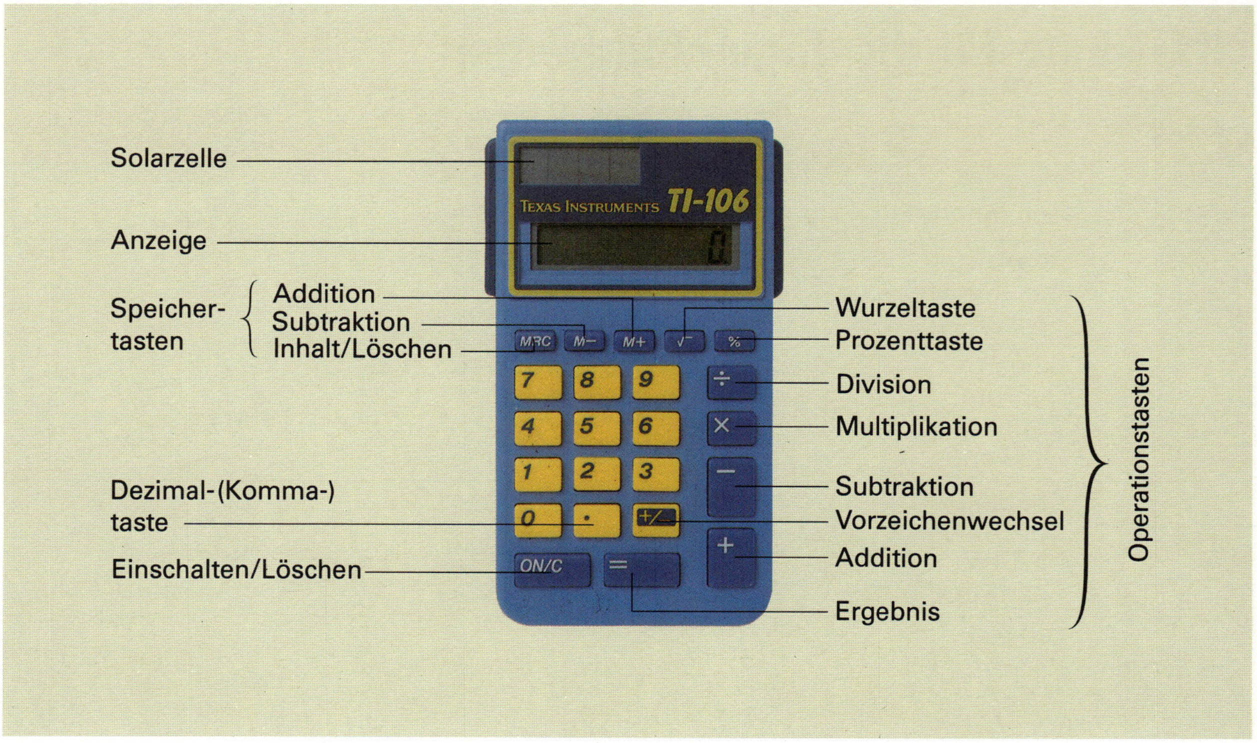

Es gibt verschiedene Modelle von Taschenrechnern.
Anzahl oder Anordnung der Tasten sind oft unterschiedlich.
Die wichtigsten Tasten findest du aber bei jedem Taschenrechner.

[M] Memory (Speicher) [C] Clear (Löschen)

[MRC] Memory Recall Clear (Speicher Rückruf Löschen)
1 mal tippen: Rückruf 2 mal tippen: Löschen

Drücke vor jeder neuen Aufgabe die Löschtaste [ON/C].

1

Prüfe ob alle Ergebnisse stimmen.

56 + 27	[ON/C]	[5] [6]	[+]	[2] [7]	[=]	83.
423 – 58	[ON/C]	[4] [2] [3]	[–]	[5] [8]	[=]	365.
27 · 53	[ON/C]	[2] [7]	[×]	[5] [3]	[=]	1431.
335 : 67	[ON/C]	[3] [3] [5]	[÷]	[6] [7]	[=]	5.

Drücke immer vor Beginn die Löschtaste [ON/C].
Wenn du dich vertippt hast, drücke [ON/C] und rechne neu.

1

609 + 315
423 + 269
444 + 777
327 + 651

692 924 978 468 1221

2

154 − 96
762 − 468
398 − 188
400 − 346

294 418 54 58 210

3

46 · 96
88 · 78
143 · 52
200 · 46

4416 7436 9200 6864 6385

4

5943 : 7
4677 : 3
3865 : 5
1608 : 6

849 869 268 1559 773

Der Taschenrechner ist beim Lösen von Rechenaufgaben praktisch.

Aufgabe	*247 − 35 + 864 =* ■
Lösung	[ON/C] — [2] [4] [7] — [−] — [3] [5] — [+] — [8] [6] [4] — [=] — [1076.]

5

432 + 372 − 443
218 − 106 + 305
736 − 57 + 112
967 + 16 − 462

361 214 417 521 791

6

447 − 368 + 421 − 13
961 − 766 + 315 − 67
251 + 412 − 63 − 74
539 − 211 − 44 − 33

487 443 526 251 783

Rechne erst den Überschlag im Kopf,
die genaue Rechnung mit dem Taschenrechner.

7

316 · 21
459 · 43
521 · 71
462 · 99
724 · 36

6636 45738 19737 42369 36991 26064

8

444 · 36
560 · 68
936 · 23
243 · 37
923 · 48

38080 8991 15984 21369 21528 44304

9

2451 : 43
7828 : 19
1710 : 38
2208 : 48
6408 : 18

57 46 66 356 64 412

10

4536 : 72
6148 : 53
3286 : 62
4032 : 63
8836 : 94

116 94 53 63 64 62

Kassenzettel

Das Komma wird mit der Dezimaltaste [·] eingegeben.

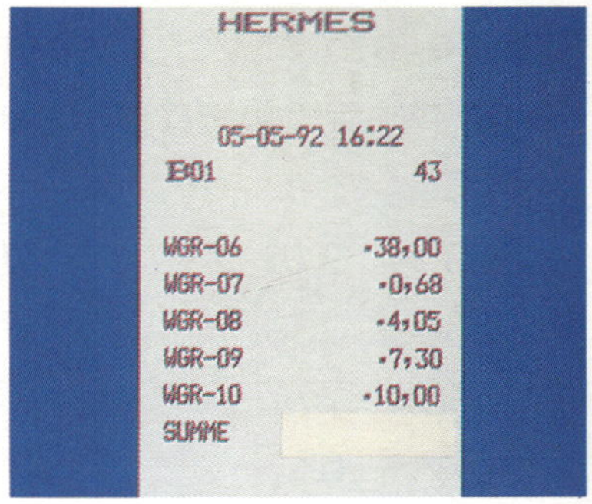

1

Frau Rück hat eingekauft. Ihre Kinder rechnen nach, welchen Betrag sie bezahlen mußte.

René nimmt den Taschenrechner und rechnet so:

[ON/C] [3][8][.][0][0] [+] [0][.][6][8] [+] [4][.][0][5] [+] [7][.][3][0] [+] [1][0][.][0][0] [=] [ ]

Inga rechnet kürzer. Vergleiche.

[ON/C] [3][8] [+] [.][6][8] [+] [4][.][0][5] [+] [7][.][3] [+] [1][0] [=] [ ]

Frau Rück muß ■ DM bezahlen.

Rechne so kurz wie möglich.

2
36,08 DM
0,75 DM
43,50 DM
5,00 DM
+
Su DM

3
600,00 DM
42,00 DM
18,00 DM
4,00 DM
+
Su DM

4
0,75 DM
0,68 DM
0,54 DM
0,96 DM
+
Su DM

5
106,30 DM
24,00 DM
45,06 DM
50,00 DM
+
Su DM

85,33 DM	664,00 DM	2,93 DM	225,36 DM	49,30 DM

6
148,30 DM
200,00 DM
36,80 DM
47,00 DM
0,53 DM
Su DM

7
163,05 DM
216,63 DM
37,00 DM
90,60 DM
503,08 DM
Su DM

8
426 DM
24 DM
300 DM
608 DM
40 DM
Su DM

9
0,07 DM
0,87 DM
0,94 DM
0,66 DM
0,50 DM
Su DM

1010,36 DM	432,63 DM	3,04 DM	1398 DM	418 DM

1

Lena hat eingekauft. Sie bezahlt mit einem 50 DM-Schein.
Welchen Betrag erhält sie zurück?
Benutze die Speichertasten.

Lena rechnet so:

[ON/C] [1] [.] [4] [2] [+] [4] [.] [5] [+] [7] [.] [3] [2] [+] [.] [9] [8] [M+] [5] [0] [−] [MRC] [=] [M ▢]

Ihre Schwester prüft nach. Am Schluß rechnet sie etwas anders.
Was ändert sich in der Anzeige beim Ergebnis?

[ON/C] [1] [.] [4] [2] [+] [4] [.] [5] [+] [7] [.] [3] [2] [+] [.] [9] [8] [M+] [5] [0] [M−] [MRC] [M ▢]

Das Rückgeld beträgt ■ DM.

Die Kunden bezahlen mit einem 100 DM-Schein. Berechne jeweils das Rückgeld.

2	3	4	5
4,76 DM	48,40 DM	51,00 DM	44,00 DM
19,34 DM	4,60 DM	4,80 DM	4,30 DM
40,00 DM	17,00 DM	5,30 DM	5,53 DM

35,90 DM	30,00 DM	38,90 DM	46,17 DM	24,30 DM

Die Kunden bezahlen mit einem 50 DM-Schein. Berechne das Rückgeld.

6	7	8	9
23,60 DM	24,68 DM	44,05 DM	7,80 DM
4,90 DM	21,00 DM	3,80 DM	0,70 DM
7,00 DM	0,74 DM	2,15 DM	20,10DM

48,50 DM	3,58 DM	0,00 DM	21,40 DM	14,50 DM

Die Kunden bezahlen mit einem 20 DM-Schein. Berechne das Rückgeld.

10	11	12	13
0,56 DM	4,60 DM	4,80 DM	4,62 DM
1,94 DM	1,19 DM	3,00 DM	3,70 DM
3,60 DM	0,37 DM	12,00 DM	0,90 DM

13,90 DM	13,84 DM	0,20 DM	10,78 DM	2,40 DM

Ausgaben für Schülerinnen und Schüler

Klasse	Schüler	Lesebuch	Mathematik	Sachkunde
7 A	12	20 DM	23 DM	16 DM
8 B	14	22 DM	23 DM	14 DM
9	15	18 DM	23 DM	24 DM

1
Wieviel DM wurden für jede Klasse ausgegeben?

2
Wieviel wurden für die drei Klassen ausgegeben?

Klasse	Schüler	Wandergeld	Werken	Papier
5	11	7 DM	40 DM	18 DM
6	13	7 DM	42 DM	16 DM
7	15	7 DM	44 DM	14 DM
8	12	7 DM	45 DM	14 DM

3
Wieviel DM wurden für jeden Schüler und für jede Klasse geplant?

4
Welcher Betrag wurde für die vier Klassen geplant?

5
Mit dem Taschenrechner lassen sich auch Wörter bilden. Stelle hier den Taschenrechner auf den Kopf.

0 – 0	1 – /	2 – 2	3 – E
5 – 5	7 – L	8 – 8	9 – 6

6
Lies diese Zahlen als Wörter.

513 | 7353 | 38317 | 3507

739312 | 3573 135 35137

7702 | 35317 819 730

7

Stelle deinen Taschenrechner auf den Kopf. Gib folgende Zahlen ein:
507, 3773, 5505, 7702,
93738, 2007353

8
Bilde Wörter mit dem Taschenrechner.

In der Käseabteilung

Bruchteile

Schreibe die markierten Flächen als Bruch.

1
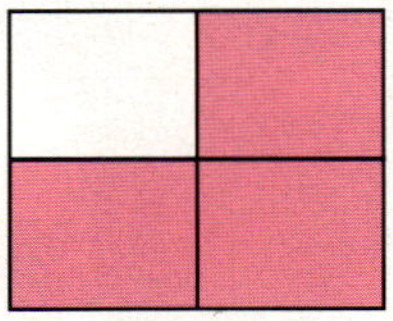

2
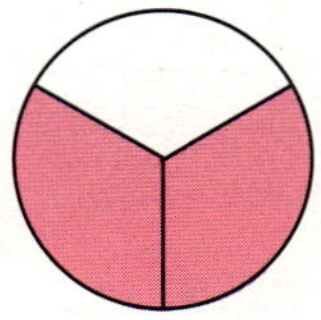

3

4
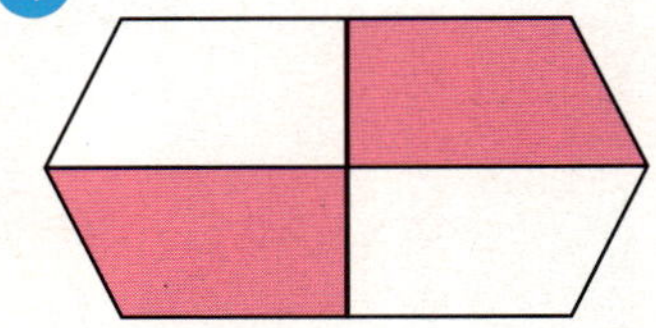

5
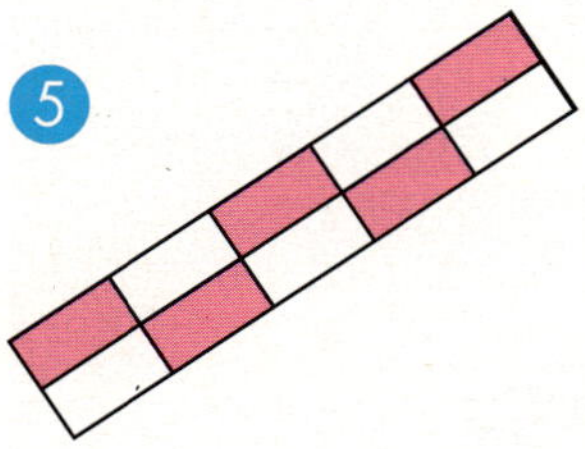

6
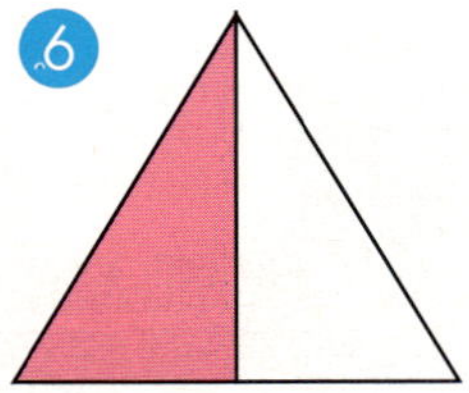

7
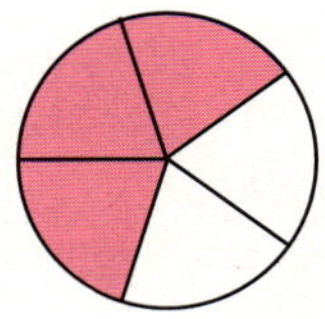

8
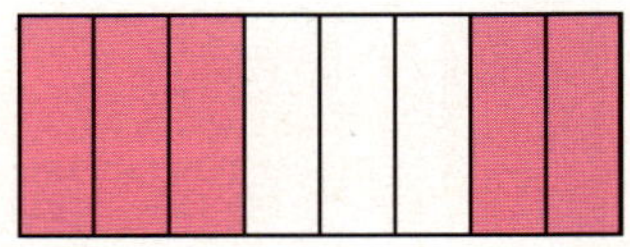

Zeichne die Figuren in dein Heft. Teile und markiere die angegebenen Bruchteile.

9
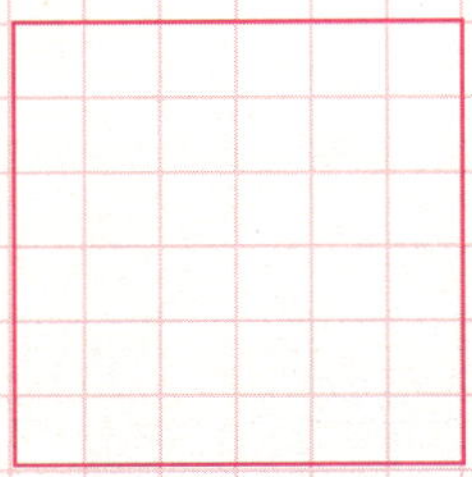

$\frac{2}{3}$

10

$\frac{3}{8}$

11
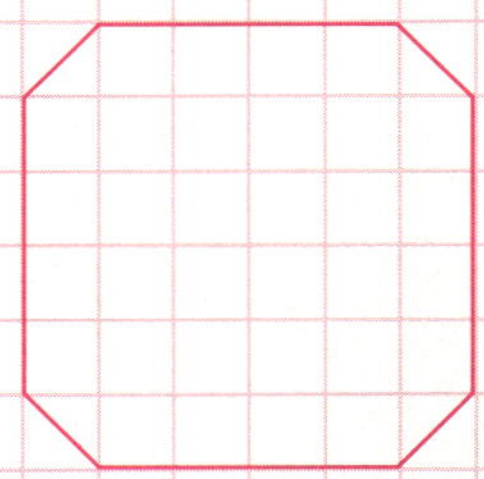

$\frac{3}{4}$

12

$\frac{5}{6}$

13
1 kg = 1000 g

$\frac{3}{4}$ kg = ■ g

$\frac{7}{8}$ kg = ■ g

$\frac{5}{6}$ kg = ■ g

$\frac{3}{10}$ kg = ■ g

14
1 km = 1000 m

$\frac{1}{2}$ km = ■ m

$\frac{2}{3}$ km = ■ m

$\frac{4}{5}$ km = ■ m

$\frac{3}{8}$ km = ■ m

15
1 m = 100 cm

$\frac{3}{4}$ m = ■ cm

$\frac{2}{5}$ m = ■ cm

$\frac{3}{10}$ m = ■ cm

$\frac{1}{2}$ m = ■ cm

16
1 h = 60 min

$\frac{1}{4}$ h = ■ min

$\frac{3}{4}$ h = ■ min

$\frac{1}{2}$ h = ■ min

$\frac{1}{3}$ h = ■ min

Wir erweitern.

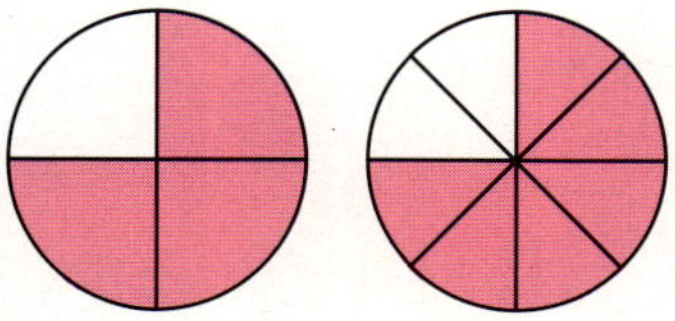

$\frac{3}{4} = \frac{6}{8}$

$\frac{3 \cdot 2}{4 \cdot 2} = \frac{6}{8}$

1 Zeichne die Tabelle in dein Heft.

Erweitere mit	$\frac{1}{2}$	$\frac{1}{4}$	$\frac{1}{8}$	$\frac{2}{3}$	$\frac{5}{6}$	$\frac{3}{5}$	$\frac{7}{10}$
2	$\frac{\square}{\square}$	$\frac{\square}{\square}$	$\frac{\square}{\square}$	$\frac{\square}{\square}$	$\frac{\square}{\square}$	$\frac{\square}{\square}$	$\frac{\square}{\square}$
4	$\frac{\square}{\square}$	$\frac{\square}{\square}$	$\frac{\square}{\square}$	$\frac{\square}{\square}$	$\frac{\square}{\square}$	$\frac{\square}{\square}$	$\frac{\square}{\square}$
3	$\frac{\square}{\square}$	$\frac{\square}{\square}$	$\frac{\square}{\square}$	$\frac{\square}{\square}$	$\frac{\square}{\square}$	$\frac{\square}{\square}$	$\frac{\square}{\square}$

Wandle um in Achtel.

2

$\frac{3}{4}$ kg Schafskäse

$\frac{1}{2}$ kg Schweizer Käse

$\frac{3}{4}$ kg Quark

3

$\frac{3}{4}$ kg Schmalz

$\frac{3}{4}$ kg Butter

$\frac{1}{2}$ kg Margarine

4

$\frac{1}{2}$ ℓ Olivenöl

$\frac{3}{4}$ ℓ Distelöl

$\frac{1}{2}$ ℓ Obstessig

5

$\frac{3}{4}$ ℓ Apfelsaft

$\frac{1}{2}$ ℓ Zitronensaft

$\frac{3}{4}$ ℓ Himbeersaft

Wir kürzen.

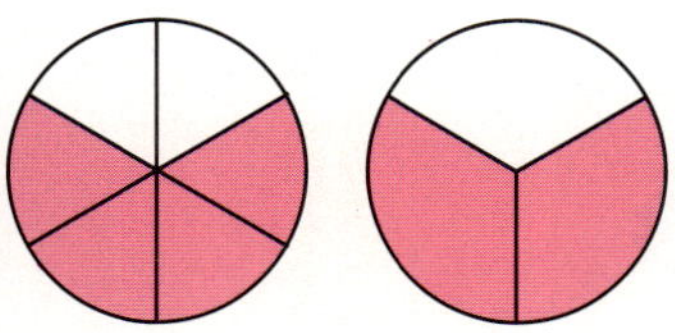

$\frac{4}{6} = \frac{2}{3}$

$\frac{4 : 2}{6 : 2} = \frac{2}{3}$

6 Zeichne die Tabelle in dein Heft.

Kürze durch	$\frac{6}{12}$	$\frac{12}{18}$	$\frac{18}{24}$	$\frac{6}{24}$	$\frac{12}{30}$	$\frac{24}{30}$	$\frac{18}{36}$
3	$\frac{\square}{\square}$	$\frac{\square}{\square}$	$\frac{\square}{\square}$	$\frac{\square}{\square}$	$\frac{\square}{\square}$	$\frac{\square}{\square}$	$\frac{\square}{\square}$
2	$\frac{\square}{\square}$	$\frac{\square}{\square}$	$\frac{\square}{\square}$	$\frac{\square}{\square}$	$\frac{\square}{\square}$	$\frac{\square}{\square}$	$\frac{\square}{\square}$
6	$\frac{\square}{\square}$	$\frac{\square}{\square}$	$\frac{\square}{\square}$	$\frac{\square}{\square}$	$\frac{\square}{\square}$	$\frac{\square}{\square}$	$\frac{\square}{\square}$

Wieviel kg Ware enthält jede Kiste?

$\frac{20}{4}$ kg = $\square$

$\frac{20 : 4}{4 : 4} = \frac{5}{1} = 5$

$\frac{20}{4}$ kg = 5 kg

7

1 Kiste mit $\frac{20}{4}$ kg Mehl

1 Kiste mit $\frac{24}{4}$ kg Zucker

1 Kiste mit $\frac{36}{4}$ kg Reis

8

1 Kiste mit $\frac{24}{8}$ kg Kakao

1 Kiste mit $\frac{40}{8}$ kg Kaffee

1 Kiste mit $\frac{96}{8}$ kg Tee

Im Bio-Laden

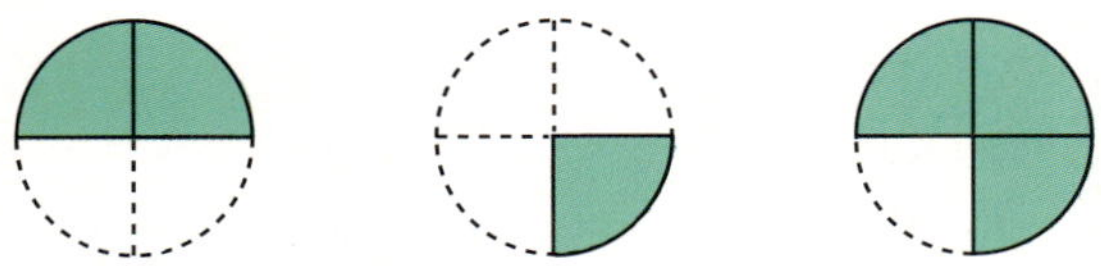

$$\frac{2}{4} + \frac{1}{4} = \frac{3}{4}$$

So addieren wir Brüche mit gleichem Nenner:

Wir addieren die Zähler und lassen den Nenner unverändert.

Verschiedene Müslisorten. Wieviel wiegt jede Sorte?

1
$\frac{1}{4}$ kg Haferflocken
$\frac{2}{4}$ kg Leinsamen

2
$\frac{2}{8}$ kg Roggenschrot
$\frac{3}{8}$ kg Nüsse

3
$\frac{2}{5}$ kg Weizenkleie
$\frac{1}{5}$ kg Rosinen

4
$\frac{1}{3}$ kg Reisflocken
$\frac{1}{3}$ kg Dörrobst

5
$\frac{2}{4}$ kg Grünkern
$\frac{1}{4}$ kg Trockenfrüchte

6
$\frac{3}{8}$ kg Hirse
$\frac{4}{8}$ kg Erdnüsse

Addiere und kürze das Ergebnis, wenn möglich.

7	8	9	10	11	12
$\frac{3}{8} + \frac{4}{8}$	$\frac{1}{6} + \frac{3}{6}$	$\frac{3}{10} + \frac{4}{10}$	$\frac{2}{5} + \frac{3}{5}$	$\frac{2}{3} + \frac{1}{3}$	$\frac{1}{8} + \frac{5}{8}$
$\frac{2}{8} + \frac{3}{8}$	$\frac{3}{6} + \frac{2}{6}$	$\frac{6}{10} + \frac{3}{10}$	$\frac{3}{5} + \frac{1}{5}$	$\frac{1}{3} + \frac{1}{3}$	$\frac{4}{6} + \frac{1}{6}$
$\frac{5}{8} + \frac{1}{8}$	$\frac{1}{6} + \frac{1}{6}$	$\frac{2}{10} + \frac{4}{10}$	$\frac{1}{5} + \frac{3}{5}$	$\frac{2}{4} + \frac{1}{4}$	$\frac{4}{10} + \frac{3}{10}$
$\frac{4}{8} + \frac{2}{8}$	$\frac{2}{6} + \frac{3}{6}$	$\frac{5}{10} + \frac{2}{10}$	$\frac{2}{5} + \frac{2}{5}$	$\frac{1}{4} + \frac{2}{4}$	$\frac{1}{5} + \frac{2}{5}$

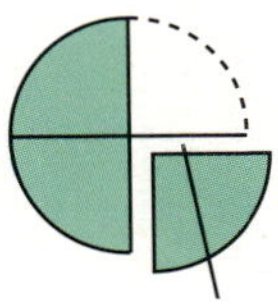

$$\frac{3}{4} - \frac{1}{4} = \frac{2}{4}$$

So subtrahieren wir Brüche mit gleichem Nenner:

Wir subtrahieren die Zähler und lassen den Nenner unverändert.

1

Ein Sechskornbrot wiegt $\frac{3}{4}$ kg.
Frau Berg kauft $\frac{2}{4}$ kg.

2

Ein Früchtebrot wiegt $\frac{5}{8}$ kg.
Herr Faller kauft $\frac{3}{8}$ kg.

3

Kaufmann Burger hat noch $\frac{3}{4}$ kg Bio-Quark. Sabine kauft $\frac{1}{4}$ kg.

4

Von $\frac{2}{3}$ kg Milchsauerkraut werden $\frac{1}{3}$ kg verkauft.

5

Von $\frac{5}{8}$ kg Trockenobst werden $\frac{2}{8}$ kg verkauft.

6

Von $\frac{7}{8}$ kg Feigen werden $\frac{3}{8}$ kg verkauft.

Subtrahiere und kürze das Ergebnis, wenn möglich.

7	8	9	10	11	12
$\frac{5}{8} - \frac{3}{8}$	$\frac{3}{6} - \frac{1}{6}$	$\frac{7}{10} - \frac{4}{10}$	$\frac{2}{5} - \frac{1}{5}$	$\frac{2}{3} - \frac{1}{3}$	$\frac{3}{8} - \frac{1}{8}$
$\frac{7}{8} - \frac{2}{8}$	$\frac{4}{6} - \frac{3}{6}$	$\frac{5}{10} - \frac{3}{10}$	$\frac{4}{5} - \frac{2}{5}$	$\frac{3}{3} - \frac{1}{3}$	$\frac{9}{10} - \frac{5}{10}$
$\frac{6}{8} - \frac{1}{8}$	$\frac{5}{6} - \frac{2}{6}$	$\frac{6}{10} - \frac{3}{10}$	$\frac{3}{5} - \frac{1}{5}$	$\frac{3}{4} - \frac{2}{4}$	$\frac{4}{10} - \frac{2}{10}$
$\frac{4}{8} - \frac{2}{8}$	$\frac{3}{6} - \frac{2}{6}$	$\frac{3}{10} - \frac{1}{10}$	$\frac{4}{5} - \frac{3}{5}$	$\frac{4}{4} - \frac{3}{4}$	$\frac{5}{6} - \frac{3}{6}$

Gesunde Ernährung

So addieren und subtrahieren wir Brüche mit verschiedenen Nennern:
Wir wandeln durch Erweitern oder Kürzen die Nenner um.
Dann addieren oder subtrahieren wir die Zähler.

$$\frac{3}{4} + \frac{2}{8}$$

Umwandeln durch Erweitern

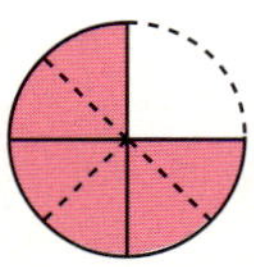

$$\frac{3 \cdot 2}{4 \cdot 2} = \frac{6}{8}$$

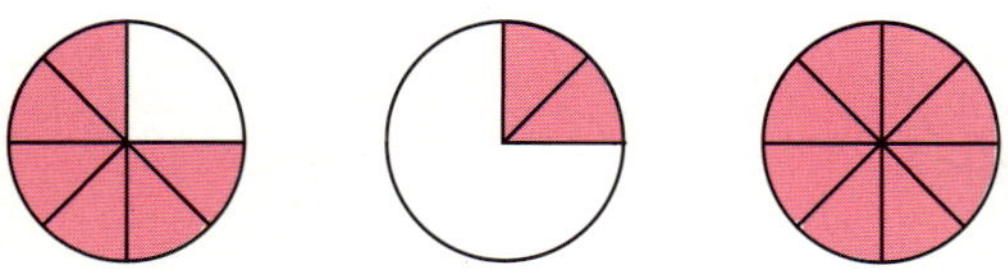

$$\frac{6}{8} + \frac{2}{8} = \frac{8}{8} = 1$$

Umwandeln durch Kürzen

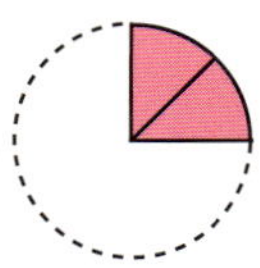

$$\frac{2 : 2}{8 : 2} = \frac{1}{4}$$

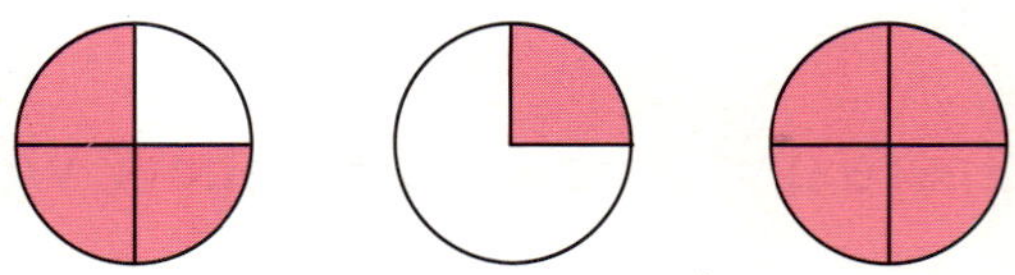

$$\frac{3}{4} + \frac{1}{4} = \frac{4}{4}$$

$$\frac{3}{4} + \frac{2}{8} = \blacksquare$$

$$\frac{6}{8} + \frac{2}{8} = \frac{8}{8} = 1$$

$$\frac{3}{4} + \frac{2}{8} = \blacksquare$$

$$\frac{3}{4} + \frac{1}{4} = \frac{4}{4} = 1$$

Wandle um durch Erweitern oder Kürzen. Kürze das Ergebnis, wenn möglich.

1
$\frac{1}{3} + \frac{2}{6}$
$\frac{2}{3} + \frac{1}{6}$
$\frac{1}{3} + \frac{3}{6}$
$\frac{2}{3} + \frac{2}{6}$

2
$\frac{1}{4} + \frac{3}{8}$
$\frac{3}{4} + \frac{1}{8}$
$\frac{2}{4} + \frac{2}{8}$
$\frac{1}{4} + \frac{2}{8}$

3
$\frac{3}{5} + \frac{3}{10}$
$\frac{2}{5} + \frac{4}{10}$
$\frac{1}{5} + \frac{5}{10}$
$\frac{1}{5} + \frac{3}{10}$

4
$\frac{2}{6} + \frac{1}{3}$
$\frac{1}{6} + \frac{2}{3}$
$\frac{3}{6} + \frac{1}{3}$
$\frac{4}{6} + \frac{1}{3}$

5
$\frac{3}{8} + \frac{2}{4}$
$\frac{5}{8} + \frac{1}{4}$
$\frac{1}{8} + \frac{3}{4}$
$\frac{2}{8} + \frac{2}{4}$

6
$\frac{3}{10} + \frac{2}{5}$
$\frac{1}{10} + \frac{4}{5}$
$\frac{7}{10} + \frac{1}{5}$
$\frac{4}{10} + \frac{2}{5}$

Wandle um durch Erweitern oder Kürzen. Kürze das Ergebnis, wenn möglich.

7
$\frac{2}{3} - \frac{2}{6}$
$\frac{2}{3} - \frac{1}{6}$
$\frac{1}{3} - \frac{1}{6}$
$\frac{2}{3} - \frac{3}{6}$

8
$\frac{3}{4} - \frac{4}{8}$
$\frac{3}{4} - \frac{2}{8}$
$\frac{2}{4} - \frac{1}{8}$
$\frac{1}{4} - \frac{1}{8}$

9
$\frac{4}{5} - \frac{4}{10}$
$\frac{3}{5} - \frac{2}{10}$
$\frac{2}{5} - \frac{2}{10}$
$\frac{4}{5} - \frac{3}{10}$

10
$\frac{4}{6} - \frac{1}{3}$
$\frac{5}{6} - \frac{2}{3}$
$\frac{3}{6} - \frac{1}{3}$
$\frac{2}{6} - \frac{1}{3}$

11
$\frac{4}{8} - \frac{1}{4}$
$\frac{6}{8} - \frac{1}{4}$
$\frac{7}{8} - \frac{3}{4}$
$\frac{5}{8} - \frac{2}{4}$

12
$\frac{6}{10} - \frac{2}{5}$
$\frac{8}{10} - \frac{3}{5}$
$\frac{3}{10} - \frac{2}{5}$
$\frac{4}{10} - \frac{1}{5}$

Bio-Brotsorten. Wieviel wiegt jedes Brot?

13
Vollkornbrot
$\frac{1}{4}$ kg Roggenmehl
$\frac{1}{8}$ kg Sonnenblumenkerne

14
Nußbrot
$\frac{2}{3}$ kg Roggenschrot
$\frac{1}{6}$ kg Nüsse

15
Sesambrot
$\frac{3}{5}$ kg Weizenmehl
$\frac{1}{10}$ kg Sesamkörner

16
Mohnbrot
$\frac{2}{4}$ kg Roggenmehl
$\frac{2}{8}$ kg Mohnsamen

17*
3-Korn-Brot
$\frac{1}{4}$ kg Roggenschrot
$\frac{1}{8}$ kg Weizenmehl
$\frac{1}{8}$ kg Haferflocken

18*
Fitness-Brot
$\frac{1}{3}$ kg Roggenschrot
$\frac{1}{6}$ kg Leinsamen
$\frac{1}{6}$ kg Sesamschrot

Kühle Getränke für heiße Tage

Wieviel Liter Getränk erhält man?

1. *Zitronentee*
   - $\frac{1}{4}$ ℓ Tee
   - $\frac{1}{4}$ ℓ Zitronensaft
   - Zitronenscheiben

2. *Minz-Shake*
   - $\frac{1}{4}$ ℓ Pfefferminztee
   - $\frac{1}{8}$ ℓ Zitronensprudel
   - Pfefferminzblätter

3. *Orangenflip*
   - $\frac{2}{4}$ ℓ Orangensaft
   - $\frac{1}{8}$ ℓ Sprudel
   - Orangenscheiben

4. *Hawaii-Cup*
   - $\frac{3}{4}$ ℓ Ananassaft
   - $\frac{2}{8}$ ℓ Sprudel
   - Ananasstücke

5. *Cola-Cocktail*
   - $\frac{1}{4}$ ℓ Cola
   - $\frac{2}{8}$ ℓ Tonicwasser
   - Eisstückchen

6. *Erdbeermilch*
   - $\frac{2}{4}$ ℓ Milch
   - $\frac{1}{8}$ ℓ Erdbeersaft
   - Erdbeerstücke

7. *Bananenmilch*
   - $\frac{1}{4}$ ℓ Milch
   - $\frac{1}{8}$ ℓ Zuckersirup
   - Bananenstücke

8. *Kokosmilch*
   - $\frac{3}{4}$ ℓ Milch
   - $\frac{2}{8}$ ℓ Kokosmilch
   - gemahlene Nüsse

9. *Eiskaffee*
   - $\frac{2}{3}$ ℓ Kaffee
   - $\frac{2}{6}$ ℓ Milch
   - $\frac{1}{6}$ ℓ Sahne
   - Eisstückchen

10. *Eistee*
    - $\frac{2}{6}$ ℓ Malventee
    - $\frac{1}{3}$ ℓ Zuckersirup
    - $\frac{1}{6}$ ℓ Sprudel
    - Malvenblüten

11. *Apfeltee*
    - $\frac{1}{3}$ ℓ Tee
    - $\frac{2}{6}$ ℓ Apfelsaft
    - $\frac{1}{6}$ ℓ Zuckersirup
    - Apfelstücke

Lebensmittelverbrauch eines 4-Personen-Haushalts.
Berechne die Restbestände.

1

Getränke	
Vorrat	*Verbrauch*
$\frac{3}{4}$ ℓ Milch	$\frac{1}{2}$ ℓ
$\frac{1}{4}$ kg Kaffee	$\frac{1}{8}$ kg
$\frac{3}{4}$ kg Tee	$\frac{4}{10}$ kg
$\frac{1}{4}$ kg Kakao	$\frac{1}{8}$ kg

$\frac{3}{4}$ ℓ Milch – $\frac{1}{2}$ ℓ Milch

Wir wandeln um in Viertel.

$\frac{3}{4} - \frac{1 \cdot 2}{2 \cdot 2}$

$\frac{3}{4} - \frac{2}{4} = \frac{1}{4}$

Restbestand Milch: $\frac{1}{4}$ ℓ

2

Obst und Gemüse	
Vorrat	*Verbrauch*
$\frac{3}{4}$ kg Äpfel	$\frac{1}{2}$ kg
$\frac{3}{4}$ kg Tomaten	$\frac{2}{8}$ kg
$\frac{1}{2}$ kg Spinat	$\frac{2}{4}$ kg

3

Nährmittel	
Vorrat	*Verbrauch*
$\frac{3}{4}$ kg Mehl	$\frac{1}{2}$ kg
$\frac{1}{2}$ kg Reis	$\frac{1}{4}$ kg
$\frac{3}{4}$ kg Nudeln	$\frac{2}{8}$ kg

4

Hülsenfrüchte	
Vorrat	*Verbrauch*
$\frac{1}{2}$ kg Linsen	$\frac{3}{8}$ kg
$\frac{3}{4}$ kg Bohnen	$\frac{1}{4}$ kg
$\frac{1}{2}$ kg Erbsen	$\frac{1}{8}$ kg

5

Backwaren	
Vorrat	*Verbrauch*
$\frac{3}{4}$ kg Schwarzbrot	$\frac{1}{2}$ kg
$\frac{1}{2}$ kg Weißbrot	$\frac{1}{4}$ kg
$\frac{2}{4}$ kg Knäckebrot	$\frac{1}{8}$ kg

6

Fette	
Vorrat	*Verbrauch*
$\frac{1}{2}$ kg Butter	$\frac{1}{8}$ kg
$\frac{3}{4}$ kg Margarine	$\frac{2}{4}$ kg
$\frac{1}{2}$ ℓ Öl	$\frac{1}{8}$ ℓ

7

Tiernahrung	
Vorrat	*Verbrauch*
$\frac{3}{4}$ kg Hundeflocken	$\frac{2}{8}$ kg
$\frac{1}{2}$ kg Hundefleisch	$\frac{2}{8}$ kg
$\frac{1}{4}$ kg Vogelfutter	$\frac{1}{8}$ kg

Gemischte Zahlen

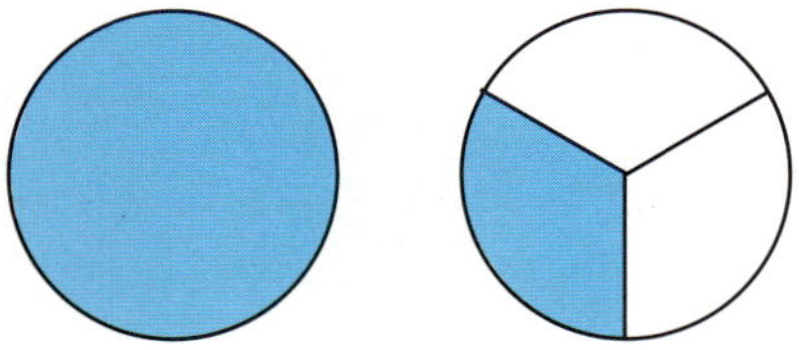

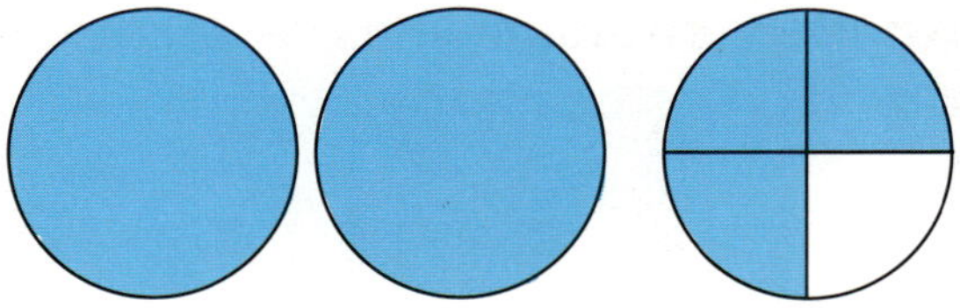

$1 + \frac{1}{3} = 1\frac{1}{3}$ $\qquad$ $2 + \frac{3}{4} = 2\frac{3}{4}$

$1\frac{1}{3}$ ist eine gemischte Zahl $\qquad$ $2\frac{3}{4}$ ist eine gemischte Zahl

Bestimme und schreibe die gemischte Zahl.

1 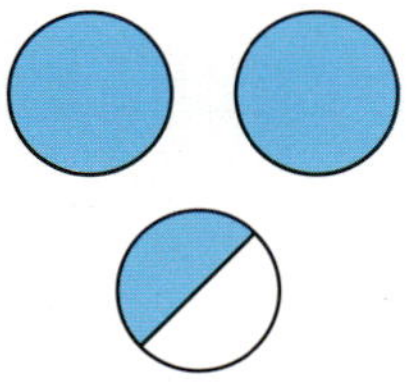

2 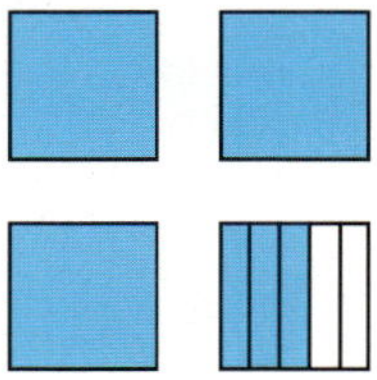

3 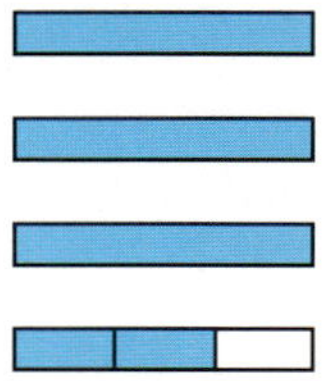

4 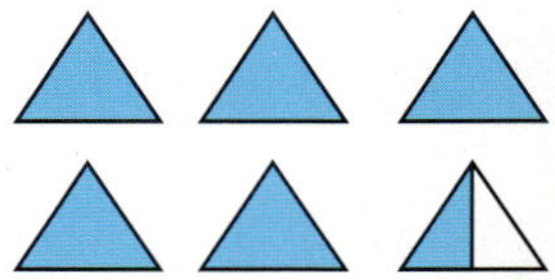

5 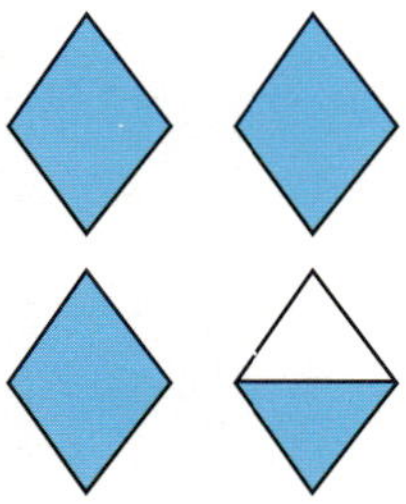

6 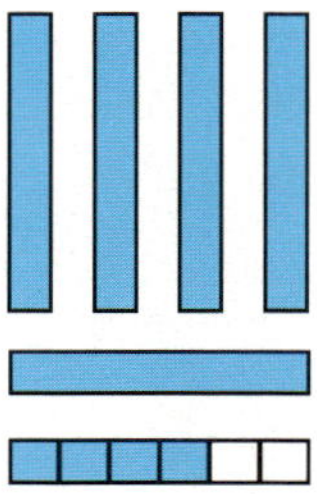

7 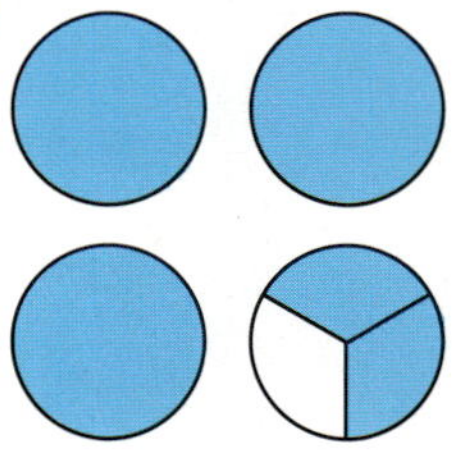

8 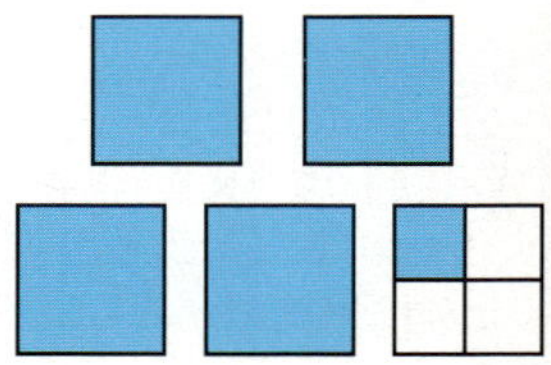

9 Zeichne den Zahlenstrahl in dein Heft (1 Ganzes = 16 Kästchen).
Trage die Bruchzahlen und die gemischten Zahlen ein.

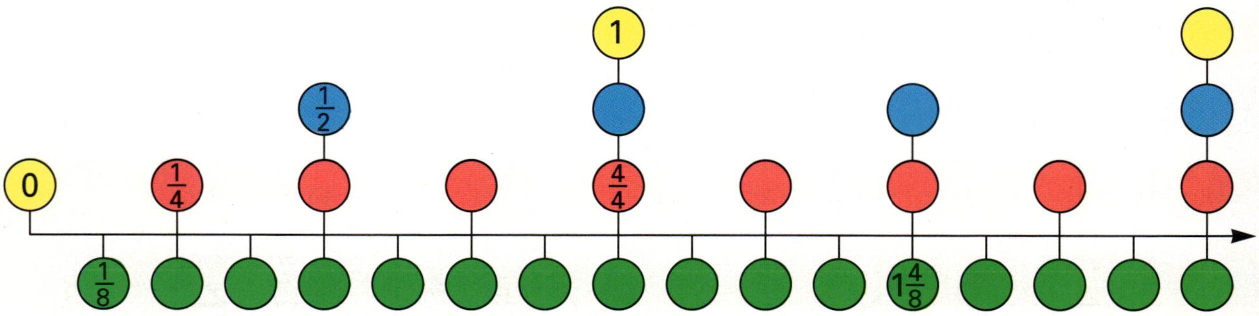

Aus Brüchen werden gemischte Zahlen.

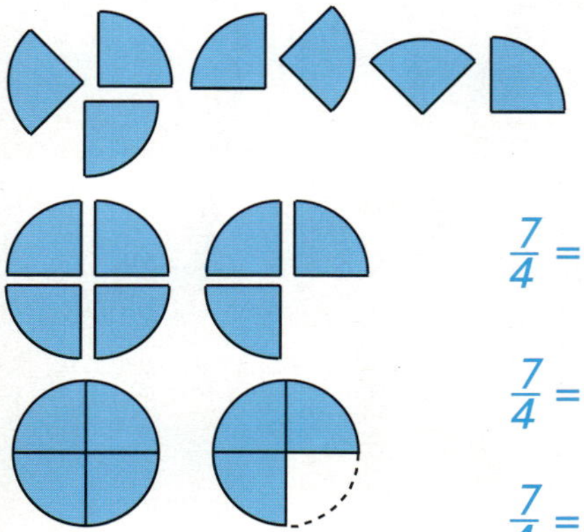

$\frac{7}{4}$

$\frac{7}{4} = \frac{4}{4} + \frac{3}{4}$

$\frac{7}{4} = 1 + \frac{3}{4}$

$\frac{7}{4} = 1\frac{3}{4}$

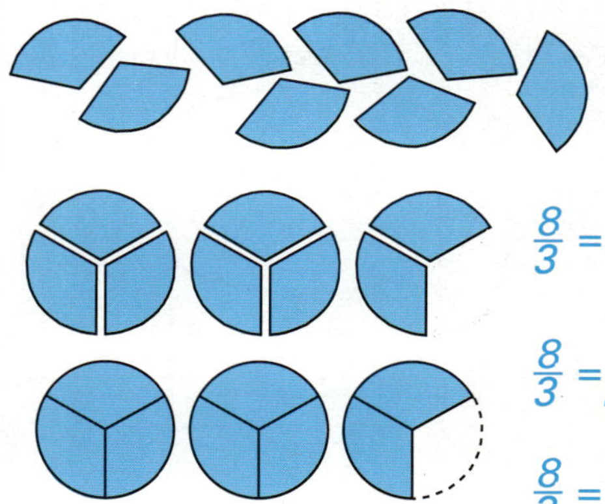

$\frac{8}{3}$

$\frac{8}{3} = \frac{6}{3} + \frac{2}{3}$

$\frac{8}{3} = 2 + \frac{2}{3}$

$\frac{8}{3} = 2\frac{2}{3}$

Verwandle in gemischte Zahlen.

1. $\frac{5}{3}$; $\frac{7}{4}$; $\frac{9}{5}$; $\frac{11}{6}$; $\frac{13}{8}$; $\frac{17}{10}$
2. $\frac{12}{5}$; $\frac{19}{8}$; $\frac{15}{4}$; $\frac{41}{10}$; $\frac{17}{3}$; $\frac{23}{6}$
3. $\frac{33}{10}$; $\frac{13}{6}$; $\frac{23}{5}$; $\frac{14}{3}$; $\frac{25}{8}$; $\frac{21}{4}$
4. $\frac{24}{4}$; $\frac{32}{8}$; $\frac{21}{3}$; $\frac{15}{5}$; $\frac{80}{10}$; $\frac{30}{6}$

Aus gemischten Zahlen werden Brüche.

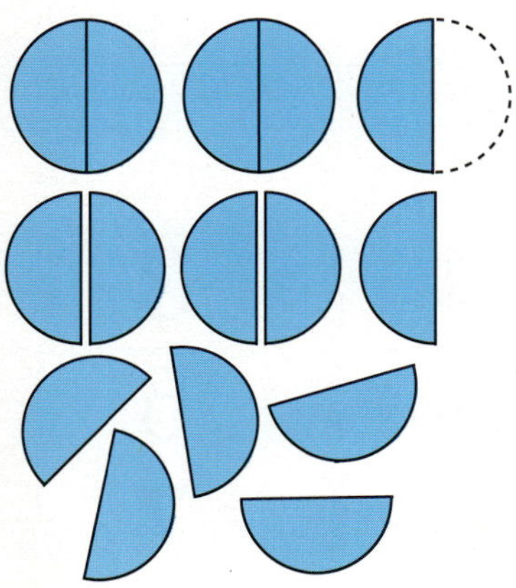

$2\frac{1}{2} = 2 + \frac{1}{2}$

$2\frac{1}{2} = \frac{4}{2} + \frac{1}{2}$

$2\frac{1}{2} = \frac{5}{2}$

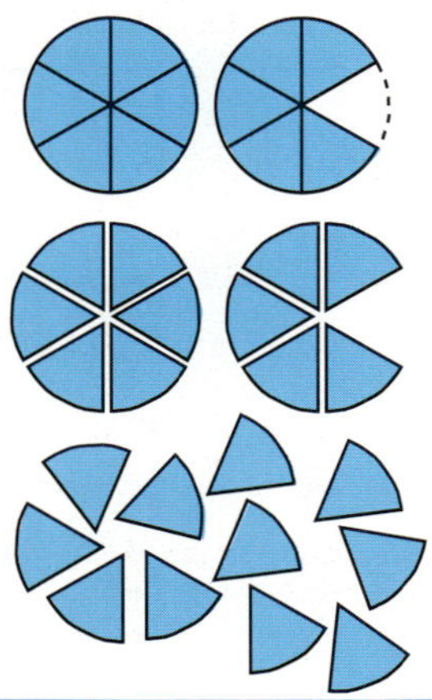

$1\frac{5}{6} = 1 + \frac{5}{6}$

$1\frac{5}{6} = \frac{6}{6} + \frac{5}{6}$

$1\frac{5}{6} = \frac{11}{6}$

Verwandle in Brüche.

5. $1\frac{2}{3}$; $1\frac{3}{5}$; $1\frac{1}{8}$; $1\frac{9}{10}$; $1\frac{3}{4}$
6. $3\frac{2}{5}$; $5\frac{3}{4}$; $2\frac{5}{6}$; $4\frac{3}{10}$; $7\frac{1}{3}$
7. $4\frac{2}{3}$; $2\frac{1}{6}$; $5\frac{3}{4}$; $3\frac{2}{5}$; $6\frac{1}{8}$
8. $1\frac{5}{6}$; $4\frac{3}{8}$; $5\frac{7}{10}$; $2\frac{1}{4}$; $6\frac{2}{3}$

Die Wohnung wird renoviert

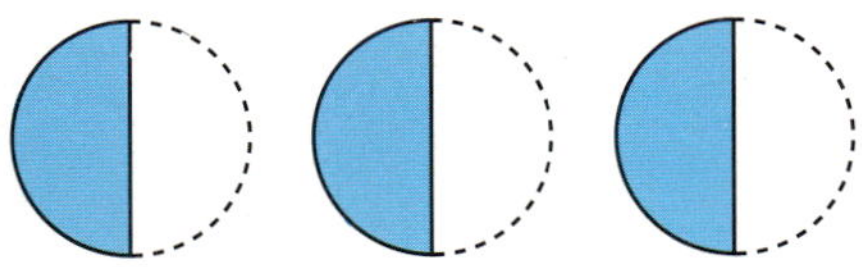

$\frac{1}{2} + \frac{1}{2} + \frac{1}{2}$

$3 \cdot \frac{1}{2} = \frac{3}{2} = 1\frac{1}{2}$

So multiplizieren wir Brüche:
Wir multiplizieren mit dem Zähler
und lassen den Nenner unverändert.

Der Maler braucht drei $\frac{1}{2}$ ℓ-Dosen Lackfarbe.

Wieviel Farbe ist das?

$3 \cdot \frac{1}{2}\,\ell = \blacksquare$

$3 \cdot \frac{1}{2}\,\ell = \frac{3}{2}\,\ell = 1\frac{1}{2}\,\ell$

Der Maler braucht $1\frac{1}{2}$ ℓ Farbe.

Kürze das Ergebnis, wenn möglich.

1	2	3	4	5	6
$4 \cdot \frac{1}{2}$	$5 \cdot \frac{1}{3}$	$6 \cdot \frac{1}{4}$	$2 \cdot \frac{1}{6}$	$4 \cdot \frac{1}{8}$	$3 \cdot \frac{1}{10}$
$2 \cdot \frac{1}{2}$	$7 \cdot \frac{1}{3}$	$3 \cdot \frac{1}{4}$	$5 \cdot \frac{1}{6}$	$2 \cdot \frac{1}{8}$	$5 \cdot \frac{1}{10}$
$6 \cdot \frac{1}{2}$	$4 \cdot \frac{1}{3}$	$8 \cdot \frac{1}{4}$	$3 \cdot \frac{1}{6}$	$6 \cdot \frac{1}{8}$	$7 \cdot \frac{1}{10}$

7	8	9	10	11	12
$3 \cdot \frac{2}{3}$	$2 \cdot \frac{3}{4}$	$5 \cdot \frac{3}{6}$	$3 \cdot \frac{5}{8}$	$4 \cdot \frac{2}{5}$	$6 \cdot \frac{3}{10}$
$5 \cdot \frac{2}{3}$	$4 \cdot \frac{2}{4}$	$2 \cdot \frac{5}{6}$	$5 \cdot \frac{3}{8}$	$2 \cdot \frac{4}{5}$	$4 \cdot \frac{5}{10}$
$8 \cdot \frac{2}{3}$	$6 \cdot \frac{3}{4}$	$3 \cdot \frac{4}{6}$	$7 \cdot \frac{4}{8}$	$6 \cdot \frac{3}{5}$	$2 \cdot \frac{8}{10}$

Berechne den Materialverbrauch.

1 Wandanstrich

a) 3 Pakete Spachtelmasse zu je $\frac{1}{2}\,\ell$

b) 5 Dosen Wandfarbe zu je $\frac{3}{4}\,\ell$

2 Deckenanstrich

a) 4 Dosen Vorstreichfarbe zu je $\frac{1}{2}\,\ell$

b) 3 Dosen Deckfarbe zu je $\frac{3}{4}\,\ell$

3 Türanstrich

a) 5 Dosen Vorlack zu je $\frac{2}{4}\,\ell$

b) 4 Dosen Hochglanzlack zu je $\frac{1}{2}\,\ell$

4 Fensteranstrich

a) 2 Dosen Vorlack zu je $\frac{3}{4}\,\ell$

b) 5 Dosen Hochglanzlack zu je $\frac{1}{2}\,\ell$

5 Stuckarbeiten

a) 6 Pakete Universalkleber zu je $\frac{1}{2}$ kg

b) 3 Pakete Gips zu je $\frac{3}{4}$ kg

6 Fußleistenanstrich

a) 2 Dosen Vorstreichfarbe zu je $\frac{2}{4}\,\ell$

b) 3 Dosen Lackfarbe zu je $\frac{1}{4}\,\ell$

7 Tapetenanstrich

a) 6 Dosen Vorstreichfarbe zu je $\frac{1}{2}\,\ell$

b) 6 Dosen Wandfarbe zu je $\frac{3}{4}\,\ell$

Kürze das Ergebnis, wenn möglich.

8°

$\frac{2}{8}\text{ m} + \frac{3}{8}\text{ m}$

$\frac{3}{4}\text{ m} + \frac{1}{8}\text{ m}$

$\frac{5}{8}\text{ m} + \frac{1}{4}\text{ m}$

9°

$\frac{3}{6}\text{ cm} + \frac{2}{6}\text{ cm}$

$\frac{1}{6}\text{ cm} + \frac{2}{3}\text{ cm}$

$\frac{1}{3}\text{ cm} + \frac{3}{6}\text{ cm}$

10°

$\frac{3}{5}\,\ell + \frac{1}{5}\,\ell$

$\frac{2}{5}\,\ell + \frac{4}{10}\,\ell$

$\frac{1}{5}\,\ell + \frac{5}{10}\,\ell$

11°

$\frac{2}{10}\text{ kg} + \frac{4}{10}\text{ kg}$

$\frac{7}{10}\text{ kg} + \frac{1}{5}\text{ kg}$

$\frac{4}{10}\text{ kg} + \frac{2}{5}\text{ kg}$

12°

$\frac{6}{8}\text{ m} - \frac{1}{8}\text{ m}$

$\frac{7}{8}\text{ m} - \frac{3}{4}\text{ m}$

$\frac{2}{4}\text{ m} - \frac{1}{8}\text{ m}$

13°

$\frac{5}{6}\text{ cm} - \frac{2}{6}\text{ cm}$

$\frac{4}{6}\text{ cm} - \frac{1}{3}\text{ cm}$

$\frac{2}{3}\text{ cm} - \frac{3}{6}\text{ cm}$

14°

$\frac{4}{5}\,\ell - \frac{2}{5}\,\ell$

$\frac{3}{5}\,\ell - \frac{2}{10}\,\ell$

$\frac{2}{5}\,\ell - \frac{2}{10}\,\ell$

15°

$\frac{5}{10}\text{ kg} - \frac{3}{10}\text{ kg}$

$\frac{8}{10}\text{ kg} - \frac{3}{5}\text{ kg}$

$\frac{4}{10}\text{ kg} - \frac{1}{5}\text{ kg}$

Eine Gartenparty

$\frac{6}{8} : 3 = \frac{6:3}{8} = \frac{2}{8}$

So dividieren wir Brüche:
Wir dividieren den Zähler
und lassen den Nenner unverändert.

Mutter, Bella und Felix teilen sich 6 Achtel Pizza.

Wieviel bekommt jeder?

$\frac{6}{8} : 3 = \blacksquare$

$\frac{6}{8} : 3 = \frac{6:3}{8} = \frac{2}{8}$

Jeder bekommt 2 Achtel Pizza.

Kürze das Ergebnis, wenn möglich.

1
$\frac{2}{4} : 2$
$\frac{6}{5} : 2$
$\frac{8}{3} : 2$

2
$\frac{9}{6} : 3$
$\frac{12}{8} : 3$
$\frac{6}{10} : 3$

3
$\frac{4}{5} : 4$
$\frac{24}{10} : 4$
$\frac{16}{8} : 4$

4
$\frac{15}{6} : 5$
$\frac{30}{10} : 5$
$\frac{10}{8} : 5$

5
$\frac{18}{8} : 6$
$\frac{12}{10} : 6$
$\frac{18}{3} : 6$

6
$\frac{8}{10} : 8$
$\frac{32}{10} : 8$
$\frac{24}{6} : 8$

7
$\frac{6}{8} : 2$
$\frac{12}{5} : 2$
$\frac{10}{3} : 2$

8
$\frac{9}{4} : 3$
$\frac{15}{3} : 3$
$\frac{9}{8} : 3$

9
$\frac{16}{4} : 4$
$\frac{20}{5} : 4$
$\frac{28}{6} : 4$

10
$\frac{25}{6} : 5$
$\frac{5}{3} : 5$
$\frac{20}{4} : 5$

11
$\frac{12}{6} : 6$
$\frac{24}{3} : 6$
$\frac{18}{4} : 6$

12
$\frac{8}{5} : 8$
$\frac{24}{4} : 8$
$\frac{16}{5} : 8$

1

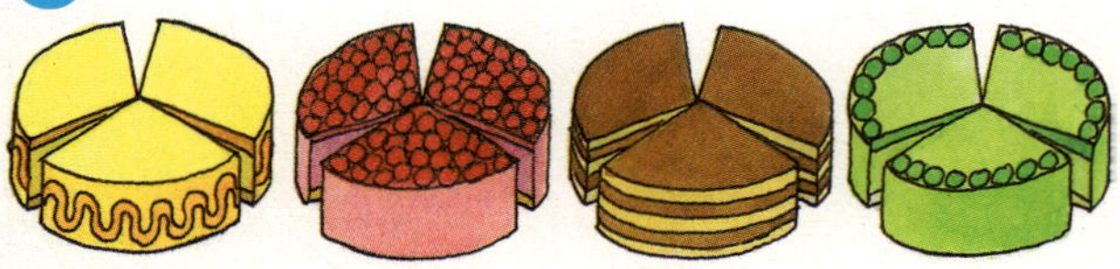

Verteile die Kuchenstücke auf drei Platten.
Schreibe die dazu passende Aufgabe.

2

Verteile die Kuchenstücke auf vier Platten.
Schreibe die dazu passende Aufgabe.

3

Laura verteilt $\frac{12}{4}$ Pizza auf drei Platten.
Wie viele Pizza-Viertel sind auf jeder Platte?

4

Frank verteilt $\frac{10}{8}$ Pizza auf zwei Platten.
Wie viele Pizza-Achtel sind auf jeder Platte?

5

$\frac{6}{8}\,\ell$ Orangensaft werden auf drei Gläser verteilt.
Wieviel Saft ist in jedem Glas?

6

$\frac{4}{6}\,\ell$ Cola werden auf zwei Gläser verteilt.
Wieviel Cola ist in jedem Glas?

7

Verteile $\frac{4}{5}\,\ell$ Zitronenlimonade auf zwei Gläser.
Wieviel Limonade ist in jedem Glas?

8

Verteile $\frac{8}{10}\,\ell$ gut gekühlten Eistee auf vier Gläser.
Wieviel Tee ist in jedem Glas?

Kürze das Ergebnis, wenn möglich.

9
- $\frac{6}{2}$ m : 3
- $\frac{8}{4}$ m : 2
- $\frac{4}{8}$ m : 4

10
- $\frac{4}{10}$ m : 2
- $\frac{9}{3}$ m : 3
- $\frac{5}{6}$ m : 5

11
- $\frac{6}{4}$ m : 3
- $\frac{4}{5}$ m : 2
- $\frac{4}{5}$ m : 4

12
- $\frac{10}{3}$ kg : 5
- $\frac{8}{2}$ kg : 4
- $\frac{3}{4}$ kg : 3

13
- $\frac{3}{8}$ kg : 3
- $\frac{6}{10}$ kg : 2
- $\frac{5}{8}$ kg : 5

14
- $\frac{5}{2}\,\ell$: 5
- $\frac{9}{10}\,\ell$: 3
- $\frac{8}{6}\,\ell$: 4

15°
- $\frac{2}{3}$ km · 3
- $\frac{1}{4}$ km · 6
- $\frac{1}{2}$ km · 5

16°
- $\frac{3}{8}$ m · 4
- $\frac{5}{10}$ m · 2
- $\frac{4}{5}$ m · 8

17°
- $\frac{2}{6}$ m · 5
- $\frac{1}{3}$ m · 3
- $\frac{5}{8}$ m · 4

18°
- $\frac{4}{10}$ kg · 5
- $\frac{3}{2}$ kg · 6
- $\frac{2}{4}$ kg · 3

19°
- $\frac{3}{6}$ kg · 2
- $\frac{2}{5}$ kg · 8
- $\frac{1}{2}$ kg · 10

20°
- $\frac{3}{4}\,\ell$ · 5
- $\frac{6}{8}\,\ell$ · 3
- $\frac{3}{10}\,\ell$ · 4

Erweiterung der Stellentafel

In der Stellentafel stehen

links vom Komma
Einer E
Zehner Z
Hunderter H
Tausender T

T	H	Z	E		z	h	t
		2	5	,	7	5	
			0	,	3		
3	4	5	8	,	6	0	4
	2	7	4	,	0	8	
	3	0	6	,	4	2	
1	0	0	9	,	8	0	5

rechts vom Komma
Zehntel z
Hundertstel h
Tausendstel t

1

Lies die Zahlen. Sprich so:
25,75 = Fünfundzwanzig Komma sieben fünf.

Zeichne eine Stellentafel. Trage die Zahlen ein.

2
3,25
46,8
125,47
4,325
52,02

3
52,06
204,5
6,375
34,18
0,34

4
2,534
17,9
38,26
125,8
6,002

5
325,1
9,82
74,205
304,63
21,8

6
5,94
62,8
409,03
5,735
70,50

Schreibe die Zahlen und trage sie in die Stellentafel ein. Lies die Zahlen.

7
2 Z
5 E
8 z
2 h

8
4 T
3 H
0 Z
8 E
2 z

9
6 E
0 z
2 h
3 t

10
9 Z
4 E
6 z
0 h
3 t

11
2 H
0 Z
0 E
5 z
3 h

12 7T 5H 0Z 9E 6z 3h = 7509,63
a) 9H 4Z 3E 7z 0h 1t
b) 1T 0H 6Z 3E 0z 8h 3t

13 1008,207 = 1T 0H 0Z 8E 2z 0h 7t
a) 4079,006
b) 3020,908

Wenn wir einen Bruch als Dezimalbruch schreiben wollen, müssen wir den Zähler durch den Nenner dividieren.

$\frac{5}{4} = 5 : 4$

	E		z	h	t
5 : 4 =	1	,	2	5	
4					
10					
8					
20					
20					
0					

$\frac{5}{4} = 1{,}25$

Sprich Fünf Viertel sind eins Komma zwei fünf.

Sprich $5 : 4 = 1$; $1 \cdot 4 = 4$; $5 - 4 = 1$

Wir dividieren so weiter:

1. Schritt Setze im Ergebnis ein **Komma**.

2. Schritt Verwandle den Rest von **1 Einer** in **10 Zehntel**.

Sprich $10 : 4 = 2$; $2 \cdot 4 = 8$; $10 - 8 = 2$

3. Schritt Verwandle den Rest von **2 Zehntel** in **20 Hundertstel**.

Sprich $20 : 4 = 5$; $5 \cdot 4 = 20$; $20 - 20 = 0$

Dividiere den Zähler durch den Nenner. Schreibe den Dezimalbruch.

1 $\frac{3}{2}$; $\frac{5}{2}$; $\frac{7}{2}$

2 $\frac{7}{4}$; $\frac{13}{4}$; $\frac{10}{4}$

3 $\frac{6}{5}$; $\frac{8}{5}$; $\frac{16}{5}$

4 $\frac{9}{8}$; $\frac{14}{8}$; $\frac{30}{8}$

5 $\frac{12}{10}$; $\frac{35}{10}$; $\frac{24}{10}$

6 $\frac{9}{4}$; $\frac{3}{4}$; $\frac{18}{4}$

7 $\frac{9}{5}$; $\frac{7}{5}$; $\frac{14}{5}$

8 $\frac{10}{8}$; $\frac{21}{8}$; $\frac{13}{8}$

9 $\frac{23}{2}$; $\frac{17}{2}$; $\frac{15}{2}$

10 $\frac{18}{10}$; $\frac{27}{10}$; $\frac{36}{10}$

11 $\frac{25}{4}$; $\frac{17}{4}$; $\frac{7}{4}$

12 $\frac{16}{5}$; $\frac{29}{5}$; $\frac{13}{5}$

13* $\frac{25}{20}$; $\frac{30}{20}$; $\frac{48}{20}$

14* $\frac{75}{50}$; $\frac{60}{50}$; $\frac{85}{50}$

15* $\frac{40}{25}$; $\frac{30}{25}$; $\frac{35}{25}$

16* $\frac{75}{30}$; $\frac{45}{30}$; $\frac{105}{30}$

Division in der Stellentafel

Manchmal ist der Zähler kleiner als der Nenner.

$\frac{3}{5} = 3 : 5$

$3 : 5 =$

E	,	z	h	t
0	,	6		

$\underline{0}$
30
$\underline{30}$
0

$\frac{3}{5} = 0{,}6$

Sprich $3 : 5 = 0$
$0 \cdot 5 = 0$
$3 - 0 = 3$

Wir dividieren so weiter:
1. Schritt Setze im Ergebnis ein **Komma.**
2. Schritt Verwandle den Rest von **3 Einern** in **30 Zehntel.**

Sprich $30 : 5 = 6$
$6 \cdot 5 = 30$
$30 - 30 = 0$

Sprich *Drei Fünftel sind Null Komma sechs.*

Dividiere den Zähler durch den Nenner. Schreibe den Dezimalbruch.

1 $\frac{1}{2}$; $\frac{3}{4}$; $\frac{2}{5}$

2 $\frac{4}{5}$; $\frac{3}{6}$; $\frac{3}{8}$

3 $\frac{6}{8}$; $\frac{2}{8}$; $\frac{1}{5}$

4 $\frac{2}{4}$; $\frac{5}{8}$; $\frac{3}{10}$

5 $\frac{7}{10}$; $\frac{3}{5}$; $\frac{4}{8}$

6 $\frac{4}{10}$; $\frac{1}{4}$; $\frac{7}{8}$

7 $\frac{1}{8}$; $\frac{6}{10}$; $\frac{7}{8}$

8 $\frac{9}{10}$; $\frac{4}{5}$; $\frac{5}{10}$

9 $\frac{3}{5}$; $\frac{3}{8}$; $\frac{8}{10}$

10 $\frac{1}{2}$; $\frac{2}{4}$; $\frac{1}{8}$

11 $\frac{1}{5}$; $\frac{5}{10}$; $\frac{3}{4}$

12 $\frac{1}{4}$; $\frac{2}{5}$; $\frac{6}{8}$

Verwandle die Dezimalbrüche in Brüche. Kürze so weit wie möglich.

$0{,}5 = \frac{5}{10} = \frac{1}{2}$

$3{,}25 = 3\frac{25}{100} = 3\frac{1}{4}$

$4{,}375 = 4\frac{375}{1000} = 4\frac{75}{200} = 4\frac{3}{8}$

13	14	15	16
0,1	1,25	2,25	0,125
0,4	2,75	4,75	1,375
0,8	3,25	3,15	5,025
0,6	5,75	7,35	3,005
0,7	6,75	8,50	2,575

Manchmal endet die Division nicht.

$\frac{5}{3} = 5 : 3$

	E		z	h	t
5 : 3 =	1	,	6	6	6

$$\begin{array}{r} 5 : 3 = 1{,}666 \\ \underline{3} \\ 20 \\ \underline{18} \\ 20 \\ \underline{18} \\ 20 \\ \underline{18} \\ 2 \end{array}$$

$\frac{5}{3} = 0{,}67$

Sprich *Fünf Drittel sind Null Komma sechs sieben.*

Sprich $5 : 3 = 1$
$1 \cdot 3 = 3$
$5 - 3 = 2$

Wir dividieren so weiter:

1. Schritt *Setze im Ergebnis ein Komma.*

2. Schritt *Verwandle den Rest.*
Sprich $20 : 3 = 6$
$6 \cdot 3 = 18$
$20 - 18 = 2$

3. Schritt *Verwandle den Rest.*
Sprich $20 : 3 = 6$
$6 \cdot 3 = 18$
$20 - 18 = 2$

4. Schritt *Verwandle den Rest.*
Sprich $20 : 3 = 6$
$6 \cdot 3 = 18$
$20 - 18 = 2$

Runde auf zwei Stellen hinter dem Komma.
$1{,}666 = 1{,}67$

Schreibe die Brüche als Dezimalbrüche. Dividiere den Zähler durch den Nenner. Runde auf 2 Stellen hinter dem Komma.

1 $\frac{4}{3}$; $\frac{1}{3}$; $\frac{2}{3}$

2 $\frac{8}{6}$; $\frac{4}{6}$; $\frac{2}{6}$

3 $\frac{10}{9}$; $\frac{4}{9}$; $\frac{11}{9}$

4 $\frac{7}{3}$; $\frac{7}{6}$; $\frac{7}{9}$

5 $\frac{7}{3}$; $\frac{10}{3}$; $\frac{17}{3}$

6 $\frac{5}{6}$; $\frac{11}{6}$; $\frac{20}{6}$

7 $\frac{2}{9}$; $\frac{5}{9}$; $\frac{25}{9}$

8 $\frac{16}{3}$; $\frac{16}{6}$; $\frac{16}{9}$

9* $\frac{9}{7}$; $\frac{1}{7}$; $\frac{12}{7}$

10* $\frac{8}{7}$; $\frac{3}{7}$; $\frac{15}{7}$

11* $\frac{6}{7}$; $\frac{2}{7}$; $\frac{13}{7}$

12* $\frac{5}{7}$; $\frac{11}{7}$; $\frac{16}{7}$

Am Zahlenstrahl

Lerne diese wichtigen Brüche und Dezimalbrüche auswendig.

$\frac{1}{2} = 0,5$ $\frac{1}{4} = 0,25$ $\frac{3}{4} = 0,75$ $\frac{1}{8} = 0,125$ $\frac{1}{5} = 0,2$

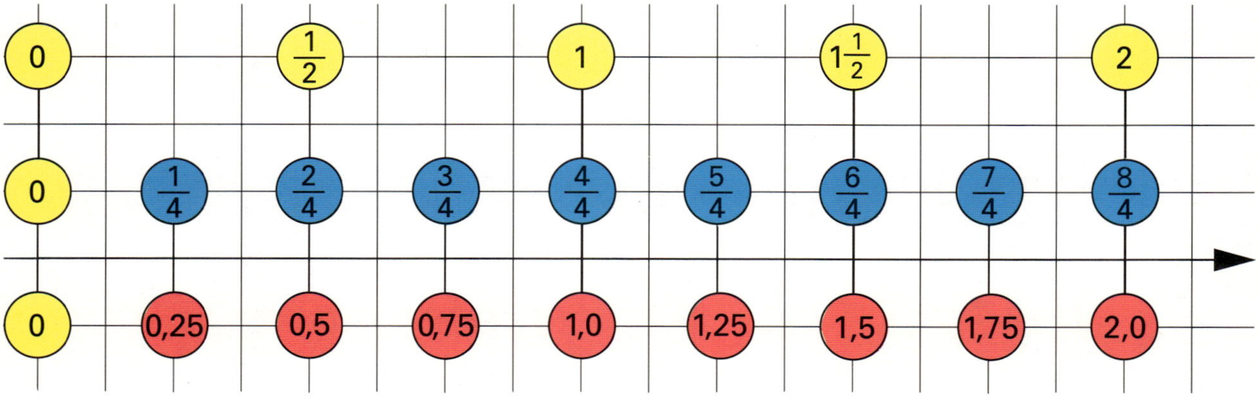

1 Ganzes = 8 Kästchen

1

Zeichne einen Zahlenstrahl.
(1 Ganzes = 8 Kästchen).
Trage $\frac{1}{2}$, $1\frac{1}{2}$ und $1\frac{3}{4}$ ein.
Schreibe auch die dazu passenden Dezimalbrüche.

2

Zeichne einen Zahlenstrahl.
(1 Ganzes = 12 Kästchen).
Trage 0,25, 0,75 und 1,5 ein.
Schreibe auch die dazu passenden Brüche.

3

Zeichne einen Zahlenstrahl.
(1 Ganzes = 12 Kästchen).
Trage $1\frac{1}{4}$ und 1,75 ein.
Welche Strecke ist länger?

4

Zeichne einen Zahlenstrahl.
(1 Ganzes = 8 Kästchen).
Trage 0,75 und $1\frac{1}{2}$ ein.
Welche Strecke ist kürzer?

5

Zeichne einen Zahlenstrahl.
(1 Ganzes = 8 Kästchen).
Trage $\frac{3}{4}$ und 0,75 ein.
Was stellst du fest?

6

Zeichne einen Zahlenstrahl.
(1 Ganzes = 8 Kästchen).
Trage 1,25 und $1\frac{1}{4}$ ein.
Was stellst du fest?

7

Zeichne einen Zahlenstrahl.
(1 Ganzes = 10 Kästchen).
Trage $\frac{1}{5}$ und 0,6 ein.

8

Zeichne einen Zahlenstrahl.
(1 Ganzes = 12 Kästchen).
Trage $\frac{1}{3}$ und 0,5 ein.

Verwandle in gemischte Zahlen.

1

$\frac{5}{3}$; $\frac{10}{3}$; $\frac{13}{4}$; $\frac{23}{4}$; $\frac{17}{5}$; $\frac{9}{5}$

$\frac{23}{6}$; $\frac{31}{6}$; $\frac{19}{8}$; $\frac{41}{8}$; $\frac{13}{10}$; $\frac{27}{10}$

Verwandle in Brüche.

2

$1\frac{2}{3}$; $4\frac{1}{3}$; $3\frac{1}{4}$; $5\frac{3}{4}$; $2\frac{3}{5}$; $6\frac{4}{5}$

$3\frac{5}{6}$; $6\frac{1}{6}$; $2\frac{5}{8}$; $3\frac{1}{8}$; $4\frac{3}{10}$; $1\frac{7}{10}$

Kürze das Ergebnis, wenn möglich.

3	4	5	6	7	8
$\frac{3}{4}+\frac{1}{8}$	$\frac{2}{3}+\frac{1}{6}$	$\frac{4}{5}+\frac{3}{10}$	$\frac{1}{4}-\frac{1}{8}$	$\frac{2}{3}-\frac{2}{6}$	$\frac{4}{5}-\frac{3}{10}$
$\frac{1}{4}+\frac{5}{8}$	$\frac{1}{3}+\frac{5}{6}$	$\frac{3}{5}+\frac{7}{10}$	$\frac{3}{4}-\frac{5}{8}$	$\frac{1}{3}-\frac{1}{6}$	$\frac{3}{5}-\frac{5}{10}$
$\frac{3}{8}+\frac{3}{4}$	$\frac{2}{6}+\frac{1}{3}$	$\frac{9}{10}+\frac{2}{5}$	$\frac{7}{8}-\frac{1}{4}$	$\frac{5}{6}-\frac{2}{3}$	$\frac{7}{10}-\frac{3}{5}$

9	10	11	12	13	14
$8\cdot\frac{2}{3}$	$2\cdot\frac{3}{4}$	$5\cdot\frac{3}{5}$	$2\cdot\frac{5}{6}$	$7\cdot\frac{5}{8}$	$3\cdot\frac{7}{10}$
$5\cdot\frac{1}{3}$	$4\cdot\frac{1}{4}$	$10\cdot\frac{1}{5}$	$6\cdot\frac{7}{6}$	$2\cdot\frac{3}{8}$	$6\cdot\frac{3}{10}$
$7\cdot\frac{4}{3}$	$6\cdot\frac{7}{4}$	$8\cdot\frac{4}{5}$	$9\cdot\frac{3}{6}$	$10\cdot\frac{7}{8}$	$4\cdot\frac{6}{10}$
$9\cdot\frac{5}{3}$	$3\cdot\frac{5}{4}$	$4\cdot\frac{9}{5}$	$3\cdot\frac{4}{6}$	$5\cdot\frac{9}{8}$	$8\cdot\frac{9}{10}$

15	16	17	18	19	20
$\frac{12}{3}:3$	$\frac{10}{2}:5$	$\frac{8}{6}:8$	$\frac{20}{5}:4$	$\frac{18}{5}:6$	$\frac{30}{2}:10$
$\frac{15}{8}:3$	$\frac{30}{5}:5$	$\frac{24}{3}:8$	$\frac{12}{8}:4$	$\frac{36}{8}:6$	$\frac{50}{6}:10$
$\frac{9}{10}:3$	$\frac{20}{3}:5$	$\frac{32}{10}:8$	$\frac{8}{6}:4$	$\frac{48}{4}:6$	$\frac{20}{8}:10$
$\frac{6}{4}:3$	$\frac{50}{4}:5$	$\frac{48}{2}:8$	$\frac{24}{3}:4$	$\frac{12}{10}:6$	$\frac{40}{5}:10$

Haushaltsplanung

Ein großer Teil des Familieneinkommens muß für Lebensmittel ausgegeben werden. Wenn man ein Haushaltsbuch führt, kann man die Kosten überprüfen und überlegen, wo man einsparen kann.

3.11.	DM
Brot	2,75
Milch	1,19
Butter	1,76
Äpfel	3,45
Kartoffeln	2,80
Salat	0,98
Bratwurst	4,20
2 Tafeln Schokolade	3,60

1

Frau Vogel hat in ihrem Haushaltsbuch die Tagesausgabe vom 3. November errechnet.

a) Berechne, wieviel DM Frau Vogel ausgegeben hat.

b) Berechne, wieviel DM sie hätte bezahlen müssen, wenn sie auf die Schokolade verzichtet hätte.

Beachte, daß beim Aufschreiben der Geldbeträge immer Komma unter Komma stehen muß.

Berechne die Tagesausgaben vom 4.11. und 5.11.

2

4.11.	DM
Milch	1,19
Kaffee	5,85
Zucker	2,26
Reis	1,45
Fisch	4,80
Margarine	1,34
Trauben	3,75

3

5.11.	DM
Nudeln	2,58
Öl	4,25
Hackfleisch	3,75
Leberwurst	1,40
Quark	0,98
Tomaten	2,15
Bananen	3,18

4

Berechne, wieviel DM Frau Vogel in der Zeit vom 3. November bis 5. November ausgegeben hat.

5

Frau Vogel hatte 100 DM Haushaltsgeld. Wieviel DM hat sie nach den Ausgaben noch übrig?

6

Schreibe die Geldbeträge untereinander und addiere.

a) 14,75 DM + 3,94 DM + 0,48 DM
b) 26,84 DM + 13,99 DM + 4,28 DM
c) 7,41 DM + 0,98 DM + 23,68 DM

7

Schreibe die Geldbeträge untereinander und subtrahiere.

a) 49,78 DM − 16,29 DM
b) 186,42 DM − 94,96 DM
c) 73,29 DM − 72,89 DM

Achte beim Einkauf von Wasch- und Putzmitteln auf umweltfreundliche Artikel. Sie sind mit dem Umweltengel gekennzeichnet.

Waschpulver	12,80
Entkalker	6,75
Scheuermilch	2,85
Essigreiniger	4,20
Neutralseife	3,00
Putzlappen	1,15
Möbelpolitur	5,40

1

a) Berechne, wieviel DM Frau Vogel beim Einkauf von Wasch- und Putzmitteln ausgegeben hat.

b) Sie bezahlt an der Kasse mit einem 50 DM-Schein. Wieviel DM erhält sie zurück?

2*

Frau Vogel berechnet die Haushaltskosten für einen Monat.

1. Woche	463,30 DM
2. Woche	397,85 DM
3. Woche	335,20 DM
4. Woche	280,75 DM

Prüfe, ob 1500 DM Haushaltsgeld reichen, wenn Frau Vogel noch 35 DM für den Frisör braucht.

3*

Preisvergleiche helfen sparen!

Frau Vogel kauft Waschpulver und Entkalker.

a) Berechne die teuerste und die billigste Möglichkeit des Einkaufs.

b) Berechne den Unterschied.

4

Von 350 DM Haushaltsgeld hat Frau Vogel für den Wochenendeinkauf schon 238,20 DM ausgegeben. Wieviel DM hat sie noch übrig?

5

Frau Vogel gibt 123,74 DM für Lebensmittel und 46,80 DM für Reinigungsmittel aus. Berechne, ob 190 DM Haushaltsgeld ausreichen.

6

Schreibe die Geldbeträge untereinander und addiere.

a) 6,58 DM + 315,70 DM + 0,25 DM
b) 78,10 DM + 406,00 DM + 4,05 DM
c) 0,50 DM + 580,95 DM + 35,00 DM

7

Schreibe die Geldbeträge untereinander und subtrahiere.

a) 80,50 DM − 23,78 DM
b) 603,80 DM − 39,07 DM
c) 368,25 DM − 27,00 DM

Miete und Mietnebenkosten

Die Miete für eine Wohnung setzt sich zusammen aus der Kaltmiete und den Mietnebenkosten. Zu den Mietnebenkosten gehören unter anderem die Kosten für Heizung, Wasser, Müllabfuhr, Treppenhausbeleuchtung und Treppenhausreinigung.

1

In einem Vierfamilienhaus betragen die Heizkosten jährlich 3749 DM. Sie werden auf die Mietparteien umgelegt.
Wieviel DM muß jeder Mieter zahlen?

Aufgabe 3749 DM : 4

Überschlag

4000 DM : 4 = 1000 DM

```
3749 : 4 = 937,25
36
 14
 12
  29
  28
   10        Komma setzen
    8
   20
   20
    0
```

Jeder Mieter muß 937,25 DM zahlen.

2

Im gleichen Haus werden für die Müllabfuhr 493 DM auf die Mieter umgelegt. Wieviel DM sind das für jede Mietpartei?

3

Familie Wilseck mußte im vergangenen Jahr 1 599 DM Heizkosten zahlen. Berechne, wieviel DM monatlich zur Kaltmiete dazugerechnet werden müssen?

4

Für die Treppenhausreinigung mußte Familie Wilseck letztes Jahr 177 DM zahlen. Wieviel DM müssen zur monatlichen Kaltmiete dazugerechnet werden?

5

Die Kosten für Wasser und Abwasser für ein Jahr betrugen 339 DM.
Berechne den monatlichen Zuschlag zur Kaltmiete.

6

Die Kosten für die Treppenhausbeleuchtung betrugen 69 DM im Jahr.
Berechne den monatlichen Zuschlag zur Kaltmiete.

7

Die Kosten für den Fahrstuhl betrugen in einem Jahr 129 DM.
Berechne den monatlichen Betrag, der zur Kaltmiete dazukommt.

8*

Im Jahr werden für die Müllabfuhr in einem Haus mit 8 Familien 1 296 DM ausgegeben. Wieviel bezahlt jede Familie im Monat?

9*

In dem Haus mit den 8 Familien fallen jährlich 9 244,80 DM Heizkosten an.
Wieviel DM zahlt jede Familie im Monat für die Heizung?

1

In einem Achtfamilienhaus betragen die Mietnebenkosten **jährlich**:

Heizung	9874,– DM
Wasser	2446,– DM
Müllabfuhr	1458,– DM
Treppenhausbeleuchtung	546,– DM
Treppenhausreinigung	1218,– DM

Wieviel DM muß jede Familie bezahlen?

2

In einem Vierfamilienhaus betragen die Mietnebenkosten **halbjährlich**:

Heizung	1872,– DM
Wasser	483,– DM
Müllabfuhr	293,– DM
Treppenhausbeleuchtung	115,– DM
Treppenhausreinigung	257,– DM

Wieviel DM muß jede Familie bezahlen?

Wenn die Division nicht endet, rechnen wir bis zur dritten Stelle hinter dem Komma und runden auf zwei Stellen.

3

1325 DM : 7
3412 DM : 9
4760 DM : 6
2408 DM : 3
5300 DM : 7

757,14	189,29
793,33	642,75
379,11	802,67

4

2148 DM : 39
1793 DM : 15
4376 DM : 23
5205 DM : 51
3084 DM : 42

190,26	55,08
102,06	72,57
119,53	48,34

5

1846 DM : 36
2659 DM : 27
5193 DM : 43
3506 DM : 39
6239 DM : 51

89,90	120,77
51,28	235,62
98,48	122,33

6

2519 DM : 23
3985 DM : 64
6238 DM : 15
4840 DM : 51
5932 DM : 48

415,87	94,90
109,52	62,27
123,58	37,49

Wenn die Division nach der ersten Stelle hinter dem Komma endet, setzen wir bei DM eine Null hinzu.

41 DM : 5 = ■

41 : 5 = 8,20
40
10
10
0

41 DM : 5 = 8,20 DM

7

1397 DM : 2
3708 DM : 8
6250 DM : 4
4305 DM : 2
1404 DM : 8

1562,50	175,50
2152,50	358,50
463,50	698,50

8

1302 DM : 35
1625 DM : 26
3045 DM : 42
2824 DM : 16
6266 DM : 52

176,50	49,25
120,50	37,20
72,50	62,50

9

3874 DM : 65
1463 DM : 35
1015 DM : 58
1275 DM : 34
8027 DM : 46

174,50	59,60
37,50	17,50
285,40	41,80

Geld in andern Ländern

Wenn man in ein anderes Land reist, tauscht man eigenes Geld in das Geld des anderen Landes um. Man sollte nur bei einer Bank oder Wechselstube tauschen. Bei fliegenden Händlern wird man oft betrogen.

Land	Währung	
Deutschland	Deutsche Mark	DM
Griechenland	Drachme	Dr
Italien	Italienische Lira	Lit
Niederlande	Holländischer Gulden	hfl
Österreich	Österreichischer Schilling	öS
Spanien	Peseta	Ptas
Türkei	Türkische Lira	TL
Ungarn	Forint	For

6,98 · 15
698
3490
104,70

Aufgabe 6,98 öS · 15

1. *Multipliziere wie gewohnt.*
2. *Zähle in der Aufgabe die Stellen hinter dem Komma.*
3. *Zähle gleichviel Stellen im Ergebnis ab und setze das Komma.*

Antwort Der Reisende erhält für 15 DM 104,70 Schilling.

Wechselkurse

1 DM =	90,90	Dr
1 DM =	714	Lit
1 DM =	1,12	hfl
1 DM =	6,99	öS
1 DM =	60,60	Ptas
1 DM =	1000	TL
1 DM =	35,71	For

Beim Umtausch von DM in eine andere Währung erhält man unterschiedliche Beträge des ausländischen Geldes. Das Verhältnis, in dem Währungen miteinander getauscht werden, wird Wechselkurs genannt. Dieser Wechselkurs kann sich ändern.

1

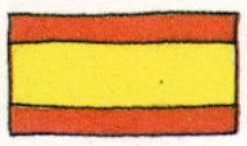
Familie Krug reist in den Ferien nach Spanien. In Barcelona tauschen sie 250 DM um.
Wieviel Pesetas erhalten sie?

2

Familie Koller macht eine Camping-Reise durch Griechenland. In Athen tauschen sie 180 DM um. Wie viele Drachmen erhalten sie?

3

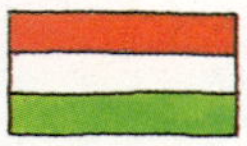
Eine Bootsfahrt auf dem Plattensee kostet pro Person 70,40 Forint. Wieviel muß eine Familie von 3 Personen bezahlen?

4

Sabine hat 125 DM Taschengeld gespart.
Wieviel Gulden erhält sie dafür?

5

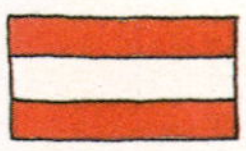
Eine Fahrt mit der Bergbahn kostet 30,50 Schilling.
Frank und Anne haben noch 10 DM.
Reicht das Geld?

6

Der Eintritt in den Schloßgarten kostet 5 Gulden.
Torsten hat noch 5 DM.
Kann er den Eintritt bezahlen?

7*

Herr Özkal schickt seiner Mutter in der Türkei 350 DM. Wieviel Türkische Lire erhält sie dafür?

8*

Ein Liter Benzin kostet in Italien 1500 Lire. Berechne den Preis für eine Tankfüllung von 45 Litern.

9

6,08	· 12
3,1	· 36
7,54	· 28
4,70	· 45
9,08	· 6

10

24,7	· 43
52,6	· 25
39,04	· 37
48,00	· 14
61,50	· 9

11

218,3	· 26
402,51	· 14
300,80	· 32
160,05	· 45
235,00	· 7

12

0,2	· 53
0,40	· 26
0,23	· 47
0,506	· 15
0,07	· 6

Internationale Küche

1

Drei Freundinnen gehen italienisch essen. Sie teilen sich die Rechnung.

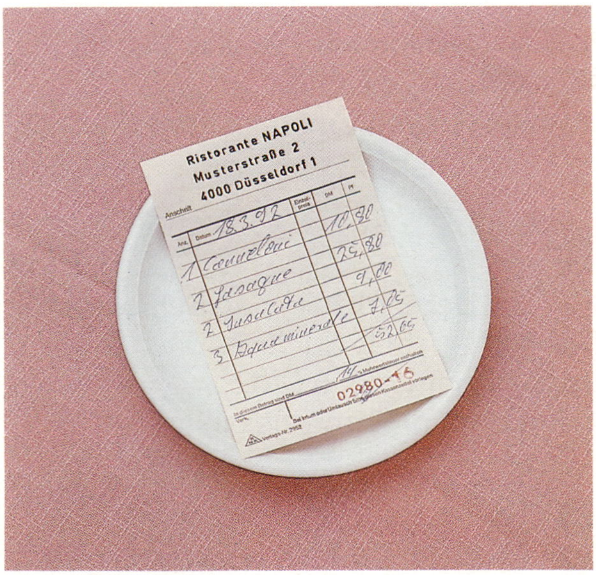

Wieviel DM muß jedes Mädchen zahlen?

Aufgabe 52,65 DM : 3
Überschlag 60 DM : 3 = 20 DM

	Z	E		z	h
52,65 : 3 =	1	7	,	5	5

```
52,65 : 3 = 17,55
 3
 22
 21
  16   Setze jetzt das Komma
  15
   15
   15
    0
```

Antwort
Jedes Mädchen zahlt 17,55 DM.

2

Mario, Alex, Paul und Peppino bestellen im Ristorante Napoli 2 Pizza, 1 Lasagne, 1 Canneloni, 2 Insalata, 4 Aqua minerale. Sie teilen sich die Kosten.
Stelle die Rechnung auf und berechne, wieviel DM jeder zahlen muß.

3

Ein Fahrrad-Club von 16 Personen feiert das Fünf-Jahres-Jubiläum in einem italienischen Restaurant. Die Kosten von 412,80 DM werden umgelegt.
Wieviel DM muß jedes Mitglied des Fahrradclubs bezahlen?

Grillstube Athen

Gyros	9,80
Calamare	12,60
Musaka	8,20
Bauernsalat	6,45
Hirtensuppe	4,25
Apfelsaft	2,85
Mineralwasser	2,35
Rezina	3,90

1 Drei Freunde bestellen 2 Hirtensuppen, 1 Bauernsalat, 2 Gyros, 1 Musaka, 3 Mineralwasser. Sie teilen die Kosten. Stelle die Rechnung auf und berechne, wieviel DM jeder bezahlen muß.

2* Zwei Paare bezahlen für das Abendessen 73,60 DM.
a) Berechne die Kosten für eine Person.
b) Berechne die Kosten für ein Paar.

WON-TON-SUPPE	4.55
CHOP SUE	9.75
BAMBUSSPROSSEN	8.20
HUHN MIT MANDELN	12.45
EIERREIS	13.50
ORANGENSAFT	3.25
MINERALWASSER	2.85
REISWEIN	6.20

3 Frank geht mit seinem Freund Zihŭa ins Restaurant Peking. Sie bestellen 1 Won-Ton-Suppe, 2 Chop Sue, 1 Eierreis, 2 Orangensaft. Wieviel DM muß jeder zahlen?

4 Eine Gesellschaft von 12 Personen teilt sich die Kosten für das Abendessen von 220,80 DM. Wieviel DM muß jeder zahlen?

Mache einen Überschlag. Runde, wenn nötig, auf 2 Stellen hinter dem Komma.

5
24,5 : 7
35,8 : 9
125,4 : 6
348,9 : 3
2574,5 : 5

20,9	514,9
3,98	203,7
3,5	116,3

6
14,36 : 3
48,23 : 8
300,65 : 4
475,07 : 2
1063,20 : 6

6,03	348,25
75,16	177,2
4,79	237,54

7
58,3 : 27
13,9 : 45
536,25 : 39
403,60 : 50
3580,04 : 61

13,75	0,31
26,3	8,07
58,69	2,16

8
2,9 : 12
0,6 : 25
18,04 : 60
200,07 : 34
1704,03 : 58

29,38	0,30
46,92	0,24
5,88	0,02

Wir üben mit dem Taschenrechner

Addiere mit dem Taschenrechner. 236,75 + 469,32 = ■
Rechne zuerst den Überschlag. 240 + 470 = 710

ON/C – 2 3 6 – • – 7 5 – + – 4 6 9 – • – 3 2 – = – 706.07

1
635,14 + 395,37
328,39 + 807,65
549,27 + 396,48

945,75	1204,63
1136,04	1030,51

2
274,61 + 729,73
412,83 + 580,19
158,27 + 396,80

1004,34	555,07
993,02	821,64

3
946,33 + 205,73
502,17 + 860,57
834,03 + 945,02

1543,61	1362,74
1779,05	1152,06

4
620,85 + 700,48
648,23 + 167,45
307,64 + 319,62

627,26	948,06
1321,33	815,68

5
259,36 + 48,7
35,2 + 475,92
7,04 + 23,6

18,92	308,06
30,64	511,12

6
68,37 + 9,14
346,2 + 17,09
2317 + 38,95

77,51	1763,4
363,29	2355,95

7
892 + 3,05
6408 + 975,82
3004 + 58,03

1490,62	895,05
7383,82	3062,03

8
64,02 + 395
829,36 + 2748
95,23 + 48

143,23	3577,36
459,02	964,18

Subtrahiere mit dem Taschenrechner. 2458,27 − 1816,14 = ■
Rechne zuerst den Überschlag. 2500 − 1800 = 700

ON/C – 2 4 5 8 – • – 2 7 – − – 1 8 1 6 – • – 1 4 – = – 642.13

9
792,48 − 316,25
906,12 − 572,08
804,83 − 407,25

416,81	476,23
397,58	334,04

10
423,75 − 218,36
600,28 − 349,15
492,45 − 318,67

173,78	267,25
205,39	251,13

11
809,24 − 563,84
695,06 − 327,09
904,68 − 600,95

303,73	367,97
401,82	245,4

12
768,23 − 506,47
967,27 − 419,05
862,54 − 794,13

261,76	68,41
79,36	548,22

13
385,40 − 96,78
2507,39 − 849,3
4200,80 − 563,02

3637,78	288,62
1658,09	2147,12

14
642,12 − 70,9
1085,7 − 4,26
2590 − 367,25

1479,19	1081,44
571,22	2222,75

15
834 − 42,78
1300 − 839,6
4279 − 345,59

3933,41	460,4
791,22	829,64

16
472,81 − 315
2095,6 − 48
5340,03 − 739

157,81	2314,62
4601,03	2047,6

Multipliziere mit dem Taschenrechner. 387,13 · 6 = ■
Rechne zuerst den Überschlag. 400 · 6 = 2400

ON/C – 3 8 7 – • – 1 3 – × – 6 – = – 2322.78

1

685,23 · 4
319,47 · 9
542,81 · 3

1628,43	2740,92
1927,38	2875,23

2

406,86 · 2
730,07 · 5
900,43 · 8

7203,44	813,72
3650,35	1830,54

3

762,13 · 28
103,67 · 75
500,09 · 92

31280,92	21339,64
46008,28	7775,25

4

208,49 · 58
560,63 · 14
900,27 · 63

56717,01	12092,42
21265,38	7848,82

5

124,6 · 53
302,04 · 36
536,28 · 18

6603,8	9653,04
3502,9	10873,44

6

603,8 · 12
312,42 · 34
158,01 · 51

10622,28	12658,5
8058,51	7245,6

7

25,39 · 200
13,6 · 350
34,02 · 165

5613,3	6452,96
5078	4760

8

31,6 · 104
18,24 · 328
26,03 · 203

5982,72	3286,4
6520	5284,09

Dividiere mit dem Taschenrechner. Runde, wenn nötig, auf 2 Stellen hinter dem Komma. Aufgabe 872,36 : 9 = ■ Rechne zuerst den Überschlag. 900 : 9 = 100

ON/C – 8 7 2 – • – 3 6 – ÷ – 9 – = – 96.928888

9

58,2 : 6
374,8 : 9
509,4 : 3

534,54	169,8
41,64	9,7

10

93,26 : 4
285,04 : 7
691,37 : 2

508,07	345,69
23,32	40,72

11

76,23 : 18
492,5 : 35
714,68 : 52

335,25	14,07
4,24	13,74

12

95,2 : 32
814,63 : 45
375,4 : 78

11,92	18,10
2,98	4,81

13 *

0,7 : 4
0,9 : 6
0,3 : 7

0,04	0,18
0,03	0,15

14 *

0,08 : 32
0,06 : 19
0,09 : 45

0,003	0,002
0,004	0,002

15 *

4008,9 : 258
2376,03 : 106
8250,7 : 300

27,50	16,68
15,54	22,42

16 *

1236,7 : 125
3219,5 : 417
6034,72 : 326

18,51	30,36
9,89	7,72

Kurzformen

Für die Multiplikation von Dezimalbrüchen mit 10 oder 100 gibt es eine Kurzform:

Multiplikation mit 10	*Multiplikation mit 100*
Komma 1 Stelle nach rechts	*Komma 2 Stellen nach rechts*
43,25 · 10 = 432,5	*43,25 · 100 = 4325*

1
3,25 · 10 5,66 · 10
3,25 · 100 5,66 · 100

2
4,03 · 10 0,35 · 10
4,03 · 100 0,35 · 100

3
36,75 · 10 18,50 · 10
36,75 · 100 18,50 · 100

4
50,24 · 10 75,02 · 10
50,24 · 100 75,02 · 100

5
28,4 · 10 79,2 · 10
28,4 · 100 79,2 · 100

6
145 · 10 764 · 10
145 · 100 764 · 100

3,8 · 10 = 38
3,8 · 100 = 380
3,8 · 1000 = 3800

7
0,25 · 10 7,04 · 10
0,25 · 100 7,04 · 100
0,25 · 1000 7,04 · 1000

Auch für die Division von Dezimalbrüchen durch 10 oder 100 gibt es eine Kurzform:

Division durch 10	*Division durch 100*
Komma 1 Stelle nach links	*Komma 2 Stellen nach links*
375,20 : 10 = 37,52	*375,20 : 100 = 3,752*

8
125,2 : 10 308,5 : 10
125,2 : 100 308,5 : 100

9
630,2 : 10 214,0 : 10
630,2 : 100 214,0 : 100

10
85,36 : 10 34,02 : 10
85,36 : 100 34,02 : 100

11
2,7 : 10 0,4 : 10
2,7 : 100 0,4 : 100

12
471 : 10 625 : 10
471 : 100 625 : 100

13
93 : 10 82 : 10
93 : 100 82 : 100

125,5 : 10 = 12,55
125,5 : 100 = 1,255
125,5 : 1000 = 0,1255

14
56,2 : 10 3,05 : 10
56,2 : 100 3,05 : 100
56,2 : 1000 3,05 : 1000

Umzug in die neue Wohnung

In der Gardinenabteilung

Rechne aus, wieviel Meter Vorhangstoff Frau Geier insgesamt benötigt.

Aufgabe	*2,70 m · 4*
Überschlag	*3 · 4 = ■*
Rechnung	*2,70 · 4*
	10,80
Antwort	*Frau Geier benötigt 10,80 m Vorhangstoff.*

1

Petra braucht für ihr Zimmer 6 Bahnen Vorhangstoff zu 1,75 m. Wieviel Meter Stoff muß sie kaufen?

2

Frau Kurz braucht für 3 Fenster je 3,80 m Gardinenstoff. Wieviel Meter Gardinenstoff muß sie kaufen?

3

Herr Folz will 6 Stühle neu beziehen. Für einen Stuhl benötigt er 0,55 m Bezugsstoff. Wieviel Meter Bezugsstoff benötigt er insgesamt?

4

Klasse 8a will einen Wandbehang aus Dekostoff gestalten. Sie wählt 2,65 m Dekostoff, der 14 DM je Meter kostet. Berechne den Gesamtpreis.

5	6	7	8
2,18 · 4	4,26 · 9	3,04 · 34	5,10 · 82
5,75 · 6	8,34 · 4	5,07 · 21	8,30 · 66
3,28 · 3	6,93 · 7	2,09 · 56	6,80 · 73
7,42 · 5	9,67 · 8	7,03 · 38	9,40 · 45

9 *	10 *	11 *	12 *
13,58 · 12	35,07 · 32	20,36 · 65	42,12 · 24
51,69 · 26	27,04 · 53	50,23 · 37	71,34 · 15
24,72 · 51	75,09 · 24	80,52 · 22	36,57 · 32
62,84 · 35	46,03 · 17	30,75 · 58	25,81 · 46

162,96 1343,94 275,60 1260,72 782,51
1433,12 1122,24 2199,40 1802,16

1253,64 1858,51 1010,88 1187,26
1771,44 1783,5 1070,1 1170,24 1323,4

Berechne den Meterpreis.

Aufgabe 16,50 DM : 3

Überschlag 15 : 3 = ■

Rechnung 16,50 : 3 = 5,50

```
16,50 : 3 = 5,50
15
--
 15
 15
 --
  00
   0
  --
   0
```

Antwort 1 m kostet 5,50 DM.

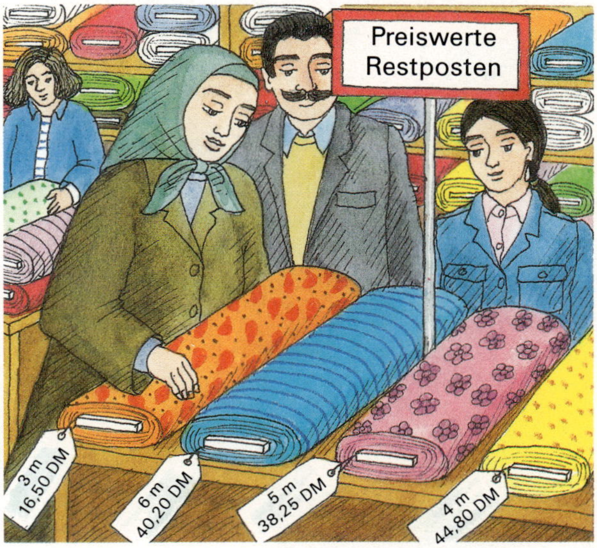

1

Herr Bach hat Vorhangstoff für 3 Fenster zum Preis von 124,60 DM gekauft. Berechne den Preis für 1 Fenster.

2

Semra will aus einem Stoffrest von 2,78 m zwei gleich große Bahnen schneiden. Wie lang wird eine Bahn?

3

Aus einem Stoffrest von 1,80 m will Frau Ringel 4 gleich große Kissenbezüge nähen. Wieviel Meter Stoff muß sie für jeden Bezug abmessen?

4

Die Lehrerin hat für den Nähkurs 3,15 m Stoff gekauft, der an 9 Schülerinnen gleichmäßig verteilt wird. Wieviel Meter Stoff erhält jede Schülerin?

5

2,52 : 6
3,44 : 4
9,24 : 7
7,77 : 3

6

12,35 : 5
13,18 : 2
25,76 : 8
14,60 : 4

7

55,80 : 9
24,90 : 6
25,26 : 3
35,70 : 5

8 *

0,72 : 3
0,96 : 4
0,84 : 6
0,91 : 7

9 *

15,60 : 12
70,40 : 22
117,60 : 49
40,50 : 15

10 *

117,60 : 21
129,20 : 38
111,80 : 13
113,40 : 42

11 *

44,80 : 14
132,50 : 25
49,50 : 33
128,80 : 46

12 *

160,40 : 20
420,60 : 60
360,90 : 30
250,50 : 50

3,2	2,7	3,4	4,3	5,6
8,6	2,4	2,7	1,3	

5,3	11,04	8,02	1,5	3,2
5,01	7,01	12,03	2,8	

In der neuen Wohnung

Berechne die Größe des Teppichbodens.

Aufgabe $3{,}54 \cdot 4{,}32$

Überschlag $4\ \text{m} \cdot 4\ \text{m} = \blacksquare\ \text{m}^2$

Rechnung

$$\begin{array}{r} \underline{3{,}54 \cdot 4{,}32} \\ 1416 \\ 1062 \\ \underline{708} \\ 15{,}2928 \end{array}$$

Runden $\underline{\underline{15{,}29}}$

Antwort
Der Teppichboden ist 15,29 m² groß.

1. Schritt
Multipliziere, ohne das Komma zu beachten.

2. Schritt
Zähle, wie viele Stellen hinter dem Komma beide Zahlen zusammen haben.

3. Schritt
Setze das Komma so, daß das Ergebnis ebenso viele Stellen hinter dem Komma hat.

4. Schritt
Runde das Ergebnis.

1

Herr Köhler mißt das Wohnzimmer aus. Die Länge beträgt 5,38 m, die Breite 4,15 m. Berechne die Fläche des Wohnzimmers. Runde auf 2 Stellen hinter dem Komma.

2

Lisann und Claudia messen das Kinderzimmer aus. Es ist 3,75 m breit und 4,28 m lang. Wie groß ist die Fläche des Kinderzimmers? Runde auf 2 Stellen hinter dem Komma.

1

2,8 · 7,4
3,2 · 4,6
5,3 · 2,5
6,4 · 3,9

2

3,5 · 4,3
1,7 · 5,4
4,8 · 6,3
7,5 · 3,6

9,18	14,72	15,05	13,25	23,54
20,72	30,24	27,00	24,96	

3

2,4 · 6,2
5,3 · 4,8
8,2 · 2,9
4,7 · 3,5

4

5,1 · 3,4
9,3 · 6,2
1,8 · 4,7
3,7 · 5,6

9,28	14,88	20,72	57,66	8,46
16,45	25,44	17,34	23,78	

Runde auf 2 Stellen hinter dem Komma.

5

4,19 · 3,5
2,34 · 5,2
6,47 · 2,6
3,22 · 4,7

6

6,72 · 4,6
1,65 · 6,7
5,34 · 2,8
8,23 · 5,4

11,06	12,17	14,67	15,13	18,36
14,95	30,91	44,44	16,82	

7

1,8 · 3,16
3,4 · 2,69
5,6 · 4,27
4,7 · 6,53

8

2,5 · 4,26
6,2 · 5,41
9,4 · 2,35
7,3 · 3,25

9,15	11,43	10,65	23,73	30,69
23,91	5,69	33,54	22,09	

Runde auf 2 Stellen hinter dem Komma.

```
5,04 · 1,3
  504
  1512
  6,552
  6,55
```

9

2,07 · 4,8
6,03 · 3,4
5,08 · 2,6
7,02 · 9,2

9,94	10,15	13,21	20,50	64,58

10*

3,09 · 4,17
8,06 · 5,23
4,09 · 1,65
9,05 · 3,51

11*

1,04 · 3,10
2,08 · 5,30
7,03 · 2,80
5,02 · 4,60

3,22	6,75	7,65	11,02	
12,89	19,68	23,09	31,77	42,15

Runde auf 2 Stellen hinter dem Komma.

```
2,5 · 4,02
  100
     00
      50
  10,050
  10,05
```

12

3,2 · 2,05
5,4 · 4,01
2,7 · 6,08
4,5 · 3,04

6,56	13,68	16,42	18,74	21,65

13*

0,9 · 2,14
0,7 · 3,26
0,5 · 6,49
0,3 · 4,93

14*

5,8 · 0,74
3,6 · 0,57
7,2 · 0,24
2,9 · 0,85

1,48	1,93	1,73	2,05	
2,28	2,47	3,25	4,29	3,68

Das Kinderzimmer wird eingerichtet

Rechne aus, wie viele Regale von 0,75 m Breite an der Wand von 3 m Platz haben.

Aufgabe	*3 : 0,75 = ■*	
Erweitern	*300 : 75*	
Rechnung	*300 : 75 = 4* *300* *0*	

Antwort
Es haben 4 Regale an der Wand Platz.

Bei der Division durch einen Dezimalbruch mußt du zuerst den Bruch in eine ganze Zahl verwandeln.
Dazu erweiterst du beide Zahlen der Aufgabe mit 10, 100, 1000 usw.

Beispiele $0{,}5 \cdot 10 = 5$
$0{,}03 \cdot 100 = 3$
$0{,}008 \cdot 1000 = 8$

1
Lars möchte aus einem 3 m langen Brett einzelne Bretter für ein 0,50 m breites Bücherregal sägen. Wie viele Bretter von 0,50 m Länge erhält Lars?

2
Meike baut ein Regal für Kassetten, das 0,25 m breit werden soll.
Wie viele Bretter kann sie dafür aus einem 2 m langen Brett sägen?

3
Reiner sägt 0,75 m lange Bretter für Einlegeböden ab. Wie viele Böden erhält er aus einem 4,50 m langem Brett?

4
Eileen braucht für ein CD-Regal 0,15 m lange Bretter. Wie viele Bretter bekommt sie aus einem 1,20 m langen Brett?

1

Für einen Kleiderschrank sind im Schlafzimmer 3 m Platz vorhanden. Wie viele Schrankelemente zu 0,50 m Breite können von Herrn Fux angeschafft werden?

2

Frau Esser will aus einem Stoffrest von 3 m Kissenbezüge für die Sitzecke nähen. Für einen Bezug benötigt sie 0,60 m. Wie viele Bezüge kann sie anfertigen?

3

Felix montiert eine 4 m lange Leiste zum Aufhängen von Postern. Wie viele Poster passen nebeneinander, wenn ein Poster 0,80 m breit ist?

4*

Das Kinderzimmer ist 20 m^2 groß. Es soll mit Teppichfliesen von 0,40 m^2 ausgelegt werden. Rechne aus, wie viele Fliesen nötig sind.

5

6 : 0,5
5 : 0,2
20 : 0,4
9 : 0,3

6

4 : 0,25
18 : 0,75
12 : 0,15
21 : 0,35

7

9 : 1,5
20 : 2,5
14 : 3,5
9 : 4,5

8

32 : 1,6
72 : 2,4
63 : 1,8
27 : 2,7

9

7 : 0,2
6 : 0,4
9 : 0,5
12 : 0,3
18 : 0,9

10

7 : 0,35
4 : 0,25
6 : 0,75
9 : 0,12
6 : 0,15

11*

5 : 2,5
7 : 1,4
9 : 1,8
6 : 1,5
8 : 1,6

12*

27 : 4,5
42 : 3,5
36 : 2,4
80 : 3,2
39 : 2,6

12 8 14 35 20 75 60 80 24
30 16 50 25 15 40 18 40 20

5 4 2 15 25 6 35 8 10 30
4 2 20 15 7 5 6 12 5

Neue Fliesen für Küche und Bad

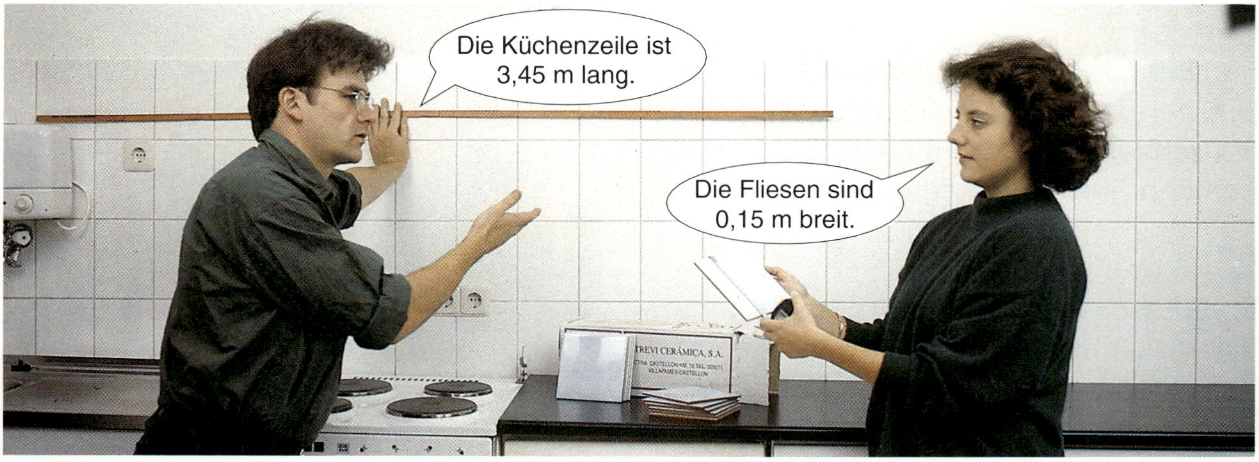

Berechne, wie viele Fliesen zu 0,15 m Breite in einer Reihe benötigt werden.

Aufgabe $3{,}45 : 0{,}15 = \blacksquare$

Erweitern $345 : 15$

Rechnung

$$\begin{array}{l} 345 : 15 = \underline{\underline{23}} \\ \underline{30} \\ \ \ 45 \\ \ \ \underline{45} \\ \ \ \ \ 0 \end{array}$$

Antwort *Es werden 23 Fliesen pro Reihe benötigt.*

Für den Fußboden der Küche sind quadratische Fliesen von 0,25 cm vorgesehen. Der Boden ist 3,75 m lang und 2,75 m breit.

1. Wie viele Fliesen passen nebeneinander auf die Länge?

2. Wie viele Fliesen passen nebeneinander auf die Breite?

3. Wie viele Fliesen braucht man insgesamt?

1

Frau Körber möchte in der Küche eine Fußleiste aus Platten haben.
Die Sockel sind insgesamt 14,25 m.
Wie viele Platten von 0,25 m Länge benötigt Frau Körber?

2

Die Sockellänge im Badezimmer beträgt 8,70 m. Wie viele Sockelfliesen zu 0,30 m Länge werden gebraucht?

3 *

Fliesenleger Wolf berechnet für 12,50 m^2 verlegte Bodenplatten 281,25 DM. Rechne aus, wieviel DM ein Quadratmeter kostet.

4 *

Herr Jonas kauft 3,5 m^2 Wandfliesen zu insgesamt 71,25 DM für eine Nische im Badezimmer. Rechne aus, wieviel DM ein Quadratmeter kostet.

5

62,7 : 0,3
56,4 : 0,6
73,5 : 0,5

6

74,2 : 0,7
93,6 : 0,4
102,4 : 0,8

94 86 234 128
147 209 106

7

48,6 : 0,9
26,4 : 0,4
16,8 : 0,7

8

25,2 : 0,3
57,6 : 0,8
25,8 : 0,6

66 39 43 72
54 24 84

9 *

28,52 : 0,23
29,25 : 0,45
17,05 : 0,31

10 *

11,40 : 0,12
25,85 : 0,55
14,75 : 0,25

19 124 95 59
65 55 47

11 *

103,5 : 1,5
118,8 : 2,2
77,5 : 3,1

12 *

50,4 : 1,4
117,5 : 2,5
69,3 : 1,1

69 36 47
56 54 25 63

Anstreichen und tapezieren

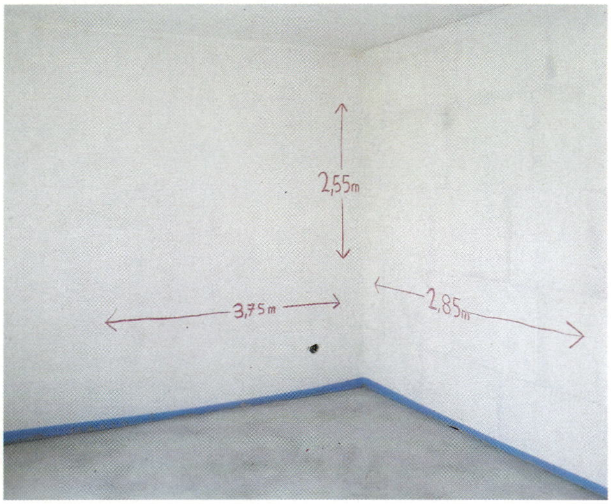

Herr Jansen mißt die Zimmerwände für den Anstrich aus.
Simone notiert und rechnet.

Kinderzimmer

Längswand	3,75 m
Stirnwand	2,85 m
Höhe	2,55 m

2 Längswände: 3,75 · 2,55 · 2 = ■
2 Stirnwände: 2,85 · 2,55 · 2 = ■
■ m²

Simone benutzt den Taschenrechner.

ON/C — 3.75 — × — 2.55 — × — 2 — = — 19.125 — M+

2.85 — × — 2.55 — × — 2 — = — 14.535 — M+

MRC — 33.66

Die Wände haben eine Fläche von 33,66 m².

Berechne ebenso die Wandflächen dieser Räume.
Runde, wenn nötig, auf 2 Stellen hinter dem Komma.

1 **Schlafzimmer**

Längswand	4,96 m
Stirnwand	4,35 m
Höhe	2,55 m

2 **Wohnzimmer**

Längswand	5,85 m
Stirnwand	4,62 m
Höhe	2,55 m

3 **Flur**

Berechne die Deckenfläche.

Länge	2,40 m
Breite	1,80 m

4 **Abstellkammer**

Berechne die Bodenfläche.

Länge	1,45 m
Breite	1,20 m

Für wie viele Bahnen reicht eine Rolle Prägetapete bei einer Raumhöhe von 2,85 m?

Aufgabe 10,05 : 2,85 = ■

Rechnung mit dem Taschenrechner

ON/C — 1 0 . 0 5 — ÷ — 2 . 8 5 — = —

3 . 5 2 6 3 1 5 7

Antwort
Aus einer Rolle erhält Herr Jansen 3 ganze Bahnen.

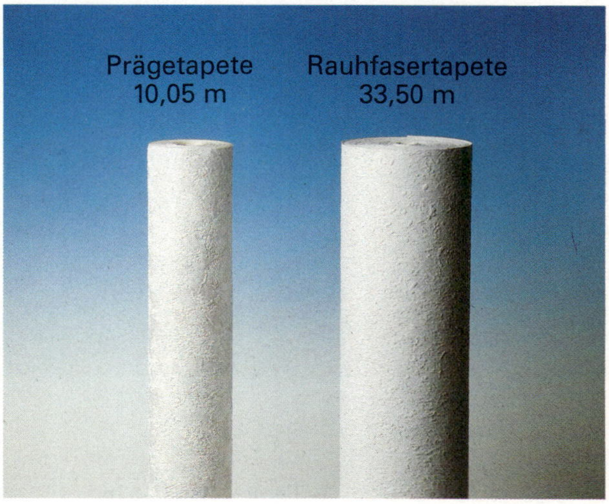

1
Wie viele Bahnen können aus einer Rolle Rauhfasertapete bei einer Raumhöhe von 2,55 m geschnitten werden? Runde auf ganze Zahlen.

2
Berechne die Anzahl der Bahnen aus einer Rolle Rauhfasertapete bei einer Raumhöhe von 2,80 m. Runde auf ganze Zahlen.

Runde, wenn nötig, auf 2 Stellen nach dem Komma.

3	4	5	6
15,34 : 3,25	26,46 : 5,25	8,54 : 3,05	30,4 : 0,4
18,36 : 5,26	35,85 : 7,43	13,86 : 4,02	28,2 : 0,6
25,84 : 6,18	43,54 : 8,32	31,50 : 5,04	41,6 : 0,8
14,25 : 6,25	18,89 : 4,48	11,33 : 2,06	18,9 : 0,3

2,28 3,49 3,64 4,22 4,72
4,83 5,23 5,04 4,18

76 6,25 4,26 5,5 52
3,45 47 2,8 63

7	8	9*	10*
3,76 · 4,5	12,27 · 6,5	2,05 · 4,08	5,30 · 0,27
6,32 · 5,7	26,45 · 2,6	5,07 · 8,04	3,60 · 0,52
4,79 · 3,2	43,64 · 9,8	7,09 · 5,06	8,40 · 0,38
8,24 · 7,3	34,83 · 8,4	3,08 · 9,02	6,70 · 0,86

15,33 36,02 50,34 427,67
79,76 292,57 60,15 16,92 68,77

1,87 40,76 2,65 1,43 8,36
35,88 5,76 3,19 27,78

Obst- und Gemüsemarkt

Wieviel DM kostet ein Kilogramm Kirschen?

5 kg Kirschen kosten 9,75 DM
1 kg Kirschen kostet 9,75 DM : 5

Rechnung 9,75 : 5 = ■

Antwort
Ein kg Kirschen kostet ■ DM.

1
Bauer Eder bietet fünf Kohlrabi im Bund für 2,10 DM an.
Wieviel DM kostet eine Kohlrabi?

2
Obsthändler Lang bietet einen Korb mit 15 kg Pflaumen für 34,50 DM an.
Wieviel DM kostet ein Kilogramm?

3
Ein Beutel mit Zitronen kostet 2,45 DM.
Er enthält 7 Zitronen.
Wieviel kostet eine Zitrone?

4
Im Sonderangebot gibt es Bananen.
Drei Kilogramm kosten 7,47 DM.
Wieviel DM kostet ein Kilogramm?

5
Frau Götz kauft 3 Ananas für 10,20 DM.
Die Nachbarin kauft ihr eine Ananas ab.
Wieviel DM muß die Nachbarin zahlen?

6
Unterwegs teilen sich vier Freunde einen Beutel mit 24 Mandarinen für 3,96 DM.
Wieviel DM muß jeder anteilig zahlen?

7
Eine Kiste Pfirsiche kostet 7,84 DM.
Sie enthält 28 Früchte.
Wieviel kostet ein Pfirsich?

8
Drei Köpfe Eisbergsalat kosten im Sonderangebot zusammen 3,99 DM.
Wieviel DM kostet ein Kopf Salat?

9 Berechne den Kistenpreis.

10 Berechne den Kilopreis.

Welche Äpfel sind preiswerter?
Berechne den Kilopreis.

Cox orange
3 kg kosten 11,67 DM
1 kg kostet 11,67 DM : 3 = ■ DM

Jona Gold
5 kg kosten 21,00 DM
1 kg kostet 21,00 DM : 5 = ■ DM

1
Welche Kartoffelsorte ist billiger?

Aus biologischem Anbau!
5 kg Granola 3,75 DM
2,5 kg Ackergold 2,00 DM

2
Welche Trauben sind preisgünstiger?

Angebot!
2 kg Reginatrauben 9,40 DM
3 kg Sultaninen 12,60 DM

3
Welche Apfelsine ist pro Stück billiger?

Neue Ernte!
10 Blutapfelsinen 5,50 DM
12 Navel-Apfelsinen 7,80 DM

4
Vergleiche die Preise für Pampelmusen.

Preisschlager!
5 rosa Pampelmusen 4,75 DM
3 gelbe Pampelmusen 3,15 DM

5*
Berechne den genauen Preisunterschied.

3 kg Französische Pfirsiche
13,05 DM
5 kg Griechische Pfirsiche
19,75 DM

6*
Berechne den genauen Preisunterschied.

1,5 kg Holländische Tomaten
4,05 DM
2,5 kg Italienische Tomaten
6,25 DM

Ein Tag im Fotoladen

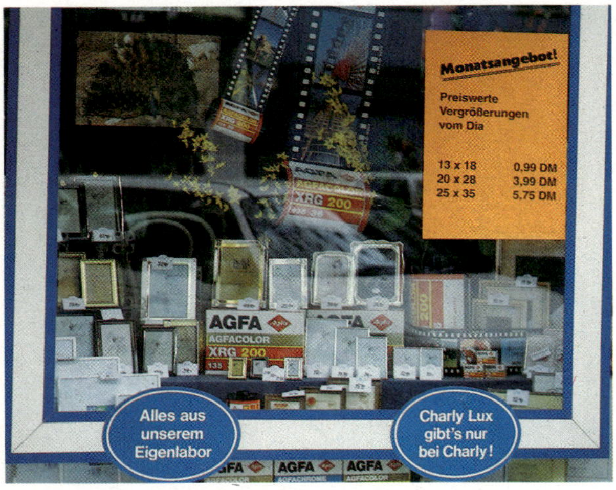

Frau Baumann möchte für ihre Kinder von einem Dia Vergrößerungen machen lassen. Sie bestellt 3 Vergrößerungen im Format 20 x 28 cm.
Wieviel DM kostet das insgesamt?

Aufgabe
1 Vergrößerung kostet ■ DM
3 Vergrößerungen kosten 3 · ■ DM

Antwort
Die 3 Vergrößerungen kosten ■ DM.

1
Jan läßt von einem Feriendia 2 Vergrößerungen im Format 25 x 35 cm machen. Wieviel DM muß er bezahlen?

2
Anke läßt 12 Dias von der Klassenfahrt im Format 13 x 18 cm vergrößern. Wieviel DM muß sie bezahlen?

3
Corinna bestellt 24 farbige Abzüge.
Ein Abzug kostet 0,59 DM.
Welchen Betrag muß sie bezahlen?

4
Markus läßt 30 Abzüge in schwarz-weiß machen. Ein Abzug kostet 0,49 DM.
Welchen Betrag muß er bezahlen?

5
Kevin läßt von einem Dia drei Poster im Format 25 x 35 cm anfertigen. Wieviel DM kosten die Poster zusammen?

6
Lisa bestellt von einem Film 36 Abzüge.
Ein Abzug im Format 9 x 13 cm kostet 0,49 DM. Wieviel DM bezahlt sie?

7
Herr Berger kauft vier Farbfilme.
Ein Film kostet 6,65 DM.
Wieviel DM kosten die Filme zusammen?

8
Frau Hecker kauft 5 Diafilme. Ein Film kostet im Sonderangebot 7,98 DM.
Berechne die Kosten für alle Filme.

9
Nana braucht 6 neue Paßfotos. Ein Foto kostet 2,95 DM. Wieviel DM muß Nana für die Fotos bezahlen?

10
Familie Öztürk läßt für die Großeltern 4 Familienfotos zu 14,25 DM machen.
Berechne den Gesamtpreis.

1

Brita und Erkan kaufen für die Foto-AG 12 Diakästen. Berechne die Kosten.

2

Herr Jung kauft 800 Dia-Rahmen. Wieviel DM muß er bezahlen?

3*

Laura und Lucas kaufen 4 Packungen Dia-Rähmchen. Sie bezahlen mit einem 50-DM-Schein. Wieviel DM erhalten sie zurück?

4

Tobias will jeder seiner beiden Schwestern ein Fotoalbum zu 13,75 DM schenken. Wieviel DM muß er auslegen?

5

Frau Henkel kauft 3 kleine Fotoalben. Ein Album kostet 3,79 DM. Rechne aus, wieviel DM Frau Henkel bezahlen muß.

6

Herr Köhler kauft 4 Sofortbildfilme. Ein Film kostet 19,85 DM. Wieviel DM kosten die 4 Filme?

7

Tino kauft 4 rahmenlose Bildträger zum Stückpreis von 3,29 DM. Wieviel DM muß Tino bezahlen?

8

Frau Bieger will 3 Rahmen im Format 40 x 50 kaufen. Rechne aus, wieviel DM die Rahmen kosten.

9

Eva kauft 7 Rahmen im Format von 13 x 18. Wieviel DM muß Eva bezahlen?

10*

Peter kauft 5 Rahmen im Format 24 x 30. Er bezahlt mit zwei 20-DM Scheinen. Wieviel DM bekommt er zurück?

Im Betriebspraktikum

1

Ines macht ihr Betriebspraktikum in der Großwäscherei Burger.
Dort gibt es 5 gleich große Waschmaschinen. 3 davon sind mit 120 kg Wäsche gefüllt. Wieviel Kilogramm Wäsche können gewaschen werden, wenn die 5 Maschinen gefüllt sind?

1. Schritt *3 Maschinen waschen 120 kg Wäsche*

2. Schritt *1 Maschine wäscht* $120 : 3 = \underline{\underline{40}}$

$$\begin{array}{l} 120 : 3 = 40 \\ \underline{12} \\ \ \ 00 \\ \ \ \ \underline{0} \\ \ \ \ 0 \end{array}$$

3. Schritt *5 Maschinen waschen* $40 \cdot 5 = ■$

Antwort *Alle 5 Maschinen waschen ■ kg Wäsche.*

2

In einer anderen Großwäscherei werden in 4 Waschmaschinen 240 kg Wäsche gewaschen.
Wieviel Kilogramm Wäsche können in 9 Waschmaschinen gewaschen werden?

3

Von 8 gleich großen Waschmaschinen sind 7 mit 560 kg Wäsche gefüllt. Wieviel Kilogramm Wäsche können gewaschen werden, wenn alle Maschinen gefüllt sind?

4

Eine Büglerin hat 8 Oberhemden in 72 Minuten gebügelt. Wie lange braucht sie für 12 Oberhemden?

5*

Für drei Waschdurchgänge werden 225 Minuten benötigt. Wie lange dauern dann zwei Waschdurchgänge?

1

In 270 Minuten werden 6 Chargen (Ladungen) Kleidung chemisch gereinigt. Wieviel Minuten müssen für 10 Chargen angesetzt werden?

Antwort
Für 10 Chargen müssen ■ Minuten angesetzt werden.

✶ Gib die Zeit in Stunden an.

6 Chargen werden in 270 Min. gereinigt.

1 Charge in $270 : 6 = \underline{\underline{45}}$

$$\begin{array}{r} 24 \\ \hline 30 \\ 30 \\ \hline 0 \end{array}$$

10 Chargen in $45 \cdot 10 =$ ■ *Minuten.*

2

Tino hat sein Praktikum an einer Lehrbaustelle gemacht. In 20 Minuten hat er 4 Schubkarren beladen.
Wieviel Minuten wird er für das Beladen von 5 Schubkarren brauchen?

3

In 120 Minuten hat Tino eine Probemauer von 80 cm Höhe gebaut.
Wieviel Zeit wird er für die Höhe von 100 cm brauchen?

4

Verena arbeitet in einem Versandlager. Sie hat 45 Kataloge in 3 gleich große Kartons verpackt. Wie viele Kartons benötigt sie, um weitere 75 Kataloge zu verpacken?

5✶

In 2 Stunden hat Verena 48 Werbesendungen versandfertig verpackt. Sie muß 72 Sendungen zusätzlich einpacken.
Wieviel Zeit wird sie benötigen?

Heimwerkermarkt

Tabellen enthalten kurze Informationen.
Diese Tabellen zeigen an, wieviel Farbe für eine bestimmte Fläche erforderlich ist.
Hier gilt: Je mehr Fläche, desto mehr Material ist nötig.

1

Lies aus der Tabelle ab, wieviel Lack für 3 m^2 (5 m^2, 7 m^2, 9 m^2) Fläche erforderlich ist.

2

Welche Fläche kann man mit 150 cm^3 (300 cm^3, 450 cm^3, 750 cm^3) Lack streichen? Nutze die Tabelle.

Richtwerte für den Verbrauch										
Fläche m^2	1	2	3	4	5	6	7	8	9	10
Lack cm^3	75	150	225	300	375	450	525	600	675	750

3

Setze die Tabelle für Wandfarbe bis 300 m^2 fort.

Wandfarbe					
m^2	30	60	90	120	150
ℓ	5	10	15	20	25

4

Setze die Tabelle für Fassadenfarbe bis 350 m^2 fort.

Fassadenfarbe					
m^2	35	70	105	■	■
ℓ	5	10	■	■	■

5

Ergänze die Tabelle für Abtönfarbe.

Abtönfarbe					
Fläche m^2	1	2	3	4	5
Farbe ℓ	0,15	0,30	■	■	■

6

Ergänze die Tabelle für Ofenrohrlack.

Ofenrohrlack					
Fläche m^2	1,6	3,2	■	■	■
Lack cm^3	100	■	■	■	■

7

Stelle eine Tabelle für den Verbrauch von Buntlack auf. Für 1 m^2 braucht man 120 cm^3 Buntlack.
Trage 1 m^2 bis 10 m^2 Fläche ein.

8*

Stelle eine Tabelle für den Verbrauch von weißer Farbe auf. Für 50 m^2 Fläche werden 10 ℓ Farbe benötigt.
Denke dir geeignete Werte aus.

Der Verbrauch kann auch aus Schaubildern abgelesen werden.

Korkkleber

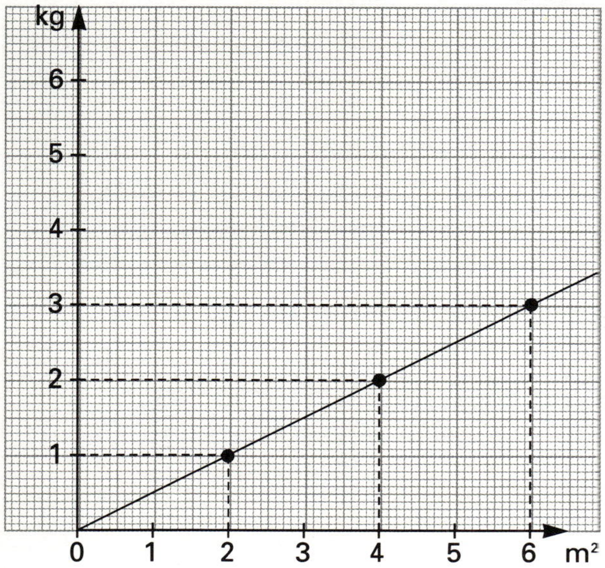

Spezialkleber

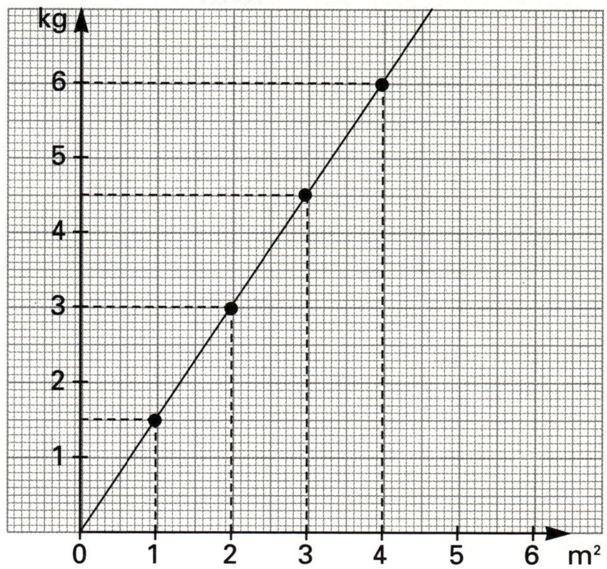

1

Lies aus der Grafik ab, wieviel Kilogramm Korkkleber für 2 m^2, (4 m^2, 6 m^2, 8 m^2, 10 m^2) erforderlich sind.

2

Lies aus der Grafik ab, wieviel Kilogramm Spezialkleber für 1 m^2, (2 m^2, 3 m^2, 4 m^2) benötigt werden.

3

Überlege anhand der Grafik, wieviel Kilogramm Korkkleber für 1 m^2 (5 m^2) Fläche erforderlich sind.

4

Wieviel Kilogramm Spezialkleber wird für eine Fläche von 10 m^2 gebraucht? Nutze dafür die Grafik.

5 *

Fertige eine Tabelle für Korkkleber von 1 m^2 bis 10 m^2 an.

6 *

Fertige für den Spezialkleber eine Tabelle von 1 m^2 bis 10 m^2 an.

7

Auf einer Dose mit Holzschutzlasur steht: 1 Liter für ca. 6 m^2 (2 Anstriche). Fertige dazu eine Grafik an, auf der du den Verbrauch ablesen kannst.

8 *

Eine Dose Decolasur von 0,75 Liter Inhalt reicht für 4 m^2 (2 Anstriche). Fertige dazu eine Grafik an, auf der du den Verbrauch ablesen kannst.

Wasser und Energie sparen

1 In Nordrhein-Westfalen verbraucht ein Bürger durchschnittlich 152,9 Liter Wasser pro Tag (Stand 1991).
a) Berechne den Wasserverbrauch einer vierköpfigen Familie pro Tag.
b) Berechne den Wasserverbrauch für eine Person in einem Monat (30 Tage).
c) Berechne den monatlichen Wasserverbrauch für vier Personen.

2
Ein tropfender Wasserhahn verliert in einer Stunde 0,7 Liter Wasser. Berechne den Wasserverlust pro Tag (24 Stunden) und pro Jahr (365 Tage).

3
Beim Duschen spart man gegenüber einem Vollbad etwa 95 Liter wertvolles Trinkwasser. Wieviel Liter macht das bei 25 Duschbädern aus?

4
In einer Minute fließen 20 Liter Wasser durch die Dusche. Bei einem Durchfluß-begrenzer läßt sich die Menge auf 12 Liter vermindern.
Berechne die Wasserersparnis.
a) bei 5 Minuten Duschzeit.
*b) bei 3 Duschbädern einer 4köpfigen Familie (5 Minuten).

5*
Berechne für jedes Spülprogramm den Wasserverbrauch in einem halben Jahr (26 Wochen), wenn täglich gespült wird.

Wasserverbrauch einer Spülmaschine	
Intensivprogramm	26 ℓ
Normalprogramm	20 ℓ
Sparprogramm	15 ℓ

6
Um Leitungswasser zu sparen, gießt Herr Berger mit Regenwasser. Die Regentonne enthält 800 Liter Wasser. Wie viele Gießkannen zu 12 Liter kann er etwa füllen? Runde das Ergebnis.

7
Eine Familie kann durch vernünftigen Umgang mit wertvollem Trinkwasser jeden Tag 20 Liter einsparen. Rechne aus, wie viele Liter Wasser diese Familie in einem Jahr einsparen kann.

Energie ist ein wertvolles Gut, das nicht unbegrenzt zur Verfügung steht. Deshalb muß Energie gespart werden. Jeder kann einen Beitrag leisten. Energie-Spar-Tips geben z. B. die Medien und Verbraucherberatungsstellen. Die Industrie entwickelt energiesparende Produkte.

Energieverbrauch 1989

1

Erläutere die nebenstehende Grafik.

2

Die Kühlschränke der neuen Generation brauchen erheblich weniger Strom. Familie Pütz braucht einen neuen Kühlschrank. Der Verkäufer erklärt den Verbrauch eines 100 ℓ-Modells.
1980 Verbrauch in 30 Tagen 25,2 kWh
1991 Verbrauch in 30 Tagen 14,8 kWh
(kWh = Kilowattstunde)

a) Wie hoch ist der Jahresverbrauch (360 Tage) in kWh?
b) Wie hoch ist die Ersparnis pro Jahr in kWh im Vergleich zu 1980?

3

Frau Bernd interessiert sich für einen Gefrierschrank mit 100 Liter Nutzinhalt. Auf ihre Frage nach dem Stromverbrauch erhält sie in ihrem Fachgeschäft die folgenden Informationen.
1980 Verbrauch in 30 Tagen 36 kWh
1991 Verbrauch in 30 Tagen 27 kWh
(kWh = Kilowattstunde)

a) Berechne den Verbrauch im Jahr (360 Tage) in kWh.
b) Berechne die Stromeinsparung in einem Jahr im Vergleich zu 1980.

4

Energiesparlampen brauchen nur $\frac{1}{5}$ des Stroms von herkömmlichen Glühlampen. Berechne die Einsparung bei 200 kWh.

5*

Vergleiche den Verbrauch von Wasser und Strom bei 1 kg und 5 kg Wäsche.

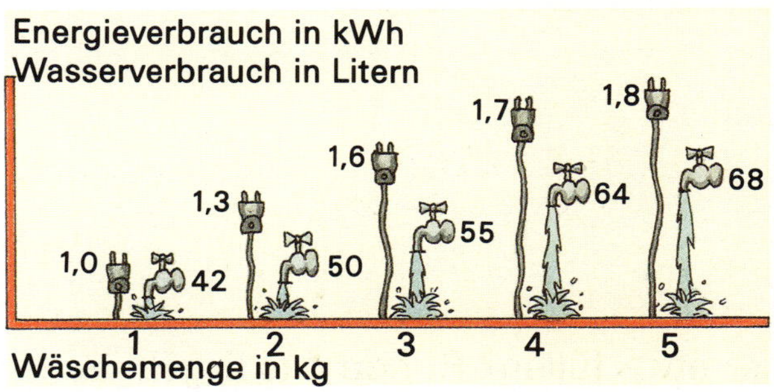

6

Eine Glühlampe muß nach etwa 980 Betriebsstunden ausgewechselt werden. Die Energiesparlampe hat die achtfache Lebensdauer.
Wie viele Betriebsstunden sind das?

Wir vergleichen Brüche

Um festzustellen, welcher Bruch größer ist, mußt du die Brüche so umwandeln, daß man sie vergleichen kann. Hier wird in Hundertstel verwandelt.

1 Was ist größer: $\frac{1}{5}$ oder $\frac{1}{4}$?

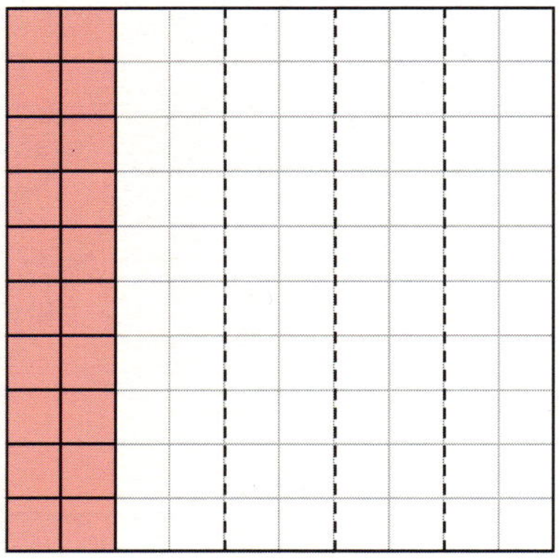

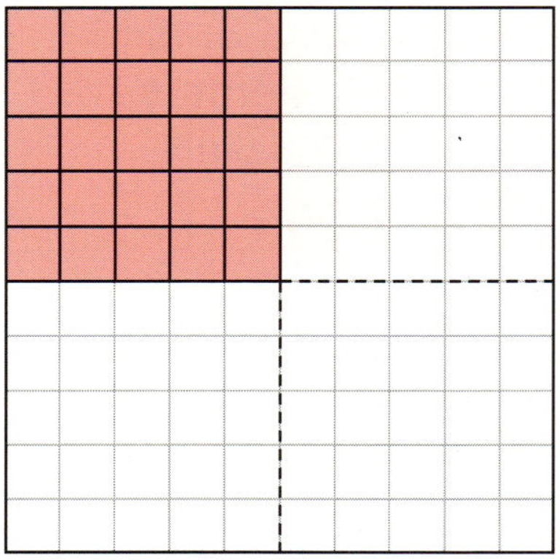

$\frac{1}{5} = \frac{\square}{100}$

$\frac{1}{4} = \frac{\square}{100}$

$\frac{\square}{100} > \frac{\square}{100}$

2 Was ist größer: $\frac{4}{5}$ oder $\frac{3}{4}$?

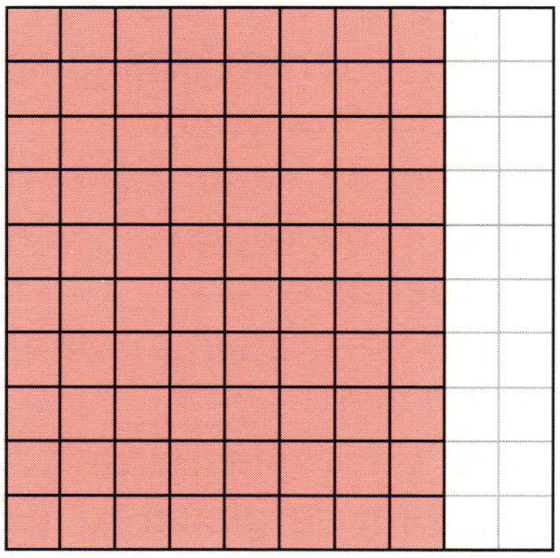

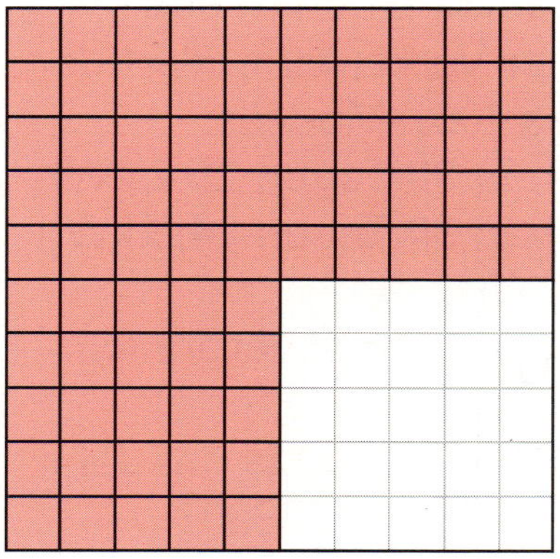

$\frac{4}{5} = \frac{\square}{100}$

$\frac{3}{4} = \frac{\square}{100}$

$\frac{\square}{100} > \frac{\square}{100}$

3 Was ist größer: $\frac{3}{10}$ oder $\frac{7}{20}$?

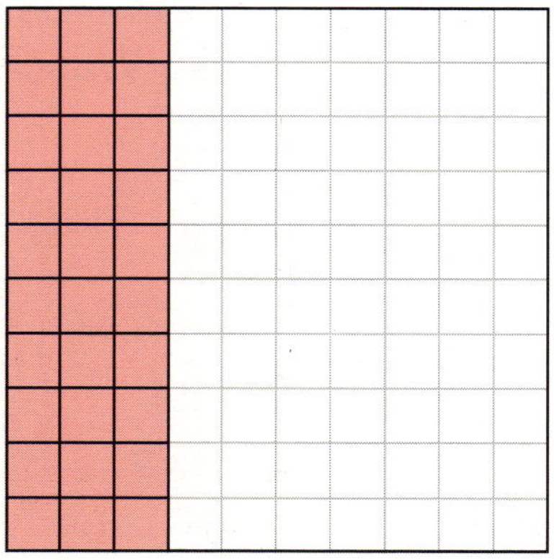

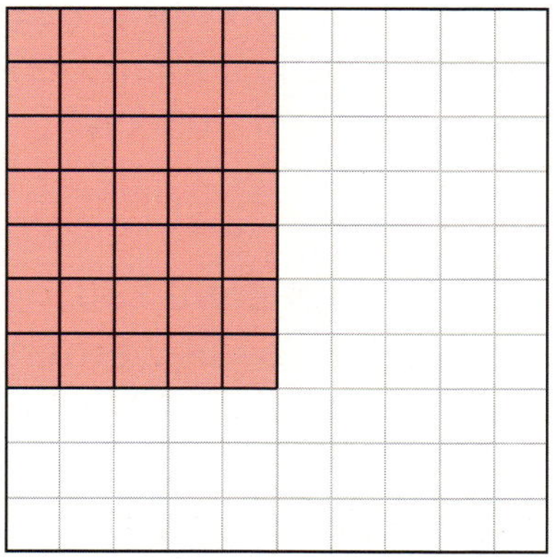

$\frac{3}{10} = \frac{\square}{100}$

$\frac{7}{20} = \frac{\square}{100}$

$\frac{\square}{100} > \frac{\square}{100}$

Wir wandeln Brüche in Hundertstel um durch Erweitern. Erinnere dich,
Erweitern heißt: 1. die Erweiterungszahl feststellen.
2. Zähler und Nenner mit der Erweiterungszahl multiplizieren.

Erweitere $\frac{1}{2}$ auf Hundertstel.

$2 \cdot \square = 100$

$\frac{1}{2} = \frac{1 \cdot \square}{2 \cdot \square} = \frac{50}{100}$

Erweitere auf Hundertstel.

1 $\frac{1}{4}$; $\frac{1}{5}$; $\frac{1}{10}$; $\frac{1}{20}$; $\frac{1}{25}$; $\frac{1}{50}$

2 $\frac{4}{50}$; $\frac{7}{10}$; $\frac{3}{5}$; $\frac{3}{4}$

3 $\frac{1}{25}$; $\frac{2}{10}$; $\frac{7}{50}$; $\frac{6}{10}$

4 $\frac{16}{20}$; $\frac{11}{50}$; $\frac{18}{25}$; $\frac{4}{5}$

5 $\frac{9}{50}$; $\frac{2}{4}$; $\frac{9}{10}$; $\frac{2}{5}$

6 $\frac{4}{25}$; $\frac{35}{50}$; $\frac{8}{10}$; $\frac{4}{5}$

7 $\frac{7}{20}$; $\frac{12}{25}$; $\frac{27}{50}$; $\frac{6}{10}$

Fertige nach dem vorgegebenen Muster Tabellen an.

8

$\frac{1}{2}$	$\frac{\square}{100}$
$\frac{1}{4}$	$\frac{\square}{100}$
$\frac{1}{5}$	$\frac{\square}{100}$
$\frac{1}{10}$	$\frac{\square}{100}$
$\frac{2}{10}$	$\frac{\square}{100}$
$\frac{3}{10}$	$\frac{\square}{100}$
$\frac{5}{10}$	$\frac{\square}{100}$
$\frac{10}{10}$	$\frac{\square}{100}$

9

$\frac{2}{20}$	$\frac{\square}{100}$
$\frac{4}{20}$	$\frac{\square}{100}$
$\frac{6}{20}$	$\frac{\square}{100}$
$\frac{8}{20}$	$\frac{\square}{100}$
$\frac{10}{20}$	$\frac{\square}{100}$
$\frac{12}{20}$	$\frac{\square}{100}$
$\frac{14}{20}$	$\frac{\square}{100}$
$\frac{16}{20}$	$\frac{\square}{100}$

10

$\frac{2}{25}$	$\frac{\square}{100}$
$\frac{4}{25}$	$\frac{\square}{100}$
$\frac{6}{25}$	$\frac{\square}{100}$
$\frac{8}{25}$	$\frac{\square}{100}$
$\frac{10}{25}$	$\frac{\square}{100}$
$\frac{12}{25}$	$\frac{\square}{100}$
$\frac{14}{25}$	$\frac{\square}{100}$
$\frac{16}{25}$	$\frac{\square}{100}$

11

$\frac{5}{50}$	$\frac{\square}{100}$
$\frac{10}{50}$	$\frac{\square}{100}$
$\frac{15}{50}$	$\frac{\square}{100}$
$\frac{20}{50}$	$\frac{\square}{100}$
$\frac{25}{50}$	$\frac{\square}{100}$
$\frac{30}{50}$	$\frac{\square}{100}$
$\frac{35}{50}$	$\frac{\square}{100}$
$\frac{40}{50}$	$\frac{\square}{100}$

12 $\frac{6}{40} = \frac{\square}{100}$

13 $\frac{4}{8} = \frac{\square}{100}$

14 $\frac{9}{15} = \frac{\square}{100}$

15 $\frac{3}{6} = \frac{\square}{100}$

Aus der Ernährungslehre

100 g frische Paprika enthalten 5 g Kohlenhydrate.

Anteil an Kohlenhydraten

5 g von 100 g oder $\frac{5}{100}$ oder 5 %

Prozent heißt vom Hundert (v. H.).
Das Wort stammt aus dem Italienischen *pro cento,* abgekürzt: p. cto.

cto. → ${}^{c}t_{o}$ → %

Vollkornreis besteht zu $\frac{3}{4}$ aus Kohlenhydraten.
Wieviel Prozent sind das?

Rechnung

$\frac{3}{4} = 3 : 4$

$3 : 4 = 0{,}75$

$0{,}75 = \frac{75}{100}$

$\frac{75}{100} = 75\ \%$

Antwort *Vollkornreis enthält 75 % Kohlenhydrate.*

Wieviel Prozent sind das?

1

Kohlenhydrate bei

Speiseeis	$\frac{1}{5}$	Roggenbrot	$\frac{1}{2}$
Kakaotrunk	$\frac{1}{10}$	Früchtemüsli	$\frac{68}{100}$

2

Fettanteile bei

Magerquark	$\frac{1}{50}$	Fleischwurst	$\frac{3}{10}$
Schweinekotelett	$\frac{1}{4}$	Putenfleisch	$\frac{3}{100}$

Schreibe als Prozent. Runde auf 2 Stellen nach dem Komma.

3

0,75; 0,9; 0,01; 0,10; 1,00

4

$\frac{1}{100}$; $\frac{7}{100}$; $\frac{13}{100}$; $\frac{25}{100}$; $\frac{100}{100}$

5

$\frac{2}{5}$; $\frac{3}{4}$; $\frac{32}{25}$; $\frac{6}{20}$; $\frac{8}{8}$

6

$\frac{1}{3}$; $\frac{2}{3}$; $\frac{1}{6}$; $\frac{1}{7}$; $\frac{5}{8}$

Fast alle Nahrungsmittel haben einen hohen Wassergehalt.

1

Wieviel Prozent Wasser sind das?

Kohl	0,94
Kartoffel	0,82
Fisch	0,80
Käse	0,50
Vollkornbrot	0,43
Brötchen	0,32
Reis	0,12

Bei Nahrungsmittelpackungen werden die Nährstoffanteile häufig in Gramm angegeben. Die Angaben beziehen sich auf 100 g.

2

Fertige eine Nährstoffliste für Müsli an.

Fett	■ %
Eiweiß	■ %
Kohlenhydrate	■ %

3

Fertige auch solche Listen für die Erdnüsse, die Vollmilchschokolade, den Joghurt und den Magerquark an.

Wieviel Prozent sind das jeweils?

4 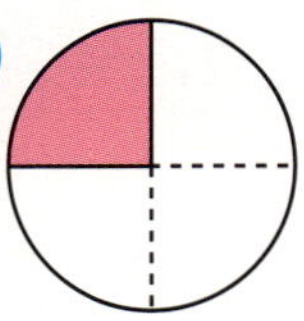

5 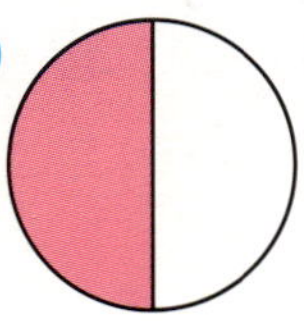

6 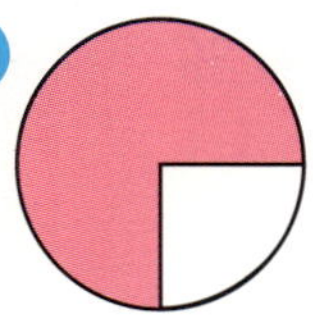

7 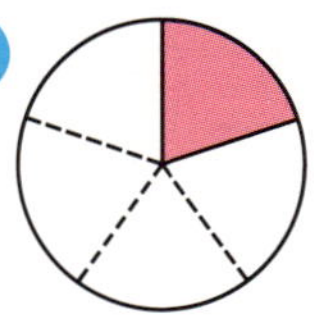

8 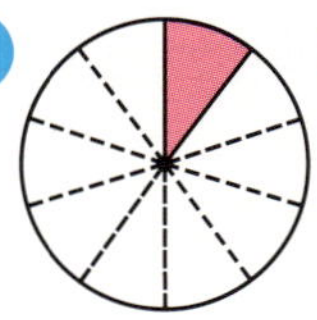

9 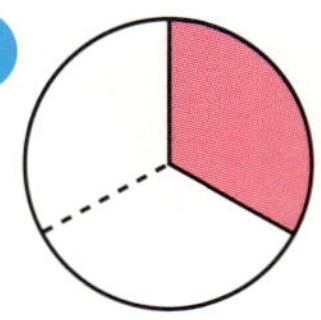

Schreibe die Tabelle in dein Heft und fülle sie aus.

10

Bruch	Dezimalbruch	Prozent
$\frac{1}{2}$	■	■
■	0,20	■
■	■	40 %

11

Bruch	Dezimalbruch	Prozent
$\frac{4}{5}$	■	■
■	0,50	■
■	■	3 %

Jeder zweite ...

Die Klasse 8b hat 14 Schüler.
Jeder zweite besitzt ein Fahrrad.
Wieviel Prozent der Schüler sind das?
Jeder zweite heißt einer von zweien
(jeder dritte heißt einer von dreien ...).

Einer von zwei $1 : 2 = \frac{1}{2}$

$\frac{1}{2} = 0{,}50$

$0{,}50 = \frac{50}{100}$

$\frac{50}{100} = 50\ \%$

Anteile können verschieden dargestellt werden.

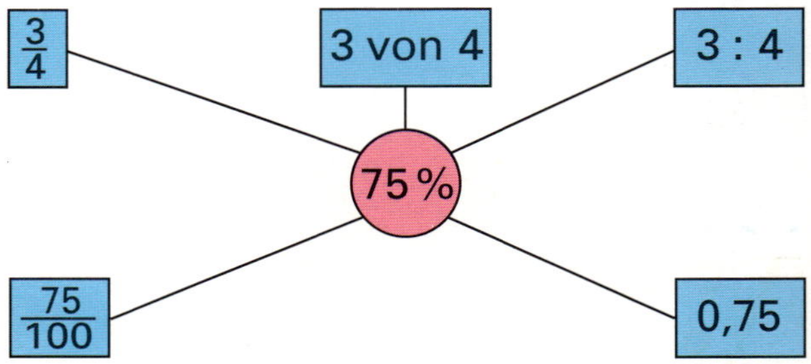

1

Stelle folgende Prozentsätze wie im Beispiel dar.

20 %	25 %	50 %	10 %
70 %	1 %	2 %	5 %

2

Wieviel Prozent macht jeweils eine der farbigen Flächen aus?

100 Kästchen ≙ 100 %

3

Stelle folgende Prozentsätze mit dem Hunderterfeld dar.

8 %	15 %	34 %	65 %
16 %	30 %	47 %	90 %

4

Alle Schüler einer Klasse bestanden die Fahrradprüfung. Wieviel Prozent der Schüler sind das?

5

50 % der Schülerinnen der Oberstufe nehmen am Erste-Hilfe-Kurs teil.
Gib den Anteil als Bruchzahl an.

$\frac{1}{2} = 50\,\%$

1
50 % von 38
50 % von 72
50 % von 94
50 % von 56
50 % von 64

2
50 % von 49
50 % von 63
50 % von 87
50 % von 55
50 % von 91

3
50 % von 340
50 % von 590
50 % von 870
50 % von 430
50 % von 260

4
50 % von 3000
50 % von 4200
50 % von 6730
50 % von 5480
50 % von 7526

$\frac{1}{4} = 25\,\%$

5
25 % von 20
25 % von 80
25 % von 60
25 % von 76
25 % von 40

6
25 % von 72
25 % von 96
25 % von 84
25 % von 68
25 % von 92

7
25 % von 240
25 % von 480
25 % von 520
25 % von 840
25 % von 1000

8
25 % von 4000
25 % von 8000
25 % von 20000
25 % von 1600
25 % von 3200

$\frac{1}{10} = 10\,\%$

9
10 % von 300
10 % von 450
10 % von 620
10 % von 1000
10 % von 700

10
10 % von 75
10 % von 36
10 % von 44
10 % von 99
10 % von 25

$\frac{1}{5} = 20\,\%$

11
20 % von 150
20 % von 400
20 % von 600
20 % von 280
20 % von 300

12
20 % von 1000
20 % von 2500
20 % von 3800
20 % von 10000
20 % von 30000

13
Beim Gartenfest gewinnt jedes zehnte Los. Wieviel Prozent der Lose sind das?

14
Jeder vierte Gast kommt aus dem Nachbarort. Wieviel Prozent der Gäste sind das?

15*
Vier von fünf Schülern gaben als Berufswunsch Autoschlosser an.
Wieviel Prozent der Schüler sind das?

16*
Als Berufswunsch gaben sechs von acht Schülerinnen Friseuse an. Wieviel Prozent der Schülerinnen sind das?

Stoffe unseres Körpers

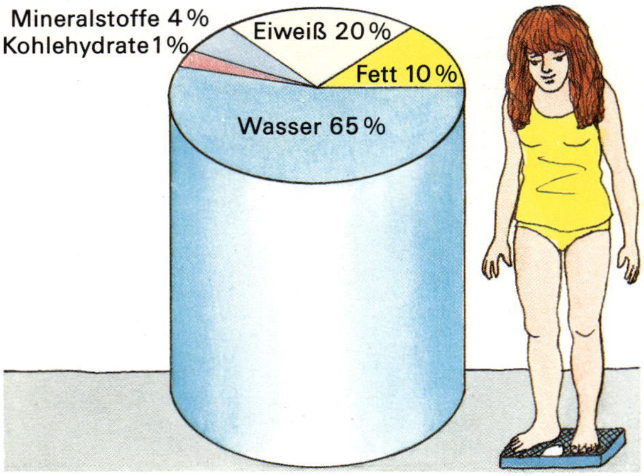

Aus dem Kreisdiagramm kannst du ablesen, aus welchen Stoffen unser Körper besteht.
Der Anteil der Kohlenhydrate beträgt 1 %. Wieviel Kilogramm sind das bei einem Körpergewicht von 60 kg?

Rechnung 100 % = 60 kg

$$1\,\%\text{ von }60 = 60 \cdot \frac{1}{100}$$

$$1\,\%\text{ von }60 = \frac{60}{100}$$

$$1\,\%\text{ von }60 = 60 : 100$$

$$1\,\%\text{ von }60 = 0{,}6$$

Antwort 1 % Kohlenhydrate beträgt 0,6 kg.

Bei der Prozentrechnung mußt du zuerst überlegen, was das Ganze ist.
Setze das Ganze immer gleich 100 %.

1
Sabine hat ein Körpergewicht von 50 kg. 1 % ihres Gewichtes sind Kohlenhydrate. Wieviel Kilogramm sind das?

2
Nils wiegt 45 kg. 1 % seines Gewichtes sind Kohlenhydrate. Wieviel Kilogramm sind das?

3
1 % von 500
1 % von 200
1 % von 800
1 % von 300

4
1 % von 4000
1 % von 6000
1 % von 1000
1 % von 9000

5
1 % von 70
1 % von 20
1 % von 10
1 % von 40

6
1 % von 25
1 % von 38
1 % von 67
1 % von 54

7
1 % von 400
1 % von 700
1 % von 900
1 % von 600

8
1 % von 3000
1 % von 7000
1 % von 2000
1 % von 8000

9
1 % von 50
1 % von 80
1 % von 30
1 % von 60

10
1 % von 49
1 % von 26
1 % von 35
1 % von 18

Berechne, wieviel Mineralstoffe ein Körper von 60 kg enthält.

Rechnung 4 % von 60 = ■

1 % von 60 = 0,6
4 % von 60 = 0,6 · 4

4 % von 60 = 2,4

Antwort *Ein Körper von 60 kg enthält 2,4 kg Mineralstoffe.*

1

Berechne ebenso den Anteil an Fett bei 60 kg Körpergewicht.

2

Berechne den Anteil von Eiweiß bei 60 kg Körpergewicht.

3

Berechne den Anteil an Wasser bei 70 kg Körpergewicht.

4

Bei einem neugeborenen Kind beträgt der Wasseranteil 72 % des Gewichtes. Wieviel Gramm sind das bei 3600 g?

5

Ein Erwachsener hat bei einem Wasseranteil von 65 % ein Gewicht von 80 kg. Wieviel Kilogramm sind das?

6

3 % von 80
5 % von 40
8 % von 60
4 % von 30
6 % von 50
7 % von 20

7

2 % von 75
7 % von 88
6 % von 93
9 % von 57
8 % von 46
5 % von 69

8

4 % von 300
7 % von 800
3 % von 600
5 % von 400
6 % von 200
8 % von 700

9

5 % von 480
3 % von 670
8 % von 590
2 % von 740
4 % von 520
7 % von 680

10

60 % von 200
10 % von 500
90 % von 700
30 % von 900
20 % von 600
70 % von 800

11

80 % von 6000
20 % von 3000
70 % von 8000
40 % von 4000
30 % von 2000
60 % von 7000

12

20 % von 340
50 % von 270
80 % von 520
30 % von 630
40 % von 310
70 % von 650

13

12 % von 429
15 % von 807
18 % von 385
14 % von 962
17 % von 678
19 % von 493

14

10 % von 200
10 % von 480
10 % von 965
10 % von 38
10 % von 98
10 % von 312

15

50 % von 700
50 % von 620
50 % von 478
50 % von 27
50 % von 69
50 % von 428

16

25 % von 600
25 % von 560
25 % von 164
25 % von 30
25 % von 73
25 % von 497

17

20 % von 120
20 % von 840
20 % von 215
20 % von 42
20 % von 94
20 % von 347

Zwei von drei Bäumen sind krank

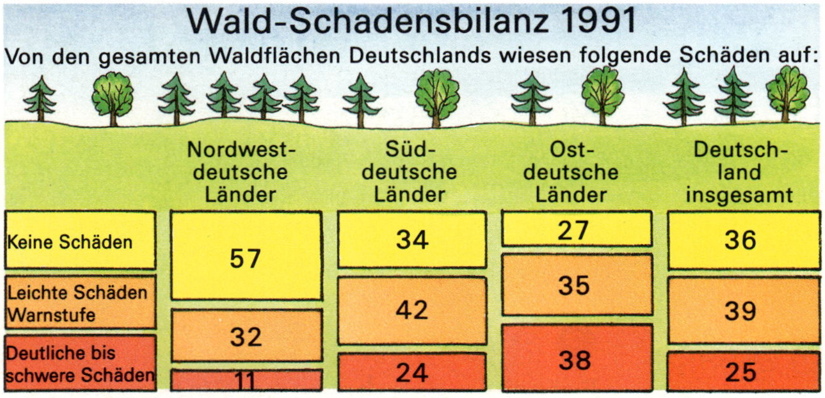

Für die Waldschäden gibt es verschiedene Ursachen. Einen wesentlichen Anteil macht die Luftverschmutzung aus. Sie entsteht durch Abgase. Die Abgase stammen vom Verkehr, von Kraftwerken und Fernheizwerken, von der Industrie und den Haushalten.

1 Erläutere die Überschrift.

2 Erläutere die Grafik.

3 Die gesamte Waldfläche Deutschlands beträgt 104 000 km². 1 Quadratkilometer (km²) ist eine Fläche, die 1 km lang und 1 km breit ist. Berechne
a) wieviel km² Wald keine Schäden,
b) wieviel km² Wald leichte Schäden und
c) wieviel km² Wald deutliche bis schwere Schäden aufweisen.

4 Die Waldflächen der ostdeutschen Länder betragen 29 810 km².
a) Berechne, wieviel km² Wald keine Schäden aufweisen.
b) Berechne, wieviel km² Wald leichte Schäden aufweisen.
c) Berechne, wieviel km² Wald deutliche bis schwere Schäden aufweisen.

Bei den Waldschäden war die Tanne (1988) mit 73 % der am stärksten geschädigte Baum. In den letzten Jahren wird zunehmend auch die Eiche betroffen.

5 Lies die Grafik ab für die Eichen.

Zustand einzelner Baumarten (Stand 1991)

	schwere	leichte	keine Schäden
Eichen	31 %	40 %	29 %
Kiefern	29 %	42 %	29 %
Buchen	28 %	44 %	28 %
Fichten	23 %	35 %	42 %

6* Erstelle entsprechende Abbildungen für die Kiefern, Buchen und Fichten.

7 Vergleiche den Anteil der geschädigten Bäume bei Laub- und Nadelbäumen.

1

Ein Waldgebiet in Hessen wird mit 5 000 Bäumen aufgeforstet: 46 % Fichten, 12 % Tannen, 25 % Buchen, 17 % Eichen. Wie viele Bäume jeder Art sind das?

2

Von den 5 000 gepflanzten Bäumen müssen nach einem Jahr 6 % wegen Krankheit abgeholzt werden.
Wie viele Bäume sind das?

3

In einer Schonung von 3 600 Bäumen sind 43 % Lärchen und 57 % Fichten. Wie viele Lärchen und Fichten sind das?

4

Gemeinde Kirchberg will 168 Hektar Land aufforsten. Es werden 65 % Laubwald, 20 % Mischwald und 15 % Nadelwald angepflanzt. Wieviel Hektar sind das jeweils?
1 Hektar (ha) ist eine Fläche, die 100 m lang und 100 m breit ist.

5

Ein Hektar Fichtenwald filtert während eines Jahres etwa 204 Tonnen Staub aus der Luft. Der Hektar eines Buchenwaldes filtert in der gleichen Zeit nur etwa 33 % dieser Menge.
Wie viele Tonnen sind das?

6

In einem Waldgebiet von 125 km^2 werden 9 % zum Abholzen freigegeben. Wieviel km^2 Wald sind das?

7

Durch den Sturm sind 18 % eines 154 Hektar großen Waldes zerstört. Wieviel Hektar beträgt der Windbruch?

8 *

Rheinland-Pfalz hat eine Fläche von 19 849 km^2. Davon sind 40,7 % Wald (Stand 1989). Wie groß ist die Waldfläche?

9 *

In Bremen beträgt der Waldanteil 1,9 % von 404 km^2 Gesamtfläche (Stand 1989). Wie groß ist die Waldfläche?

10 *

In Thüringen, dem grünen Herzen Deutschlands, sind 35 % der Landesfläche (11 760 km^2) mit Wald bedeckt. Wieviel km^2 Waldfläche sind das?

11 *

Die Waldfläche Thüringens besteht zu 48 % aus Buchen, zu 31 % aus Fichten. Der Rest ist mit Kiefern bepflanzt. Wieviel km^2 entfallen auf jede Baumart?

Harte Nüsse

1 Suche die 10 Quadrate.

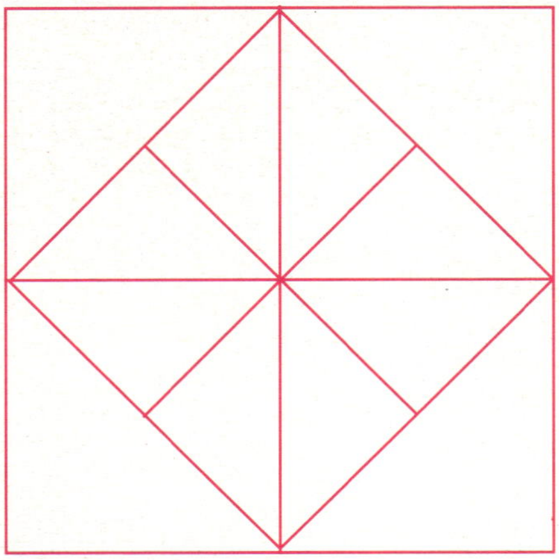

2 Suche die 15 Quadrate.

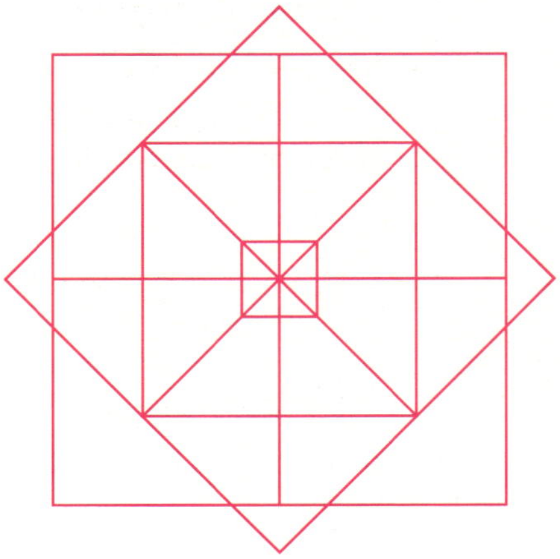

3 Suche die 20 Quadrate.

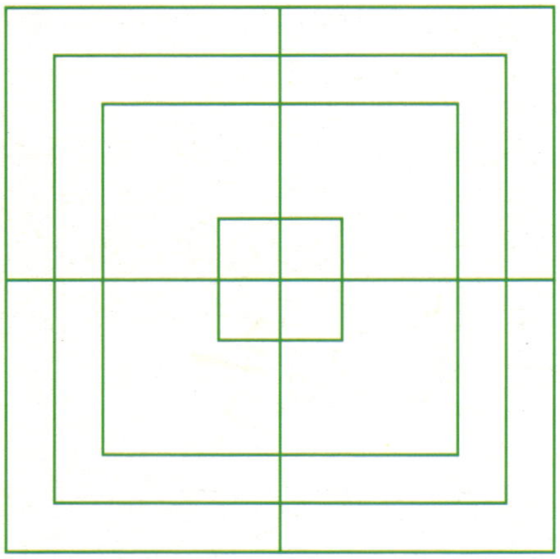

4 Suche die 13 Dreiecke.

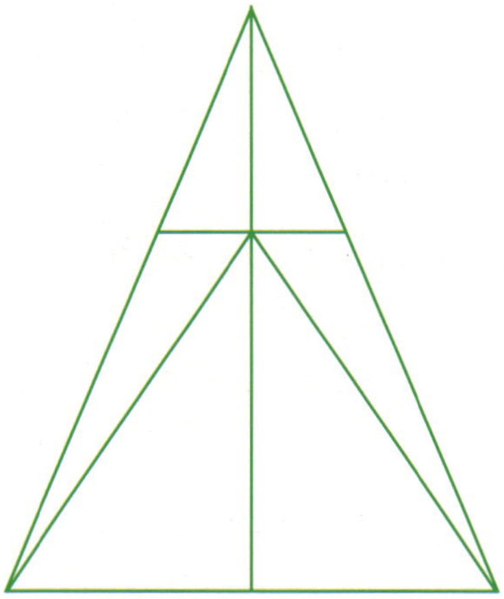

5 Suche die 11 Parallelogramme.

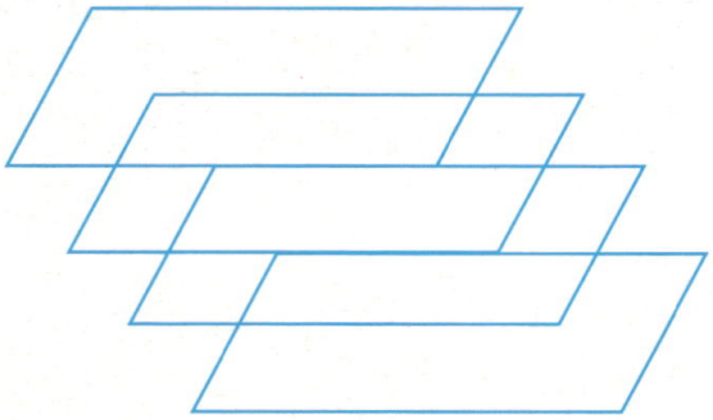

6* Suche die 16 Rechtecke.

An dieser Stelle arbeitet Werner gerade.
Hier baut die Stadt Burgdorf ein
JUGENDZENTRUM
Bauleitung: Böhmer, Architekt
Bauausführung: Citybau GmbH

Pläne und Karten

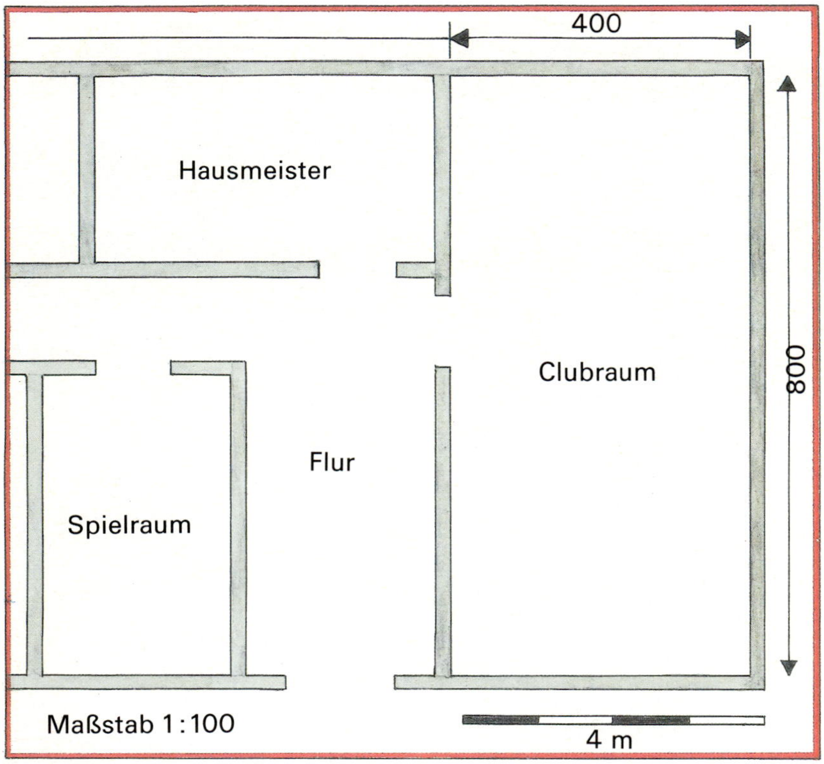

Jugendzentrum Burgdorf

Maßstab	
1 :	**100**
auf dem Plan	in der Wirklichkeit
1 cm	100 cm
1 cm	1 m

1. Wie lang und wie breit ist der Clubraum?
2. Wie breit ist der Flur?
3. Wie lang und wie breit ist der Raum für den Hausmeister?
4. Welche Breite hat der Spielraum?

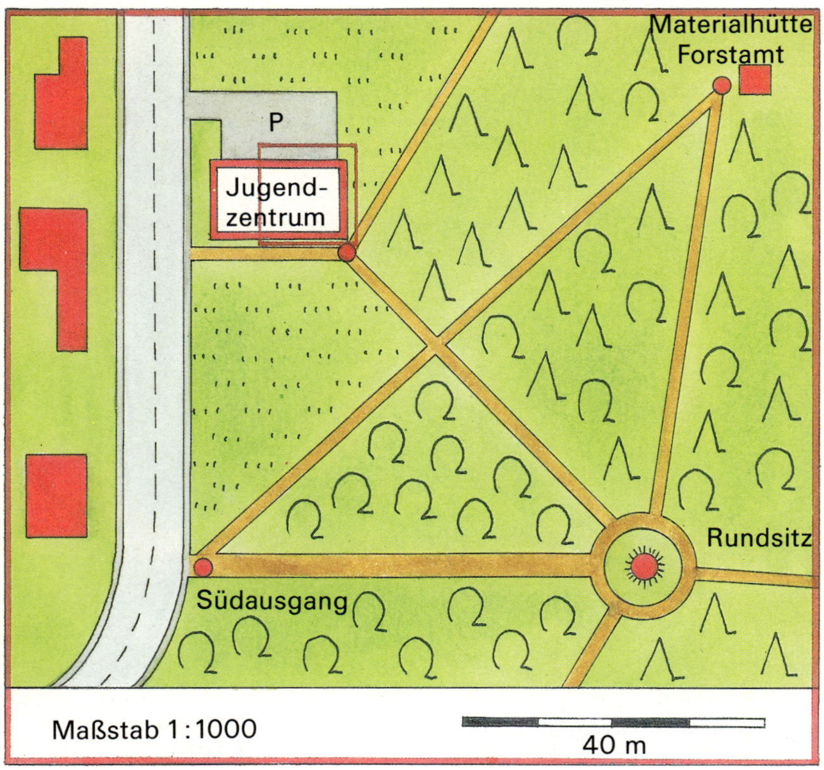

Stadtgarten Burgdorf

Maßstab	
1 :	**1000**
auf dem Plan	in der Wirklichkeit
1 cm	1000 cm
1 cm	10 m

Stelle die Länge folgender Wege fest:

5. Hütte – Rundsitz
6. Jugendzentrum – Rundsitz
7. Südausgang – Hütte
8. Südausgang – Rundsitz
9. * Jugendzentrum – Hütte

Stadtplan Burgdorf

Maßstab	
1 :	10 000
auf dem Plan	in der Wirklichkeit
1 cm	10 000 cm
1 cm	100 m

Stelle folgende Entfernungen fest (Luftlinie):

1. Jugendzentrum – Bahnhof
2. Jugendzentrum – Rathaus
3. Rathaus – Schule
4. Rathaus – Bahnhof
5. Schule – Jugendzentrum

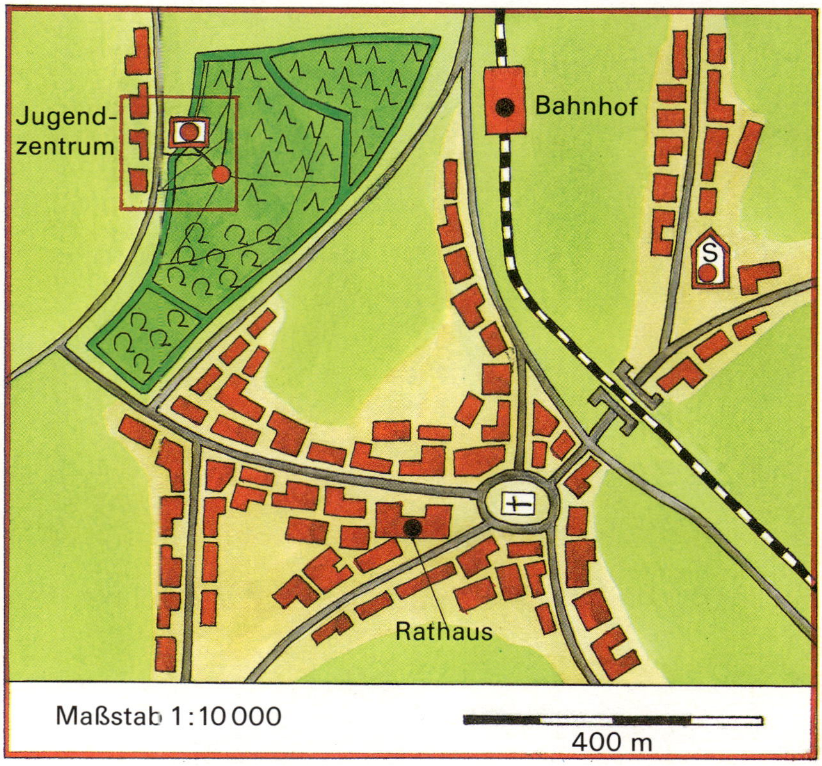

Burgdorf und Umgebung

Maßstab	
1 :	50 000
auf dem Plan	in der Wirklichkeit
1 cm	50 000 cm
1 cm	500 m

Stelle folgende Entfernungen fest (Luftlinie):

6. Schloßruine – Freibad
7. Schloßruine – Stadtmitte
8. Gewerbegebiet – Stadtmitte
9. Stadtmitte – Bahnübergang
10. Sportanlage – Freibad

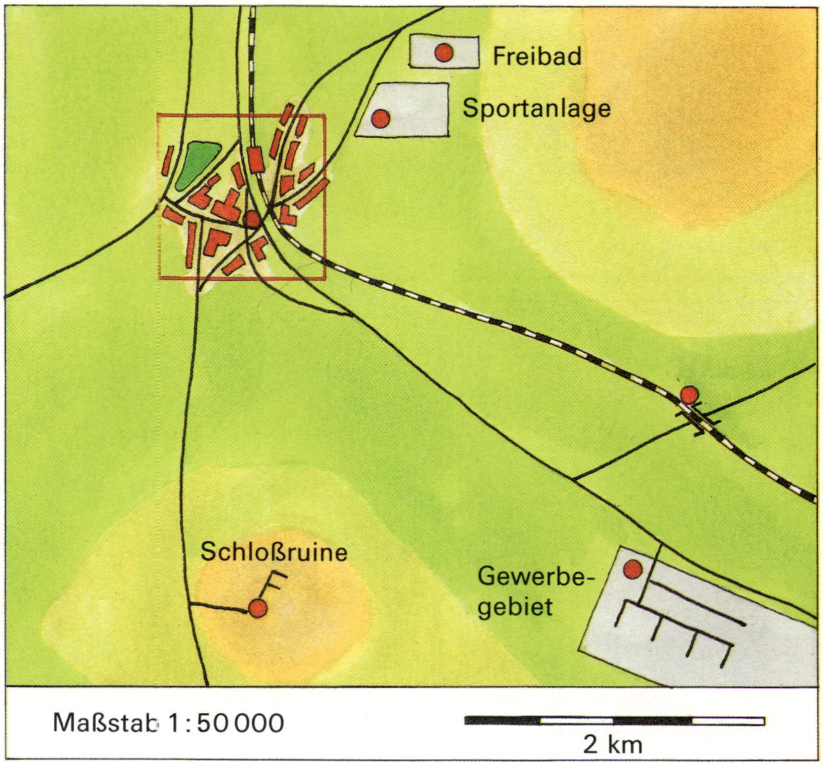

Bauplan

So kannst du mit dem Geodreieck die Winkel messen.

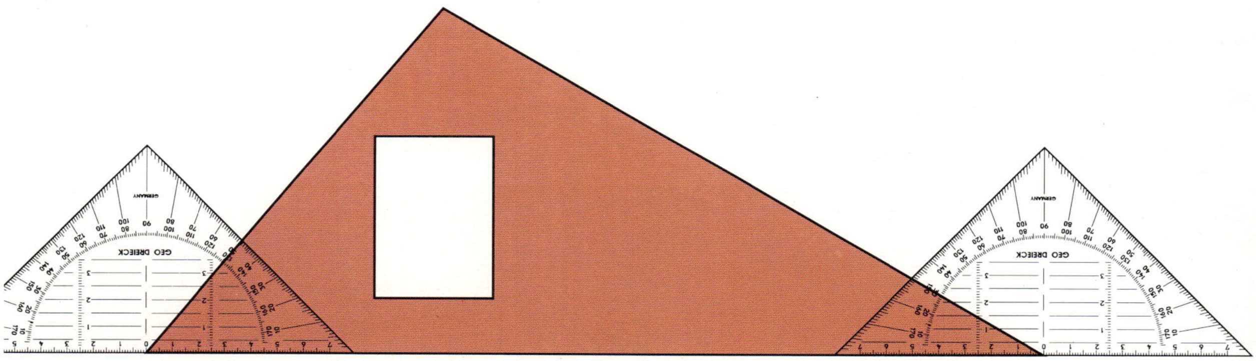

Winkel werden mit griechischen Buchstaben bezeichnet.

α	Alpha
β	Beta
γ	Gamma
δ	Delta

1 Miß die Winkel mit dem Geodreieck.

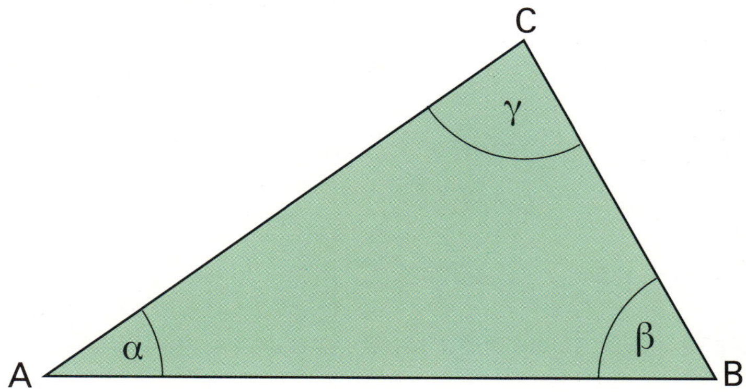

1 Miß die Winkel in den Dreiecken.
Addiere die Winkel in jedem Dreieck. Was stellst du fest?

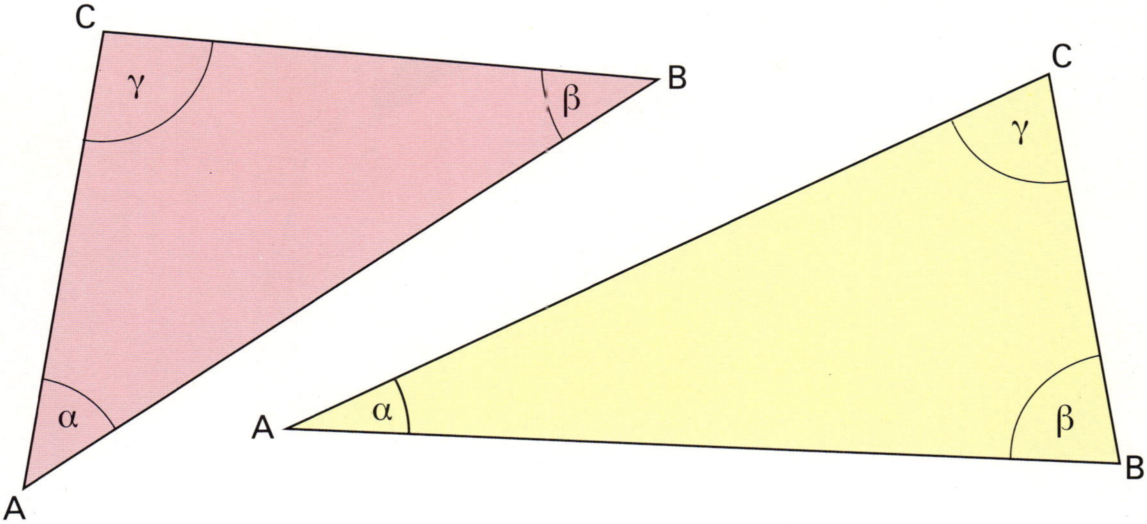

2 Miß die Winkel in den Vierecken.
Addiere die Winkel in jedem Viereck. Was stellst du fest?

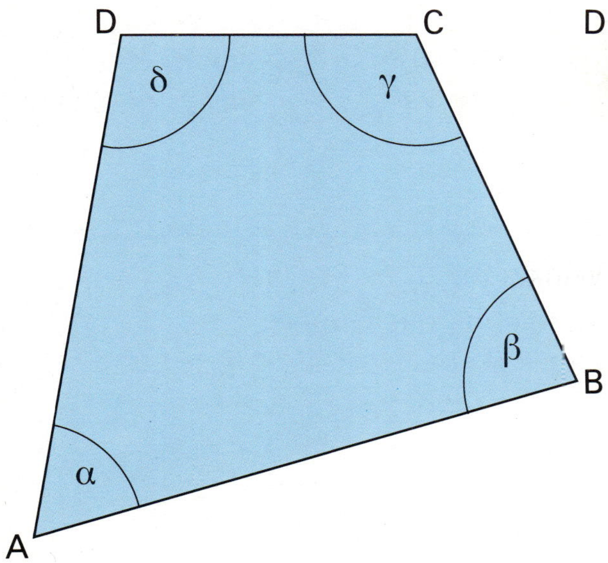

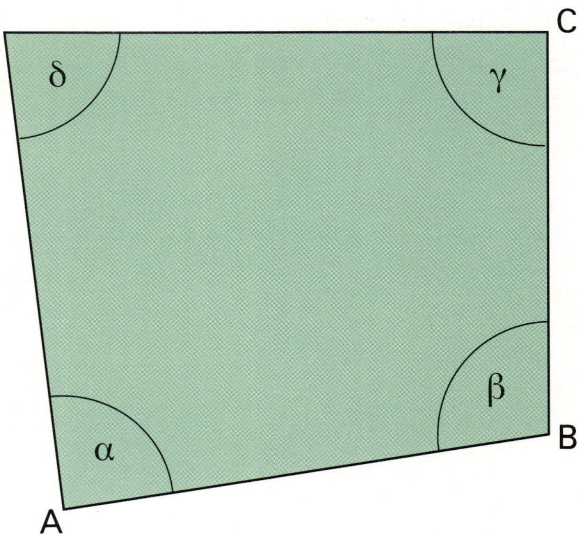

3
Zeichne Dreiecke (Vierecke). Miß die Winkel. Bilde Winkelsummen. Vergleiche.

Wir zeichnen Winkel

So zeichnest du einen Winkel von 35°.

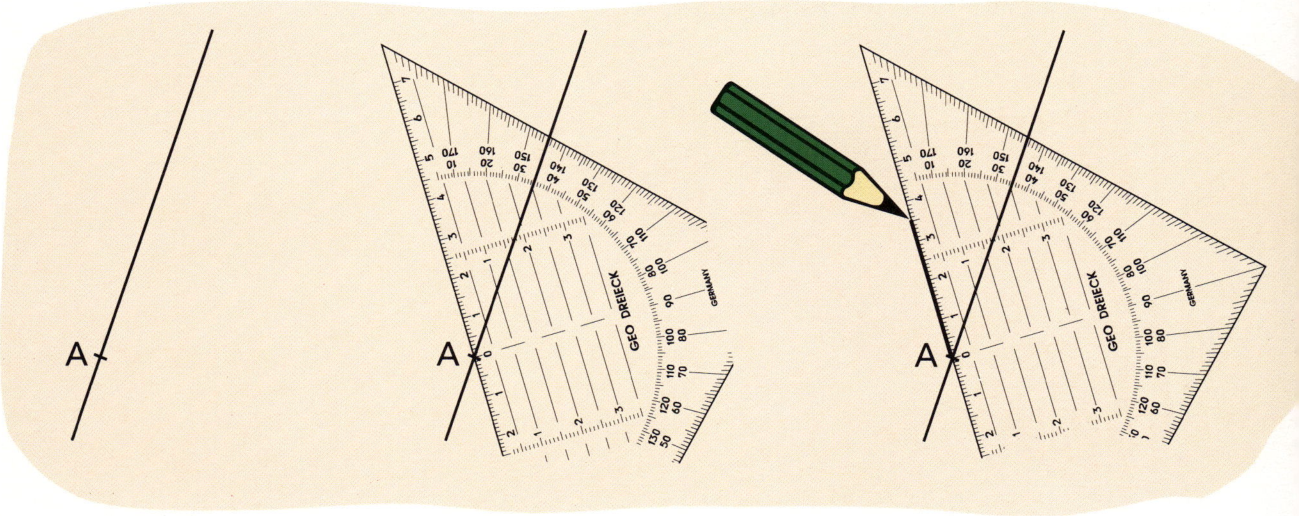

Scheitelpunkt festlegen

Geodreieck mit Markierung im Scheitelpunkt anlegen und auf 35° ausrichten

Anderen Schenkel zeichnen

1

Zeichne die folgenden Winkel.

a) $\alpha = 40°$ c) $\beta = 70°$
b) $\gamma = 10°$ d) $\delta = 80°$

2

Zeichne die folgenden Winkel.

a) $\alpha = 45°$ c) $\beta = 85°$
b) $\gamma = 73°$ d) $\delta = 68°$

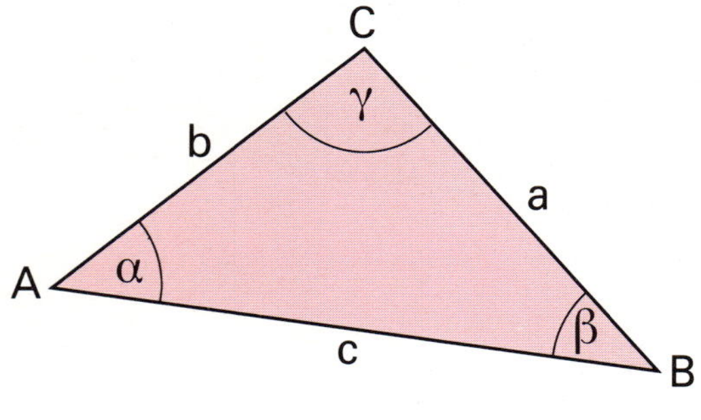

3

Zeichne das Dreieck.

$c = 6$ cm $\alpha = 45°$ $\beta = 50°$

4

Zeichne das Dreieck.

$b = 5$ cm $\alpha = 45°$ $\gamma = 90°$

5

Zeichne das Dreieck.

$a = 7$ cm $\beta = 60°$ $\gamma = 60°$

1

Miß bei dem Dreieck jeden Winkel.
Addiere die Meßergebnisse.

2

Zeichne ein beliebiges Dreieck. Miß die Winkel und addiere die Meßergebnisse. Vergleiche diese Winkelsumme mit der von Aufgabe **1**.

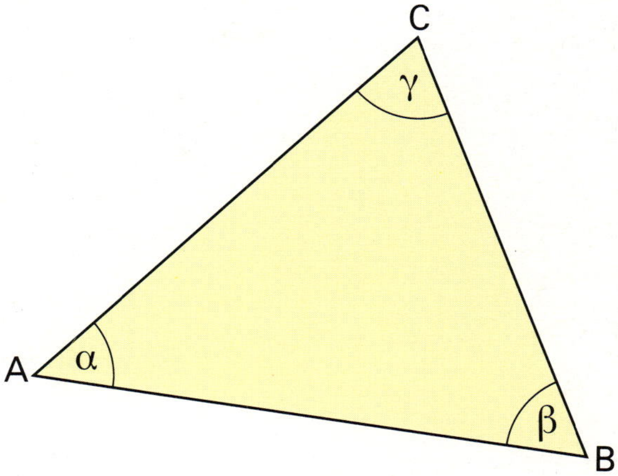

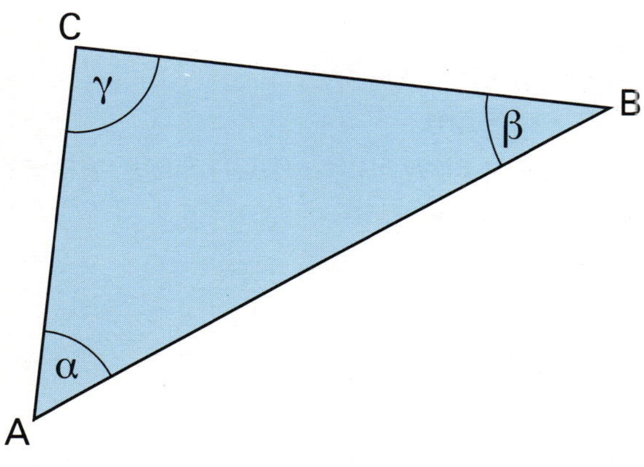

3

Miß bei dem rechtwinkligen Dreieck links jeden Winkel. Welches ist der rechte Winkel? Bilde die Winkelsumme.

4

Zeichne ein gleichseitiges Dreieck.
Jede Seite ist 5 cm lang.
Miß alle Winkel und bilde die Winkelsumme.

5*

Zeichne einen Kreis mit einem Radius von 5 cm. Lege einen Radius beliebig fest. Zeichne weitere Radien ein. Jeder Radius soll mit dem benachbarten Radius einen Winkel von 30° bilden. Wie viele Radien kannst du einzeichnen?

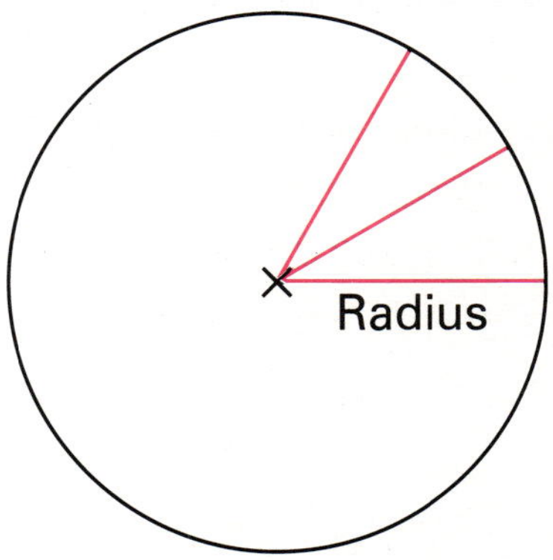

Rechteck und Quadrat

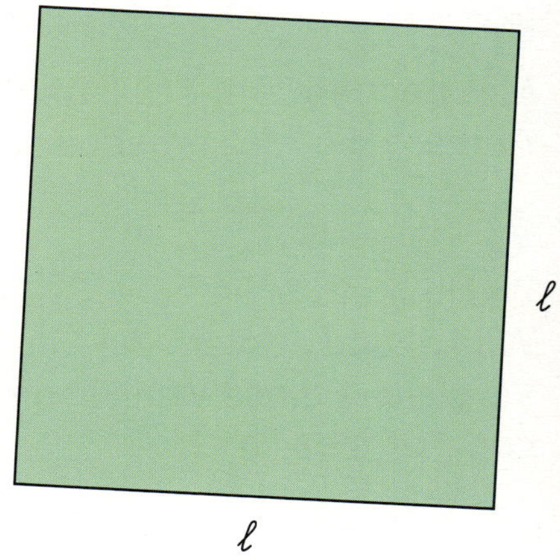

$$u_{▭} = 2 \cdot \ell + 2 \cdot b$$
$$A_{▭} = \ell \cdot b$$

$$u_{\square} = 4 \cdot \ell$$
$$A_{\square} = \ell \cdot \ell$$

1

Zeichne ein Rechteck:
$\ell = 7$ cm $b = 4$ cm
Berechne sowohl den Umfang als auch den Flächeninhalt.

2

Zeichne ein Quadrat:
$\ell = 6$ cm
Berechne sowohl den Umfang als auch den Flächeninhalt.

3

Zeichne ein Rechteck:
$\ell = 6$ cm $b = 5$ cm
Berechne sowohl den Umfang als auch den Flächeninhalt.

4

Zeichne ein Quadrat:
$\ell = 5$ cm
Berechne sowohl den Umfang als auch den Flächeninhalt.

5

Eine rechteckige Schreibtischplatte mit einer Länge von 1,80 m und einer Breite von 1 m wird furniert und mit einem Umleimer versehen.

a) Wieviel m^2 Furnier wird für die Platte benötigt?

b) Wie lang ist der Umleimer?

6

Ein quadratisches Fenster hat eine Breite von 120 cm. Die Glasscheibe wird erneuert und erhält rundherum eine Gummiabdichtung.

a) Wie groß ist der Flächeninhalt der quadratischen Glasscheibe?

b) Wie lang ist die Gummiabdichtung?

Bestimme den Flächeninhalt und den Umfang.

1

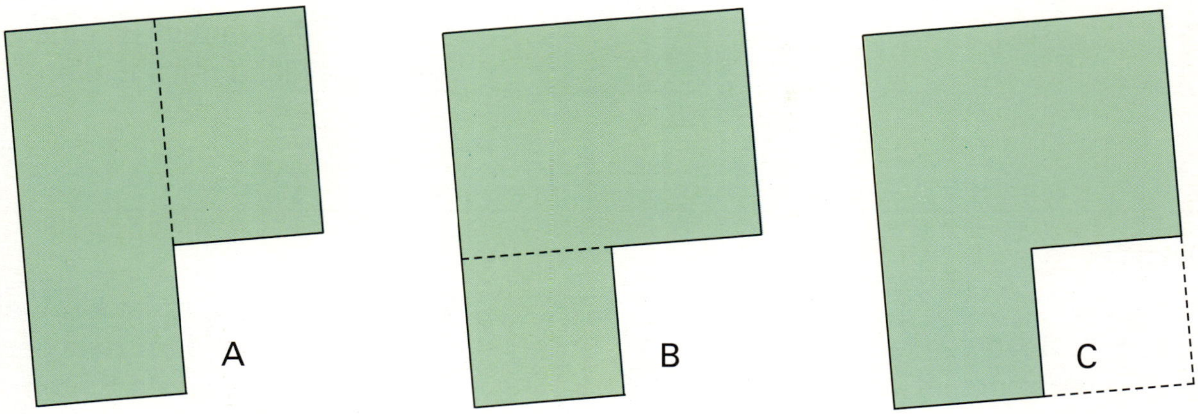

2

3

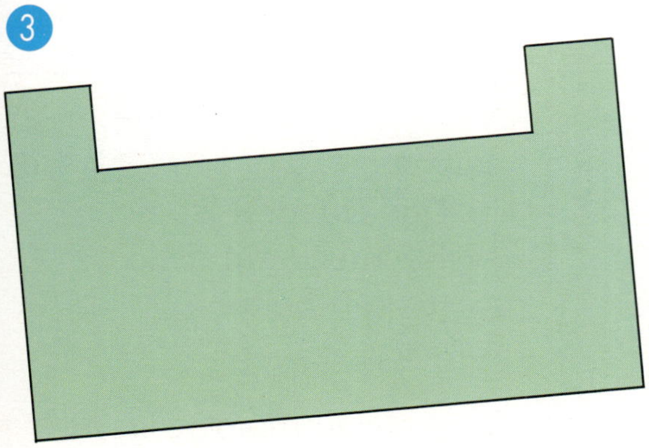

4

Vierecke im Überblick

Viereck

4 Winkel
4 Seiten

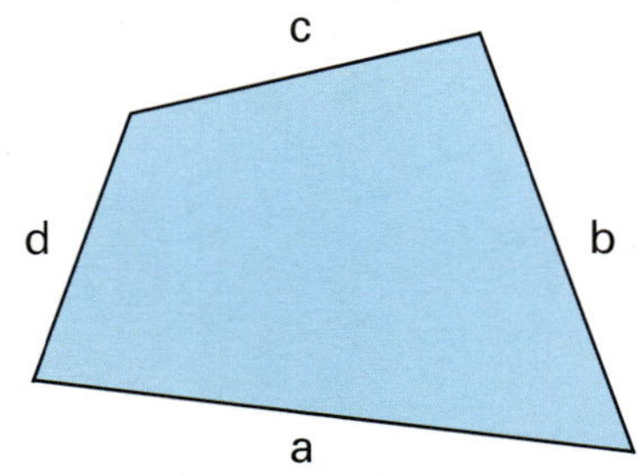

Das Viereck ist eine Fläche mit 4 Seiten.

Trapez

4 Winkel
4 Seiten, davon 2 Seiten zueinander parallel

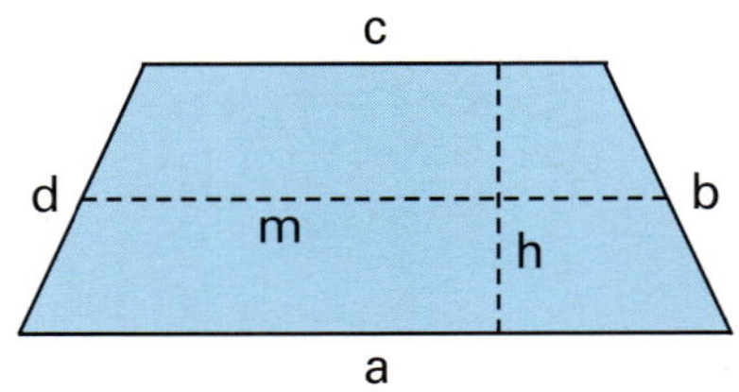

Das Trapez ist ein Viereck, bei dem zwei gegenüberliegende Seiten zueinander parallel sind.

Parallelogramm

4 Winkel
4 Seiten
gegenüberliegende Seiten sind parallel zueinander und gleich lang

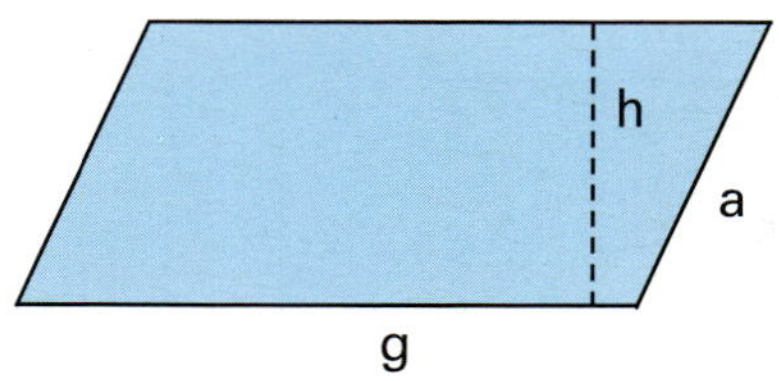

Das Parallelogramm ist ein Trapez, bei dem alle gegenüberliegenden Seiten zueinander parallel sind.

Rechteck

4 rechte Winkel
4 Seiten
gegenüberliegende Seiten sind parallel zueinander und gleich lang

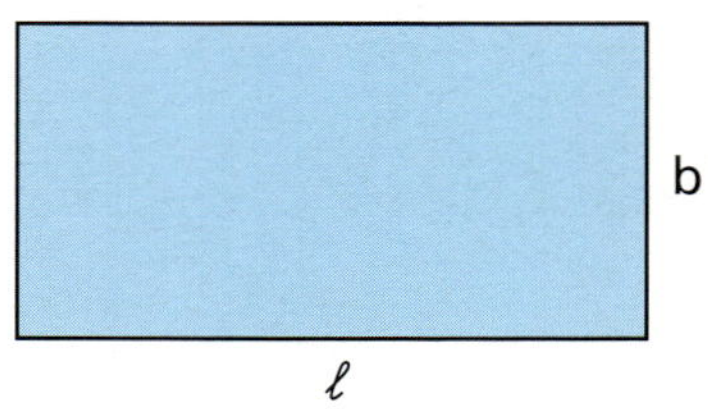

Das Rechteck ist ein Parallelogramm, in dem alle Winkel rechte Winkel sind.

Quadrat

4 rechte Winkel
4 gleich lange Seiten
gegenüberliegende Seiten sind parallel zueinander

Das Quadrat ist ein Rechteck mit gleich langen Seiten.

Welche Vierecke kannst du erkennen?

Das Parallelogramm

1 Verwandle ein Rechteck in ein Parallelogramm.

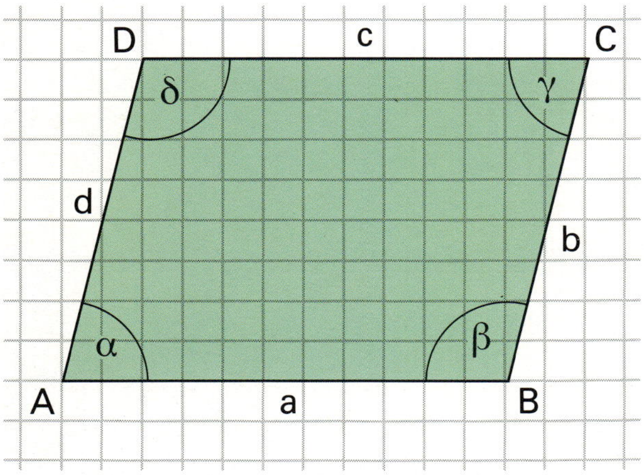

2
Wie heißt die nebenstehend abgebildete Figur?

3
Miß die Seiten a, b, c und d.
Vergleiche. Was stellst du fest?

4
Vergleiche die Winkel α, β, γ und δ miteinander. Was stellst du fest?

Die untere Seite eines Parallelogramms wird Grundseite genannt.
Wir bezeichnen sie mit g.
Die Höhe h ist der Abstand der Grundseite von der dazu parallelen Seite.

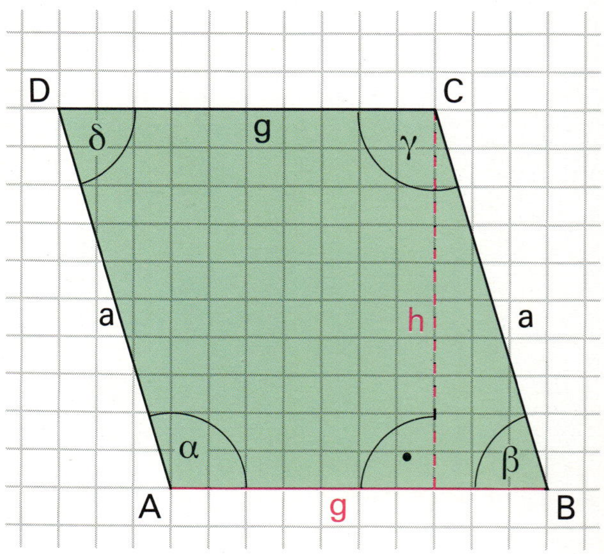

5
Miß die Länge der Grundseite g.

6
Miß die Länge der Höhe h.
Vergleiche sie mit der Länge der Seite a.

1 Verwandle ein Parallelogramm in ein flächengleiches Rechteck.

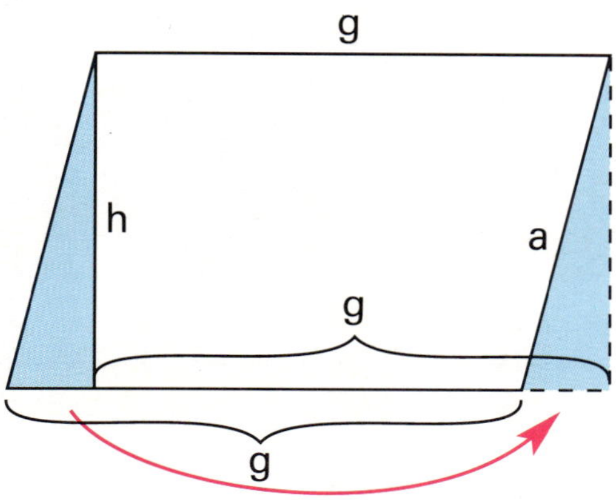

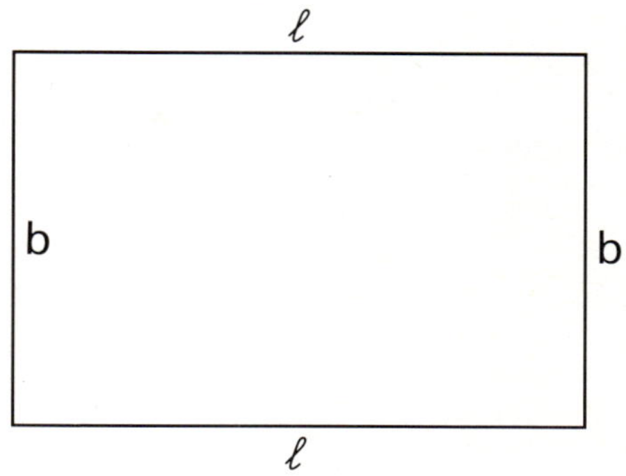

$A_{▱} = g \cdot h$	$A_{\square} = \ell \cdot b$
$u_{▱} = 2 \cdot g + 2 \cdot a$	$u_{\square} = 2 \cdot \ell + 2 \cdot b$

2

Berechne den Flächeninhalt eines Rechtecks mit $\ell = 7$ cm und $b = 4$ cm. Wie lang ist der Umfang?

3

Berechne den Flächeninhalt eines Parallelogramms mit $g = 7$ cm und $h = 4$ cm. Vergleiche mit dem Rechteck von Aufgabe **2**.

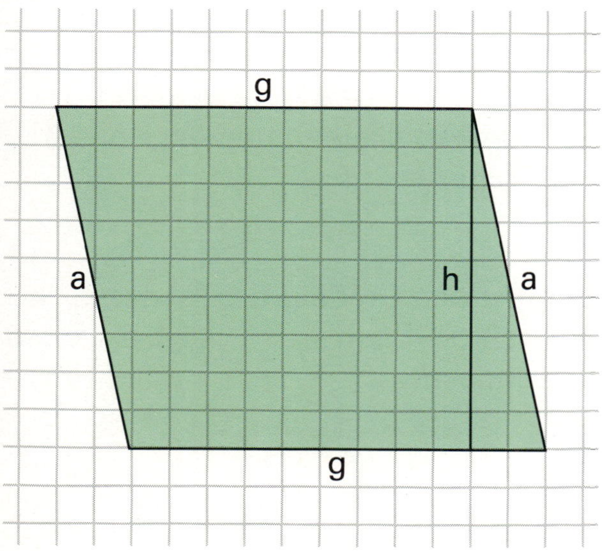

4

Berechne Flächeninhalt und Umfang des Parallelogramms.

5*

Berechne den Flächeninhalt der Parallelogramme.

a) $g = 6{,}2$ cm $h = 4{,}1$ cm

b) $g = 8{,}1$ cm $h = 3{,}3$ cm

c) $g = 10{,}3$ cm $h = 4{,}5$ cm

d) $g = 8{,}4$ cm $h = 12{,}2$ cm

Das Trapez

1 Verwandle ein Parallelogramm in ein Trapez.

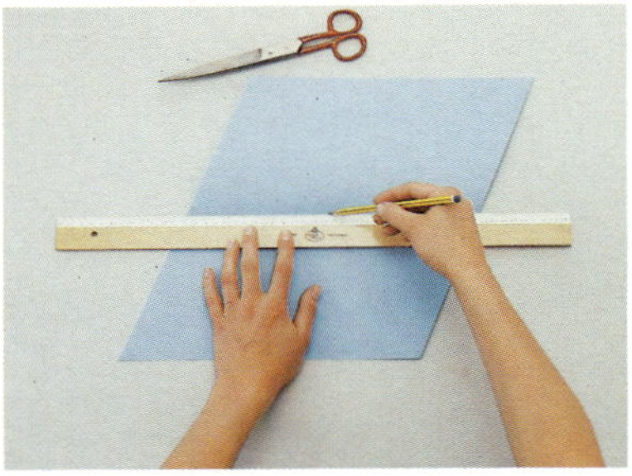

2

Wie heißt die Figur?

3

Welche Seiten sind parallel zueinander?

> Die Höhe h ist der Abstand der Seite c von der Seite a.
> Die Mittellinie m ist parallel zu den Seiten a und c und schneidet h genau in der Mitte.

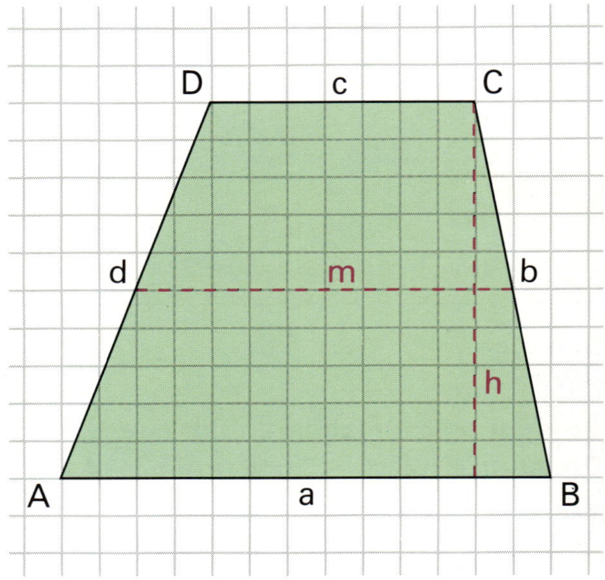

4

Miß die Höhe h und die Mittellinie m.

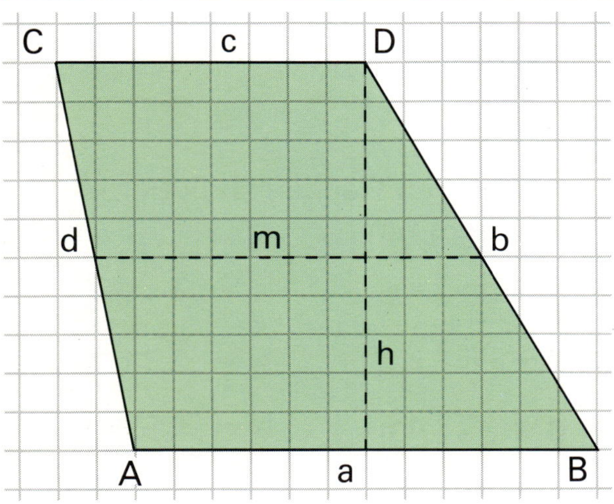

5

Miß die Mittellinie m und die Höhe h des Trapezes.

6

Ermittle den Umfang des Trapezes, indem du die Formel $u_{\text{⏢}} = a + b + c + d$ anwendest.

7

Welche Linien des Trapezes stehen senkrecht zueinander?

1 Verwandle ein Trapez in ein flächengleiches Parallelogramm.

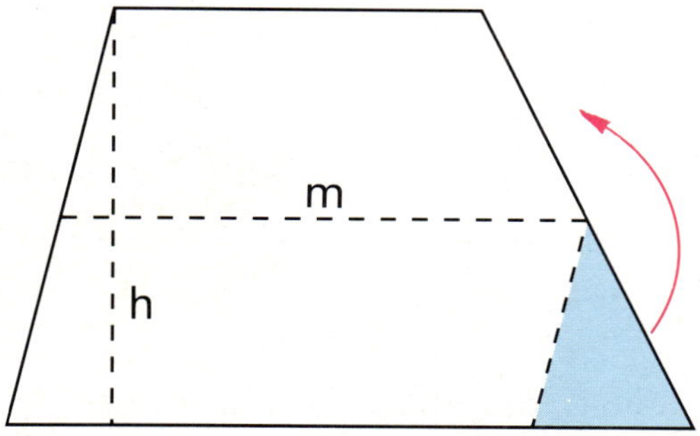

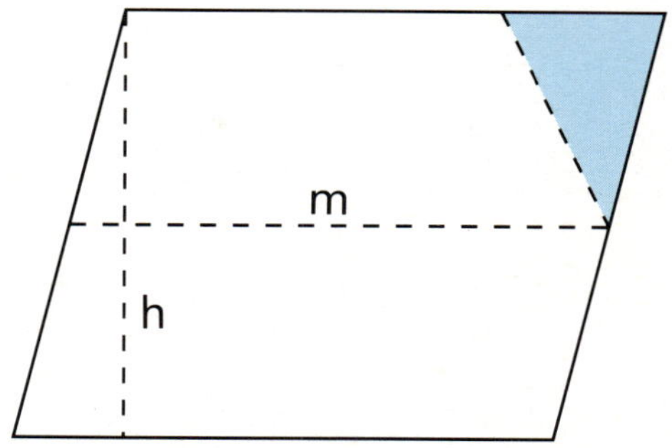

$A_{⏢} = m \cdot h$ $\qquad$ $A_{▱} = g \cdot h$

2

Berechne den Flächeninhalt der folgenden Trapeze.

a) m = 5,2 cm $\quad$ h = 4,3 cm
b) m = 3,1 cm $\quad$ h = 7,1 cm
c) m = 12,1 cm $\quad$ h = 4,8 cm
d) m = 3,6 cm $\quad$ h = 11,4 cm

3

Berechne den Flächeninhalt der folgenden Parallelogramme.

a) g = 4,2 cm $\quad$ h = 6,1 cm
b) g = 3,5 cm $\quad$ h = 2,1 cm
c) g = 10,7 cm $\quad$ h = 5,8 cm
d) g = 9,4 cm $\quad$ h = 17,3 cm

Ein Rechteck kann man so verändern, daß es nur noch ein Trapez wird.

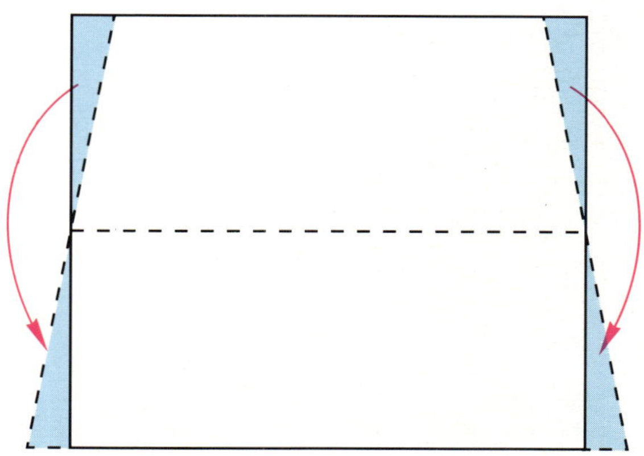

4

Zeichne ein Rechteck und schneide es so, daß nur noch ein flächengleiches Trapez entsteht.

5

Schneide ein Quadrat so, daß nur noch ein flächengleiches Trapez entsteht.

Das Dreieck

1 Zerschneide ein Parallelogramm so von einer Ecke zur gegenüberliegenden Ecke, daß du zwei gleiche Dreiecke erhältst.

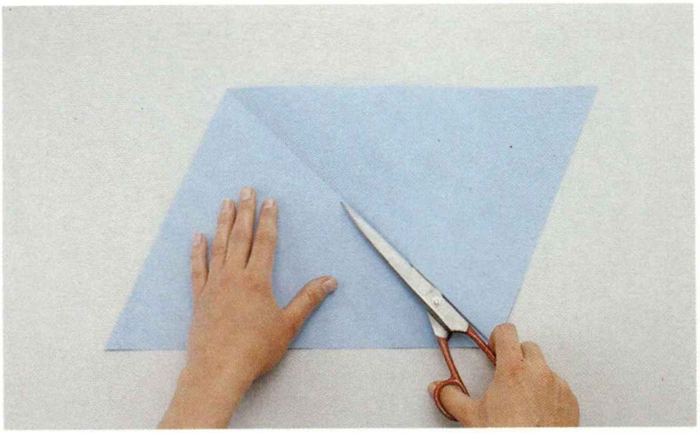

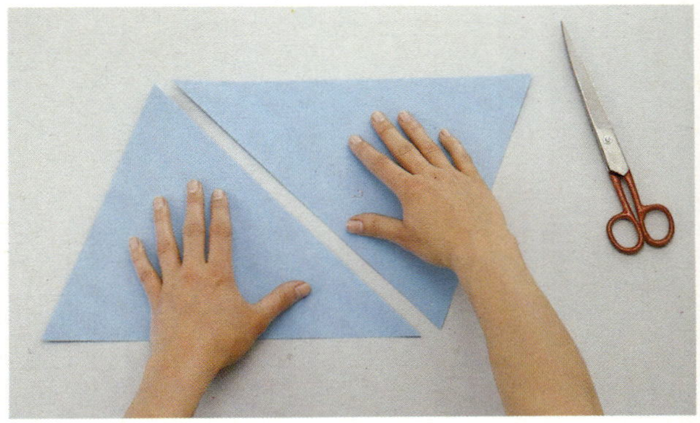

2

Lege die Dreiecke übereinander und prüfe, ob sie die gleiche Fläche haben.

Im Dreieck ist der Abstand eines Punktes von der gegenüberliegenden Grundseite die Höhe h.

3

Miß die Höhe h im Dreieck.

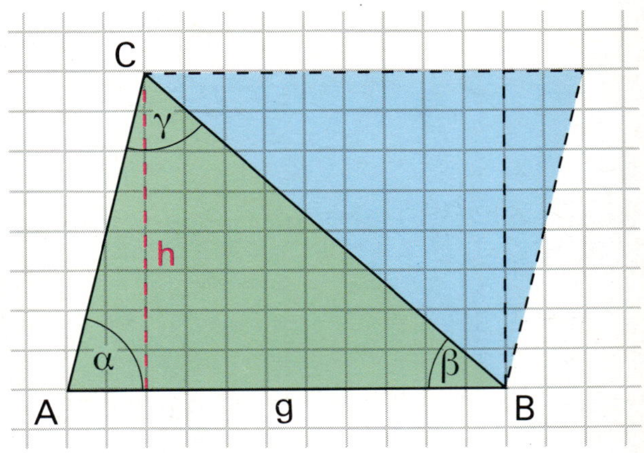

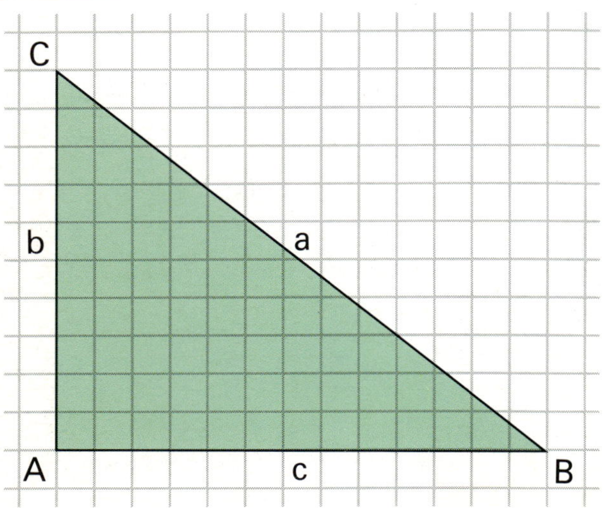

4

Zeichne das rechts abgebildete Dreieck zweimal in dein Heft.

a) Ziehe bei der ersten Zeichnung Parallelen zu b und c durch die gegenüberliegenden Eckpunkte.

* b) Ziehe bei der zweiten Zeichnung Parallelen zu a und b durch die gegenüberliegenden Eckpunkte. Tip: Zeichne die Parallele durch B nach unten.

Aus einem Parallelogramm entstehen zwei gleich große Dreiecke. Die Fläche jedes Dreiecks ist halb so groß wie die Fläche des Parallelogramms.

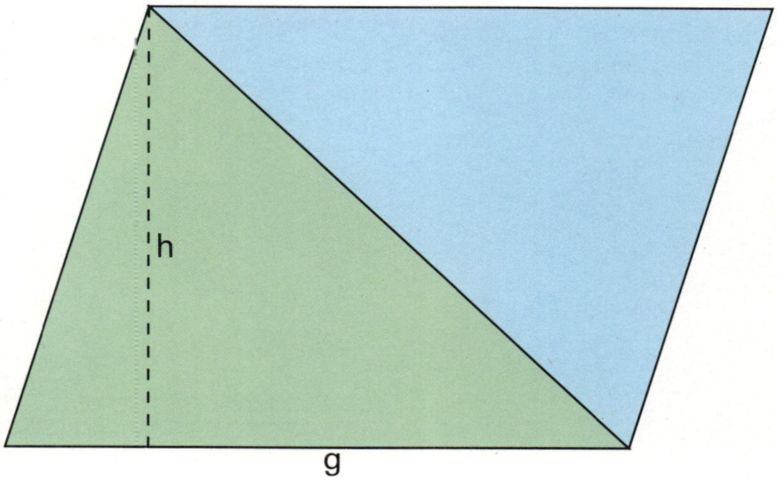

$A_{▱} = g \cdot h$ $\qquad$ $A_{\triangle} = \frac{1}{2} \cdot g \cdot h$

1

Berechne den Flächeninhalt der folgenden Dreiecke.

a) g = 10,3 cm h = 7,4 cm
b) g = 6,1 cm h = 4 cm
c) g = 11,2 cm h = 7,8 cm
d) g = 14,8 cm h = 10,1 cm

2

Zeichne folgende Dreiecke.
Benutze den Zirkel. Miß die Höhen und berechne den Flächeninhalt.

a) a = 4,1 cm b = 6,4 cm c = 7,1 cm
b) a = 3,3 cm b = 4,4 cm c = 5 cm
c) a = 5,2 cm b = 5,2 cm c = 5,2 cm

3

Ein dreieckiges Verkehrszeichen hat eine Grundseite von 90 cm und eine Höhe von 78 cm.
Wieviel cm^2 Blech werden zur Herstellung des Verkehrszeichens benötigt?

4

Zeichne ein Quadrat mit einer Breite von 4,5 cm. Zerlege es in zwei Dreiecke.
Wie groß ist die Fläche des Quadrats?
Wie groß ist die Fläche eines Dreiecks?

In der Schreinerei

Erinnere dich:	1 m	= 10 dm	1 dm	= 10 cm

	20 dm	·	8 dm	=	160 dm²
	↑		↑		↑
Umrechnungszahl	10	·	10	=	100
	↓		↓		↓
	200 cm	·	80 cm	=	16 000 cm²

1

Eine Tischplatte ist 1,30 m lang und 0,80 m breit. Wieviel dm² Furnierholz wird für die Fläche benötigt?

2

Die Rückwand eines Schrankes ist 2,10 m hoch und 3,70 m lang. Bestimme die Fläche der Spanplatte in m² und dm².

3

Ein Flur ist 2,50 m breit und 4,70 m lang. Er soll mit Parkett ausgelegt werden. Wieviel m² Parkett wird dafür benötigt?

4

Bei einer Tür mit 2,15 m Höhe und 0,80 m Breite wird das Furnier erneuert. Berechne den Bedarf in m² und dm².

5*

Eine Schranktür ist 135 cm hoch und 4,5 dm breit. Sie soll verspiegelt werden. Wieviel dm² Spiegelfläche wird benötigt?

6*

Die Holzverkleidung einer Wand ist 6 m lang und 250 cm hoch. Berechne die Fläche der Paneele in dm² und m².

Vergleiche 1 mm^2 mit 1 cm^2 sowie 1 cm^2 mit 1 dm^2. Was stellst du fest?

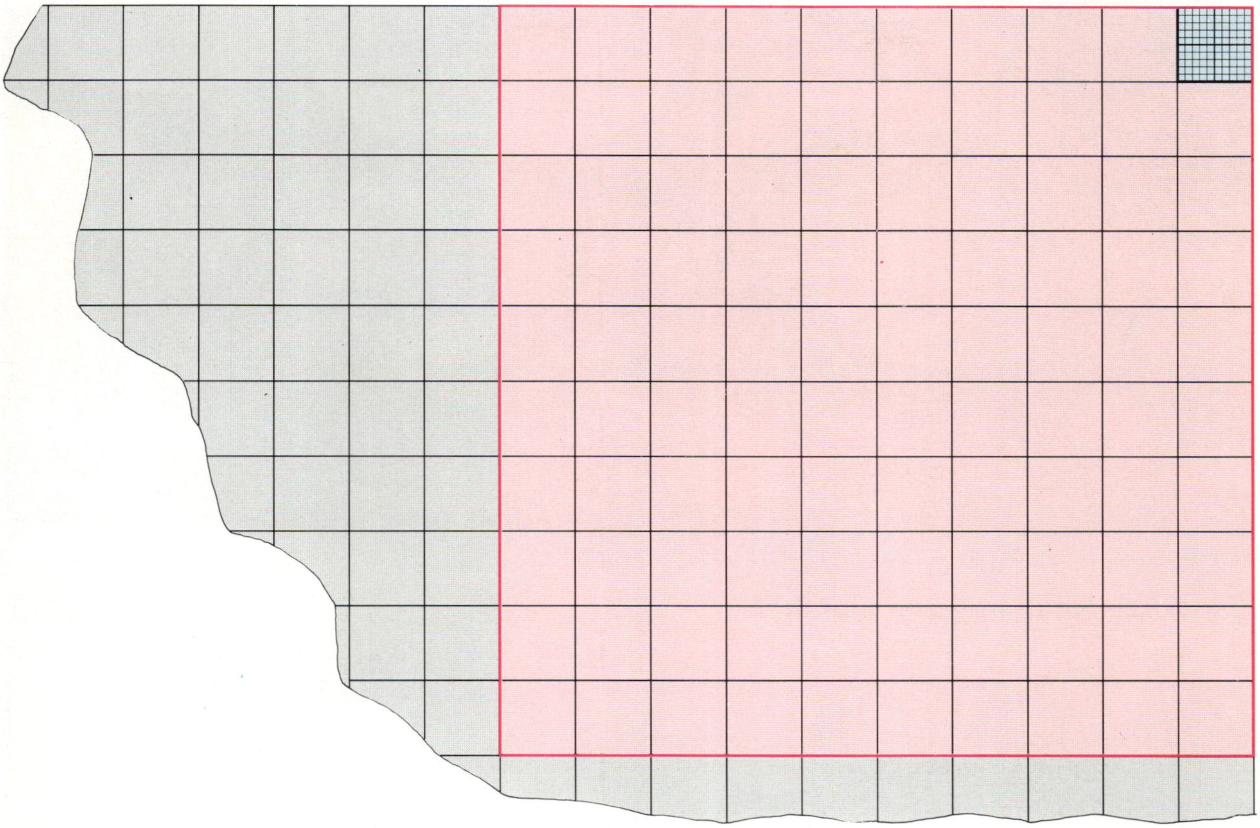

Umrechnungszahl 100

$$1\ cm^2 = 100\ mm^2$$
$$1\ dm^2 = 100\ cm^2 = 10\,000\ mm^2$$
$$1\ m^2 = 100\ dm^2 = 10\,000\ cm^2 = 1\,000\,000\ mm^2$$

1

Die Regalbretter einer Schrankwand haben jeweils eine Fläche von 2700 cm^2. Gib die Fläche für 8 Bretter in dm^2 an.

2

Die Sitzfläche eines Stuhls beträgt 2100 cm^2. Wieviel dm^2 Holz werden für 6 Sitzflächen benötigt?

3

Ein Türblatt besitzt eine Fläche von 153,7 dm^2. Wieviel m^2 Furnierholz werden für 18 Türblätter benötigt?

4*

Es werden 5 Tischplatten hergestellt. Jede Platte ist 1,20 m lang und 70 cm breit. Wieviel m^2 Holz wird benötigt?

Im Neubaugebiet

Planskizze Neubaugebiet Flurstraße

Maßstab 1:1000

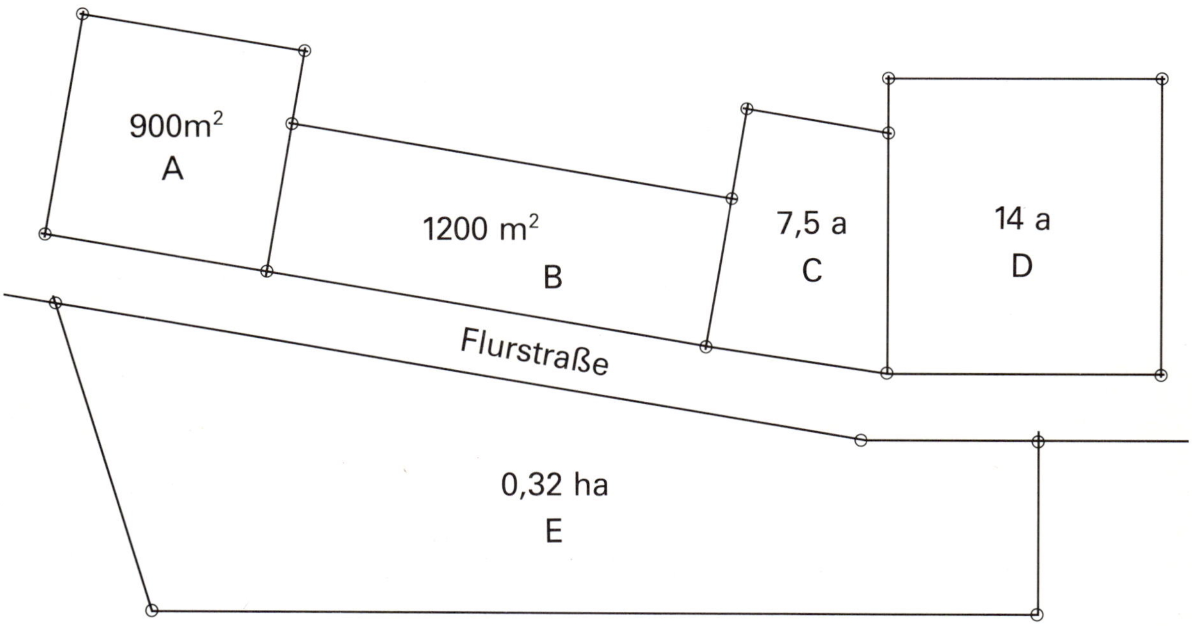

Umwandlungszahl 100

				1 a	=	100 m²
		1 ha	=	100 a	=	10 000 m²
1 km²	=	100 ha	=	10 000 a	=	1 000 000 m²

1

Zeichne die angegebene Tabelle in dein Heft. Trage alle Grundstücke des Neubaugebiets Flurstraße ein und gib die Grundstücksgrößen in m², a und ha an.

2

Wie groß ist die Fläche aller Grundstücke zusammen? Gib die Fläche in km² an.

Grundstück	m²	a	ha
A	900	*	*
B	1200	*	*
C	*	7,5	*
D	*	14	*
E	*	*	0,32

3

Familie Schubert wurde das Grundstück A zum Preis von DM 220 pro m² angeboten.
Wieviel DM hätte sie zahlen müssen?

4

Das Grundstück D ist ein Wiesengrundstück und darf nicht bebaut werden.
Der Quadratmeter kostet 35 DM.
Wieviel bezahlt die Gemeinde dafür?

5

Auf dem Grundstück E soll ein Gemeindezentrum entstehen. Die Stadt muß 150 DM pro m² bezahlen.
Wie teuer ist das Grundstück?

6

Das gesamte Neubaugebiet Flurstraße ist 1,54 km² groß, 64 ha entfallen auf Straßen, Plätzen und Wald.
Wieviel m² können bebaut werden?

7*

Familie Schubert baut ein Haus auf dem Grundstück C. Das Haus ist 10 m lang und 7 m breit.

a) Wieviel Ar beträgt die bebaute Fläche?

b) Gib die unbebaute Fläche in Hektar an.

c) Das Grundstück kostet 220 DM pro m². Wieviel DM muß Familie Schubert bezahlen?

Umfang des Kreises

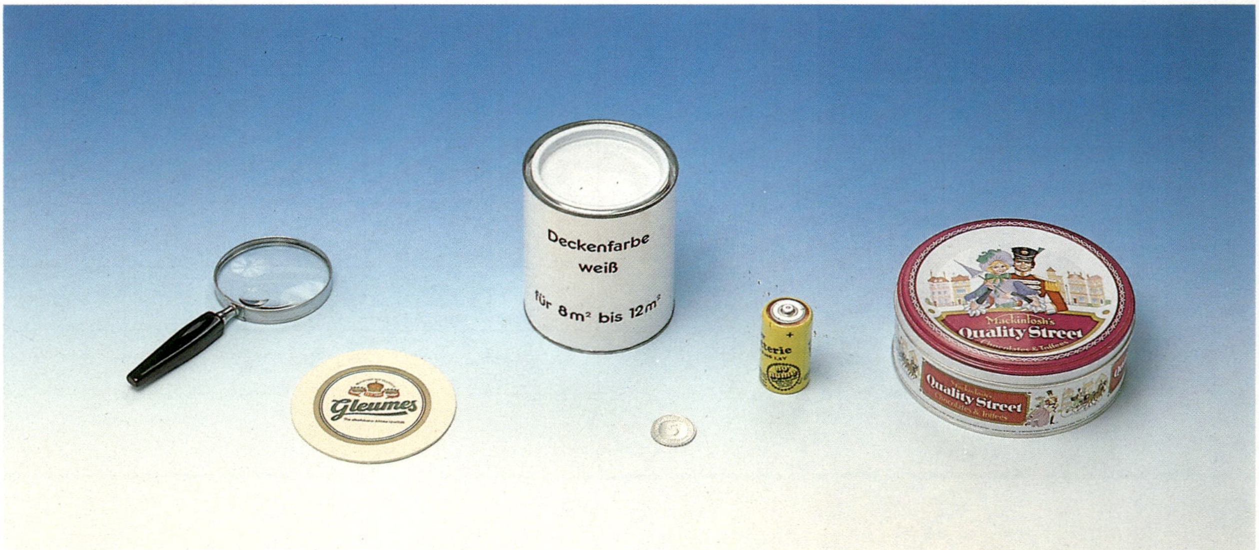

1

Beschaffe dir eine Reihe von kreisförmigen Gegenständen. Miß den Durchmesser mit einem Lineal.

Stelle den Umfang mit einem Bindfaden fest. Schau dir dazu die nebenstehende Zeichnung an.

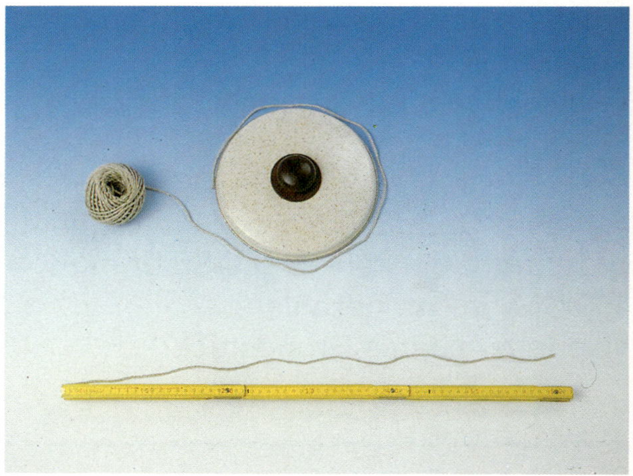

	Umfang u	Durchmesser d	u : d
Waschmitteltrommel	*	*	*
Keksdose	*	*	*
Bierfilz	*	*	*
Batterie	*	*	*
5-DM-Stück	*	*	*
. . . .	*	*	*

2

Stelle eine Tabelle auf (siehe Abbildung). Trage die Meßwerte ein. In der dritten Spalte trägst du das Ergebnis u : d ein.

Vergleiche alle Ergebnisse u : d miteinander. Was stellst du fest?

Wenn du immer sorgfältig gemessen hast, ist das Ergebnis u : d immer ungefähr 3,1.
Der Umfang ist ungefähr 3,1 mal so lang wie der Durchmesser.

$$u \approx 3{,}1 \cdot d$$

Mathematiker haben festgestellt, daß der Umfang

3,14159265358979323 8...... mal so lang ist wie der Durchmesser.

Diese Zahl bricht hinter dem Komma nicht ab. Sie heißt „pi" und wird mit dem griechischen Buchstaben π geschrieben.

$$u = d \cdot \pi$$

Erinnere dich: $d = 2 \cdot r$

$$u = 2 \cdot r \cdot \pi$$

1

Zeichne folgende Kreise.

a) $d = 5$ cm

b) $d = 7$ cm

c) $d = 4{,}3$ cm

Berechne den Umfang und überprüfe dein Ergebnis durch Nachmessen.

2

Zeichne folgende Kreise.

a) $r = 8$ cm

b) $r = 3$ cm

c) $r = 4{,}9$ cm

Berechne den Umfang und überprüfe dein Ergebnis durch Nachmessen.

Rechne mit dem Taschenrechner. Benutze die Taste mit dem π-Zeichen.
Wenn keine π-Taste vorhanden ist, so gib für π immer 3,14 ein.

3

Das Vorderrad eines Fahrrades hat einen Durchmesser von 66 cm. Welchen Weg legt das Rad bei einer Umdrehung zurück?

4

Das Rad eines Skateboards hat einen Durchmesser von 7 cm. Berechne den Umfang.

5

Ein Autorad hat einen Radius von 30 cm. Welchen Weg legt es bei einer Umdrehung zurück?

6

Das Rad eines LKW hat einen Durchmesser von 88 cm. Welchen Weg legt es bei einer Umdrehung zurück?

Kreisflächen

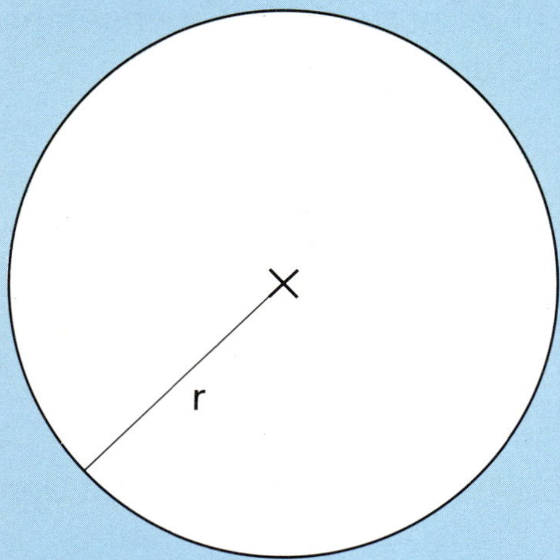

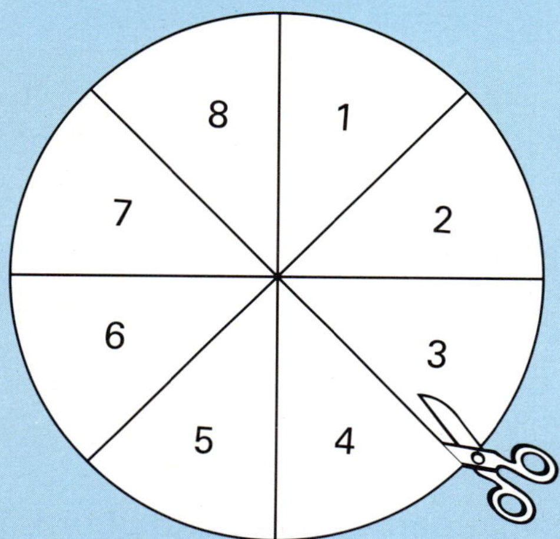

1

Zeichne einen Kreis mit einem Radius von 3 cm (r = 3 cm).

2

Schneide den Kreis aus und schneide ihn in 8 gleich große Stücke.

3

Ordne die Teile so, daß ungefähr ein Parallelogramm entsteht. Vergleiche dazu die Zeichnung unten.

4

Erläutere, warum die Grundseite des Parallelogramms ungefähr die Hälfte des Kreisumfangs ist.

5

Erläutere, warum die Höhe des Parallelogramms ungefähr gleich dem Radius des Kreises ist.

6

Sieh dir den Kasten unten an und erläutere, wie die Formel $A_{\bigcirc} = r \cdot r \cdot \pi$ zustande kommt.

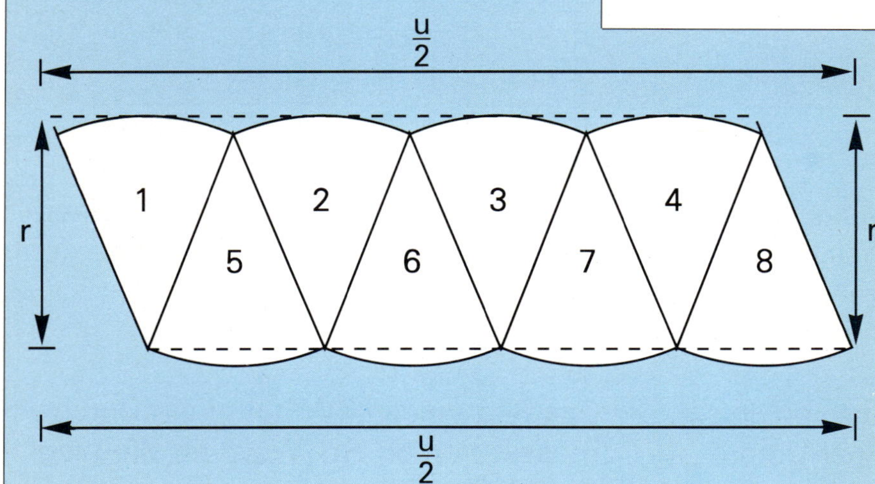

$$A_{\bigcirc} \approx A_{▱}$$

$$A_{\bigcirc} = r \cdot \frac{u}{2}$$

$$A_{\bigcirc} = r \cdot \frac{d \cdot \pi}{2}$$

$$A_{\bigcirc} = r \cdot \frac{2 \cdot r}{2} \cdot \pi$$

$$\mathbf{A_{\bigcirc} = r \cdot r \cdot \pi}$$

1

Berechne den Flächeninhalt der folgenden Kreise:

a) r = 5 cm
b) r = 7 cm
c) r = 3,4 cm
d) r = 1,2 cm

e) d = 6 cm
f) d = 4 cm
g) d = 7,2 cm
h) d = 5,6 cm

$A_{\circ} = \pi \cdot r \cdot r$

2

Im Stadtpark soll ein kreisrundes Blumenbeet neu bepflanzt werden. Das Beet hat einen Durchmesser von 12 m.

a) Wie groß ist die Fläche des Beetes?
b) Man rechnet mit 6 Pflanzen pro m^2. Wie viele Pflanzen werden benötigt?

3

Aus quadratischen Eisenblechstücken mit einer Seitenlänge von 8 cm werden Böden und Deckel für Konserven gestanzt.

a) Welchen Radius hat die Deckelfläche der Konserve?
b) Wieviel cm^2 Fläche hat die Deckelfläche der Konserve?

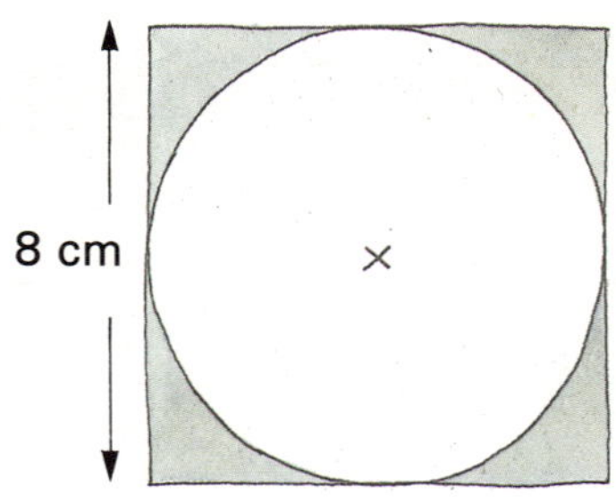

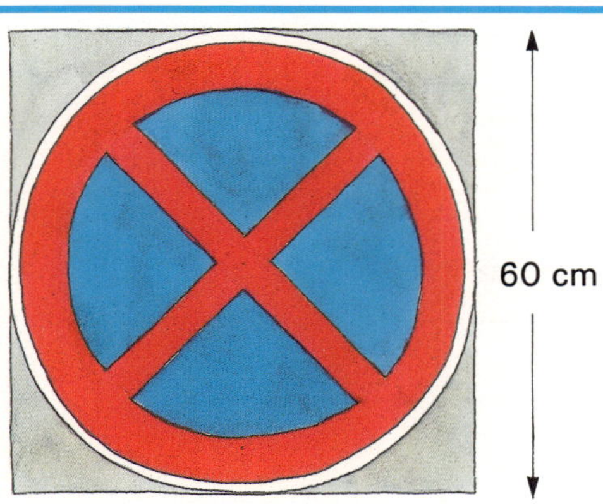

4

Aus quadratischen Blechstücken können runde Verkehrszeichen ausgestanzt werden.

a) Wieviel cm^2 Fläche hat das quadratische Blechstück?
b) Wieviel cm^2 Fläche hat das Verbotszeichen?
c) Wieviel cm^2 Fläche hat der übriggebliebene Rest?

Technische Zeichnungen

Berechne Flächen und Umfänge der dargestellten Werkstücke (alle Angaben in Millimeter).

1

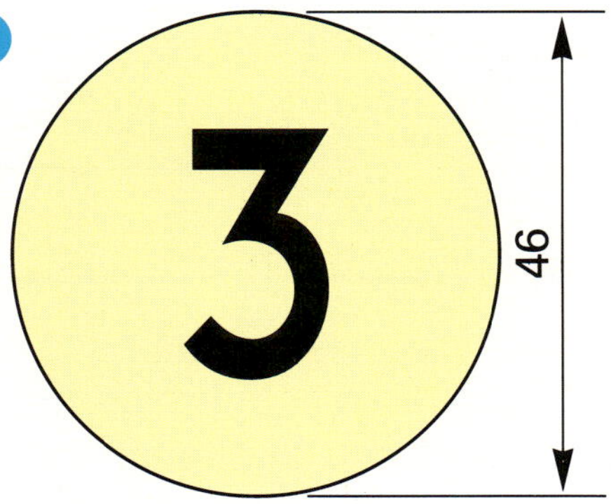

2

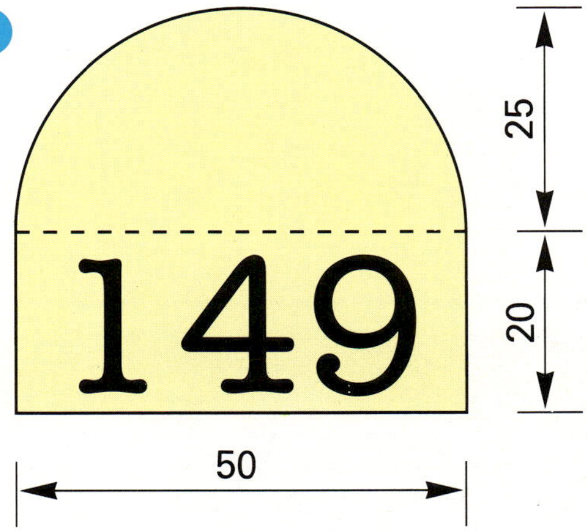

3

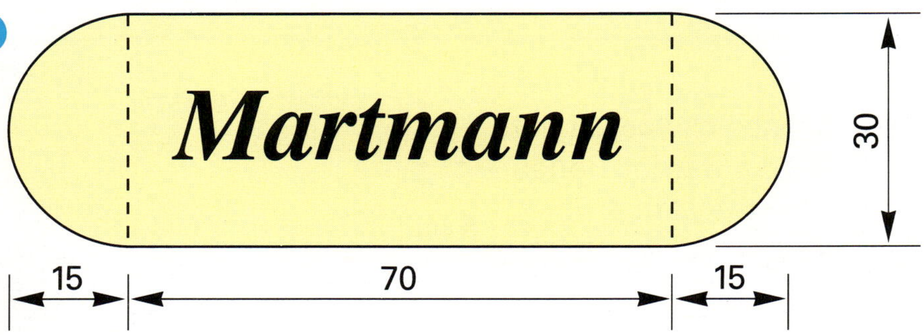

4

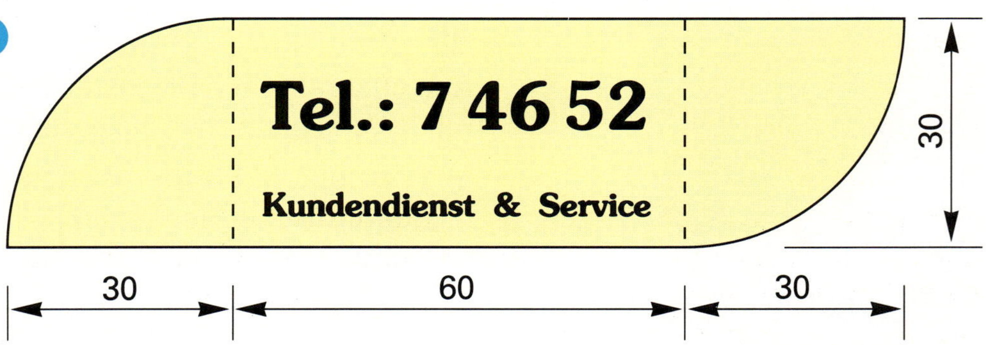

Berechne die Flächen der dargestellten Werkstücke (alle Angaben in Millimeter).

1

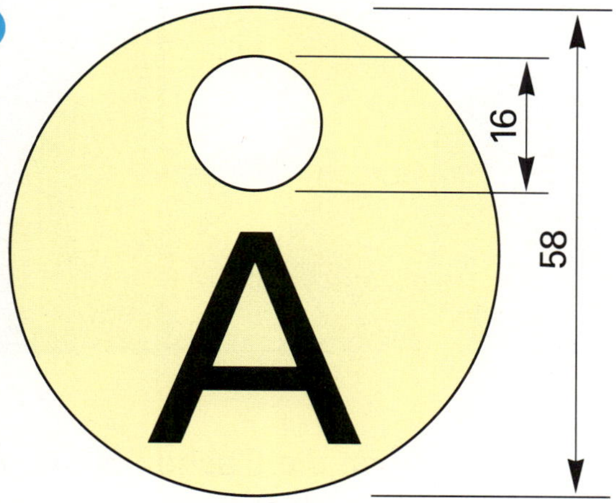

2

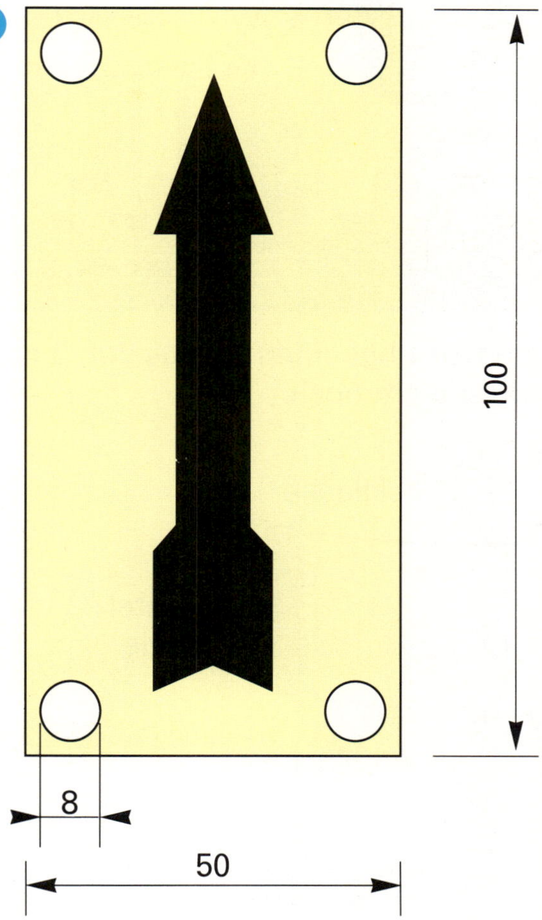

3

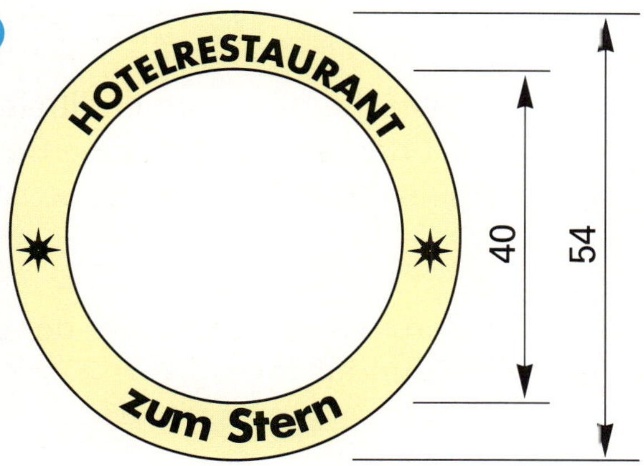

4*

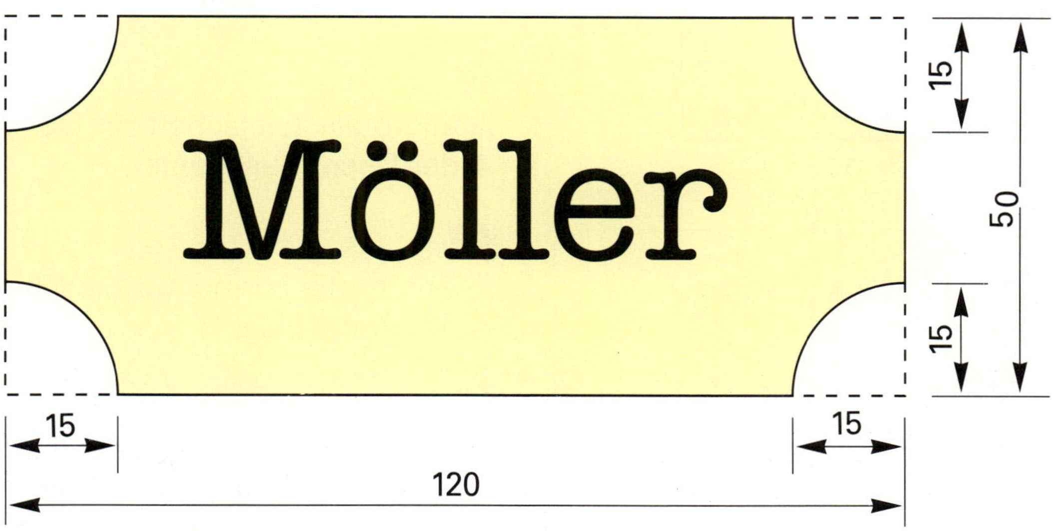

In der Dosenfabrik

Eine Dose hat einen Radius von 3 cm und ist 8 cm hoch.

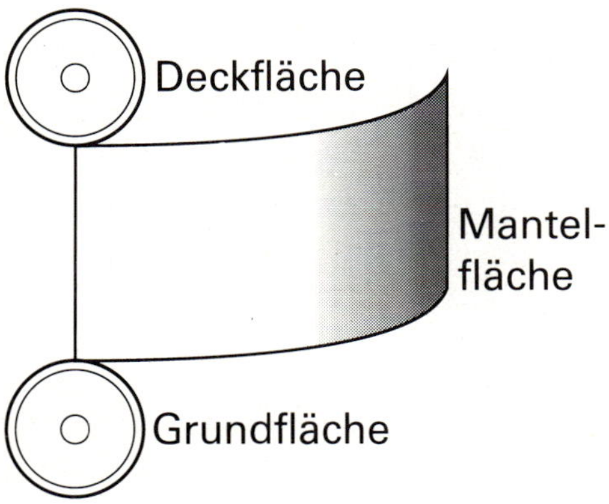

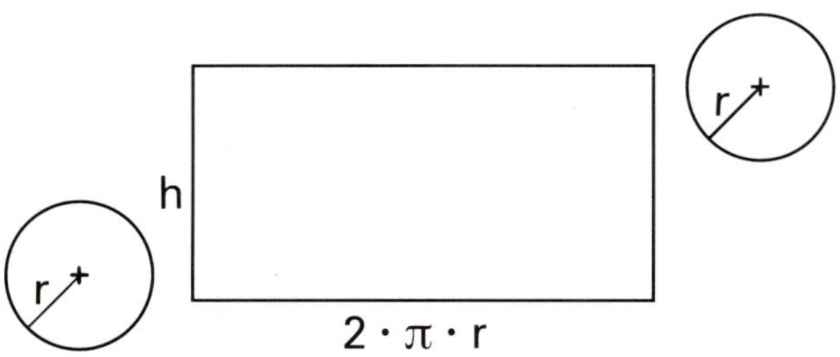

$$A = 2 \cdot A_{\bigcirc} + A_{\square}$$

$$A_{\bigcirc} = r \cdot r \cdot \pi$$

$$A_{\square} = u \cdot h$$

$$A_{\square} = 2 \cdot \pi \cdot r \cdot h$$

1

Berechne zuerst die Flächeninhalte der Grund- und Deckfläche.

2

Die Mantelfläche bildet abgerollt ein Rechteck. Erläutere, warum eine Seite des Mantels die Höhe h der Dose ist.

3

Erkläre, warum die andere Seite der Umfang der Grundfläche ist ($u = 2 \cdot \pi \cdot r$).

4

Berechne die Mantelfläche.

5

Addiere die Teilflächen zur Oberfläche A der Dose (Rundsäule).

6

Erläutere die Formel für die Oberfläche A der Rundsäule.

7

Berechne die Oberflächen der Rundsäulen.

a) r = 4 cm, h = 9 cm
b) r = 5 cm, h = 11 cm
c) r = 4,7 cm, h = 13 cm
d) r = 3,2 cm, h = 8,4 cm

1

Eine Konservendose mit Ravioli ist 12 cm hoch und hat einen Durchmesser von 10 cm. Die Deckfläche wird mit einem runden Etikett vollkommen abgeklebt. Welchen Flächeninhalt hat das Etikett?

2

Die Mantelfläche der Raviolidose wird ebenfalls mit einem Etikett beklebt. Gib die Fläche des Etiketts in cm^2 an.

3

Eine Dose für Kondensmilch wird rundherum mit einem Etikett beklebt. Die Dose ist 7 cm hoch und hat einen Durchmesser von 6,5 cm. Berechne den Flächeninhalt des Etiketts.

4 *

Eine Kondensmilchdose ist 7,5 cm hoch und hat einen Radius von 2,8 cm. Aus wieviel cm^2 Blech besteht die Dose?

5

Eine Konservendose wird rundherum mit einem Etikett beklebt. Die Dose ist 13 cm hoch und hat einen Durchmesser von 11 cm. Berechne den Flächeninhalt des Etiketts.

6 *

In der Konservenfabrik werden stündlich 1200 Dosen hergestellt. Jede Dose ist 12 cm hoch und hat einen Radius von 5 cm. Aus wieviel m^2 Blech bestehen die Dosen?

In der Kartonagenfabrik

1

Wie viele Flächen hat der Karton (die Rechtecksäule)?

2

Wie viele verschieden große Flächen sind vorhanden?

3

Berechne zuerst die Grundfläche und die Deckfläche (gelb).

4

Berechne nun die vier Seitenflächen (grün und blau).

5

Addiere alle Flächen. Du erhältst die Oberfläche der Rechtecksäule.

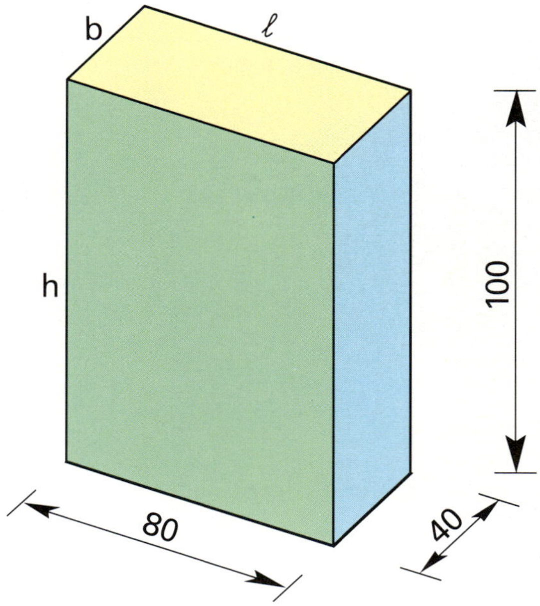

6

Erläutere die Formel zur Berechnung der Oberfläche einer Rechtecksäule.

$$A = 2 \cdot A_{\square} + 2 \cdot A_{\square} + 2 \cdot A_{\square}$$

$$A_{\square} = b \cdot \ell$$
$$A_{\square} = \ell \cdot h$$
$$A_{\square} = b \cdot h$$

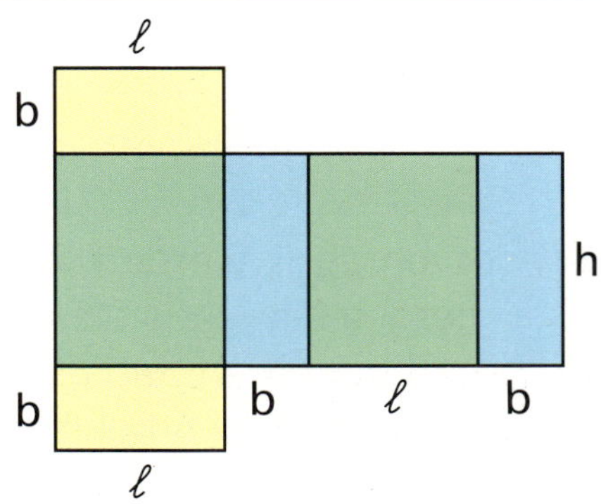

1

Berechne die Deckfläche des abgebildeten Geschenkkartons.

2

Stelle fest, aus wieviel cm^2 Pappe der Geschenkkarton mindestens besteht.

3

Ein Schuhkarton ist 16 cm hoch, 40 cm lang und 23 cm breit.
Stelle fest, aus wieviel cm^2 Pappe der Schuhkarton mindestens besteht.

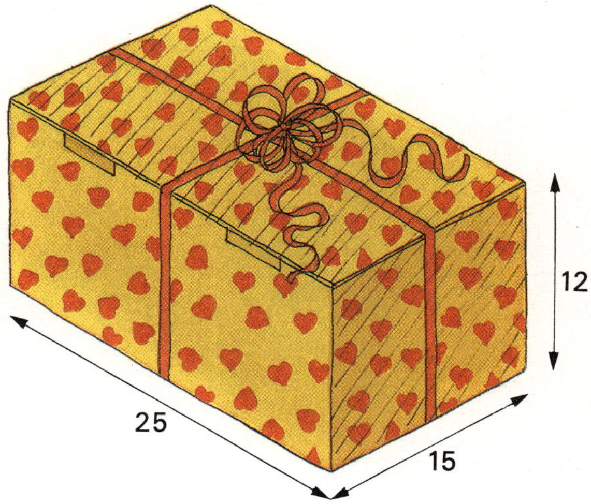

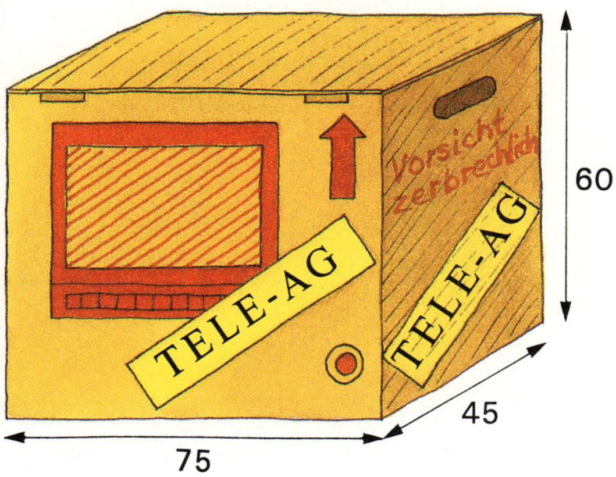

4

Berechne, aus wieviel cm^2 Verpackungsmaterial der abgebildete Karton mindestens besteht.

5

Ein Karton für einen Videorecorder ist 12 cm hoch, 58 cm lang und 32 cm breit.
Berechne, wieviel cm^2 Kartonmaterial mindestens benötigt wird.

6*

Der Karton für die Verpackung einer Waschmaschine hat die Form einer Quadratsäule (eine Säule mit quadratischer Grundfläche). Stelle fest, wieviel cm^2 Karton für die Verpackung mindestens benötigt wird.

7*

Berechne die Oberfläche einer Quadratsäule, die 48 cm hoch und 12 cm breit ist.

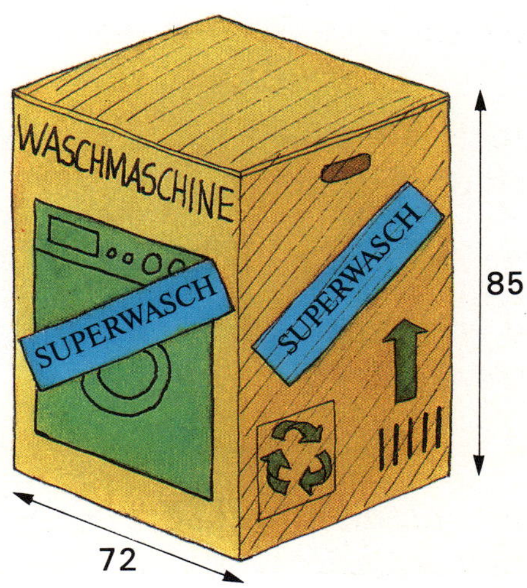

Würfel

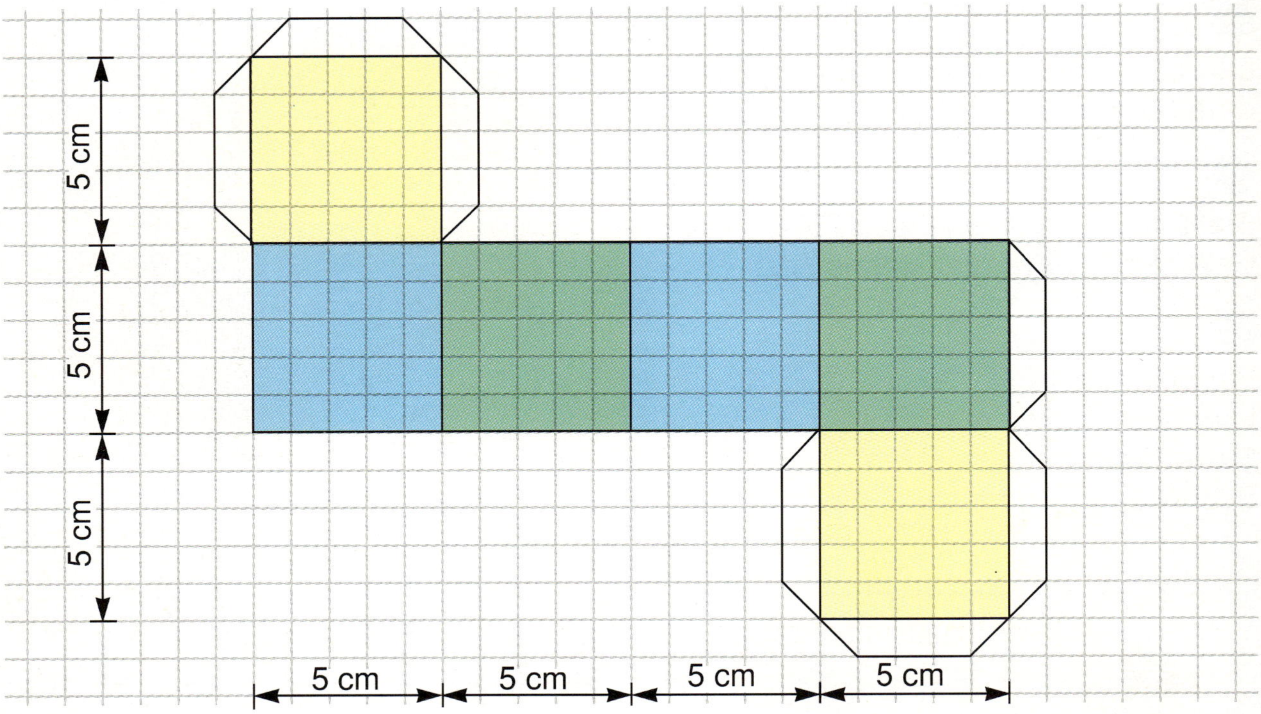

1
Übertrage das Netz auf Karopapier, schneide aus und falte einen Würfel.

2
Stelle fest, wie viele Flächen der Würfel hat. Wie viele Flächen sind gleich?

3
Stelle fest, welche Länge, Breite und Höhe der Würfel hat. Miß dazu am Modell.

4
Berechne die Oberfläche des Würfels nach der Formel für die Oberfläche der Rechtecksäule.

5
Berechne die Oberfläche des Würfels nach der Formel

$$A = 6 \cdot \ell \cdot \ell$$

und vergleiche mit dem Ergebnis von Aufgabe 4.

6*
Erläutere, warum die Oberfläche des Würfels nach der Formel von Aufgabe 5 berechnet werden kann. Schau dir dazu auch die Abbildung oben an.

7
Berechne die Oberfläche eines Würfels mit einer Seitenlänge von 40 cm.

8*
Ein würfelförmiger Geschenkkarton hat eine Oberfläche von 3,84 cm^2. Berechne zuerst eine Fläche. Berechne dann die Kantenlänge.

Verschiedene Aufteilungen

Verteilung von Land und Wasser auf der Erdoberfläche

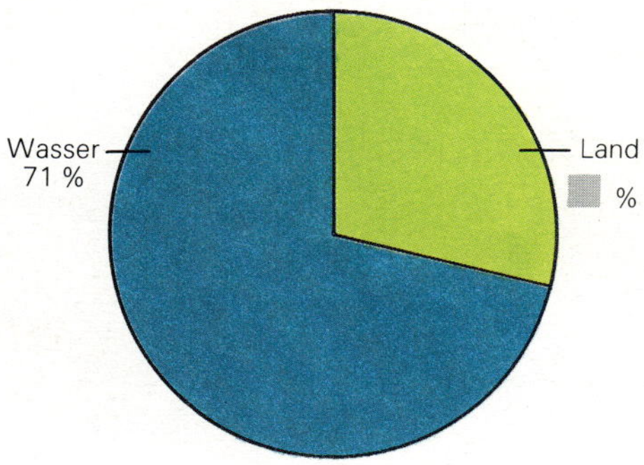

Größe der Weltmeere
(in Prozent der Wasseroberfläche)

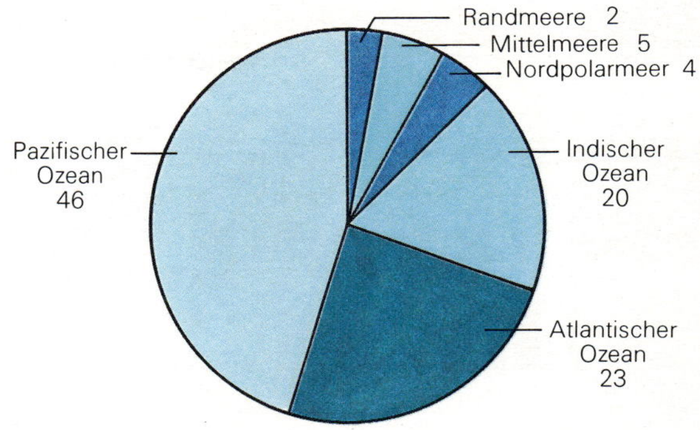

1

a) Wieviel Prozent der Erdoberfläche ist Land?
b) Vergleiche sie mit dem prozentualen Anteil der Wasserfläche.
c) Wie oft paßt die Landfläche ungefähr auf die Wasserfläche?

2

a) Welcher Ozean ist der größte?
b) Was fällt dir beim Vergleich der größten Ozeane auf?
c) Ordne die Weltmeere der Größe nach. Beginne dabei mit dem größten Weltmeer.

Größe der Kontinente
(in Prozent der Landoberfläche)

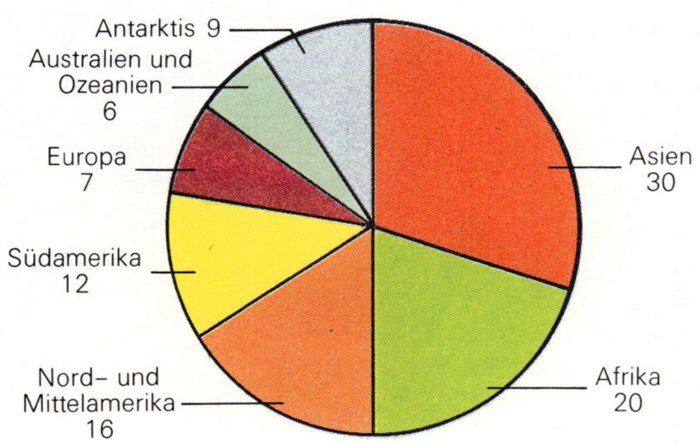

Verteilung der Bevölkerung auf die Erdteile

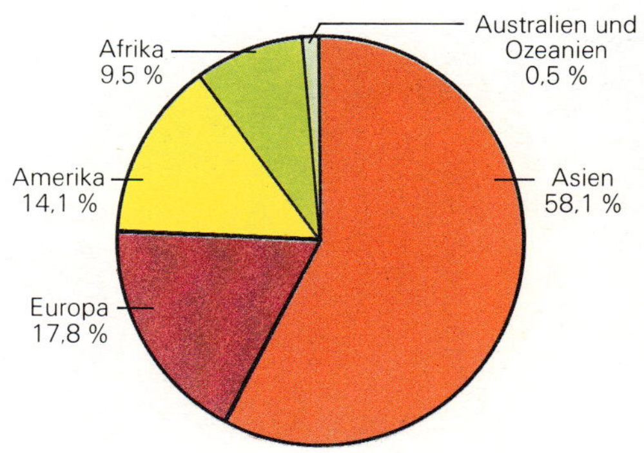

3

a) Ordne die Kontinente der Größe nach.
b) Vergleiche die Größe von Europa mit der Größe von Asien.
c) Vergleiche die Größe der Antarktis mit der Größe von Europa.

4

a) Stelle eine Rangfolge auf.
b) Vergleiche die Bevölkerung Amerikas mit der Bevölkerung Europas.
c) Vergleiche die Bevölkerung Asiens mit der von Europa und Afrika.

Die Weltbevölkerung

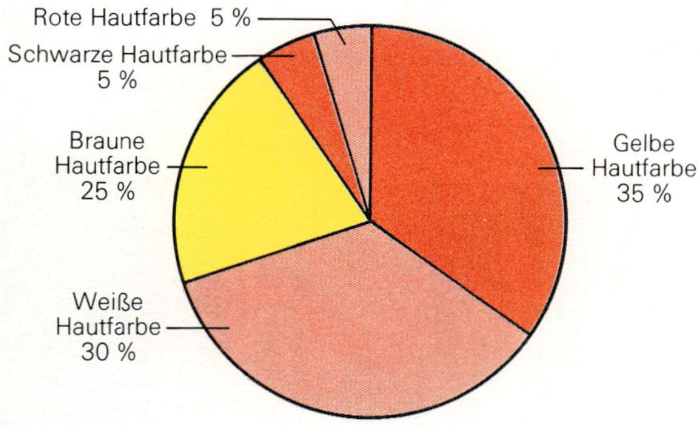

Die Weltreligionen

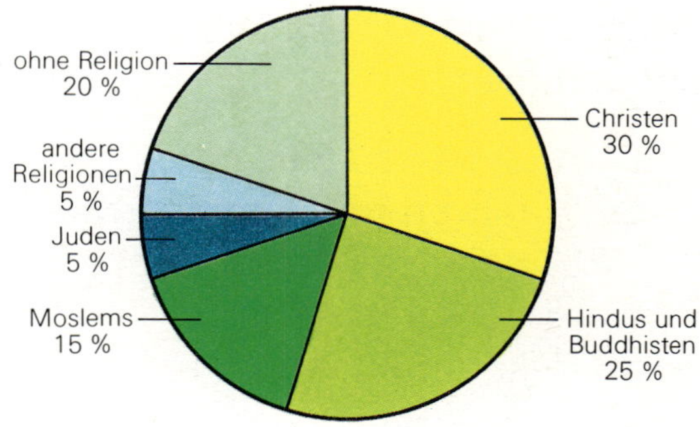

1

a) Wie viele verschiedene Menschengruppen werden unterschieden?
b) In welchen Kontinenten leben die Menschen mit weißer Hautfarbe hauptsächlich?
c) Wie müßte die Aufteilung für deine Stadt in etwa lauten?

2

a) Wie viele große Religionen gibt es auf der Welt?
b) Welchen Anteil haben die Menschen ohne Religion in der Welt?
c) Gilt diese Aufteilung auch für deine Stadt? Gib Gründe für deine Aussage an.

Die Flächennutzung in Bayern

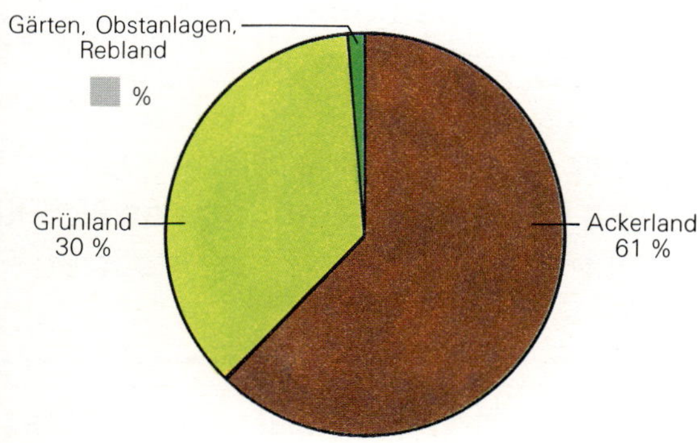

Die Flächennutzung in einer Gemeinde

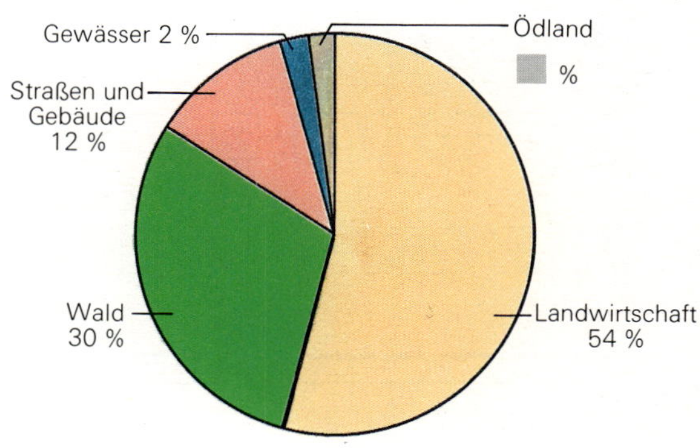

3

a) Wieviel Prozent der Flächennutzung entfällt auf den Bereich Gärten, Obstanlagen, Rebland?
b) Wie könnte die Verteilung bei dir zu Hause sein?

4

a) Wieviel Prozent der Fläche in der Gemeinde entfällt auf Ödland?
b) Wie könntest du dir diese Gemeinde vorstellen? Möchtest du dort wohnen? Begründe deine Aussage.

Verkehrsbefragungen in Münster

Im Jahr 1990 wurden in der westfälischen Stadt Münster 4100 Personen befragt, wie sie zum Einkaufen in die Stadt kommen.

21 % gehen zu Fuß,
34 % fahren mit dem Fahrrad,
7 % benutzen öffentliche Verkehrsmittel,
38 % kommen mit dem Auto.

1

Wie viele Personen gaben bei der Befragung an, daß sie zu Fuß gingen?

21 % von 4100 = ■
1 % von 4100 = 4100 : 100 = 41
21 % von 4100 = 41 · 21 = 861
21 % von 4100 = 861

Antwort Von 4100 Personen gaben 861 an, zu Fuß in die Stadt zu gehen.

4100 —$\frac{21}{100}$→ ■

Grundwert *Prozentsatz* *Prozentwert*

4100 —*21 %*→ ■

C – 4100 – × – 21 – % ■
oder
C – 4100 – × – 21 – ÷ – 100 – = ■
oder
C – 4100 – ÷ – 100 – × – 21 – = ■
oder
C – 21 – ÷ – 100 – × – 4100 – = ■

2

Berechne die Personenzahl der anderen drei Gruppen, die befragt wurden.

3

Berechne die Personenzahl der vier Gruppen bei einer Befragung von 12 500 Personen und gleichen Prozentsätzen.

4

Grundwert	Prozentsatz	Prozentwert
450	8 %	■
280	6 %	■
24	25 %	■
164	35 %	■
2 460	14 %	■

16,8 36 6 344,4 57,4 444,4

5

Grundwert	Prozentsatz	Prozentwert
4 236	12,5 %	■
3 400	4,5 %	■
5 080	3,75 %	■
2 460	9,5 %	■
4 200	5,7 %	■

233,7 190,5 239,4 529,5 467 153

Bei einer Verkehrserhebung in Münster wurden 2100 Personen befragt, zu welchem Zweck sie in die Stadt kommen.

Berufsverkehr	9,2 %
Einkaufen	22,2 %
Freizeit	17,7 %
Schule	20,1 %
Studium	10,1 %
Sonst. Erledigungen	20,7 %

1

Wie viele Personen gaben als Reisezweck den Berufsverkehr an?

2

a) Berechne, wie viele Personen aus anderen Gründen nach Münster kamen?
b) Wie viele Personen gehen in die Schule?
c) Wie viele studieren in Münster?

3

An einem Samstag wurden 3140 Personen in einem Kaufhaus befragt, wie sie in die Stadt gefahren waren:

85,5 % benutzten ein eigenes Fahrzeug
14,5 % benutzten öffentliche Verkehrsmittel

a) Wie viele Personen entfallen jeweils auf die beiden Bereiche? Runde auf ganze Zahlen.
b) 46,5 Prozent der Käufer benutzten ein Auto. Wie viele Personen waren das?

4

1990 wurden 926 Bedienstete der Stadt Münster nach ihrem Wohnort befragt. 30 % davon waren Pendler. Wie viele sind das? Runde das Ergebnis.

5

In Münster werden täglich am Bahnhof ca. 1200 Fahrräder abgestellt. Die Verkehrsplaner wollen für 60 % der Fahrräder Plätze in Parkhäusern schaffen.

a) Wie viele Plätze müssen geschaffen werden?
b) Für wie viele Fahrräder müssen andere Unterbringungsmöglichkeiten geschaffen werden?

Berechne den Prozentwert.

6

1 % von 750
1 % von 300
1 % von 122
1 % von 90

7,5 1,22
3 0,9 7

7

10 % von 48
6 % von 60
15 % von 72
25 % von 90

3,6 10,8
4,8 22,5 3,9

8

7 % von 128
8 % von 96
19 % von 77
15 % von 990

8,96 7,68 14,63
2000 148,5

9

12,4 % von 750
9,5 % von 520
14,2 % von 400
7,1 % von 600

49,4 42,6 56,8
18 93

Aus dem Vereinsleben

1

Tobias wurde im Musikverein mit 34 Stimmen von 40 zum Vorsitzenden gewählt.
Wieviel Prozent der Stimmen sind das?

34 von 40 = ■ %
40 ≙ 100 %
1 ≙ 100 % : 40 = 2,5 %
34 ≙ 2,5 % · 34 = 85 %
34 von 40 ≙ 85 %
≙ entspricht

Antwort Tobias wurde mit 85 % der Stimmen zum Vorsitzenden gewählt.

■ %
40 ⟶ 34
Grundwert Prozentsatz Prozentwert

2

Claudia erinnert sich:

1 von 5 = $\frac{1}{5}$
sie rechnet:
34 von 40 = $\frac{34}{40}$
$\frac{34}{40} = 0{,}85$
$0{,}85 = \frac{85}{100}$; $\frac{85}{100} = 85\ \%$

3

Bei der Sprecherwahl einer Schwimmgruppe wurde Vera mit 18 Stimmen von 25 gewählt.

a) Mit wieviel Prozent der Stimmen wurde sie zur Sprecherin gewählt?
b) Wieviel Prozent der Stimmen bekam sie bei der Wahl zur Sprecherin nicht?
c) Vergleiche beide Prozentsätze. Erreichte sie ein gutes Ergebnis?

4

Ein Judoverein hat 240 Mitglieder, 144 davon sind Jugendliche.
Wie hoch ist der prozentuale Anteil der Jugendlichen?

5

Bei einem Wasserballturnier konnten 24 von 60 gemeldeten Teilnehmern wegen eines Sturms nicht kommen.
Wieviel % der Teilnehmer fehlten?

Wieviel Prozent sind es?

6	7	8	9
3 von 25	6 von 150	48 von 60	33 von 300
6 von 120	24 von 60	62 von 310	342 von 456
15 von 250	21 von 420	42 von 140	152 von 950
18 von 600	24 von 400	135 von 225	54 von 450
27 von 450	39 von 780	180 von 600	65 von 260

Schwimmwettbewerb in Ulm
Liste der Preisträger

Gruppe *Neptun*
8 von 40 Teilnehmern
Gruppe *Wasserfreunde*
14 von 35 Teilnehmern
Gruppe *Weißer Delphin*
20 von 84 Teilnehmern
Gruppe *Seerobben*
18 von 60 Teilnehmern

1

Welche Gruppe schnitt beim Wettbewerb am besten ab? Berechne hierzu den prozentualen Anteil der Gewinner aus jeder Gruppe. Benutze den Taschenrechner.

8 von 40 = ■ %

C — 8 — ÷ — 40 — % — ■
oder
C — 8 — ÷ — 40 — × — 100 — = — ■
oder
C — 8 — × — 100 — ÷ — 40 — = — ■

Antwort *Gruppe Neptun erhielt für 20 % der Teilnehmer Preise.*

2

Beim historischen Jahrmarkt in Freiburg wurden 1320 Senioren zu einer Nachmittagsveranstaltung eingeladen. Davon erschienen 1122. Wieviel Prozent der Eingeladenen kamen?

3

Ein Trommlerchor hat 225 Mitglieder, 36 Aktive, 72 Fördermitglieder und 117 Passive.
Wieviel Prozent entfallen auf jede Gruppe?

4

Bei einer Kaninchenschau in Jülich wurden 3680 Freikarten ausgegeben. 2024 Personen nutzten dieses Angebot. Wieviel Prozent der Freikarten wurden benutzt?

5

Bei einer Katzenschau in Leverkusen kämpften 540 Tiere um einen Schönheitstitel. 162 Tiere kamen aus dem Bestand des Leverkusener Vereins. Wieviel Prozent sind das?

Berechne den Prozentsatz.

6

Grundwert	420	155	128	325	450
Prozentwert	84	31	64	65	27

7

Grundwert	980	135	460	1380	2000
Prozentwert	147	27	115	410	483

Volksfeste

1

Beim Straßenfest vor dem Magdeburger Dom sollen Lose verkauft werden. Es sind 252 Gewinne vorgesehen. Das sind 9 % aller Lose. Wie viele Lose müssen gedruckt werden?

9 % von ■ = 252
9 % ≙ 252
1 % ≙ 252 : 9 = 28
100 % ≙ 28 · 100 = 2800
9 % von 2800 = 252

Antwort Es müssen 2800 Lose gedruckt werden.

Grundwert	Prozentsatz	Prozentwert
■	9 % →	225

2

Auf dem Wildpferdemarkt in Dülmen wurden 124 Pferde verkauft. Das waren 31 % der aufgetriebenen Pferde. Wie viele Pferde waren es insgesamt?

3

Beim Striezelmarkt in Dresden kamen an einem Sonntag 12800 Besucher. Das waren 32 % aller Besucher einer Woche. Wie viele Besucher kamen in einer Woche?

4

Auf dem Häwelmarkt in Neustadt an der Weinstraße kann man Töpferwaren aller Art kaufen. 24 Verkäufer kamen aus der näheren Umgebung; das sind 30 % der Verkäufer. Wie viele Verkäufer sind es insgesamt?

5

Zu einer Puppenausstellung in Frankfurt am Main wurden 12480 Karten an Kinder verkauft. Das waren 64 Prozent der verkauften Karten.
Wie viele Eintrittskarten wurden insgesamt verkauft?

Berechne den Grundwert.

6

1 % = 4
1 % = 6
1 % = 12
1 % = 40
1 % = 243

400	600	24300
4000	300	1200

7

10 % = 63
20 % = 34
50 % = 90
25 % = 120
40 % = 340

480	610	630
170	180	850

8

8 % = 34
3 % = 54
7 % = 91
6 % = 345
18 % = 423

2350	1800	5750
425	1410	1300

9

15 % = 147
42 % = 189
36 % = 270
28 % = 448
23 % = 483

1210	750	980
450	1600	2100

Der Flachsmarkt wird jedes Jahr zu Pfingsten in Krefeld aufgebaut. Hier gibt es viele alte Handwerksgruppen, die ihre Tradition aufleben lassen.

1

In einem Jahr kamen 38000 Besucher. Das waren 95 % der erwarteten Gäste. Wie viele Besucher wurden erwartet? Rechne mit dem Taschenrechner.

95 % von ▢ = 3800

[C] – [38000] – [÷] – [95] – [%] ▢

[C] – [38000] – [÷] – [95] – [×] – [100] – [=] ▢

Antwort
Erwartet wurden 40000 Besucher.

2

Die Feengrotte in Saalfeld hatte in einem regenreichen Sommer nur 36100 Besucher. Das waren nur 38 Prozent der durchschnittlichen Besucherzahl, die sonst gezählt wird. Wie viele Besucher hat die Tropfsteinhöhle in der Regel bei normalem Wetter?

3

Zu den Passionsspielen in Oberammergau kamen 1970 121125 Zuschauer. Das waren 85 % der Zuschauer von 1980. Wie viele Zuschauer kamen 1980 zu den Passionsspielen nach Oberammergau?

4

Das Salzbergwerk in Berchtesgaden wurde an einem Sonntag von 2040 Personen besucht. Das waren 48 % der Besucher einer Woche. Wie viele Besucher kommen in einer Woche?

5

Eine Schule besucht das Deutsche Bergbaumuseum in Bochum. Der Lehrer erhält für die Schüler und Schülerinnen 8 % Ermäßigung. Das macht 90 DM aus. Wieviel DM muß er bezahlen?

6

Im Sommer kommen durchschnittlich 42800 Besucher mit dem Bus zum Freilichtmuseum in Kommern (Eifel). Das sind 80 % der Besucher. Wie viele Besucher kommen insgesamt?

Berechne den Grundwert.

7

Prozentsatz	6 %	12 %	18 %	40 %	25 %
Prozentwert	108	408	171	48	52
Prozentsatz	14,2 %	7,5 %	12,5 %	24,25 %	65 %
Prozentwert	781	600	400	606,25	260

8

Prozentsatz	25 %	8 %	7 %	18 %	17 %
Prozentwert	128	16	56	45	408
Prozentsatz	13 %	14 %	17 %	41 %	12 %
Prozentwert	585	322	969	3198	360

Ausgaben einer Familie

1

Berechne, wieviel DM in einem Vierpersonenhaushalt mit einem Monatseinkommen von 4500 DM für Essen und Trinken durchschnittlich ausgegeben wurden?
Was ist gegeben? Was ist gesucht?

4500 DM —24,1 %→ ■ DM
Grundwert — Prozentsatz — Prozentwert

24,1 % von 4500 DM = ■ DM

[C]–[4500]–[×]–[24.1]–[%] ■

[C]–[4500]–[×]–[24.1]–[÷]–[100]–[=] ■

Antwort Es wurden 1084,50 DM für Essen und Trinken ausgegeben.

Verteilung der Ausgaben eines Vierpersonenhaushalts (1990)

Essen und Trinken	24,1 %
Bekleidung und Schuhe	8,1 %
Miete, Strom, Heizung	26,9 %
Möbel, Reparaturen	7,2 %
Körper- und Gesundheitspflege	3,7 %
Auto, Verkehr, Post	15,9 %
Bildung, Freizeit, Unterhaltung	10,6 %
Reisen, Versicherungen u. a.	3,5 %
	100 %

2

Für welchen Bereich wurde das meiste Geld ausgegeben?

3

Vergleiche die Ausgaben für Essen und Trinken mit den Ausgaben für Bekleidung und Schuhe.

4

Herr Tüffers hat im Juli ein Einkommen von 3860 DM. Er legt 378,28 DM für Bildung, Freizeit und Unterhaltung an. Wieviel Prozent sind das vom gesamten Einkommen?

3860 DM —%→ 378,28 DM
Grundwert — Prozentsatz — Prozentwert

378,28 DM von 3860 DM ■ %

[C]–[378.28]–[÷]–[3860]–[%] ■

[C]–[378.28]–[÷]–[3860]–[×]–[100]–[=] ■

Antwort Herr Tüffers legt 9,8 % seines Einkommens für Bildung, Freizeit und Unterhaltung an.

5

Claudia verdient monatlich 1980 DM. In einem Monat hat sie 73,26 DM für Körper- und Gesundheitspflege ausgegeben. Wieviel Prozent waren das vom Monatseinkommen?

6

Johannes erhält 1260 DM. Er hat monatlich im Durchschnitt 202,86 DM Kosten für Fahrgeld. Wieviel Prozent sind das vom Monatseinkommen?

7

Familie Kranz aus Hannover hat eine preiswerte Wohnung. Sie bezahlt dafür 18 Prozent des Einkommens.
Wieviel DM macht das bei einem Einkommen von 4820 DM aus?

1

Familie Koch bezahlt monatlich 1248 DM für Miete, Strom und Heizung. Das sind 26 % ihres Einkommens. Hans meint, dann hat Familie Koch ein gutes Einkommen. Wie hoch ist es? Was ist gegeben? Was ist gesucht?

■ DM —26 %→ 1248 DM

Grundwert — Prozentsatz — Prozentwert

26 % von ■ DM = 1248 DM

[C]–[1248]–[÷]–[26]–[%] ■

[C]–[1248]–[÷]–[26]–[×]–[100]–[=] ■

Antwort Familie Koch hat ein Monatseinkommen von 4800 DM.

2*

Sybille verdient bald eigenes Geld. Sie möchte nicht mehr als 20 % für ihre Wohnung anlegen. Ihre Freundin hat ihr eine Wohnung für 390 DM Monatsmiete angeboten. Wieviel DM muß Sybille mindestens verdienen, damit sie die Miete bezahlen kann?

3*

Frau Weiß richtet ihr Wohnzimmer neu ein. Insgesamt bezahlt sie 28000 DM dafür. Für die elegante Sitzgruppe mit Tisch hat sie 11760 DM bezahlt. Wieviel Prozent macht das aus?

4*

Frau Wegner möchte ein Haus kaufen. Sie besitzt bereits eine Wohnung in diesem Haus. Diese ist 96000 DM wert. Das entspricht 25 % des Wertes des Hauses. Wieviel DM ist das Haus wert?

5*

Eine Maklerin vermittelt den Kauf eines Hauses. Dafür erhält sie vom Käufer des Hauses 3 % der Kaufsumme als Provision. Sie bekommt 10500 DM. Wieviel DM hat der Käufer für das Haus bezahlt?

6*

Familie Brose hat eine neue Kücheneinrichtung zum Preis von 16750 DM bestellt. 28 Prozent des Rechnungsbetrages entfallen auf Kühlschrank, Spülmaschine und Elektroherd. Wieviel DM kosten diese Geräte zusammen?

Berechne die fehlenden Angaben.

7

Grundwert	7600	3800	2700	4800	3800
Prozentsatz	24 %	*	14 %	*	*
Prozentwert	*	266	*	144	418

8

Grundwert	32	*	450	*	450
Prozentsatz	75 %	64 %	8 %	18 %	*
Prozentwert	*	1728	*	324	54

Zur Million und darüber

E = Einerwürfel	=	1 E
Z = Zehnerstange	=	10 E
H = Hunderterplatte	=	100 E
T = Tausenderwürfel	=	1 000 E
ZT = Zehntausenderstange	=	10 000 E
HT = Hunderttausenderplatte	=	100 000 E
M = Millionenwürfel	=	1 000 000 E

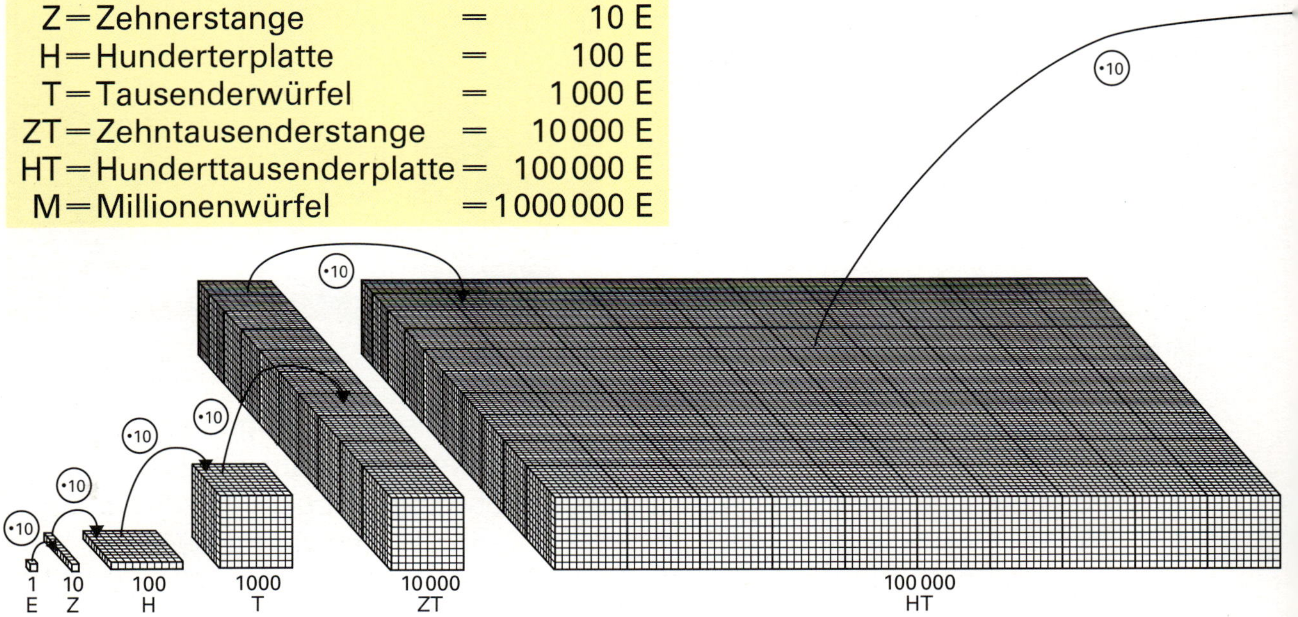

1

Erkläre die Zeichnung, beachte die Pfeile.

1 · 10 = ▪
10 · 10 = ▪
100 · 10 = ▪

Setze die Reihe fort.

2

Schreibe diese Reihen weiter.

1 000 000 : 10 = 100 000
100 000 : 10 = 10 000
10 000 : 10 = 1 000

Bilde weitere Reihen, indem du durch 100 und durch 1000 teilst.

3

Lies aus der Zeichnung ab.

a) Wie viele Zehntausenderwürfel hat eine Zehntausenderstange?
b) Wie viele Zehntausenderstangen hat eine Hunderttausenderplatte?
c) Wie viele Hundertausenderplatten hat ein Millionenwürfel?

4

Löse mit Hilfe der Zeichnung.

a) Wie viele Einer haben zwei Zehntausenderstangen?
b) Wie viele Einer haben drei Hunderttausenderplatten?
c) Wie viele Einer haben drei Millionenwürfel?

5*

a) Wie viele Tausender hat ein Millionenwürfel?
b) Wie viele Tausender haben vier Millionenwürfel? Wie viele haben zehn Millionenwürfel?

6

Wie heißen diese Zahlen?

a) 1 000   10 000   100 000   1 000 000
10 000 000   100 000   11 000   1 100
b) 15 000   150 000   15 000 000   1 500
1 500 000   150   15 150

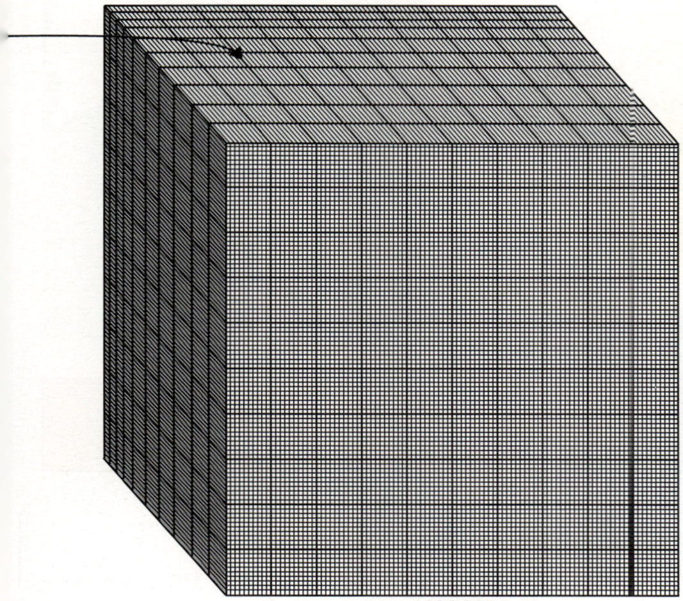

10 E = 1 Z
10 Z = 1 H
10 H = 1 T
10 T = 1 ZT
10 ZT = 1 HT
10 HT = 1 M

Millionen			Tausender			Einer		
HM	ZM	M	HT	ZT	T	H	Z	E
1	2	0	0	0	0	0	0	0
		4	2	0	0	0	0	0
		5	6	0	0	4	8	0
			4	8	0	3	6	9
		1	0	0	0	6	0	0

1

Lies die Zahlen aus der Stellentafel. Zeichne dann auch eine Stellentafel und trage die folgenden Zahlen ein.
a) 4 567 876 34 567 777 606 000
b) 45 000 432 000 2 067 405 637
c) 762 194 14 005 32 171 319

2

Schreibe mit Ziffern.
zweihundertvierzehntausendsechshundert
fünfzehntausendvierhundertachtzehn
eine Million siebenhunderttausend
zweiunddreißig Millionen vierhundert
zwei Millionen fünfhundertsechzigtausend

3

Zerlege in Millionen (M), Tausender (T) und Einer (E).

42 736 054 = 42 M + 736 T + 54 E

a) 43 560 726 3 430 261
b) 4 230 785 463 205

4

Fasse mit Ziffern die Millionen, Tausender und Einer zusammen.

67 M + 248 T + 103 E = 67 248 103

a) 18 M + 36 T + 264 E; 6 M + 4 T + 9 E
b) 8 M + 205 T + 276 E; 1 M + 26 T + 39 E

5

Große Zahlen werden oft auf ganze Millionen oder Bruchteile davon gerundet.

36 456 000 ≈ 36 000 000

Runde auf Hunderttausender.
546 000 450 000 234 800 124 678 456 600

6

Runde auf Millionen.

a)	43 746 000	5 700 000	6 830 000
b)	47 685 194	72 165 431	98 732 000
c)	26 840 000	1 374 000	3 695 000
d)	6 472 158	6 543 651	1 530 000
e)	4 999 999	9 227 395	2 746 211

Zählwerke

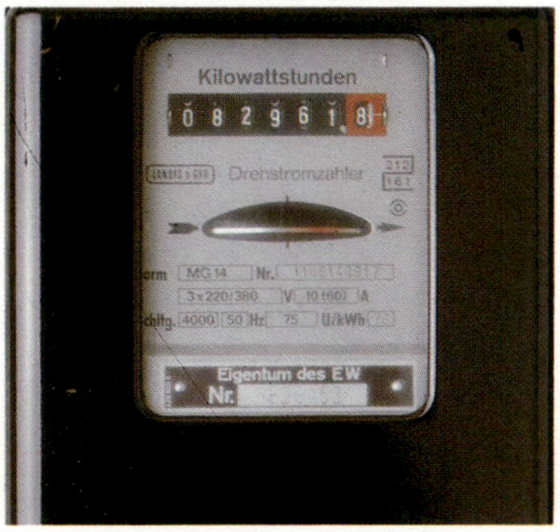

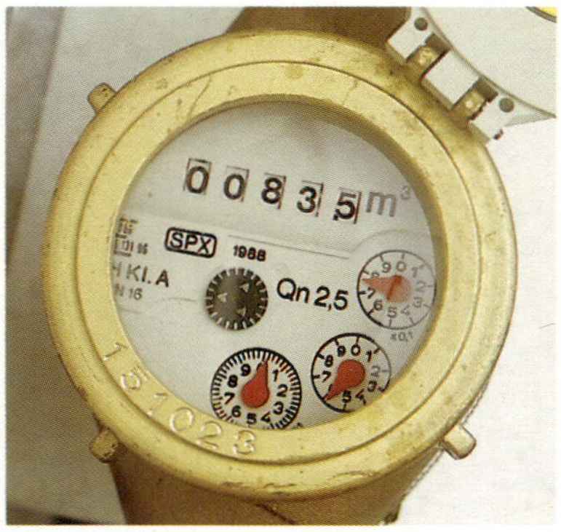

Der Verbrauch von Strom, Wasser oder Gas wird durch besondere Zähler oder Uhren festgehalten.

1

Lies und schreibe die Zahlen aus den abgebildeten Zählwerken auf.

2

Lies zu Hause die Zahlstände von Wasseruhr, Gasuhr und Stromzähler ab.

3

Welches ist die höchste Zahl, die ein Auto auf dem Kilometerzähler anzeigen kann?

4

Hier findest du Angaben auf Kilometerzählern.

a) 014 529   090 345   089 089

b) 099 679   099 099

Welche Zahlen werden als nächste angezeigt? Schreibe sie auf.

5

Gib von den folgenden Zahlen immer die vorangegangene Zahl (Vorgänger) und die nachfolgende Zahl (Nachfolger) an.

a) 10 000   70 999   199 999

b) 20 199   00 348   99 000

c) 46 200   48 329   7 104

d) 1 000 000   62 141   3 144

e) 9 999   42 165   13

f) 482 691   4   26 149

g) 4 241   16 299   7 001

6

Schreibe jeweils die nachfolgenden fünf Zahlen auf.

a) 518   50 520   4 089   123 456

b) 140 765   896 786

7

Schreibe jeweils die vorhergehenden fünf Zahlen auf.

a) 809 654   1 809 567   506 175

b) 178   3 076   30 999   125 676

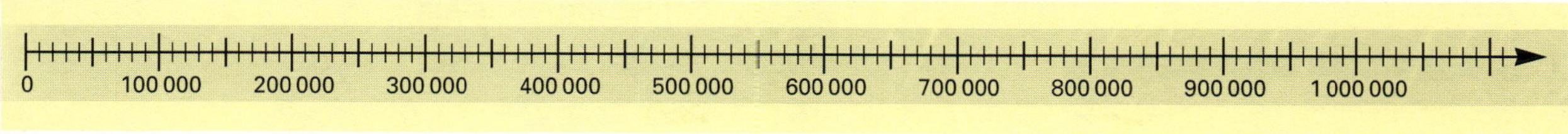

1

Welche Zahlen sind an diesem Zahlenstrahl benannt?

2*

Welche Zahlen werden durch die anderen Striche am Zahlenstrahl markiert?

3

Setze die Reihen fort.

a) 100 000 110 000 120 000 … 200 000
b) 150 000 200 000 250 000 … 1 000 000
c) 1 000 000 990 000 980 000 … 900 000
d) 600 000 595 000 590 000 … 550 000

4

Ordne der Größe nach.

a) 40 000 30 000 90 000 60 000
b) 55 000 43 000 56 000 31 400
c) 210 400 100 020 76 400 400 167
d) 260 860 300 400 1 000 000 40 000

5

Nenne alle Hunderttausender zwischen den angegebenen Zahlen.

a) 600 000 und 1 000 000
b) 100 000 und 500 000
c) 400 000 und 900 000
d) 200 000 und 1 000 000
e) 300 000 und 800 000
f) 800 000 und 200 000

6

Welche Zahl kommt vor 500 000, vor 200 000, vor 800 000?

7

Gib die vorhergehenden und nachfolgenden Hunderttausender an.

a) 200 000 600 000 800 000
b) 400 000 700 000 1 000 000

8

Nenne die Zahl dazwischen.

100 000	■	100 002	324 485	■	324 487
470 246	■	470 248	222 200	■	222 198
1 400 318	■	1 400 320	7 149	■	7 151
1 000 000	■	999 998	84 499	■	84 501

9

Nenne die Zahl davor und danach.

■	571 265	■	■	199 999	■
■	40 000 000	■	■	2 500 000	■
■	200 000	■	■	1 000 000	■
■	400 100	■	■	40 600	■

Die Bundesrepublik Deutschland

1
In welchem Bundesland liegen die meisten Großstädte? Schreibe sie mit der Angabe der Einwohnerzahl auf.

2
In welchen Bundesländern liegen keine Städte mit über 500 000 Einwohnern? Schreibe sie auf.

3
Schreibe die Großstädte mit über 1 Million Einwohnern auf.

4
Schreibe die Städte mit über 500 000 Einwohnern auf.

5
Schreibe die Großstadt auf, die deinem Wohnort am nächsten liegt. Erfrage die Einwohnerzahl bei deinem Lehrer.

6
Schreibe die Landeshauptstadt aus deinem Bundesland auf und gib an, wie viele Einwohner sie ungefähr hat.

Fläche und Bevölkerung nach Bundesländern Stand: 30.6.1990

Bundesland	*Fläche in km²*	*Bevölkerung in Millionen*	*Hauptstadt*
Baden-Württemberg ○	35751	9,46	Stuttgart
Bayern ○	70553	11,07	München
Berlin	883	3,34	Berlin
Brandenburg	29059	2,61	Potsdam
Bremen ✻	404	0,66	Bremen
Hamburg ✻	755	1,61	Hamburg
Hessen ○	21114	5,58	Wiesbaden
Mecklenburg-Vorpommern	23838	1,95	Schwerin
Niedersachsen ✻	47439	7,19	Hannover
Nordrhein-Westfalen	34068	16,90	Düsseldorf
Rheinland-Pfalz ○	19848	3,66	Mainz
Saarland ○	2569	1,05	Saarbrücken
Sachsen	18337	4,84	Dresden
Sachsen-Anhalt	20445	2,92	Magdeburg
Schleswig-Holstein ✻	15728	2,57	Kiel
Thüringen	16251	2,65	Erfurt

1
Wie viele Bundesländer hat die Bundesrepublik? Welche kennst du?

2
Manche Bundesländer bestehen nur aus einer Stadt. Welche sind es?

3
Stelle für die Bundesländer Ranglisten von 1 bis 16 auf
a) nach der Fläche
b) nach der Bevölkerungszahl.

4
Wie viele Einwohner leben insgesamt in Nordwestdeutschland (✻)? Vergleiche das Ergebnis mit der Einwohnerzahl von Nordrhein-Westfalen.

5
Berechne die Fläche von Nordwestdeutschland (✻).

6
Berechne die Bevölkerungszahl von Süddeutschland (○).

Einwohnerzahlen

1

Im Jahr 1990 hatte die Stadt Köln 987 580 Einwohner. Wie viele Einwohner fehlten der Stadt, um Millionenstadt zu werden?

2

Die Stadt Hamburg hat 1,62 Mio. Einwohner. Wie viele Einwohner fehlen der Stadt an 2 Millionen Einwohnern?

3

Mannheim hat 480 000 Einwohner. Wie viele Einwohner fehlen an einer Million?

Ergänze zum nächsten Tausender.

4

2 300 + ■ = 3 000
4 200 + ■ = 5 000
3 600 + ■ = 4 000
7 100 + ■ = 8 000

5

4 870 + ■ = 5 000
7 266 + ■ = 8 000
8 340 + ■ = 9 000
3 215 + ■ = 4 000

6

18 400 + ■ = 19 000
12 300 + ■ = 13 000
16 200 + ■ = 17 000
17 100 + ■ = 18 000

Ergänze zum nächsten Zehntausender.

7

18 000 + ■ = 20 000
23 000 + ■ = 30 000
27 000 + ■ = 30 000

8

46 000 + ■ = 50 000
32 000 + ■ = 40 000
69 000 + ■ = 70 000

9

41 700 + ■ = 50 000
86 200 + ■ = 90 000
78 100 + ■ = 80 000

Ergänze zum nächsten Hunderttausender.

10

210 000 + ■ = 300 000
430 000 + ■ = 500 000
620 000 + ■ = 700 000
810 000 + ■ = 900 000

11

426 000 + ■ = 500 000
534 000 + ■ = 600 000
491 000 + ■ = 500 000
217 000 + ■ = 300 000

12

390 630 + ■ = 400 000
520 720 + ■ = 600 000
468 340 + ■ = 500 000
526 750 + ■ = 600 000

Ergänze zur Million.

13

600 000 + ■ = 1 000 000
400 000 + ■ = 1 000 000
300 000 + ■ = 1 000 000
100 000 + ■ = 1 000 000

14

360 000 + ■ = 1 000 000
760 000 + ■ = 1 000 000
840 000 + ■ = 1 000 000
960 000 + ■ = 1 000 000

15

269 000 + ■ = 1 000 000
463 000 + ■ = 1 000 000
854 000 + ■ = 1 000 000
268 000 + ■ = 1 000 000

1

Die BENELUX-Länder sind die Länder Belgien, Niederlande und Luxemburg. Wie viele Einwohner haben die BENELUX-Länder?

2

Wie viele Einwohner hat die Ibyrische Halbinsel (Spanien und Portugal)?

3

Schottland hat 5,2 Mio. Einwohner. Wie viele Einwohner hat Großbritannien ohne Schottland?

4

240 000 + 300 000
420 000 + 800 000
580 000 + 400 000
760 000 + 500 000
870 000 + 600 000

Die Länder der Europäischen Gemeinschaft (Stand 1992)

Land	Bevölkerungszahl
Belgien	9 900 000
Deutschland	79 100 000
Dänemark	5 100 000
Frankreich	56 000 000
Griechenland	10 000 000
Großbritannien	57 100 000
Irland	3 500 000
Italien	57 500 000
Luxemburg	400 000
Niederlande	14 300 000
Portugal	10 300 000
Spanien	38 800 000

Rechne schriftlich; kontrolliere mit dem Taschenrechner.

Millionen			*Tausender*			*Einer*		
H	*Z*	*E*	*H*	*Z*	*E*	*H*	*Z*	*E*
		5	*6*	*4*	*0*	*0*	*0*	*0*
	+		*5*	*3*	*0*	*0*	*0*	*0*
		6	*1*	*7*	*0*	*0*	*0*	*0*

Millionen			*Tausender*			*Einer*		
H	*Z*	*E*	*H*	*Z*	*E*	*H*	*Z*	*E*
	1	*2*	*3*	*4*	*0*	*6*	*2*	*3*
	–	*3*	*1*	*1*	*3*	*4*	*2*	*1*
		9	*2*	*2*	*7*	*2*	*0*	*2*

5

1 320 000 + 150 000
2 630 000 + 360 000
4 410 000 + 240 000
3 720 000 + 470 000
2 540 000 + 150 000

6

4 267 000 – 420 000
5 200 000 – 350 000
5 400 000 – 460 000
1 200 000 – 540 000
4 300 000 – 360 000

7

45 300 000 – 1 230 430
54 600 000 – 240 000
37 200 000 – 2 100 000

8*

683 527 + 1 514 629
2 862 489 + 757 835
1 243 406 + 3 254 319

9*

1 462 003 – 423 567
2 439 762 – 486 354
443 965 – 326 543

Containerschiffe

In den großen Häfen wie Hamburg oder Bremen werden heute die meisten Güter in Containerschiffen verfrachtet. Dadurch werden die Liegezeiten in den Häfen verkürzt. In Hamburg verläßt jedes Schiff innerhalb von 24 Stunden wieder den Hafen. Die Kosten für die Liegeplätze an der Hafenkaimauer sind viel höher als für die Liegeplätze an den Dückdalben (Dückdalben sind Pfeiler in einem Hafen zum Festmachen von Schiffen). Die Liegezeit kostet pro Stunde am Kai 1200 DM. Das Entladen eines Containers kostet 180 DM bis 390 DM.

1

In Hamburg können in einer Stunde 425 Container entladen werden. Wieviel DM fließen in die Kasse des Container-Terminals, wenn für jeden Container 285 DM berechnet werden?

Aufgabe $425 \cdot 285 = \square$

Lösung

$$
\begin{array}{r}
425 \cdot 285 \\
\hline
850 \\
3400 \\
2125 \\
\hline
121125
\end{array}
$$

Antwort *In einer Stunde fließen 121 125 DM in die Kasse des Container-Terminals, wenn alle Entladegeräte im Einsatz sind.*

2

Ein Frachter hat 450 Container an Bord. Zum Entladen müssen pro Container 218 DM Gebühren bezahlt werden. Welcher Betrag muß insgesamt bezahlt werden, um den Frachter zu entladen?

3

Ein Frachter kommt um 18.10 Uhr im Hamburger Hafen an. Er verläßt ihn am nächsten Tag um 11.10 Uhr.
Wieviel DM muß der Reeder an die Hafenverwaltung bezahlen?

4

Ein Frachter bleibt 8 Stunden am Dückdalben. Hierfür muß er 375 DM pro Stunde bezahlen. Wieviel DM Liegegebühren muß der Reeder bezahlen?

Benutze den Taschenrechner.

5

$632 \cdot 410$
$349 \cdot 320$
$768 \cdot 260$
$973 \cdot 540$

6

$4683 \cdot 650$
$7239 \cdot 270$
$3472 \cdot 890$
$5743 \cdot 980$

7

$385 \cdot 265$
$435 \cdot 127$
$269 \cdot 346$
$592 \cdot 278$

8

$1307 \cdot 568$
$3402 \cdot 726$
$4603 \cdot 207$
$4039 \cdot 340$

9

$400 \cdot 600$
$700 \cdot 800$
$900 \cdot 900$
$300 \cdot 400$

10

$421 \cdot 365$
$444 \cdot 666$
$808 \cdot 777$
$999 \cdot 222$

11

$406 \cdot 440$
$503 \cdot 220$
$207 \cdot 330$
$306 \cdot 660$

12

$4560 \cdot 261$
$3570 \cdot 126$
$8650 \cdot 621$
$4230 \cdot 112$

„Helgoland“	1 260 Container
„Stella Maria“	1 764 Container
„Schleswig“	1 512 Container
„Kiel“	2 016 Container

1

Berechne die Löschzeit (Entladezeit) der Helgoland, wenn in einer Stunde 84 Container gelöscht werden.

Aufgabe 1 260 : 84 = ■

Lösung 1 260 : 84 = 15
84
420
420
0

Antwort
Die Löschzeit beträgt 15 Stunden.

2

Berechne die Löschzeiten für die übrigen Schiffe.

3

Berechne die Löschzeiten für alle Schiffe, wenn in einer Stunde 126 Container gelöscht werden.

4

Ein Güterzug kann 105 Container aufnehmen. Wie viele Güterzüge sind notwendig, um die Helgoland zu entladen?

Benutze den Taschenrechner.

5

18 600 : 600
29 500 : 500
34 300 : 700
13 860 : 220
24 820 : 340

6

9 984 : 624
4 968 : 276
9 780 : 815
6 273 : 369
8 478 : 471

7

13 992 : 583
17 468 : 794
11 908 : 458
20 725 : 829
12 334 : 642

8

15 435 : 245
22 848 : 672
24 192 : 432
27 898 : 754
24 016 : 632

9

82 944 : 24
222 096 : 48
219 994 : 58
427 196 : 76
222 672 : 48

3456 4627 3946
3793 5621 4639

10

208 446 : 42
223 901 : 43
459 392 : 74
301 112 : 76
295 911 : 49

6039 3962 6208
5207 4963 2441

11

380 952 : 72
620 318 : 86
227 682 : 42
230 138 : 46
327 703 : 43

7621 5421 5291
5003 7213 6316

12

244 288 : 44
218 526 : 33
406 463 : 89
533 304 : 54
269 568 : 78

5552 4567 3456
6622 9876 2131

Von Banken und Sparkassen

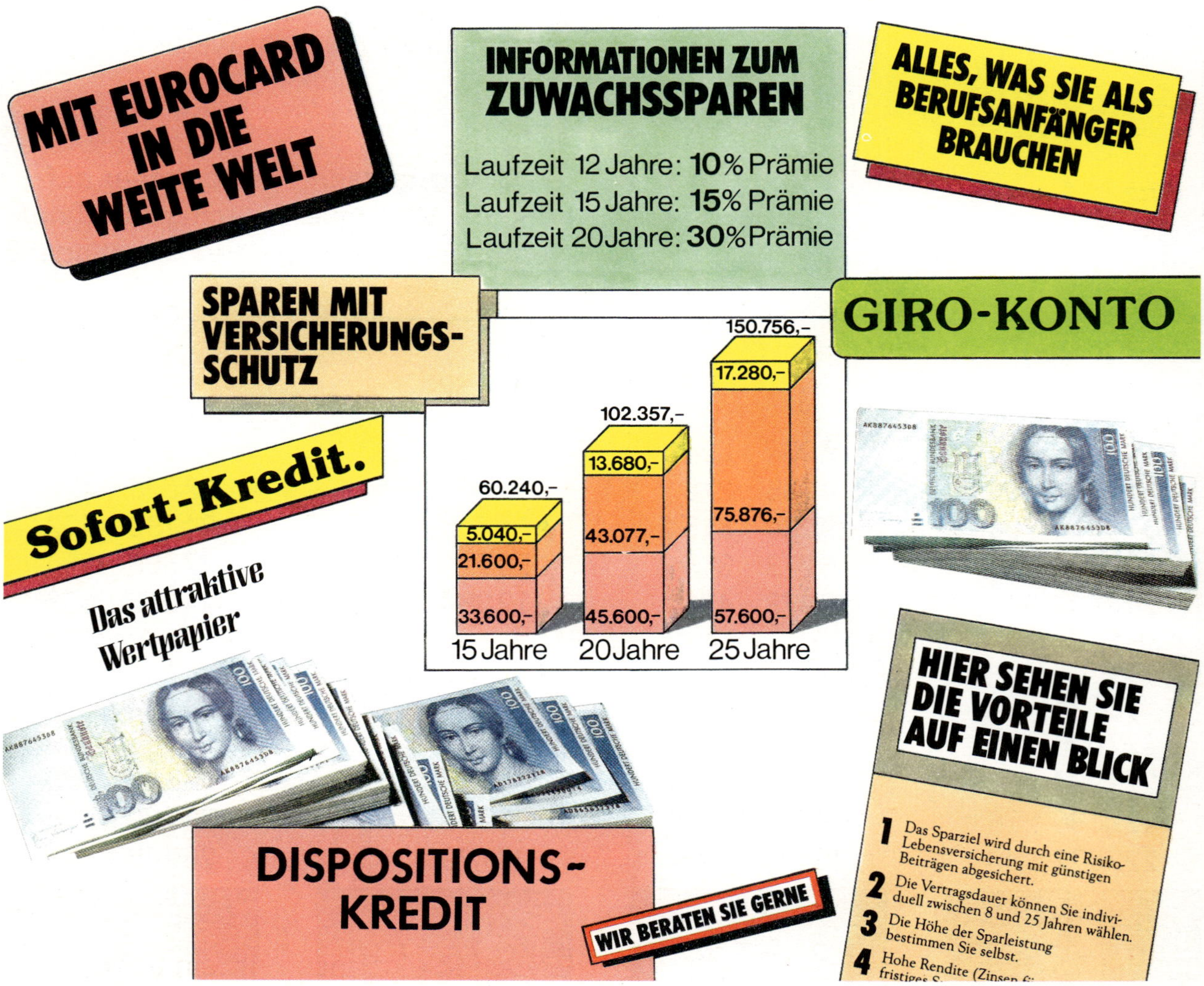

Bei Banken und Sparkassen kann man gespartes Geld anlegen. Dafür kann man Sparbücher, Sparbriefe oder Festgeldanlagen nutzen. Gespartes Geld bringt Gewinn. Das sind die Zinsen. Der Zinssatz gibt an, wieviel Prozent Zinsen man in einem Jahr bekommt. Der Betrag, für den man Zinsen bekommt, ist das Kapital.

Bei Banken und Sparkassen kann man Geld leihen. Das geliehene Geld heißt Darlehen oder Kredit. Für ein Darlehen oder einen Kredit muß man Zinsen bezahlen. Die Zinsen sind immer höher als man selbst für angelegtes Geld bekommt. Der Zinssatz gibt an, wieviel Prozent Zinsen man in einem Jahr bezahlen muß.

1

Vera hat auf ihrem Sparbuch 750 DM eingezahlt. Sie erhält 3,5 % Zinsen. Wieviel DM Zinsen erhält sie nach einem Jahr?

750 DM —3,5 %→ ■ DM
Kapital — Zinssatz — Zinsen
3,5 % von 750 DM = ■ DM

C – 750 – × – 3.5 – % – ■

C – 750 – × – 3.5 – ÷ – 100 – = – ■

C – 750 – × – 0.035 – = – ■

Antwort *Vera erhält 26,25 DM Zinsen.*
Erkläre die drei Lösungsmöglichkeiten.

2

Für den Kauf eines neuen Wagens leiht sich Herr Sand 12 000 DM von der Sparkasse. Sie berechnet 9 % Zinsen im Jahr. Wieviel DM macht das an Zinsen?

12 000 DM —9 %→ ■ DM
Darlehen — Zinssatz — Zinsen
9 % von 12 000 DM = ■ DM

C – 12000 – × – 9 – % – ■

C – 12000 – × – 9 – ÷ – 100 – = – ■

C – 12000 – × – 0.09 – = – ■

Antwort *Herr Sand muß für das Darlehen im Jahr 1080 DM Zinsen bezahlen.*

3

Kurt erhält zur Konfirmation 648 DM. Er zahlt das Geld auf ein Sparbuch und erhält 3,5 Prozent Zinsen. Berechne die Höhe der Zinsen.

4

Eva erhält zum 18. Geburtstag von der Großmutter ein Sparbuch mit 800 DM. Die Bank zahlt 4,5 % Zinsen. Berechne die Höhe der Zinsen für ein Jahr.

5

Familie Nowak will für Helena ein Zimmer einrichten. Dafür nehmen sie einen Kredit von 4800 DM zu 11 % Zinsen auf. Berechne die Zinsen, die für ein Jahr bezahlt werden müssen.

6

Ralf möchte sich eine neue Stereoanlage kaufen. Er nimmt dafür einen Kredit über 3 200 DM auf. Die Sparkasse verlangt dafür 11,5 % Zinsen. Berechne die Zinsen für ein Jahr.

Zinseinkünfte, Zinszahlungen

ZINSSÄTZE DER BÜRGERBANK — 18. Mai 1992	
Guthaben auf dem Girokonto	0,5 %
Sparverträge mit gesetzlicher Kündigung (3 Monate)	3,5 %
Spareinlagen mit einjähriger Kündigung	5 %
Termingelder für ein Jahr (Mindestbetrag 10 000 DM)	8 %

Banken und Sparkassen bieten ihren Kunden verschiedene Zinsbeträge an. Manche Banken bezahlen Zinsen für das Geld auf dem Girokonto.
Bei Sparkonten richtet sich der Zinssatz nach der Kündigungszeit, die man mit der Bank vereinbaren kann. Größere Beträge kann man als Termingeld für einen bestimmten Zeitraum fest anlegen.

1

Herr Broich rechnet aus, wieviel DM Zinsen er erhält, wenn er für ein Jahr 2 000 DM auf seinem Girokonto hat. Lies aus der Tabelle den Zinssatz ab und rechne.

2

Frau Koch möchte berechnen, wieviel DM Zinsen sie erhält, wenn sie für ein Jahr 6 000 DM auf ihrem Sparkonto mit gesetzlicher Kündigung hat. Lies den Zinssatz ab und rechne.

3

Berechne den Zinssatz für ein Kapital von 15 000 DM in einem Jahr auf einem Girokonto, auf einem Sparbuch mit einjähriger Kündigung und als Festgeld.

4

Martin zahlt 12 000 DM auf ein Sparbuch ein. Wieviel DM Zinsen wird er bei gesetzlicher bzw. bei einjähriger Kündigung in einem Jahr bekommen?

Die Deutsche Bundesbank bietet den Bürgern *Bundesschatzbriefe* zum Kauf an. Diese erhält man bei Banken oder Sparkassen.
Kauft man einen Bundesschatzbrief, Mindestbetrag ist 100 DM, so leiht man der Bundesbank dieses Geld. Hierfür erhält man Zinsen.
Beim Typ A werden die Zinsen zu dem bei der Ausgabe festgelegten Termin ausgezahlt. Beim Typ B werden die Zinsen dem Guthaben nach einem Jahr zugerechnet.
Der Zinssatz ist nicht immer gleich.

BUNDESSCHATZBRIEFE
Typ A — Zinssätze Ausg. 1992 Nr. 3

7,5 %	im 1. Jahr
8 %	im 2. Jahr
8 %	im 3. Jahr
8,25 %	im 4. Jahr
8,25 %	im 5. Jahr
8,5 %	im 6. Jahr
8,5 %	im 7. Jahr

5

Gib die Zinsen für einen Bundesschatzbrief in Höhe von 2 500 DM für das erste Jahr und alle weiteren Jahre an.

Das Hypothekendarlehen ist eine bewährte Form bei der Baufinanzierung. Banken und Sparkassen bieten solche Hypotheken an. Zur Absicherung wird hierzu im Grundbuch ein Pfandrecht eingetragen.
Die Summen und vor allem die Zeiträume, in denen die geliehenen Gelder zurückgezahlt werden müssen, werden vor Vertragsbeginn mit den Geldinstituten ausgehandelt und festgelegt. Dadurch kann sich der Kunde vor überraschenden und größeren Zinsschwankungen schützen.

1
Warum nehmen Geldinstitute bei Darlehen, Krediten und Hypotheken höhere Zinsen, als sie selbst für Spareinlagen bezahlen?

2
Wofür werden Kredite oder Darlehen aufgenommen? Wofür werden Hypotheken aufgenommen? Wie unterscheiden sie sich von Krediten?

3
Herr Sieben nimmt zur Finanzierung seines Hausbaus eine Hypothek über 210 000 DM zu 9 % auf. Wieviel DM Zinsen muß er dafür pro Jahr bezahlen?

4
Ein Gärtner vereinbart zum Bau neuer Glashäuser eine Hypothek über 280 000 DM. Hierfür muß er jährlich 11,5 % Zinsen zahlen. Wieviel DM Zinsen macht das im ersten Jahr aus?

5
Familie Sabary schließt für den Hausbau mit einer Bank einen Hypothekenvertrag über 85 000 DM zu einem Zinssatz von 9,25 % ab.
Wieviel DM Zinsen fallen jährlich an?

6
Zur Finanzierung ihres neuen Hauses schließt Familie Gaffermann bei Geldinstituten drei verschiedene Hypotheken ab.
I. Hypothek 90 000 DM Zinssatz 6,5 %,
II. Hypothek 76 000 DM Zinssatz 7,5 %,
III. Hypothek 54 000 DM Zinssatz 12 %.
Wieviel DM Zinsen sind für die drei Hypotheken zu bezahlen? Rechne alle drei Hypotheken zusammen.

7
Eine Sparkasse bietet einem Bauherren einen Kredit über 125 000 DM zu 8 % an. Wieviel DM Zinsen sind nach einem Jahr zu zahlen?

Große Geldbeträge

Zinsen sind steuerpflichtig. Zinserträge müssen dem Finanzamt bei der Lohn- und Einkommensteuererklärung mitgeteilt werden.

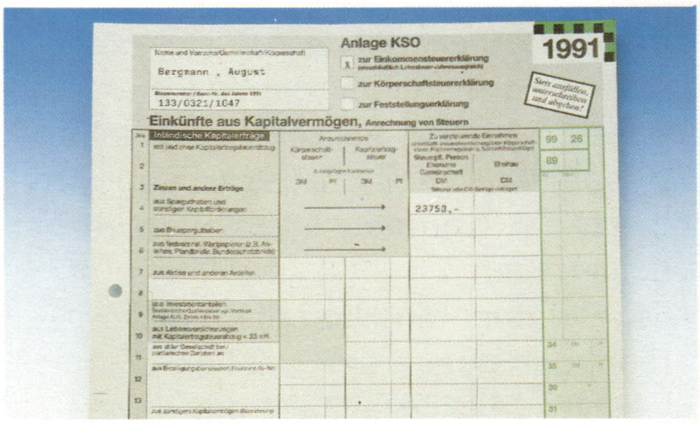

1

Herr Bergmann hat einen größeren Geldbetrag geerbt. Er hat ihn bei einer Bank zu einem Zinssatz von 9,5 % angelegt. Er erhält nach Ablauf des ersten Jahres 23 750 DM Zinsen. Welchen Betrag hat Herr Bergmann angelegt?

■ DM —— 9,5 % ——→ 23 750 DM
Kapital — Zinssatz — Zinsen
9,5 % von ■ DM = 23 750 DM

Antwort Herr Bergmann hat ■ DM angelegt.

2

Julia erhält nach Ablauf eines Jahres für ihr Guthaben 70 DM Zinsen. Das Sparguthaben war mit 3,5 % verzinst. Wie hoch ist das Sparguthaben?

3

Eine Bank zahlte bei einem Zinssatz von 5 % einem Kunden 280 DM Zinsen. Wie hoch war die Spareinlage?

4

Frau Schwarz erhält für ihr Festgeld nach einem Jahr 3 250 DM Zinsen. Welches Kapital hat sie bei einem Zinssatz von 6,5 % angelegt?

5

Die Sparkasse zahlt Herrn Sommer 4 800 DM Zinsen. Er hat einen Zinssatz von 7,5 % vereinbart.
Welchen Betrag hat er angelegt?

6

Herr Moll hat Bundesschatzbriefe zu 7 % angelegt. Er erhält dafür 2 800 DM Zinsen. Welchen Betrag hat er als Bundesschatzbriefe angelegt?

7

Wieviel DM müßte Herr Moll in Bundesschatzbriefen anlegen, um nach Ablauf eines Jahres bei einem Zinssatz von 8 % 2 800 DM zu bekommen?

8 *

Als zusätzliche Altersversorgung hat Familie Plum ein Kapital zu 10 % festgelegt. Wieviel DM hat sie festgelegt, wenn sie monatlich 1 000 DM Zinsen erhält. (Berechne zuerst die Jahreszinsen.)

9 *

Ein Sportler will von den Zinsen seines Vermögens leben. Er erhält monatlich 3 500 DM Zinsen. Er hat sein Geld zu 8 % angelegt.
Wie hoch ist sein Kapital?

1

Für die Renovierung eines Einfamilienhauses hat Frau Müller eine Hypothek aufgenommen. Die Hypothek wurde mit 9,5 % verzinst. Nach Ablauf eines Jahres zahlte sie 1140 DM Zinsen.
Wie hoch war die Hypothek?

2

Zur Finanzierung seines Hausbaus hat Herr Zilonka mehrere Hypotheken aufgenommen. Er bezahlt:

I.	Hypothek (Zinssatz 10,5 %)	2100 DM Zinsen,
II.	Hypothek (Zinssatz 12 %)	1800 DM Zinsen,
III.	Hypothek (Zinssatz 12,5 %)	1250 DM Zinsen.

Berechne die jährlichen Zinsen für die drei verschiedenen Hypotheken und die Gesamtzinsen.

3

Firma Menzel plant einen Umbau und beabsichtigt, eine Hypothek aufzunehmen. Die jährlichen Zinsen liegen derzeit bei 12,5 %. Firma Menzel will nicht mehr als 70 000 DM an Zinsen zahlen. Bis zu welcher Höhe kann die Firma eine Hypothek aufnehmen?

4

Firma Nagy plant einen Erweiterungsbau. Hierzu will sie eine Hypothek aufnehmen. Die jährlichen Kosten sollen höchstens 70 000 DM betragen. Die Bank gibt eine Hypothek zu einem Zinssatz von 8,75 %. Bis zu welcher Höhe kann Firma Nagy eine Hypothek aufnehmen?

5

Herr Niepel will ein Fertighaus erstehen. Er nimmt hierzu eine Hypothek zu einem Zinssatz von 9,5 % auf. Er muß monatlich 2565 DM Zinsen bezahlen.
a) Wieviel DM Zinsen muß er im Jahr bezahlen?
b) Wie hoch ist die Hypothek?

6

Frau Hecker hat ihr Lebensmittelgeschäft aufgegeben und die Räume verkauft. Den Erlös hat sie bei einer Sparkasse zu einem Zinssatz von 8,5 % angelegt. Sie erhält 34 000 DM Zinsen. Für welchen Betrag hat sie die Geschäftsräume verkauft?

Geliehenes Geld

Kleinkredit

besonders günstig

Auszahlung sofort
Bearbeitung mit geringem Aufpreis

für	500 DM	62,50 DM	Jahreszinsen
für	1000 DM	150,– DM	Jahreszinsen
für	5000 DM	850,– DM	Jahreszinsen

Geldleihen kann teuer werden. Darum muß man jedes Angebot prüfen und mit anderen Angeboten vergleichen.

Berechne die Zinsangebote aus der Anzeige.

500 DM (Kredit) —■ %→ *62,50 DM* (Zinsen)
Zinssatz

62,50 DM von 500 DM = ■ %
62,50 : 500 = ■ %

[C] [62.5] [÷] [500] [%] ■

oder

[C] [62.5] [÷] [500] [×] [100] [=] ■

Antwort Es wird für einen Kredit von 500 DM für ein Jahr ein Zinssatz von ■ berechnet.

1

Frau Martin kauft einen Wagen auf Kredit. Sie muß 21000 DM finanzieren und bezahlt jährlich 1890 DM Zinsen. Welchen Zinssatz muß sie für den Kredit bezahlen?

2

Zur Einrichtung seiner Zahnarztpraxis hat Herr Dr. Eckstein einen Kredit von 250000 DM aufgenommen. Hierfür muß er im ersten Jahr 23250 DM Zinsen bezahlen. Wie hoch ist der Zinssatz?

3

Herr Feldhege will für die Renovierung seiner Wohnung ein Darlehen von 19000 DM aufnehmen. Die Bank bietet den Kredit zu 1482 DM Jahreszinsen. Berechne den Zinssatz, der für den Kredit vereinbart wurde.

4

Schreinermeister Jansen muß zur Modernisierung seines Betriebes einen Kredit über 42000 DM aufnehmen. Die zu zahlenden Jahreszinsen betragen 3045 DM. Welchen Zinssatz hat Schreinermeister Jansen zu zahlen?

5 *

Eine Bank wirbt mit diesen Angeboten:

8000,– Kredit 640,– Zinsen	6000,– Kredit 480,– Zinsen + 30,– Bearbeitung

Welches Angebot ist günstiger?

6

Eine Sparkasse gewährt ein Hypothekendarlehen von 124000 DM für 9920 DM Jahreszinsen. Eine benachbarte Bank bietet für ein Hypothekendarlehen über 125000 DM für 10250 DM Jahreszinsen an. Vergleiche die Angebote.

1

Für ein Sparguthaben von 2400 DM erhält Frau Pöttgens nach Ablauf eines Jahres 96 DM Zinsen. Zu welchem Zinssatz hat sie ihr Geld angelegt?

2

Tim erhält für sein Sparguthaben in Höhe von 1250 DM nach einem Jahr 37,50 DM Zinsen. Claudia hat ihr Sparguthaben in Höhe von 1640 DM auf einem Konto mit einjähriger Kündigung angelegt. Sie erhält 82 DM Zinsen. Berechne den Zinssatz.

3

Herr Wondorf hat drei Bausparverträge beliehen. Hierfür bezahlt er unterschiedliche Zinssätze.

I. Bausparvertrag über 80 000 DM (4800 DM Jahreszinsen),
II. Bausparvertrag über 40 000 DM (1400 DM Jahreszinsen),
III. Bausparvertrag über 25 000 DM (1500 DM Jahreszinsen).

Welcher Zinssatz wird für jeden Bausparvertrag berechnet?

4

Herr Braun hat einen Kredit über 75 000 DM aufgenommen. Er muß dafür monatlich 781,25 DM zahlen.

a) Berechne die Jahreszinsen und den Zinssatz.
b) Im folgenden Jahr wurden die Zinsen erhöht. So mußte Herr Braun monatlich 825 DM Zinsen bezahlen. Wie hoch war jetzt der Zinssatz? Wieviel DM Zinsen muß er jetzt im Jahr mehr bezahlen?

Berechne den Zinssatz

5

Darlehen	Zinsen
15 000 DM	1350 DM
6000 DM	480 DM
12 000 DM	1440 DM
36 000 DM	2880 DM
25 000 DM	2750 DM

12 % 8 % 13 %
8 % 11 % 9 %

6

Darlehen	Zinsen
30 000 DM	2400 DM
120 000 DM	10 800 DM
9000 DM	630 DM
50 000 DM	4000 DM
2000 DM	200 DM

6 % 8 % 10 %
8 % 7 % 9 %

7

Darlehen	Zinsen
4000 DM	200 DM
8000 DM	400 DM
15 000 DM	900 DM
20 000 DM	1000 DM
5000 DM	300 DM

5 % 6 % 6 %
5 % 5 % 7 %

8

Darlehen	Zinsen
150 000 DM	9000 DM
75 000 DM	6000 DM
200 000 DM	12 000 DM
180 000 DM	18 000 DM
2500 DM	175 DM

8 % 6 % 6 %
7 % 10 % 5 %

Die europäische Währungseinheit

Innerhalb der *Europäischen Gemeinschaft* machen ausländische Banken und Sparkassen immer häufiger Finanzangebote. Diese Angebote beziehen sich neuerdings oft auf die gemeinsame Währung der Europäischen Gemeinschaft. Sie wird abgekürzt ECU genannt (European Currency Unit, deutsch: Europäische Währungseinheit). 100 ECU = 205 DM

1

Eine belgische Bank macht in einer Zeitung dieses Angebot:

12 % Zinsen pro Jahr
Einzahlung 20 000 ECU

a) Berechne den Zinsgewinn in ECU.
b) Berechne den Zinsgewinn in DM.

2

Eine luxemburgische Bank wirbt mit diesem Angebot:

10,5 % Zinsen pro Jahr
Mindesteinzahlung 12 000 ECU

a) Berechne den Zinsgewinn in ECU.
b) Berechne den Zinsgewinn in DM.

3

Herr Solf aus Flensburg erhält bei einer dänischen Bank jährlich 779 ECU Zinsen. Er hat sein Sparguthaben zu 9,5 % verzinst. Berechne den Betrag des Sparguthabens.

4

Herr Hamm bekommt für seine Wertpapiere in einer französischen Bank 11 % Zinsen. Das macht im Jahr 924 ECU aus. Welchen Betrag hat Herr Hamm angelegt?

5

Frau Hockstein aus Trier kauft in einer französischen Bank Wertpapiere für 6 000 ECU. Hierfür erhält sie jährlich 12 % Zinsen. Berechne den Zinsgewinn in ECU und DM.

6

Herr Rasch aus Emden legt im Nachbarland Holland 15 000 ECU bei einer niederländischen Bank für 12,5 % an. Berechne die Jahreszinsen in ECU und in DM.

Berechne die Zinsen nach Ablauf eines Jahres.

7

Zinssatz	5 %			
Kapital	2 000 ECU	2 500 ECU	4 200 ECU	12 000 ECU
Kapital	125 ECU	210 ECU	600 ECU	800 ECU

8

Zinssatz	2 %	2,5 %	3 %	5,5 %
Kapital	250 ECU	750 ECU	1250 ECU	2 250 ECU
Kapital	312 ECU	375 ECU	500 ECU	423 ECU

Wer ein Haus bauen oder kaufen will, schließt oft einen *Bausparvertrag* ab. Meistens wird Bausparen vom Staat und vom Arbeitgeber gefördert. Man spart mehrere Jahre Geld an und kann später von der *Bausparkasse* ein Baudarlehen bekommen. Die Zinssätze für Baudarlehen sind in der Regel günstiger als Hypothekendarlehen.

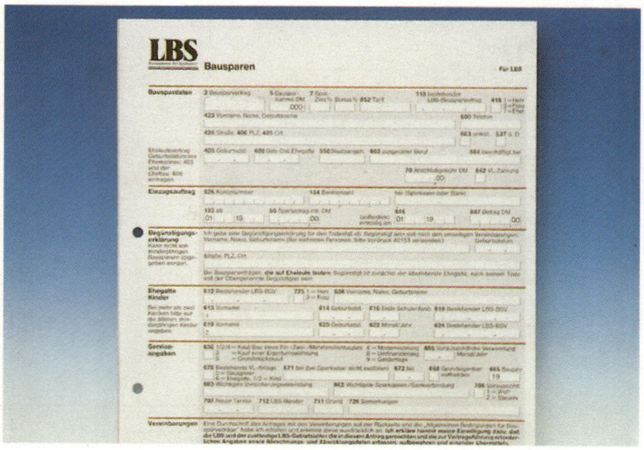

1

Für ein Darlehen über 50000 DM berechnet die Bausparkasse 2500 DM, die Sparkasse 6750 DM und die Bank 6600 DM Jahreszinsen.
Wie hoch sind jeweils die Zinssätze?

2

Familie Elschenbroich beantragte bei der Bausparkasse ein Darlehen über 52000 DM. Die Jahreszinsen wurden mit 5720 DM berechnet. Zu welchem Zinssatz wurde das Darlehen gegeben?

3 *

Ein Bauherr kann monatlich 2100 DM für Zinsen aufbringen. Die Bausparkasse kann ein Baudarlehen für 5,25 % gewähren. Wie hoch ist der Betrag des Baudarlehens?

4

Familie Funken muß für ein Bauspardarlehen jährlich 6000 DM Zinsen bezahlen. Sie hat einen Bausparvertrag zu 5 % abgeschlossen.
Wie hoch ist die Vertragssumme?

5 *

Herr Ring zahlt monatlich 125 DM Zinsen an seine Bank. Das Darlehen ist mit 15 % verzinst. Wieviel DM Zinsen zahlt Herr Ring im Kalenderjahr und wie hoch ist das Darlehen?

6 *

Familie Nonn bezahlt ebenfalls 6000 DM Jahreszinsen für ein Darlehen bei einer Bank. Dieses Darlehen ist zu einem Zinssatz von 12,5 % fest vereinbart. Wie hoch ist das Darlehen?

Was mußt du hier berechnen?

7

Darlehen	3600 DM	5200 DM	4750 DM	7300 DM
Zinsen	108 DM	364 DM	142,50 DM	657 DM

8

Kredit	4500 DM	5600 DM	8000 DM	10000 DM
Zinssatz	5,5 %	13,5 %	7,5 %	9 %

Übungsaufgaben

Berechne die Guthabenzinsen.

1

Kapital	Zinssatz	Zinsen
250 DM	5 %	■ DM
730 DM	7 %	■ DM
460 DM	4 %	■ DM
890 DM	8 %	■ DM
640 DM	6 %	■ DM
780 DM	8 %	■ DM

71,20 DM 38,40 DM 42,60 DM
62,40 DM 12,50 DM 51,10 DM 18,40 DM

2

Kapital	Zinssatz	Zinsen
560 DM	4 %	■ DM
630 DM	3 %	■ DM
470 DM	7 %	■ DM
960 DM	5 %	■ DM
780 DM	9 %	■ DM
650 DM	8 %	■ DM

70,20 DM 18,90 DM 22,40 DM
52 DM 32,90 DM 48 DM 63 DM

Berechne die Zinssätze.

3

Kapital	Zinssatz	Zinsen
7 500 DM	■ %	375 DM
23 500 DM	■ %	1 645 DM
95 000 DM	■ %	5 700 DM
48 500 DM	■ %	4 365 DM
78 000 DM	■ %	7 020 DM
52 000 DM	■ %	3 640 DM

7 % 9 % 7 % 8 % 9 % 5 % 6 %

4

Kapital	Zinssatz	Zinsen
2 500 DM	■ %	100 DM
16 500 DM	■ %	1 320 DM
8 500 DM	■ %	510 DM
24 500 DM	■ %	2 205 DM
96 000 DM	■ %	4 800 DM
72 000 DM	■ %	4 320 DM

6 % 9 % 5 % 4 % 6 % 8 % 7 %

Berechne das Kapital.

5

Kapital	Zinssatz	Zinsen
■ DM	3 %	282 DM
■ DM	8 %	330 DM
■ DM	5 %	259 DM
■ DM	4 %	274 DM
■ DM	6 %	381 DM
■ DM	7 %	238 DM

4 125 DM 9 400 DM 6 850 DM 5 180 DM
6 350 DM 7 630 DM 3 400 DM

6

Kapital	Zinssatz	Zinsen
■ DM	6 %	588 DM
■ DM	9 %	765 DM
■ DM	8 %	230 DM
■ DM	7 %	525 DM
■ DM	10 %	2 500 DM
■ DM	12 %	4 320 DM

6 350 DM 8 500 DM 2 875 DM 9 800 DM
25 000 DM 36 000 DM 7 500 DM

1

In der Spritzgußabteilung der Firma Schüller werden täglich 12 000 Plastikteile für Waschmaschinen hergestellt. Wie viele Teile sind mangelhaft?

Gegeben: Grundwert G
Prozentsatz p %
Gesucht: Prozentwert P

Grundwert = G **Prozentwert = P** **Prozentsatz = p %**

Berechnung des Prozentwertes

Rechnen mit dem Dreisatz

$100\,\% = 12\,000$

$1\,\% = \frac{12\,000}{100} = 120$

$8\,\% = 120 \cdot 8 = 960$

Rechnen mit der Formel

$P = G \cdot p\,\%$

$P = 12\,000 \cdot \frac{8}{100} = \frac{96\,000}{100}$

$P = 960$

Antwort 960 Plastikteile sind unbrauchbar.

Berechne den Prozentwert P nach der Formel.

2
6 % von 300 St.
25 % von 340 St.
55 % von 820 St.
75 % von 480 St.
95 % von 560 St.

3
12 % von 250 St.
30 % von 430 St.
65 % von 920 St.
82 % von 650 St.
44 % von 725 St.

4
4 % von 525 St.
18 % von 200 St.
47 % von 800 St.
92 % von 350 St.
25 % von 240 St.

5
10 % von 8 000 St.
20 % von 8 000 St.
40 % von 8 000 St.
80 % von 8 000 St.
50 % von 8 000 St.

Berechne den Prozentwert P mit dem Taschenrechner.

23,5 % von 750 : ON/C 750 × 23.5 % 176.25

6
3,5 % von 460
2,8 % von 280
35,2 % von 730
61,9 % von 510

7
8,2 % von 136
25,4 % von 641
46,3 % von 985
75,9 % von 362

8
6,4 % von 78
50,2 % von 831
84,7 % von 507
99,9 % von 253

9*
9,1 % von 260,7
27,3 % von 509,3
58,6 % von 700,8
43,5 % von 0,6

Wir rechnen mit Formeln

1

Familie Hochberg hat ausgerechnet, daß der Einbau von Thermopane-Fenstern 450 ℓ Heizöl jährlich spart.
Wieviel Liter Heizöl wurden bisher gebraucht?

Gegeben: Prozentwert P
Prozentsatz p %
Gesucht: Grundwert G

Berechnung des Grundwerts

Rechnen mit dem Dreisatz

$$5\,\% = 450$$

$$1\,\% = \frac{450}{5} = 90$$

$$100\,\% = 90 \cdot 100 = 9000$$

Rechnen mit der Formel

$$G = \frac{P}{p\,\%}$$

$$G = \frac{450}{\frac{5}{100}} = \frac{450}{0{,}05}$$

$$G = 9000$$

Antwort *Bisher wurden jährlich 9000 ℓ Heizöl gebraucht.*

Berechne den Grundwert G nach der Formel. Runde, wenn nötig.

2	3	4	5
3 % = 69 ℓ	35 % = 420 ℓ	7 % = 350 cm³	10 % = 2 000 cm³
12 % = 960 ℓ	51 % = 6 120 ℓ	24 % = 720 cm³	50 % = 2 000 cm³
25 % = 3 000 ℓ	84 % = 4 200 ℓ	58 % = 2 900 cm³	30 % = 2 000 cm³
75 % = 12 000 ℓ	67 % = 670 ℓ	36 % = 5 040 cm³	60 % = 2 000 cm³
33 % = 693 ℓ	92 % = 1 380 ℓ	85 % = 1 700 cm³	90 % = 2 000 cm³

Berechne den Grundwert G mit dem Taschenrechner.

8 % = 63,5 ℓ [ON/C] [63.5] — [÷] — [8] — [%] — [793.75]

6	7	8	9
5 % = 3,75	6 % = 0,2	4 % = 23,5	10 % = 0,6
23 % = 20,5	15 % = 5,75	25 % = 50,3	50 % = 0,6
49 % = 350	90 % = 126,8	75 % = 120,7	20 % = 0,6
80 % = 29,25	45 % = 95	90 % = 48,2	40 % = 0,6
36 % = 0,8	30 % = 0,09	12 % = 3,15	80 % = 0,6

1

Eine Dose des Fertiggerichtes „Linsen mit Speck“ enthält eine Fleischeinwaage von 350 Gramm.
Wieviel Prozent Fleisch enthält das Fertiggericht?

Gegeben: Grundwert G
Prozentwert P
Gesucht: Prozentsatz p %

Berechnung des Prozentsatzes

Rechnen mit dem Dreisatz

$$1000\ g = 100\,\%$$

$$1\ g = \frac{100}{1000} = \frac{1}{10}$$

$$350\ g = \frac{1 \cdot 350}{10} = 35$$

Rechnen mit der Formel

$$p\,\% = \frac{P}{G}$$

$$p\,\% = \frac{350}{1000} = \frac{35}{100}$$

$$p\,\% = 35$$

Antwort *Das Fertiggericht enthält 35 % Fleischeinwaage.*

2 Berechne den Prozentsatz p % der Einwaage.

A

Fruchteinwaage 870 g

B

Fruchteinwaage 1000 g

C

Fruchteinwaage 330 g

D

Gemüseeinwaage 450 g

E

Pilzeinwaage 320 g

F

Fleischeinwaage 280 g

Übertrage die Tabellen in dein Heft und fülle sie aus.

3

Grundwert G	Prozentwert P	Prozentsatz p %
820	49,2	■
385	■	5 %
■	35,25	25 %
2639	■	12 %
730,4	109,56	■
■	3,0	75 %

4

Grundwert G	Prozentwert P	Prozentsatz p %
85,9	■	3 %
■	450	65 %
235,75	94,3	■
3840	■	7,5 %
■	1820	99 %
12 050	■	8,4 %

Rund ums Auto

1

Bei einer Verkehrskontrolle wurden 425 LKW überprüft. Bei 17 Fahrzeugen wurden Mängel festgestellt. Wieviel Prozent der überprüften Fahrzeuge sind das?
Gegeben: Grundwert G
Prozentwert P
Gesucht: Prozentsatz p %

2

Bei einer Verkehrskontrolle wurden 36 PKW wegen schwerer Mängel stillgelegt. Das waren 4 % der überprüften Fahrzeuge. Wie viele Fahrzeuge wurden überprüft?
Gegeben: Prozentwert P
Prozentsatz p %
Gesucht: Grundwert

3

Von 275 LKW hatten 5 % abgefahrene Reifen. Wie viele Fahrzeuge sind das?
Gegeben: Grundwert G
Prozentsatz p %
Gesucht: Prozentwert P

4

Von 130 überprüften PKW hatten 12 % Rostschäden. Wie viele PKW sind das?
Gegeben: Grundwert G
Prozentsatz p %
Gesucht: Prozentwert P

5

Eine TÜV-Prüfstelle hat 60 PKW untersucht. 85 % der Fahrzeuge wiesen keine Mängel auf und erhielten die Plakette. Wie viele Fahrzeuge waren das?

6

Von den überprüften Motorrädern wurden 17 zur Nachprüfung bestellt. Das waren 6 % der geprüften Motorräder. Wie viele Motorräder wurden untersucht?

7*

Eine TÜV-Prüfstelle untersuchte im März 1460 Fahrzeuge, davon 438 LKW, 803 PKW und 219 Motorräder. Berechne den Prozentsatz für jede Fahrzeugart.

8*

Von den untersuchten Fahrzeugen hatten 15 % der LKW, 20 % der PKW und 12 % der Motorräder leichte Mängel. Wieviel Fahrzeuge insgesamt hatten einen Schaden?

1

Bei einer Automobilfirma werden jährlich 120 000 Mittelklassewagen gefertigt. 35 % der Wagen sind mit einem ungeregelten Katalysator ausgestattet. Wie viele Fahrzeuge sind das?

2*

Ein Autowerk fertigt jährlich 126 000 Mittelklassewagen und 49 000 Kleinwagen.

a) Berechne die Gesamtproduktion.
b) Berechne den prozentualen Anteil beider Wagenarten an der Gesamtproduktion.

3*

Wegen steigender Nachfrage wurde die Produktion von Mofas stark erhöht. Eine Firma stellte 1992 7 500 Mofas her. 1993 waren es 2 700 Mofas mehr. Wieviel Prozent betrug die Steigerung?

4

Eine Firma produzierte 1992 9 000 Motorräder. 1993 wurde die Produktion um 15 % gesteigert. Wie viele Motorräder wurden 1993 von dieser Firma hergestellt?

5

Die Autowerkstatt Fiedler berechnet für Reparaturen 1 250 DM. Dazu müssen noch 15 % Mehrwertsteuer gerechnet werden. Berechne den Endpreis.

6

Frau Schaller bezahlt für die Inspektion ihres Wagens 728 DM. Dazu kommen noch 15 % Mehrwertsteuer. Berechne den Endpreis.

Die Tabelle zeigt, daß ein Auto in den ersten Jahren stark an Wert verliert.

Fabrikat	Neupreis	Gebrauchtwagenpreis für Baujahr			
Stand 1992	in DM	1991	1990	1989	1988
Audi 80 S	31 225	23 700	21 600	19 200	17 100
Fiat Panda	12 090	10 100	8 900	8 000	7 050
Ford Fiesta C	16 480	13 700	12 350	11 250	—
Opel Vectra	26 045	20 800	18 150	16 200	14 800
VW Passat CL	29 600	23 800	21 300	19 100	17 050

7

a) Berechne die Wertminderung im ersten Jahr für jedes angegebene Auto.
b) Wieviel Prozent des Neupreises ist das jeweils?
c) Berechne die Wertminderung nach 2 Jahren (4 Jahren).
d) Wieviel Prozent des Neupreises ist das jeweils?

8

Herr Engler will seinen Ford Fiesta, Baujahr 1989 verkaufen.

a) Mit wieviel Prozent Verlust zum Neupreis muß er rechnen?
b) Der Wertverlust ist bei Kleinwagen am geringsten. Überprüfe, wie du diese Feststellung mit Hilfe der Prozentrechnung nachweisen kannst.

Kfz-Versicherungen

Für jedes Auto oder Motorrad muß eine Haftpflichtversicherung abgeschlossen werden. Ohne diese Versicherung wird das Fahrzeug nicht zugelassen.
Wenn der Fahrer einen Unfall verschuldet hat, zahlt die Versicherung den Sach- oder Personenschaden.

Kfz-Haftpflichtversicherung Jahresbeitrag in DM — Auszug aus dem Angebot einer Versicherungsgesellschaft

	Städte über 300 000 Einwohner			Regierungs- und Verwaltungsbezirke		
Die Höhe der Versicherungsbeiträge ist abhängig vom Wohnort.	Regionalklasse I Stadt	Regionalklasse II Stadt	Regionalklasse III Stadt	Regionalklasse I Land	Regionalklasse II Land	Regionalklasse III Land
	Bielefeld, Bremen, Duisburg, Hannover, Köln, Nürnberg, Stuttgart	Bochum, Düsseldorf, Dortmund, Essen, Mannheim, Wuppertal	Berlin, Frankfurt, Hamburg, München	Braunschweig, Detmold, Hannover, Kassel, Lüneburg, Stuttgart, Tübingen	Arnsberg, Freiburg, Gießen, Karlsruhe, Münster, Trier, Ems	Darmstadt, Düsseldorf, Köln, Saar
Wagen bis 34 PS	508,60	547,10	573,20	470,00	499,20	532,40
45 PS	613,60	659,60	692,50	566,20	602,40	642,00
60 PS	804,10	865,30	907,40	741,70	788,90	841,40
75 PS	884,10	950,80	996,20	815,70	867,50	924,80

1

Thomas Bauer aus Frankfurt fährt einen Kleinwagen mit 28 PS. Entnimm der Tabelle, wieviel DM er jährlich für die Haftpflichtversicherung bezahlen muß.

2

Familie Schober aus Schöningen, Kreis Braunschweig, fährt einen Mittelklassewagen mit 65 PS.
Wie hoch ist der Jahresbeitrag?

3

Vergleiche die Beiträge der Regionalklasse II Stadt und Land für einen Wagen von 45 PS. Wieviel Prozent Nachlaß erhält die Regionalklasse Land?

4

Vergleiche die Beiträge der Regionalklasse I Stadt und Land für einen Wagen von 65 PS. Wieviel Prozent teurer ist die Regionalklasse Stadt?

5

Bei halbjährlicher Zahlung wird 3 % Zuschlag erhoben. Wie hoch ist dann der Jahresbeitrag für einen Wagen von 50 PS, Regionalklasse II Stadt?

6

Bei vierteljährlicher Zahlung wird 5 % Zuschlag erhoben. Wie hoch ist dann der Jahresbeitrag für einen Wagen von 75 PS, Regionalklasse III Land?

Mofa- und Mopedversicherung

Bei einem Unfall können hohe Kosten entstehen, vor allem, wenn Personen verletzt wurden. Bei unbegrenzter Versicherungssumme zahlt die Versicherung den gesamten Schaden. Spare nicht am falschen Fleck!

Mofa, Moped, Mokick, Roller			
Versicherungsbeiträge für	1 Jahr	$\frac{1}{2}$ Jahr	1 Monat
Unbegrenzte Versicherungssumme	92,30	55,40	13,80
2 Millionen DM Versicherungssumme	91,40	54,80	13,70
1 Million DM Versicherungssumme	91,10	54,70	13,70

1

Karola Wolter versichert ihr Moped für die Zeit vom 1.4.–30.9. für 1 Million DM Versicherungsschutz. Was würde der unbegrenzte Versicherungsschutz kosten? Lohnt die Ersparnis das Risiko?

2

Paul Burger will seinen Roller für 4 Monate versichern. Er wählt den Versicherungsschutz bis 2 Millionen DM.

a) Was muß er zahlen?

b) Was kostet der unbegrenzte Schutz?

Wer unfallfrei fährt, wird belohnt!

Zeit	*Nachlaß*
2 Jahre	15 %
3 Jahre	30 %
4 Jahre	35 %
5 Jahre	40 %

Zeit	*Nachlaß*
6 Jahre	45 %
7 Jahre	50 %
8; 9 Jahre	55 %
10 Jahre	60 %

3

Aldo Covello aus Dortmund fährt seit 4 Jahren unfallfrei einen Mittelklassewagen mit 70 PS.

a) Wie hoch ist der Nachlaß?

b) Wieviel DM Versicherung muß Aldo zahlen?

4

Angelika Ferber aus Bergfeld, Kreis Gießen, fährt seit 8 Jahren unfallfrei einen Wagen mit 43 PS.

a) Wie hoch ist der Nachlaß?

b) Wieviel DM Versicherung muß Angelika zahlen?

Auf dem Geldmarkt

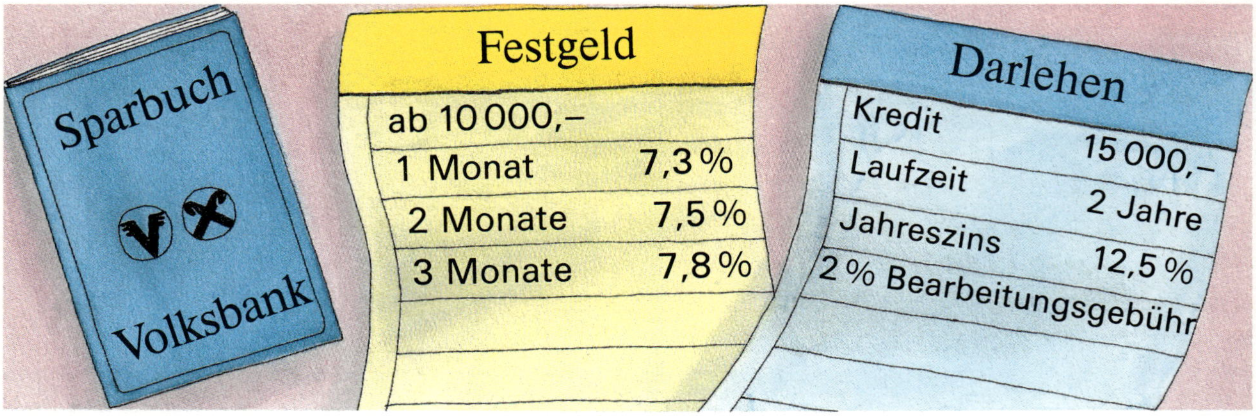

Erinnere dich:

Geld, das man spart oder anlegt, heißt Kapital.
Geld, das man leiht, heißt Darlehen oder Kredit.
Für das Kapital (K) bekommt man Zinsen (Z), für einen Kredit (K) muß man Zinsen zahlen.
Der Zinssatz z% gibt an, wieviel Zinsen man in einem Jahr bekommt, oder zahlen muß.

K = Kapital oder Kredit	Z = Zinsen	z% = Zinssatz
K ≙ Grundwert G	Z ≙ Prozentwert P	z% ≙ Prozentsatz p%

1

Frau Haber hat ein Sparguthaben von 8 300 DM. Sie erhält 518,75 DM Zinsen. Berechne den Zinssatz.
Gegeben: Kapital K
Zinsen Z
Gesucht: Zinssatz z%

2

Isolde hat auf ihrem Sparbuch 1250 DM. Sie erhält 43,75 DM Zinsen.
Berechne den Zinssatz.
Gegeben: Kapital K
Zinsen Z
Gesucht: Zinssatz z%

3

Frau Köhler hat zum Kauf einer Kücheneinrichtung einen Kredit von 8 000 DM zu einem Zinssatz von 12 % aufgenommen. Wieviel Zinsen muß sie zahlen?
Gegeben: Kapital K
Zinssatz z%
Gesucht: Zinsen Z

4

Kaufmann Möller will einen Lieferwagen kaufen und nimmt dazu einen Kredit von 15 000 DM zu einem Zinssatz von 11,5 % auf. Wieviel Zinsen muß er zahlen?
Gegeben: Kapital K
Zinssatz z%
Gesucht: Zinsen Z

Übertrage die Tabellen in dein Heft und fülle sie aus.

1

K	z %	Z
DM		DM
950	4,5	■
1000	7	■
760	2,5	■
4500	8	■
380	3,5	■

2

K	z %	Z
DM		DM
5720	■	457,60
4900	■	303,80
10000	■	500
25000	■	2250
3800	■	247

3

K	z %	Z
DM		DM
■	12	1176
■	3,5	70
■	9	1620
■	8,5	585,50
■	7,5	487,50

Benutze den Taschenrechner.

4

K	z %	Z
DM		DM
6900	3,5	■
3800	6,5	■
25000	■	2750
8600	■	301

5

K	z %	Z
DM		DM
12000	8,5	■
5700	■	342
■	7,5	600
600	2,5	■

6

K	z %	Z
DM		DM
■	2,5	18,75
1500	3	■
■	9,5	2850
4000	■	240

7*

Ein Sparguthaben von 7600 DM ist nach einem Jahr mit den Zinsen auf 7995,20 DM angewachsen. Berechne den Zinssatz.

8*

Frank und Sabine bekommen für ihr gespartes Geld 4,5 % Zinsen. Frank erhält 23,40 DM, Sabine 30,60 DM. Wieviel Geld hat Frank gespart, wieviel Sabine?

9*

Für ein Darlehen müssen vierteljährlich 191,25 DM Zinsen bezahlt werden. Der Zinssatz ist 8 %. Wieviel DM beträgt das Darlehen?

10*

Frau Schiffel hat 12000 DM als Festgeld zu einem Zinssatz von 7,8 % angelegt. Wieviel Zinsen erhält sie nach 3 Monaten?

11

Prüfe die Angebote sorgfältig! Welches Angebot ist günstiger?

Darlehen sofort!
10 000,- DM
13,25 %

DARLEHEN
10000,- DM
nur 11,5 %
Bearbeitungsgebühr 200,- DM

Löhne und Renten

Löhne und Gehälter werden zwischen Arbeitgebern und Arbeitnehmern in Tarifrunden ausgehandelt. Gewerkschaften und Arbeitgeberverbände vertreten die Interessen ihrer Mitglieder.
Die Tarifverträge gelten meist für den Zeitraum von einem Jahr.

1

Bei den Tarifverhandlungen wurden 6,5 % Lohnerhöhung ausgehandelt. Berechne das neue Einkommen.

Bisheriges Einkommen 2400 DM

$1\,\% \mathrel{\hat{=}} 2400 : 100 = 24$

$6{,}5\,\% \mathrel{\hat{=}} 24 \cdot 6{,}5 = 156$

$2400 + 156 = 2556$

Neues Einkommen 2556 DM

2

Berechne das neue Einkommen bei einer Lohnerhöhung von 4,8 %.

Bisheriges Einkommen

a)	b)	c)
1356 DM	1635 DM	1926 DM
2047 DM	2384 DM	2785 DM
3120 DM	3429 DM	3672 DM
3670 DM	3965 DM	3894 DM

3

Die Renten wurden 1992 um 2,7 % erhöht. Berechne die neuen Rentenbeträge.

Bisherige Rente

a)	b)	c)
896 DM	965 DM	984 DM
1245 DM	1437 DM	1623 DM
1986 DM	2068 DM	2175 DM
2315 DM	2392 DM	2593 DM

4

Ehepaar Wolf arbeitet in der gleichen Firma. Das gemeinsame Einkommen beträgt 6260 DM. Wie hoch ist das Einkommen nach einer Lohnerhöhung von 5,2 %?

5

Frau Maas verdient als Halbtagsbeschäftigte 1720 DM.
Wie hoch ist ihr Einkommen nach einer Lohnerhöhung von 6,4 %?

6

Herr Bauer ist arbeitslos. Er verdiente zuletzt 3140 DM. Das Arbeitslosengeld beträgt 68 % des letzten Verdienstes. Wieviel Geld erhält Herr Bauer?

7

Frau Dolsky wird Rentnerin. Zuletzt verdiente sie monatlich 2970 DM. Sie erhält 64 % ihres letzten Einkommens als Rente. Wieviel DM sind das?

1

Ehepaar Seufert hatte bisher ein gemeinsames Einkommen von 5370 DM. Nach der Lohnerhöhung verdienen sie 268,50 DM mehr. Wieviel Prozent betrug die Lohnerhöhung?

Bisheriges Einkommen 5370 DM
Lohnerhöhung 268,50 DM
$5370 \text{ DM} \mathrel{\hat=} 100\,\%$
$268{,}50 \text{ DM} = \ ?\,\%$
$268{,}50 : 5370 = 0{,}05$
$0{,}05 = \frac{5}{100} = 5\,\%$
Lohnerhöhung 5 %

2

Frau Esser hatte bisher ein monatliches Einkommen von 2870 DM. Nach einer Lohnerhöhung erhält sie 160,72 DM mehr. Wieviel Prozent betrug diese Erhöhung?

3

Herr Schaurer erhielt bisher eine Rente von 2140 DM. Nach einer Rentenerhöhung erhält er 74,90 DM mehr. Wieviel Prozent betrug die Rentenerhöhung?

Bei Tarifverhandlungen wird häufig ein Mindestbetrag ausgehandelt. Dies ist für kleine Einkommen günstiger.

4*

Sabine Scheller verdient als Auszubildende 970 DM. Die Lohnerhöhung beträgt 4,5 %. Der Mindestbetrag wurde auf 90 DM festgesetzt.

a) Erhält Sabine die Lohnerhöhung entsprechend dem Prozentsatz von 4,5 % oder den Mindestbetrag?
b) Wie hoch ist Sabines neuer Lohn nach der Erhöhung?

5*

Frau Gerlach verdient als Halbtagskraft 1320 DM. Die Lohnerhöhung beträgt 5,8 %. Der Mindestbetrag wurde auf 70 DM festgelegt.

a) Erhält Frau Gerlach die Lohnerhöhung entsprechend dem Prozentsatz von 5,8 % oder den Mindestbetrag?
b) Wie hoch ist das neue Einkommen von Frau Gerlach?

6*

Herr Hamann verdient 3860 DM, Frau Hamann verdient als Halbtagskraft 1160 DM. Herr Hamann erhält 3,9 % Lohnerhöhung. Frau Hamann erhält den Mindestbetrag von 60 DM. Berechne das neue Familieneinkommen.

7*

Frau Sahin verdient als Reinigungshilfe 720 DM. Herr Sahin erhält mit Schichtzulage 2950 DM. Die Lohnerhöhung beträgt 5,5 %. Der Mindestbetrag wurde bei 120 DM festgelegt. Berechne das neue Familieneinkommen.

Steuern und Sozialabgaben

Jeder Arbeitnehmer muß von seinem Einkommen Steuern und Sozialabgaben zahlen. An Steuern müssen Lohnsteuer und evtl. Kirchensteuer gezahlt werden. Sozialabgaben sind:
Krankenversicherung, Rentenversicherung und Arbeitslosenversicherung.
Das Einkommen vor Abzug von Steuern und Sozialabgaben nennt man Bruttoverdienst. Der Betrag, der nach Abzug von Steuern und Sozialabgaben ausgezahlt wird, heißt Nettoverdienst.

Personal-Nr.	Monat	Kirchensteuer	Lohnsteuerklasse	Krankentage	Gesamtstunden	Urlaubstage lfd. Monat	Resturlaub	monatl. Steuerfrei- bzw. Hinzurechnungsbetrag
4359	2		I					

Verdienstarten	Stunden	%-Satz	Stundensatz	Betrag	steuerfrei	soz.-vers.-frei
GEHALT PAUL BORGER				3008,65		

soz.-vers.-pflicht. Verdienst	steuerpflichtiger Verdienst	Bruttoverdienst
3008,65	3008,65	3008,65

Lohnsteuer	Kirchensteuer	Krankenversicherung	Rentenversicherung	Arbeitslosenversicherung	Summe gesetzliche Abzüge
455,41		234,67	266,27	94,77	

Bankanschrift	Bankkonto-Nr.	Bankleitzahl	Nettoverdienst
Bürger-Bank	31 62 45	600 620 18	1957,12

1

Herr Borger überprüft seine Gehaltsabrechnung.

a) Stelle fest, ob die Gehaltsstelle richtig gerechnet hat.

Bruttoverdienst − Summe der Abzüge = Nettoverdienst

b) Wieviel Prozent des Bruttoverdienstes betragen die Abzüge?

2

Frau Heider hat ein Bruttoeinkommen von 2465 DM. Ihre Abzüge betragen:

Krankenversicherung	192,27 DM
Rentenversicherung	218,15 DM
Arbeitslosenversicherung	77,65 DM

Wieviel Prozent des Bruttoeinkommens betragen die Abzüge?

Die Prozentsätze der Abzüge für Sozialabgaben sind auf gesetzlicher Grundlage festgelegt. Sie betrugen 1992:

Krankenversicherung:	15,6 %	(Arbeitgeber 7,8 % Arbeitnehmer 7,8 %)
Rentenversicherung:	17,7 %	(Arbeitgeber 8,85 % Arbeitnehmer 8,85 %)
Arbeitslosenversicherung:	6,3 %	(Arbeitgeber 3,15 % Arbeitnehmer 3,15 %)

Arbeitgeber und Arbeitnehmer zahlen je die Hälfte der Sozialabgaben.

3

Herr Maus verdient monatlich 3150 DM. Berechne seine Sozialabgaben.

4

Frau Loß verdient monatlich 2745 DM. Berechne ihre Sozialabgaben.

Die Höhe der Lohnsteuer ist abhängig vom Familienstand (ledig, verheiratet, verwitwet, geschieden) und von der Kinderzahl.

Auszüge aus der Lohnsteuertabelle 1992

Monatslohn	Steuerkl. I	Steuerkl. II	Steuerkl. III			
	ledig, verw. gesch.	ledig, verw. gesch. 1 Kind	verh. ohne Kind	verh. 1 Kind	verh. 2 Kinder	verh. 3 u. mehr Kinder
2497,65 – 2502,14	321,50	159,50	178,50	128,83	80,33	32,33
2502,15 – 2506,64	322,58	160,50	178,50	128,83	80,33	32,33
2506,65 – 2511,14	323,68	161,41	178,50	128,83	80,33	32,33
3001,65 – 3006,14	454,25	278,16	260,66	209,16	158,83	109,66
3006,15 – 3010,64	455,41	279,25	262,50	211,00	160,66	111,33
3010,65 – 3015,14	456,58	280,25	262,50	211,00	160,66	111,33
3802,65 – 3807,14	672,65	475,25	410,33	355,50	302,00	249,50
3807,15 – 3811,64	673,58	476,41	412,33	357,50	303,83	251,33
3811,65 – 3816,14	674,83	477,58	412,33	357,50	303,83	251,33

1

Herr Beck verdient 3001,90 DM.
a) Wieviel Lohnsteuer muß er als Lediger zahlen?
b) Wie hoch ist die Lohnsteuer nach der Heirat?

2

Frau Schmelz, verwitwet, kinderlos, verdient 2504,80 DM
a) Wieviel Lohnsteuer muß sie zahlen?
b) Wieviel Lohnsteuer zahlt sie nach der Wiederverheiratung?

3

Herr Weber, verheiratet, zwei Kinder, hat ein Bruttoeinkommen von 3008,75 DM.
a) Berechne die Lohnsteuer.
b) Berechne die Sozialabgaben.
c) Errechne den Nettoverdienst.

4

Frau Solbach, geschieden, ein Kind, hat ein Bruttoeinkommen von 2500,80 DM.
a) Berechne die Lohnsteuer.
b) Berechne die Sozialabgaben.
c) Errechne den Nettoverdienst.

5

Herr Assam, verheiratet, kinderlos, verdient 3805,60 DM.
a) Errechne das Nettoeinkommen.
b) Wie hoch ist der Prozentsatz der Abzüge?

6

Herr Föller, ledig, verdient auch 3805,60 DM.
a) Errechne das Nettoeinkommen.
b) Vergleiche die Abzüge von Herrn Assam mit denen von Herrn Föller.

Unterwegs mit der Bundesbahn

Der Hauptbahnhof Köln ist der größte Reisebahnhof Deutschlands. Täglich passieren 1050 Züge den Bahnhof und befördern durchschnittlich 150 000 Personen. Das „Verkehrskreuz des Westens" verbindet Nordeuropa mit Süditalien, Frankreich und die Benelux-Länder mit Osteuropa.

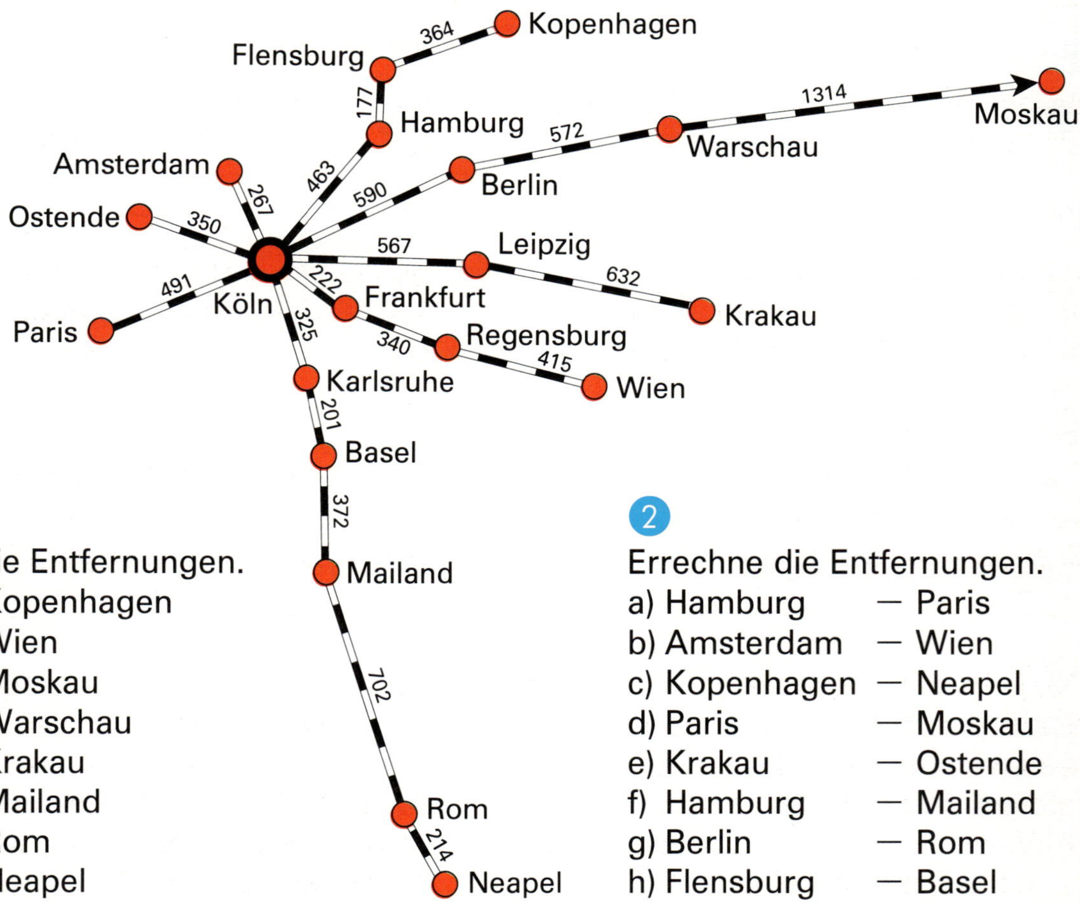

1

Errechne die Entfernungen.

a) Köln — Kopenhagen
b) Köln — Wien
c) Köln — Moskau
d) Köln — Warschau
e) Köln — Krakau
f) Köln — Mailand
g) Köln — Rom
h) Köln — Neapel

2

Errechne die Entfernungen.

a) Hamburg — Paris
b) Amsterdam — Wien
c) Kopenhagen — Neapel
d) Paris — Moskau
e) Krakau — Ostende
f) Hamburg — Mailand
g) Berlin — Rom
h) Flensburg — Basel

Auszug aus dem Fahrplan des Euro-City EC 5 „Verdi"
Dortmund — Köln — Basel — Mailand.

km	Ankunft		Abfahrt
0		Dortmund	5.38
18	5.48	Bochum	5.59
I	I	I	I
107	6.50	Köln	7.00
141	7.18	Bonn	7.20
I	I	I	I
291	8.42	Mainz	8.44
361	9.23	Mannheim	9.32
422	9.58	Karlsruhe	10.00
I	I	I	I
619	11.45	Basel	12.07
I	I	I	I
914	16.03	Lugano	16.06
I	I	I	I
991	17.35	Mailand	

Auszug aus dem Fahrplan des Euro-City EC 28 „Prinz Eugen"
Wien — Regensburg — Köln — Kiel.

km	Ankunft		Abfahrt
0		Wien	8.00
60	8.40	St. Pölten	8.41
190	9.46	Linz	9.48
I	I	I	I
298	10.57	Passau	11.00
I	I	I	I
415	12.03	Regensburg	12.05
I	I	I	I
754	15.38	Frankfurt	15.50
I	I	I	I
978	18.05	Köln	18.09
I	I	I	I
1151	19.54	Münster	19.56
I	I	I	I
1439	22.06	Hamburg	22.09
I	I	I	I
1550	23.35	Kiel	

1
Berechne die Fahrzeit des EC „Verdi" für die Strecke Dortmund — Mailand.

2
Berechne die Fahrzeit des EC „Prinz Eugen" für die Strecke Wien — Kiel.

3
Wieviel Bahn-km beträgt
a) die Strecke Mainz — Mailand?
b) die Strecke Wien — Münster?

4
Berechne die Durchschnittsgeschwindigkeit beider Züge. Erkläre die unterschiedlichen Ergebnisse.

5
Frau Schiefel fährt mit dem EC „Verdi" von Bonn nach Basel.
Wie lange ist sie unterwegs?

6
Herr Vaupel fährt mit dem EC „Prinz Eugen" von Passau nach Münster.
Wie lange ist er unterwegs?

7*
Der D-Zug 667 fährt die Strecke Basel — Mailand in 6 Stunden 45 Minuten.
a) In welcher Zeit fährt der EC „Verdi" diese Strecke?
b) Wieviel Zeit spart man, wenn man mit dem EC fährt?

8
Der D-Zug 520 fährt die Strecke Wien — Passau in 3 Stunden 22 Minuten.
a) In welcher Zeit fährt der EC „Prinz Eugen" diese Strecke?
b) Wieviel Zeit spart man, wenn man mit dem EC fährt?

Weg - Zeit - Geschwindigkeit

1*

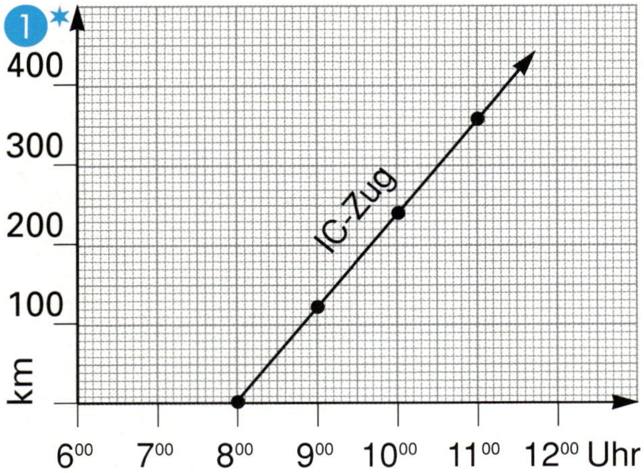

Erläutere das Weg-Zeit-Diagramm

a) Wann verläßt der IC den Ausgangsbahnhof?

b) Wie viele Kilometer hat der IC nach 3 Stunden zurückgelegt?

c) Berechne die Durchschnittsgeschwindigkeit nach der Formel $\frac{\text{Weg}}{\text{Zeit}}$ $\left(\text{in } \frac{\text{km}}{\text{h}}\right)$.

2*

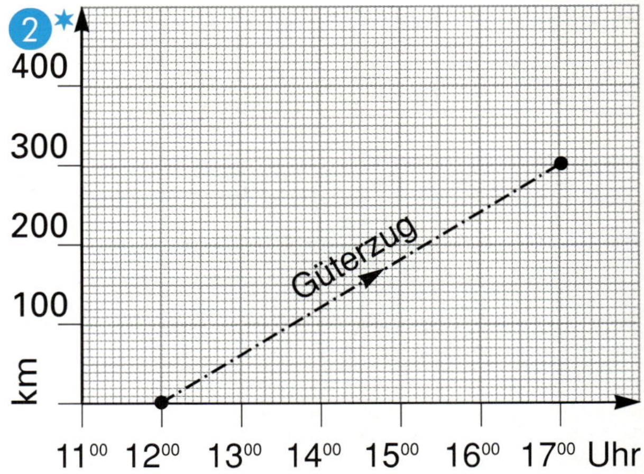

Erläutere das Weg - Zeit - Diagramm.

a) Wann verläßt der Güterzug den Ausgangsbahnhof?

b) Wann kommt er am Zielbahnhof an?

c) Wie viele Kilometer hat der Güterzug zurückgelegt?

d) Berechne die Durchschnittsgeschwindigkeit.

3*

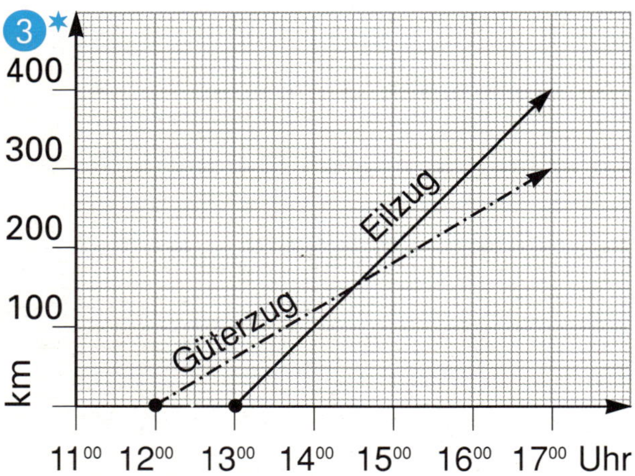

Erläutere das Weg - Zeit - Diagramm.

a) Wann verläßt der Güterzug den Ausgangsbahnhof?

b) Wann fährt der Eilzug ab?

c) Um wieviel Uhr überholt der Eilzug den Güterzug?

d) Berechne die Durchschnittsgeschwindigkeit beider Züge.

4*

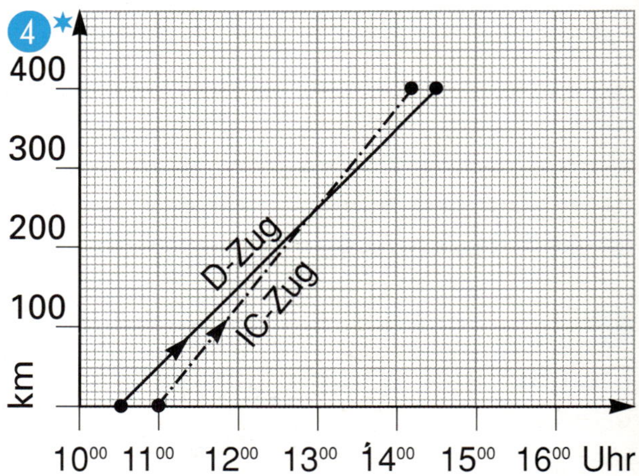

Der D-Zug startet um 10^{30}, der IC-Zug um 11^{00} von Frankfurt nach Münster.

a) Wann erreicht der D-Zug Münster?

b) Wann erreicht der IC-Zug Münster?

c) Wann überholt der IC-Zug den D-Zug?

d) Berechne die Durchschnittsgeschwindigkeit beider Züge.

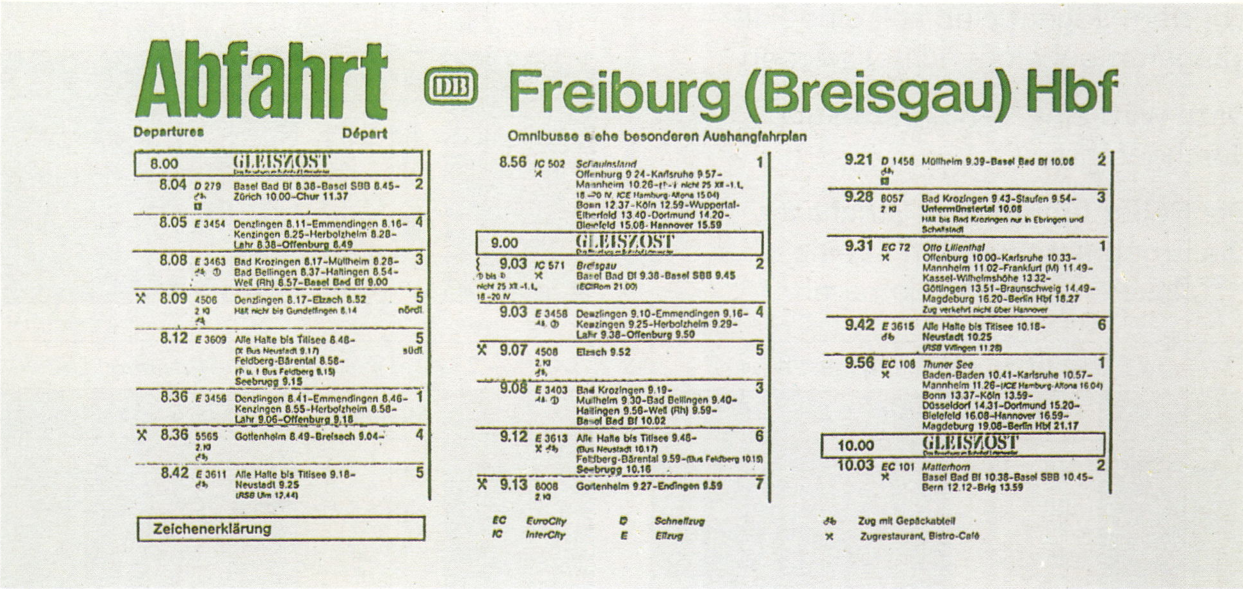

Abfahrt Freiburg (Breisgau) Hbf

Departures — Départ

Omnibusse siehe besonderen Aushangfahrplan

Zeit	Zug	Richtung	Gleis
8.00		GLEISZOST	
8.04	D 279	Basel Bad Bf 8.38–Basel SBB 8.45–Zürich 10.00–Chur 11.37	2
8.05	E 3454	Denzlingen 8.11–Emmendingen 8.16–Kenzingen 8.25–Herbolzheim 8.28–Lahr 8.38–Offenburg 8.49	4
8.08	E 3463	Bad Krozingen 8.17–Müllheim 8.28–Bad Bellingen 8.37–Haltingen 8.54–Weil (Rh) 8.57–Basel Bad Bf 9.00	3
✕ 8.09	4506 2. Kl	Denzlingen 8.17–Elzach 8.52 Hält nicht bis Gundelfingen 8.14	5 nördl.
8.12	E 3609	Alle Halte bis Titisee 8.48– (✕ Bus Neustadt 9.17) Feldberg-Bärental 8.58– (✕ u. † Bus Feldberg 9.15) Seebrugg 9.15	5 südl.
8.36	E 3456	Denzlingen 8.41–Emmendingen 8.46–Kenzingen 8.55–Herbolzheim 8.58–Lahr 9.06–Offenburg 9.18	1
✕ 8.36	5565 2. Kl	Gottenheim 8.49–Breisach 9.04–	4
8.42	E 3611	Alle Halte bis Titisee 9.18–Neustadt 9.25 (RSB Ulm 12.44)	5
8.56	IC 502 ✕	*Schauinsland* Offenburg 9.24–Karlsruhe 9.57–Mannheim 10.26–(† nicht 25 XII–1. I., 18–20 IV, ICE Hamburg-Altona 15.04) Bonn 12.37–Köln 12.59–Wuppertal-Elberfeld 13.40–Dortmund 14.20–Bielefeld 15.08–Hannover 15.59	1
9.00		GLEISZOST	
9.03 (① bis ⑥ nicht 25 XII–1. I., 18–20 IV)	IC 571 ✕	*Breisgau* Basel Bad Bf 9.38–Basel SBB 9.45 (EC Rom 21.00)	2
9.03	E 3458 ①	Denzlingen 9.10–Emmendingen 9.16–Kenzingen 9.25–Herbolzheim 9.29–Lahr 9.38–Offenburg 9.50	4
✕ 9.07	4508 2. Kl	Elzach 9.52	5
9.08	E 3403 ①	Bad Krozingen 9.19–Müllheim 9.30–Bad Bellingen 9.40–Haltingen 9.56–Weil (Rh) 9.59–Basel Bad Bf 10.02	3
9.12	E 3613 ✕	Alle Halte bis Titisee 9.48– (Bus Neustadt 10.17) Feldberg-Bärental 9.59–(Bus Feldberg 10.15) Seebrugg 10.16	6
✕ 9.13	8008 2. Kl	Gottenheim 9.27–Endingen 9.59	7
9.21	D 1456	Müllheim 9.39–Basel Bad Bf 10.06	2
9.28	8057 2. Kl	Bad Krozingen 9.43–Staufen 9.54–Untermünstertal 10.08 Hält bis Bad Krozingen nur in Ebringen und Schallstadt	3
9.31	EC 72 ✕	*Otto Lilienthal* Offenburg 10.00–Karlsruhe 10.33–Mannheim 11.02–Frankfurt (M) 11.49–Kassel-Wilhelmshöhe 13.32–Göttingen 13.51–Braunschweig 14.49–Magdeburg 16.20–Berlin Hbf 18.27 Zug verkehrt nicht über Hannover	1
9.42	E 3615	Alle Halte bis Titisee 10.18–Neustadt 10.25 (RSB Villingen 11.28)	6
9.56	EC 108 ✕	*Thuner See* Baden-Baden 10.41–Karlsruhe 10.57–Mannheim 11.26–(ICE Hamburg-Altona 16.04) Bonn 13.37–Köln 13.59–Düsseldorf 14.31–Dortmund 15.20–Bielefeld 16.08–Hannover 16.59–Magdeburg 19.08–Berlin Hbf 21.17	1
10.00		GLEISZOST	
10.03	EC 101 ✕	*Matterhorn* Basel Bad Bf 10.38–Basel SBB 10.45–Bern 12.12–Brig 13.59	2

Zeichenerklärung

EC	EuroCity	D	Schnellzug
IC	InterCity	E	Eilzug

Zug mit Gepäckabteil
✕ Zugrestaurant, Bistro-Café

1
Welche EC- und IC-Züge fahren zwischen 8^{00} und 10^{00} durch Freiburg? Schreibe die Abfahrtszeiten und die Zielbahnhöfe auf.

2
Welche Eilzüge fahren zwischen 8^{00} und 10^{00} in Freiburg ab?
Schreibe die Zielbahnhöfe auf.

3
Welche Züge fahren von Freiburg in die Schweiz?

4
Welche Züge haben ein Zugrestaurant, welche ein Gepäckabteil?

5
Thomas Berger arbeitet in Emmendingen. Welchen Zug nimmt er, wenn er um 8^{30} am Arbeitsplatz sein muß?

6
Elke Heimann arbeitet in Bad Krozingen. Mit welchem Zug kann sie fahren, wenn sie um 8^{30} am Arbeitsplatz sein muß?

7
Eine Schulklasse plant einen Ausflug nach Untermünstertal.
Mit welchem Zug können sie am Vormittag von Freiburg aus fahren?

8
Ein Sportverein plant einen Wanderausflug zum Feldberg.
a) Welchen Zug wählen sie?
b) Wann kommen sie an?

9
Frau Möller will von Freiburg nach Mannheim fahren.
Welche Züge kann sie benutzen?

10
Herr Seibert fährt von Freiburg zu seiner Schwester nach Dortmund.
Welche Züge kann er benutzen?

Verkehrszählung

Vor dem Jugendclub soll eine Fußgängerampel eingerichtet werden.

Dazu wird eine Verkehrszählung durchgeführt.

Die Helfer führen eine Strichliste. Die Ergebnisse werden in eine Häufigkeitstabelle eingetragen.

Montag 7^{00} – 8^{00} Name: Lisa, Peter

Fahrrad	Motorrad	PKW	LKW
𝍸 𝍸 𝍸 ||	𝍸 𝍸 𝍸 𝍸 𝍸 ||||	𝍸 𝍸 𝍸 𝍸 𝍸 𝍸 𝍸 |||	𝍸 𝍸 𝍸 𝍸 𝍸 𝍸 ||

Montag 13^{00} – 14^{00} Name: Klaus, Werner

Fahrrad	Motorrad	PKW	LKW
𝍸 𝍸 𝍸 𝍸 𝍸 |	𝍸 𝍸 𝍸 𝍸 |||	𝍸 𝍸 𝍸 |||	𝍸 𝍸 𝍸 ||

Montag 17^{00} – 18^{00} Name: Marianne, Ute

Fahrrad	Motorrad	PKW	LKW
𝍸 𝍸 𝍸 |||	𝍸 𝍸 𝍸 |	𝍸 𝍸 𝍸 𝍸 𝍸 𝍸 |	𝍸 𝍸 𝍸 𝍸 𝍸 ||

1

Übertrage diese Häufigkeitstabellen in dein Heft und fülle sie aus.

Montag 7^{00} – 8^{00}			
Fahrrad	Motorrad	PKW	LKW
17	■	■	■

Montag 13^{00} – 14^{00}			
Fahrrad	Motorrad	PKW	LKW
26	■	■	■

Montag 17^{00} – 18^{00}			
Fahrrad	Motorrad	PKW	LKW
18	■	■	■

Für das Aufstellen der Ampel ist es wichtig, das durchschnittliche Verkehrsaufkommen zu kennen.

Wie viele Fahrräder passieren durchschnittlich zwischen 7^{00} und 8^{00} die Straße?

$$\frac{17 + 26 + 18}{3} = \frac{61}{3} = 20{,}3 \approx 20$$

Durchschnittlich passieren 20 Fahrräder die Straße.

2

Berechne ebenso das durchschnittliche Verkehrsaufkommen der Motorräder, der PKW und der LKW.

3

Erstelle eine Tabelle.

4

Erkundige dich bei der Polizei deines Wohnortes, ob unter diesen Bedingungen eine Ampel aufgestellt würde.

5

Führe mit Mitschülern in eurem Heimatort eine Verkehrszählung mit Strichlisten und Häufigkeitstabellen durch.

Die Ergebnisse von Zählungen und Umfragen kann man in Diagrammen darstellen. Dann kann man sie besser verstehen.

Montag $7^{00} – 8^{00}$

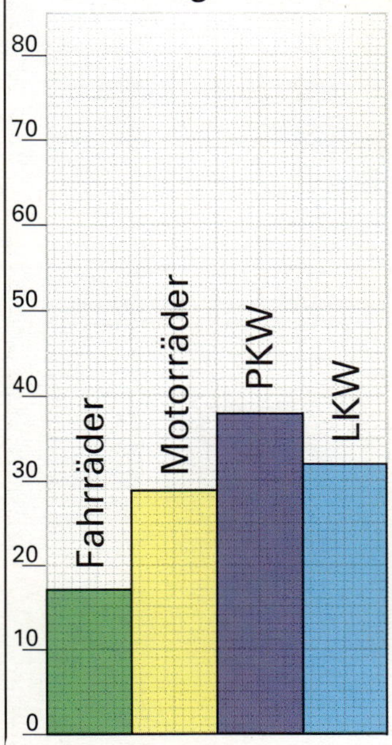

Säulendiagramm

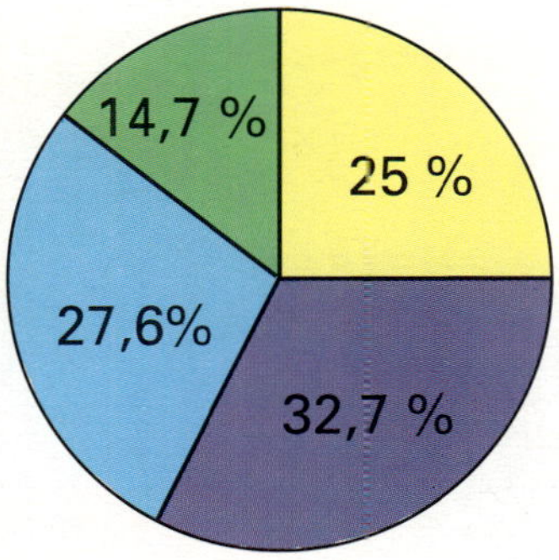

Kreisdiagramm

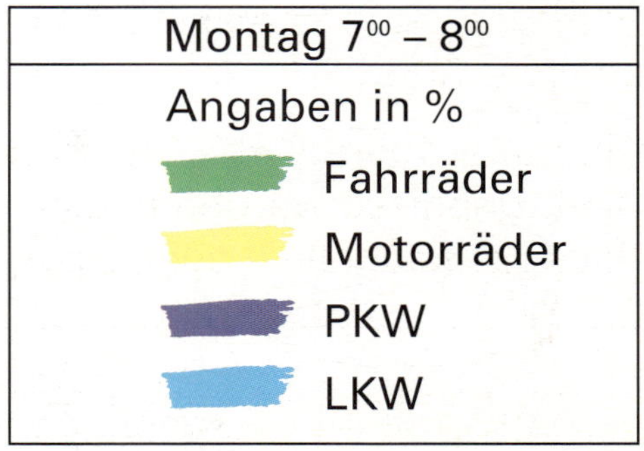

Montag $7^{00} – 8^{00}$

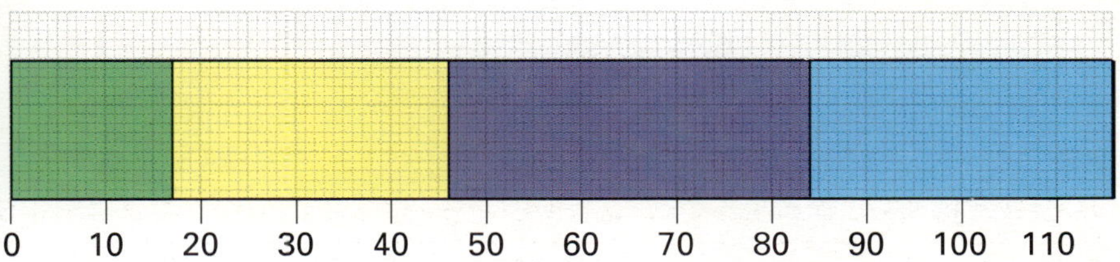

Streifendiagramm

1

Erstelle Säulendiagramme für die Zeiten 13^{00} – 14^{00} Uhr und 17^{00} – 18^{00} Uhr.

2

Erstelle Streifendiagramme für die Zeiten 13^{00} – 14^{00} Uhr und 17^{00} – 18^{00} Uhr.

3

Am Sonntag wurden folgende Daten ermittelt:

Zeit	Fahrrad	Motorrad	PKW	LKW
7^{00} – 8^{00}	9	12	17	4
13^{00} – 14^{00}	35	23	56	–
17^{00} – 18^{00}	29	18	38	–

a) Berechne den Durchschnitt für jede Fahrzeugart.

b) Erstelle ein Säulendiagramm.

c) Erstelle ein Streifendiagramm.

4

a) Vergleiche die Ergebnisse der Zählungen von Werktag und Sonntag bei Fahrräder, Motorräder, PKW und LKW.

b) Nenne Gründe für die unterschiedlichen Ergebnisse.

c) Berechne den prozentualen Anteil der Fahrräder (Motorräder, PKW, LKW) am gesamten Verkehrsaufkommen.

Deutschland in Zahlen

1

Nenne die Bundesländer und lies die Flächengrößen ab.

2

Berechne die Gesamtfläche der Bundesrepublik Deutschland.

3

Es gibt Stadtstaaten und Flächenstaaten. Nenne die drei Stadtstaaten.

4

Welcher Stadtstaat hat die größte Flächenausdehnung?

1 Berge in Deutschland

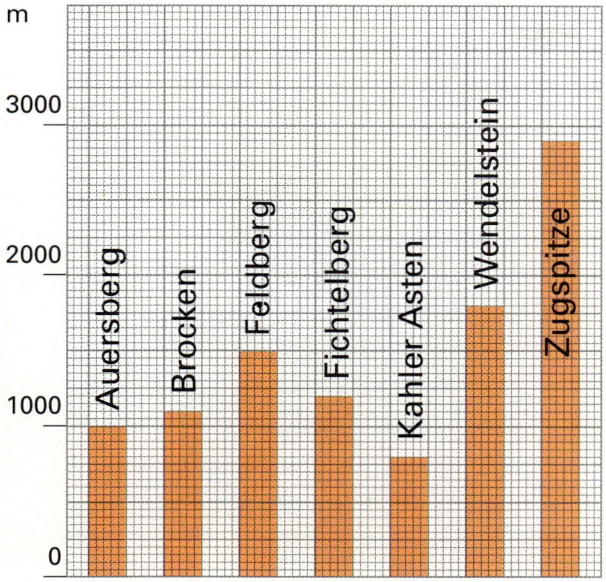

a) Lies die ungefähre Höhe der Berge aus dem Diagramm ab.
b) Trage die Berge der Höhe nach geordnet in eine Tabelle ein.

2 Inseln

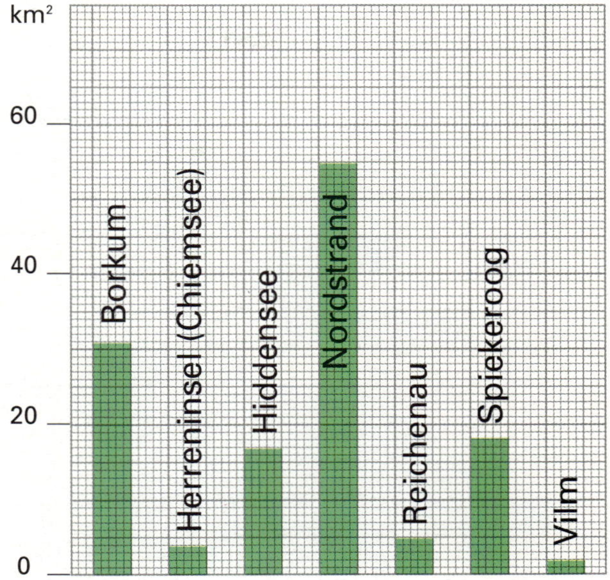

a) Lies die ungefähre Größe der Inseln aus dem Diagramm ab.
b) Trage die Inseln der Größe nach geordnet in eine Tabelle ein.

3 Flüsse in Deutschland

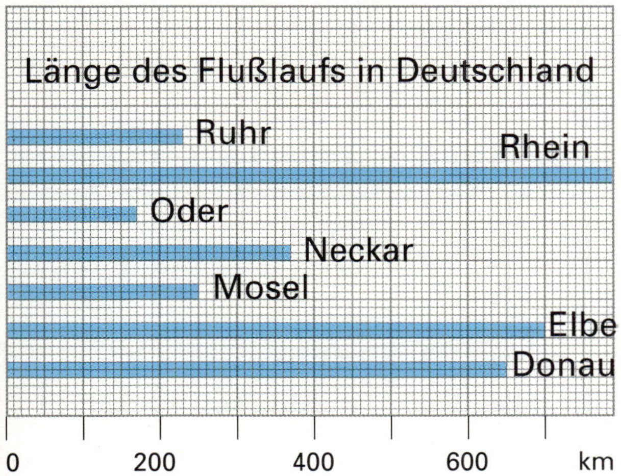

a) Lies die ungefähre Länge der Flüsse aus dem Diagramm ab.
b) Trage die Flüsse der Länge nach geordnet in eine Tabelle ein.

4 Schiffahrtskanäle

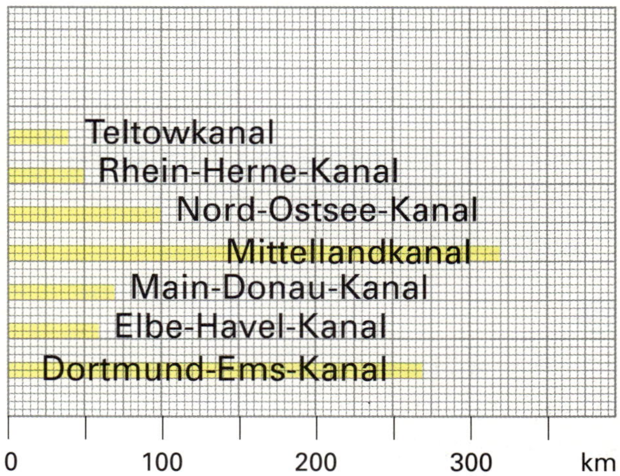

a) Lies die ungefähre Länge der Kanäle aus dem Diagramm ab.
b) Trage die Kanäle der Länge nach geordnet in eine Tabelle ein.

Die Bevölkerung Deutschlands

Altersaufbau der Bevölkerung am 1.1.1990

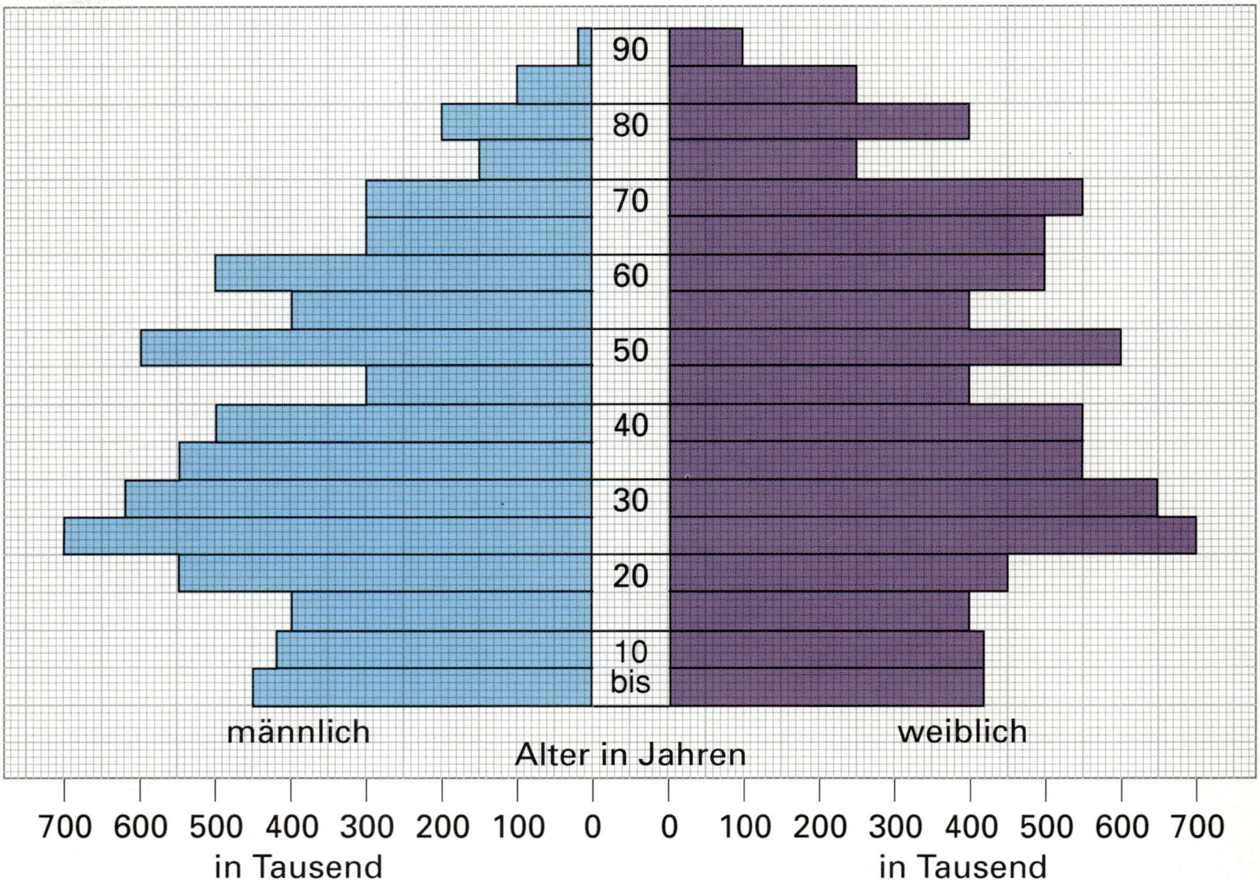

Gesamtbevölkerung: 79 112 800

1

Vergleiche die männliche und weibliche Bevölkerung. Schätze, ob es mehr Frauen oder mehr Männer gibt.

2

In welchen Altersgruppen gibt es einen großen Frauenüberschuß? Nenne Gründe.

3

Frauen haben eine höhere Lebenserwartung. Wo kommt das in der Grafik zum Ausdruck?

4

Stelle fest, ob es Altersgruppen gibt, bei denen ein Männerüberschuß vorliegt?

5

Vergleiche die Altersgruppen der bis zu 20 Jahre alten und der bis zu 10 Jahre alten Menschen. Was stellst du fest?

6

Welche Folgen hat der in den letzten Jahren immer mehr zunehmende Geburtenrückgang für die Gesellschaft?

Einwohnerzahlen Stand: 1. 1. 90

Land	Fläche km²	Einwohner in Millionen
Baden-Württemberg	35 750	9,6
Bayern	70 550	11,2
Berlin	884	3,4
Brandenburg	29 060	2,6
Bremen	400	0,7
Hamburg	755	1,6
Hessen	21 110	5,7
Mecklenbg.-Vorpomm.	23 830	1,9
Niedersachsen	47 340	7,3
Nordrhein-Westfalen	34 070	17,1
Rheinland-Pfalz	19 850	3,7
Saarland	2 570	1,0
Sachsen	18 340	4,9
Sachsen-Anhalt	20 450	3,0
Schleswig-Holstein	15 730	2,6
Thüringen	16 250	2,7

Deutschland ist ein dicht besiedeltes Land.
Zum Vergleich:
Spanien
60 Einwohner pro km²
Deutschland
215 Einwohner pro km²

1

Errechne die Bevölkerungsdichte der einzelnen Bundesländer.

Beispiel: Baden-Württemberg
Fläche: 35 750 km²
Einwohner: 9 600 000

9 600 000 : 35 750 = 268,5
≈ 269

Bevölkerungsdichte: 269 pro km²

2

In welchem Bundesland ist die Bevölkerungsdichte am höchsten, in welchem am niedrigsten?

Erwerbstätige Stand: 1. 1. 89

Erwerbszweige	Beschäftigte in Millionen
Land- und Forstwirtschaft	1,2
Industrie	9,5
Handel und Versicherung	4,4
Baugewerbe	1,9
Verkehr	1,6
Dienstleistungsbetriebe	6,1
Sozialdienste	2,8
Private Haushalte	0,5

3

Berechne die Gesamtzahl der Erwerbstätigen.

4

Wieviel Prozent der Gesamtbevölkerung sind erwerbstätig?

5

Welcher Erwerbszweig hat die höchste Zahl von Beschäftigten?
Nenne Gründe?

Naturschutz in Deutschland

1 **Naturschutzgebiete** (Fläche in km²)

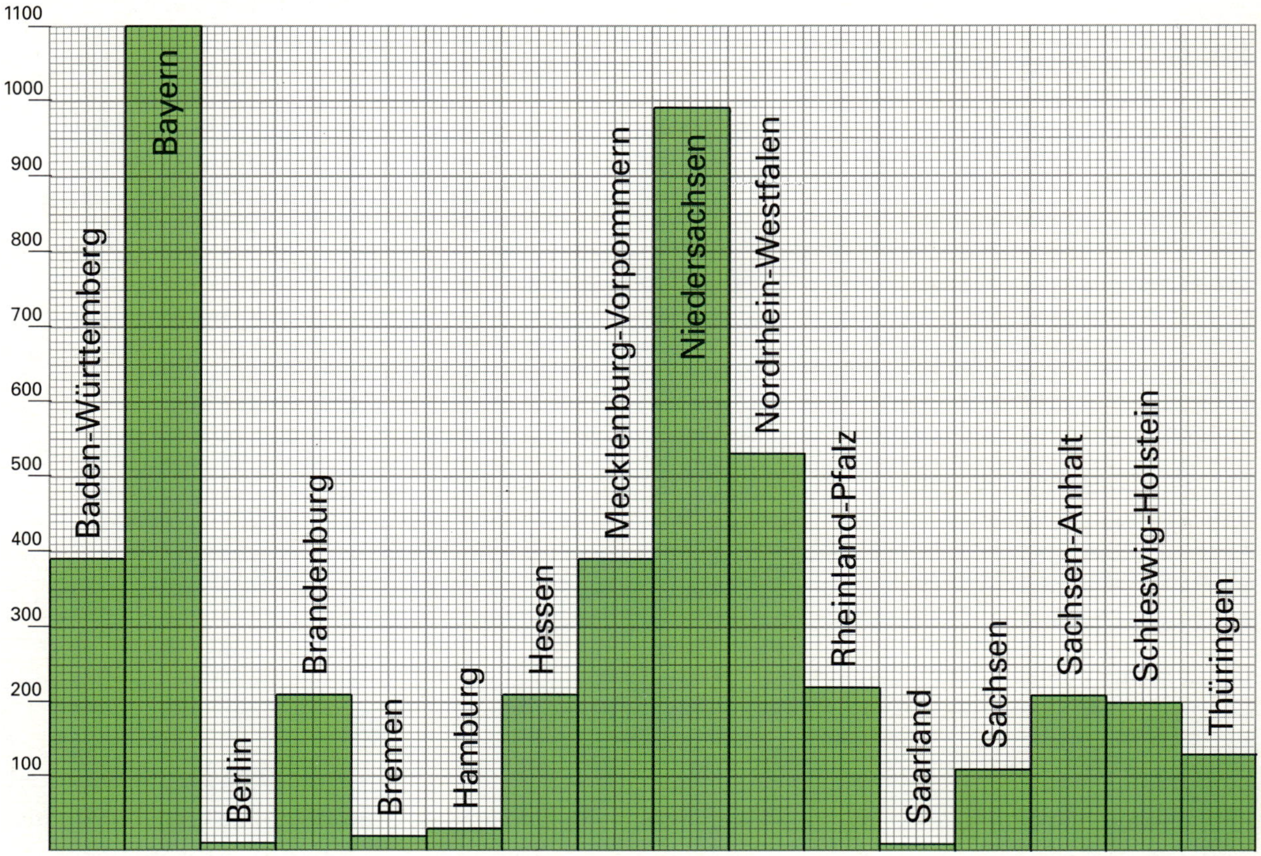

a) Lies die Flächenangaben für die Naturschutzgebiete der einzelnen Bundesländer im Säulendiagramm ab. Trage die Zahlen in eine Tabelle ein.

b) Berechne die Gesamtfläche der Naturschutzgebiete.

c) Berechne den prozentualen Anteil der einzelnen Bundesländer.

2

Naturparks	Land	Fläche in km²
Nordeifel	Nordrh.-Westfalen	1345
Spessart	Bayern	1710
Hochharz	Sachsen-Anhalt	59
Pfälzer Wald	Rheinland-Pfalz	1799
Lüneburger Heide	Niedersachsen	200
Jasmund	Mecklenburg	30

100 km² ≙ 1 cm

a) Erstelle ein Säulendiagramm.

b) Erstelle ein Streifendiagramm.

3

Seen	Land	Fläche in km²	Tiefe in m
Walchensee	Bayern	16,1	192
Titisee	Baden-Württ.	1,1	40
Plöner See	Schlesw.-Holst.	29,0	60
Werbellinsee	Brandenburg	7,9	54
Müggelsee	Berlin	7,5	8
Steinhuder Meer	Niedersachsen	29,4	3

Erstelle ein Säulendiagramm

a) der Fläche (2 km² ≙ 1 cm).

b) der Tiefe (10 m ≙ 1 cm).

Die Flüsse und Gewässer in Deutschland sind durch Industrieabwässer und Abwässer der Städte und Gemeinden stark verschmutzt. Durch Bau von Kläranlagen, Kanalisationen und Einbau von Filtern konnte die Wasserqualität in den letzten 20 Jahren verbessert werden.

Der Rhein von Bonn bis Duisburg

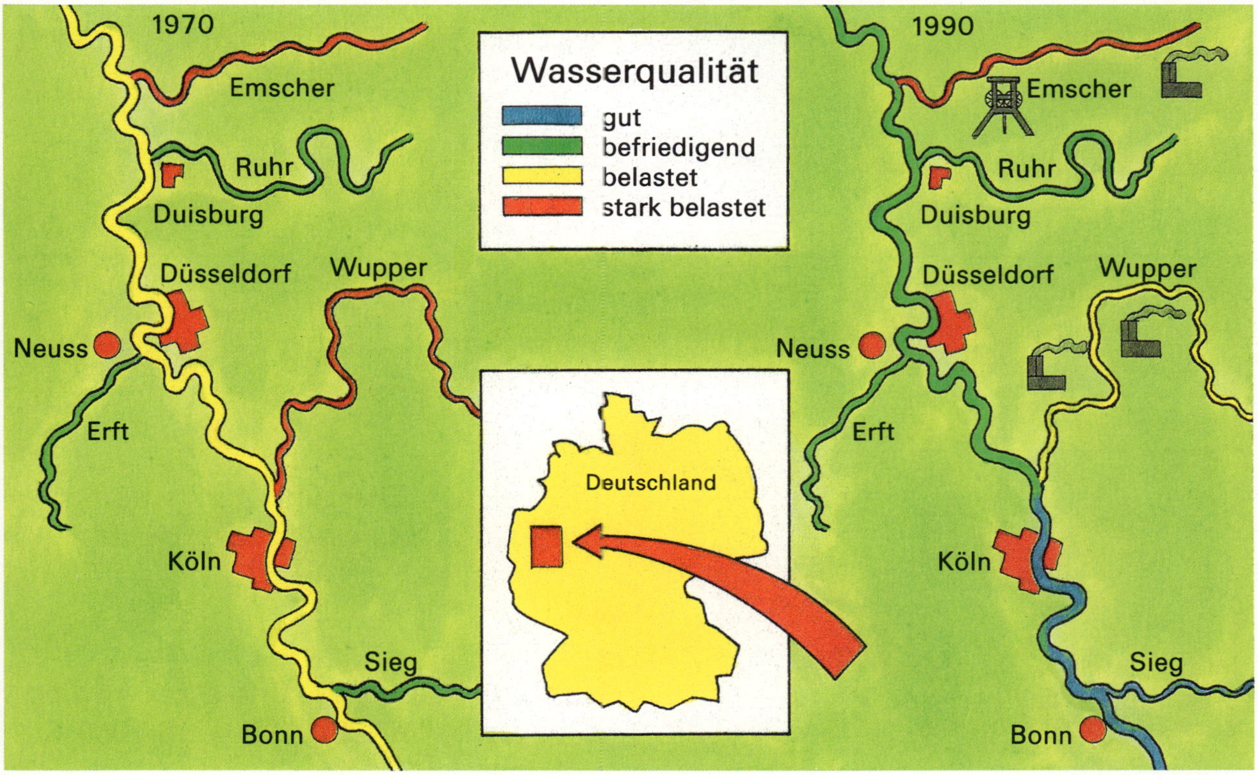

1

Vergleiche die beiden Schaubilder. Bei welchen Flüssen hat sich die Wasserqualität verbessert?

2

In welchen Bereichen des Flusses ist die Wasserqualität am besten? Nenne Gründe dafür.

3

a) Warum sind Wupper und Emscher immer noch belastet? Nenne mögliche Gründe.

b) Warum verschlechtert sich die Wasserqualität des Rheins (1990) nach Zufluß der Wupper?

4

Die Kosten der Rheinsanierung betrugen 39 Milliarden DM. Sie wurden von den Anlieger-Ländern aufgebracht.

Deutschland	30 %	Frankreich	30 %
Holland	34 %	Schweiz	6 %

Berechne, wie viele Milliarden DM jedes Land bezahlt hat.

Energieträger und Energieverbrauch

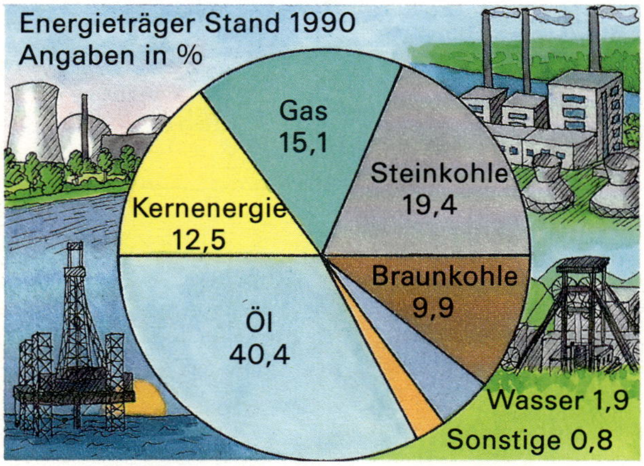

Der Energiebedarf für Wirtschaft, Industrie, Verkehr und private Haushalte wird durch verschiedene Energieträger gedeckt.

1

Lies aus dem Kreisdiagramm ab, welches die wichtigsten Energieträger sind

Der Anteil der Energieträger am Gesamtverbrauch hat sich in den letzten 10 Jahren verändert.

Energieträger	Angaben in %		
	1980	1990	2000*
Steinkohle	19,6	19,4	20,2
Braunkohle	9,4	9,9	9,8
Erdöl	47,5	40,4	35,5
Erdgas	17,6	15,1	14,8
Kernenergie	3,6	12,5	16,0
Wasserkraft	1,7	1,9	2,6
Sonstige	0,6	0,8	1,1

* geschätzte Werte

2

Welche Energieträger haben eine Steigerung erfahren?

3

Bei welchen Energieträgern ist ein Rückgang des prozentualen Anteils festzustellen?

4

Zeichne ein Säulendiagramm und trage die Werte von 1980, 1990 und 2000 nebeneinander ein.

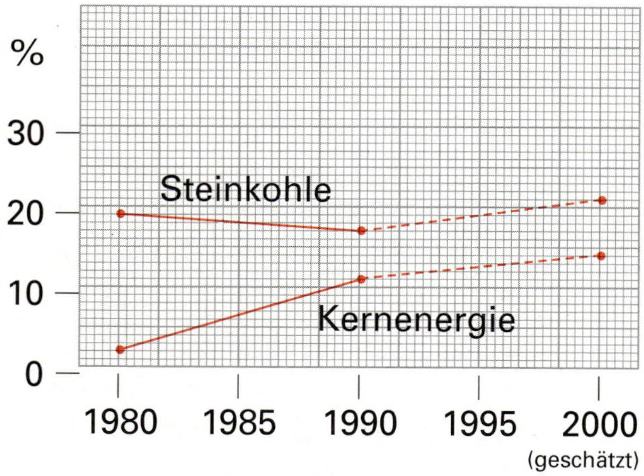

5

Das Verlaufsdiagramm zeigt Anstieg und Rückgang des Steinkohle- und Kernenergieverbrauchs in den letzten 10 Jahren. Zeichne das Diagramm auf Millimeterpapier und trage die Kurven der anderen Energieträger ein.

Energieverbrauch der Gewerbebetriebe

Gewerbe	Verbrauch in Millionen kWh*					
	Steinkohle		Öl		Gas	
	1980	1990	1980	1990	1980	1990
Landwirtschaft	1,0	0,2	2,2	1,8	0,8	0,8
Gärtnereien	0,08	0,05	10,4	10,4	0,08	1,4
Handwerksbetriebe	1,2	0,4	10,6	7,2	2,2	2,9
Baugewerbe	0,7	0,2	5,2	3,4	1,7	1,8
Einzelhandel	0,8	0,3	11,2	8,0	10,4	9,6
Wäschereien	0,01	—	6,4	5,6	0,5	1,0
Gastgewerbe	0,2	0,07	9,6	8,0	8,0	9,6
Insgesamt	3,99	1,22	55,60	44,40	23,68	27,10

* kWh = Kilowattstunde

Lies aus der Tabelle ab:

1 Welcher Energieträger wird am meisten genutzt?

2 Welche Gewerbe haben den höchsten Energieverbrauch?

3 Zeichne für jedes Gewerbe ein Säulendiagramm.

Beispiel: Landwirtschaft

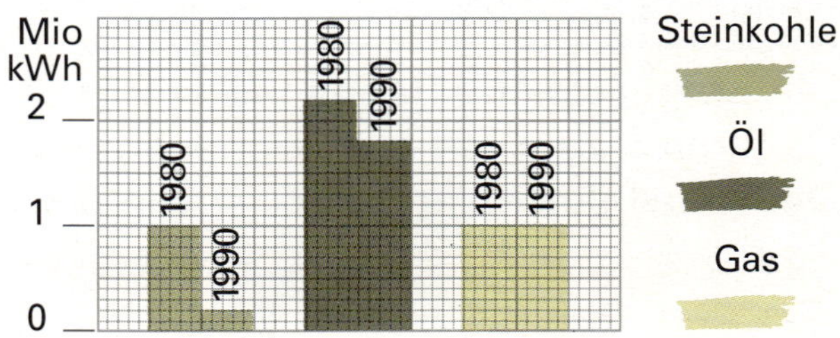

Ein großer Teil der Energie wird zur Heizung verbraucht.

4

Energieträger	Verbrauch in %		
	1980	1990	2000
Öl	57	53	49
Gas	28	34	37
Kohle	9	7	6
Strom	6	6	8

Zeichne für jeden Energieträger ein Säulendiagramm und trage die Werte von 1980, 1990 und 2000 ein.

5

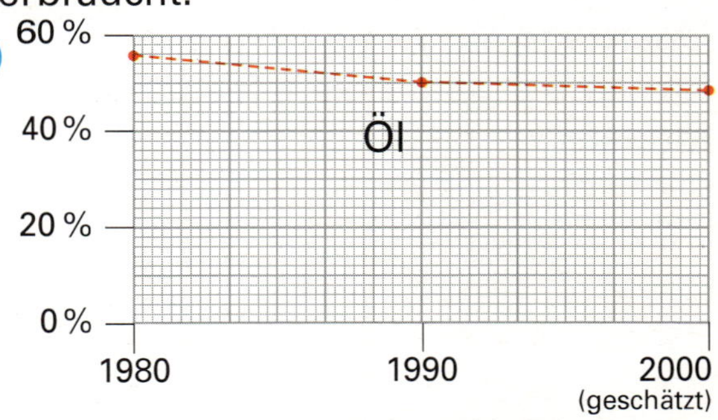

Übertrage das Diagramm auf Millimeterpapier und zeichne die Entwicklungskurven für Gas, Kohle und Strom ein.

„Sanfte Energie“ und Energiesparen

Bei der bisherigen Energienutzung werden Schadstoffe in die Umwelt abgegeben. Dies führt zu Luftverschmutzung und anderen Umweltschäden. Deshalb müssen wir Energie sparen und „Sanfte Energien“ einsetzen. Windenergie und Sonnenergie sind solche Energien. Sie belasten nicht die Umwelt. Sonnenenergie wird auch Solarenergie genannt. Windräder werden vor allem an der Nordseeküste eingesetzt. Im Windpark Norden werden jährlich etwa 135 000 kWh elektrische Energie erzeugt. Das ist der Jahresbedarf für 45 Haushalte.

Die Berggaststätte Rappenecker Hof bezieht ihren Strom zum Teil aus einem Generator, zum Teil aus Sonnenenergie.
Der Anteil des Solarstroms ist von der Sonneneinstrahlung abhängig.

kWh	Jan.	Feb.	März	April	Mai	Juni
Generator	150	75	40	10	20	30
Solar	75	100	100	190	260	250
kWh	**Juli**	**Aug.**	**Sept.**	**Okt.**	**Nov.**	**Dez.**
Generator	10	—	20	30	60	140
Solar	240	260	230	200	120	60

Übertrage das Diagramm in dein Heft und ergänze die fehlenden Monate.

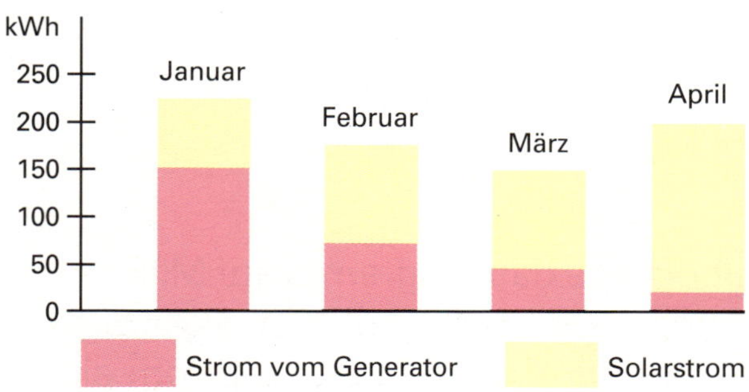

Öffentliche Verkehrsmittel helfen Energie sparen.

Energieverbrauch der Verkehrsmittel in kWh pro Person und Kilometer	
Straßenbahn	0,13
Omnibus	0,16
Motorrad	0,40
PKW	0,60
Flugzeug (Kurzstrecke)	0,80
Flugzeug (Auslandsflüge)	0,50
Eisenbahn (Nahverkehr)	0,30
Eisenbahn (Fernverkehr)	0,10

1

Welches Verkehrsmittel hat den geringsten Energieverbrauch?

2

Warum wird im Nahverkehr der Bahn mehr Energie verbraucht als im Fernverkehr?

3

Zeichne ein Säulendiagramm.

4

Vergleiche den Energieverbrauch pro Person von Flugzeug und Eisenbahn auf der Strecke Hamburg — München. (Bahnkilometer 820; Flugkilometer 580) Wie häufig könnte man mit der Bahn fahren, statt einmal zu fliegen?

5

Die Strecke Frankfurt — Rom beträgt 1370 Bahnkilometer. Die Flugstrecke beträgt 933 km. Berechne den Energieverbrauch pro Person

a) bei Benutzung der Eisenbahn.

b) bei Benutzung des Flugzeugs.

Raser sind Energieverschwender.

6

Der Kraftstoffverbrauch steigt mit zunehmender Fahrgeschwindigkeit erheblich.

a) Um wieviel Liter steigt der Verbrauch zwischen 60 und 100 km/h?

b) Um wieviel Liter steigt der Verbrauch zwischen 100 und 140 km/h?

7

Wieviel Liter Kraftstoff werden auf 650 km verbraucht

a) bei einer Durchschnittsgeschwindigkeit von 120 km/h?

b) bei einer Durchschnittsgeschwindigkeit von 140 km/h?

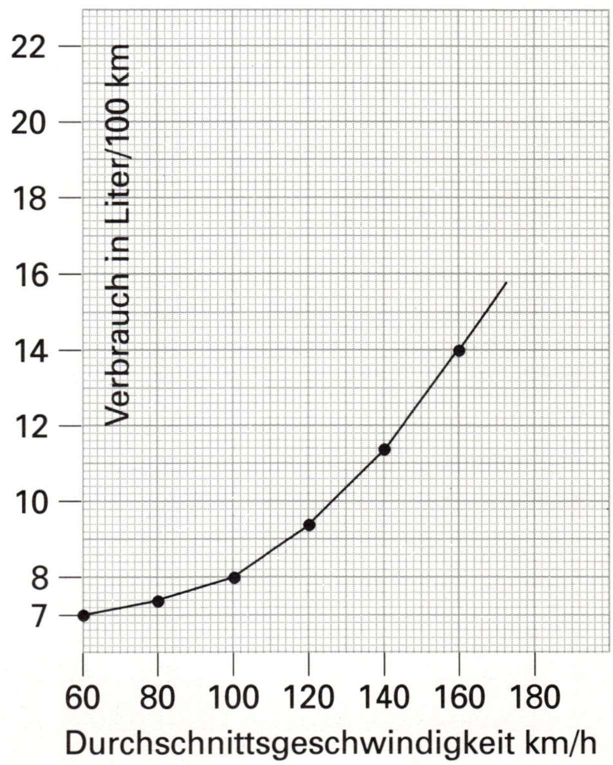

Unsere Nachbarn

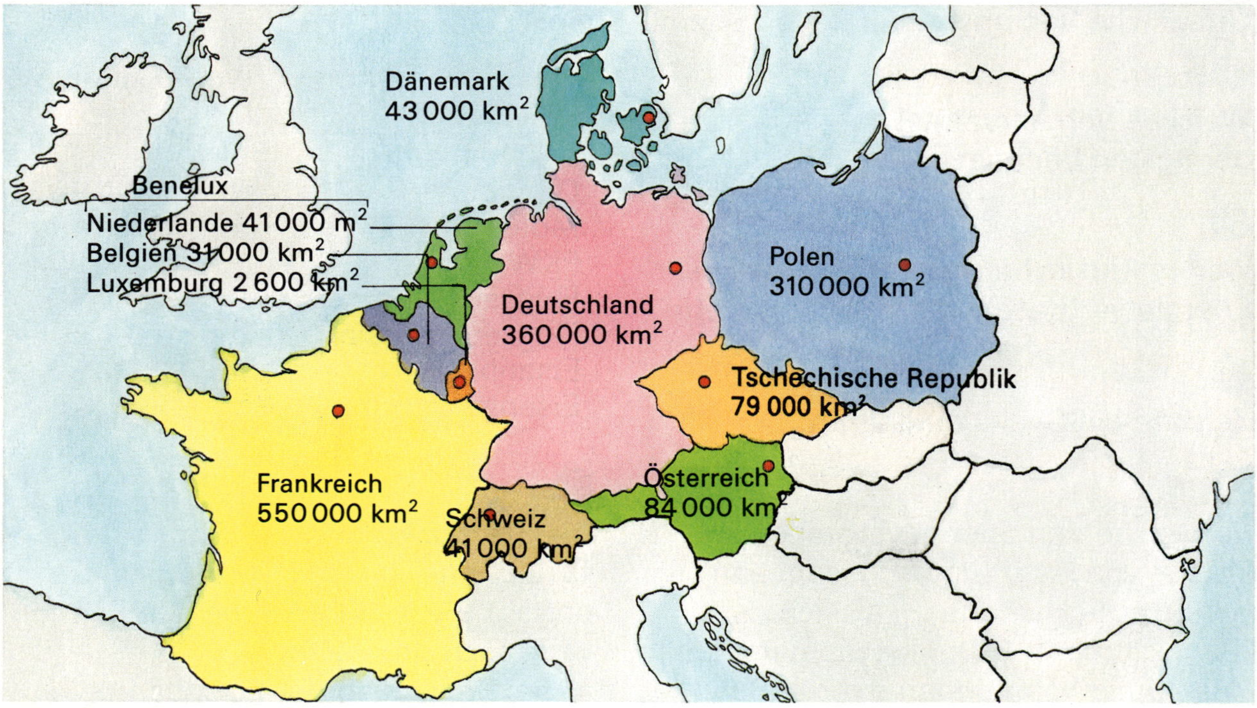

1

Nenne die Namen aller Länder, die eine gemeinsame Grenze mit der Bundesrepublik Deutschland haben.

2

Nenne die Namen der Hauptstädte. Informiere dich, welche Hauptstadt die meisten Einwohner hat.

3

Lies die Flächengrößen der Nachbarländer aus der Karte ab.

4

Erstelle eine Tabelle und ordne die Länder der Größe nach.

Länder	Bevölkerung
Belgien	9920000
Dänemark	5130000
Frankreich	55850000
Luxemburg	370000
Niederlande	14700000
Österreich	7600000
Polen	37800000
Schweiz	6500000
Tschechische Rep.	10400000

5

Errechne die Bevölkerungsdichte der Länder.

6

In welchem Land ist die Bevölkerungsdichte
a) am höchsten,
b) am niedrigsten.

7

Erstelle ein Säulendiagramm.

1

In der Schweiz werden verschiedene Sprachen gesprochen.

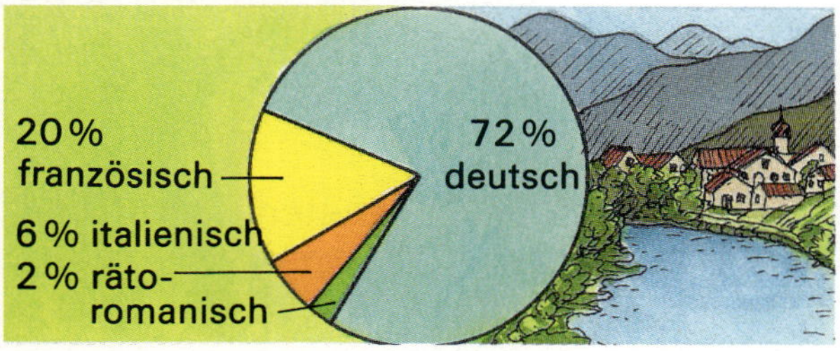

Wie viele Menschen sprechen
a) deutsch
b) französisch
c) italienisch
d) räto-romanisch

2

Verteilung der Konfessionen in Österreich.

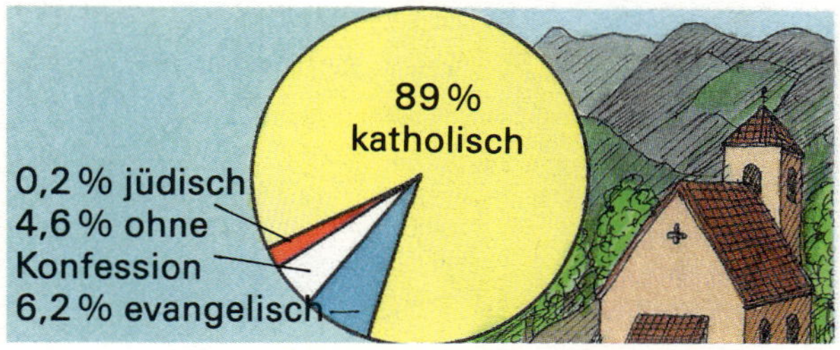

Wie viele Menschen sind:
a) katholisch
b) evangelisch
c) jüdisch
d) ohne Konfession

3

Milchprodukte aus den Niederlanden. Gesamtexport 6000 Tonnen (1992)

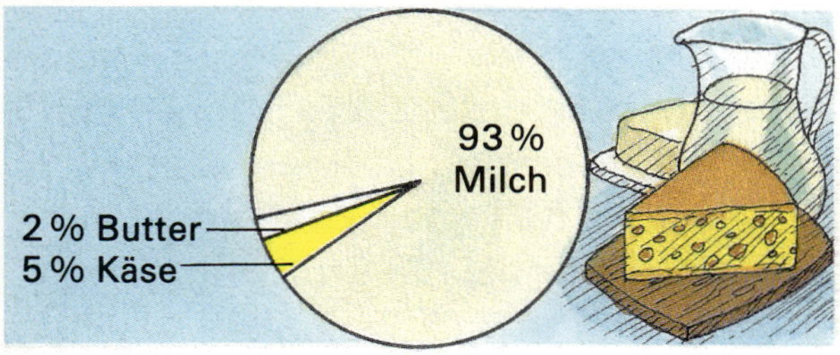

Wieviel Tonnen Milch, Käse und Butter wurden exportiert?

4

Erwerbstätige in Frankreich. Gesamtzahl 20,5 Millionen.

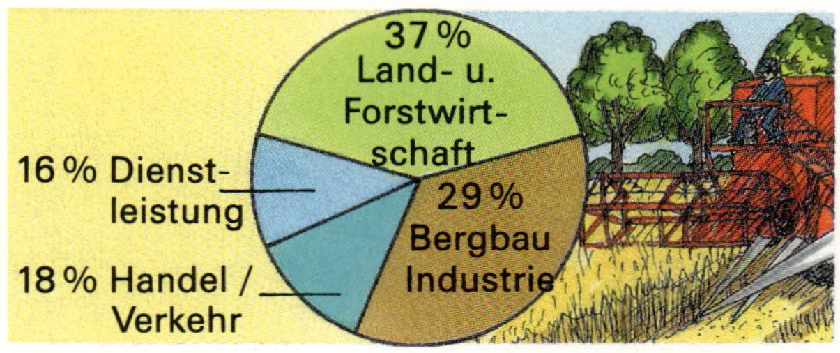

Wie viele Menschen arbeiten in den einzelnen Erwerbszweigen?

5

Landwirtschaftliche Erzeugnisse in Polen. Gesamterzeugnisse 50 Mio Tonnen (1992)

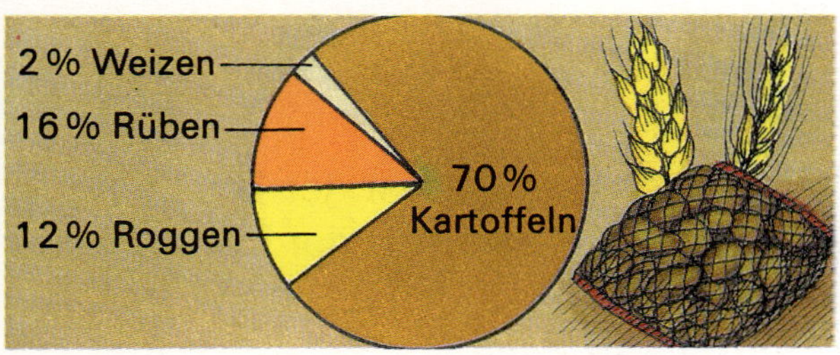

Wieviel Mio Tonnen wurden erzeugt?
a) Weizen
b) Roggen
c) Kartoffeln
d) Rüben

6

Auch in Belgien werden verschiedene Sprachen gesprochen.

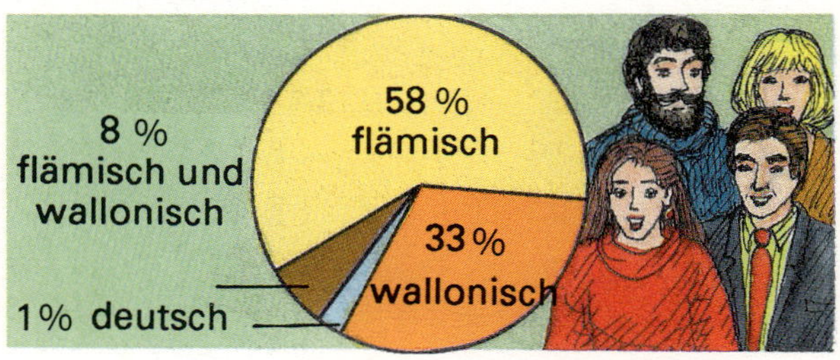

Wie viele Menschen sprechen
a) flämisch
b) beide Sprachen
c) wallonisch
d) deutsch

Unser Sonnensystem

Der Astronom Nikolaus Kopernikus hat gelehrt, daß die Sonne der Mittelpunkt unseres Planetensystems ist. Die Erde und die anderen Planeten bewegen sich um die Sonne. Sie sind unterschiedlich weit von der Sonne entfernt.

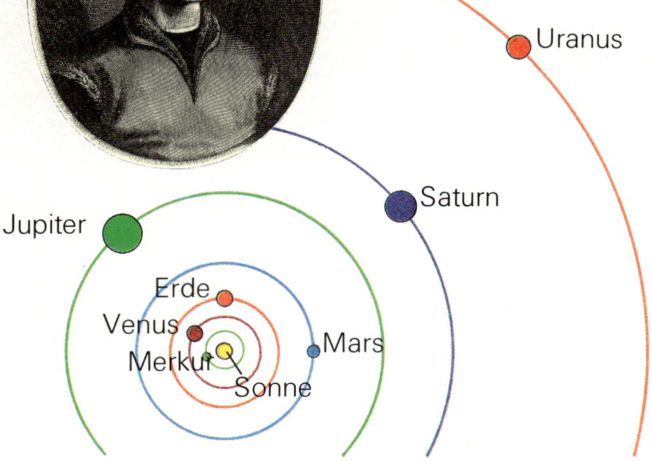

Entfernungen der Planeten von der Sonne in Millionen km	
Erde	150
Jupiter	778
Mars	228
Merkur	58
Neptun	4498
Pluto	5910
Saturn	1428
Uranus	2872
Venus	108

1

Erstelle eine Tabelle und ordne die Planeten nach der Entfernung von der Sonne.

a) Welcher Planet ist der Sonne am nächsten?

b) Welcher Planet ist von der Sonne am weitesten entfernt?

2

Vergleiche die Entfernung Sonne — Erde mit der Entfernung Sonne — Jupiter.

a) Wie viele Millionen km ist der Jupiter weiter als die Erde von der Sonne entfernt?
Vergleiche die Entfernungen.

b) Stelle weitere Vergleiche an.

Planetengrößen · Durchmesser in km	
Erde	12760
Jupiter	143600
Mars	6840
Merkur	5140
Neptun	49620
Pluto	12700
Saturn	120600
Uranus	53390
Venus	12610

3

Erstelle eine Tabelle und ordne die Planeten nach der Größe.

4

Wieviel mal größer ist der Durchmesser des Neptun als der Durchmesser der Erde?

5

Wieviel mal größer ist der Durchmesser des Jupiter als der des Merkur?

Zeichnen will gelernt sein

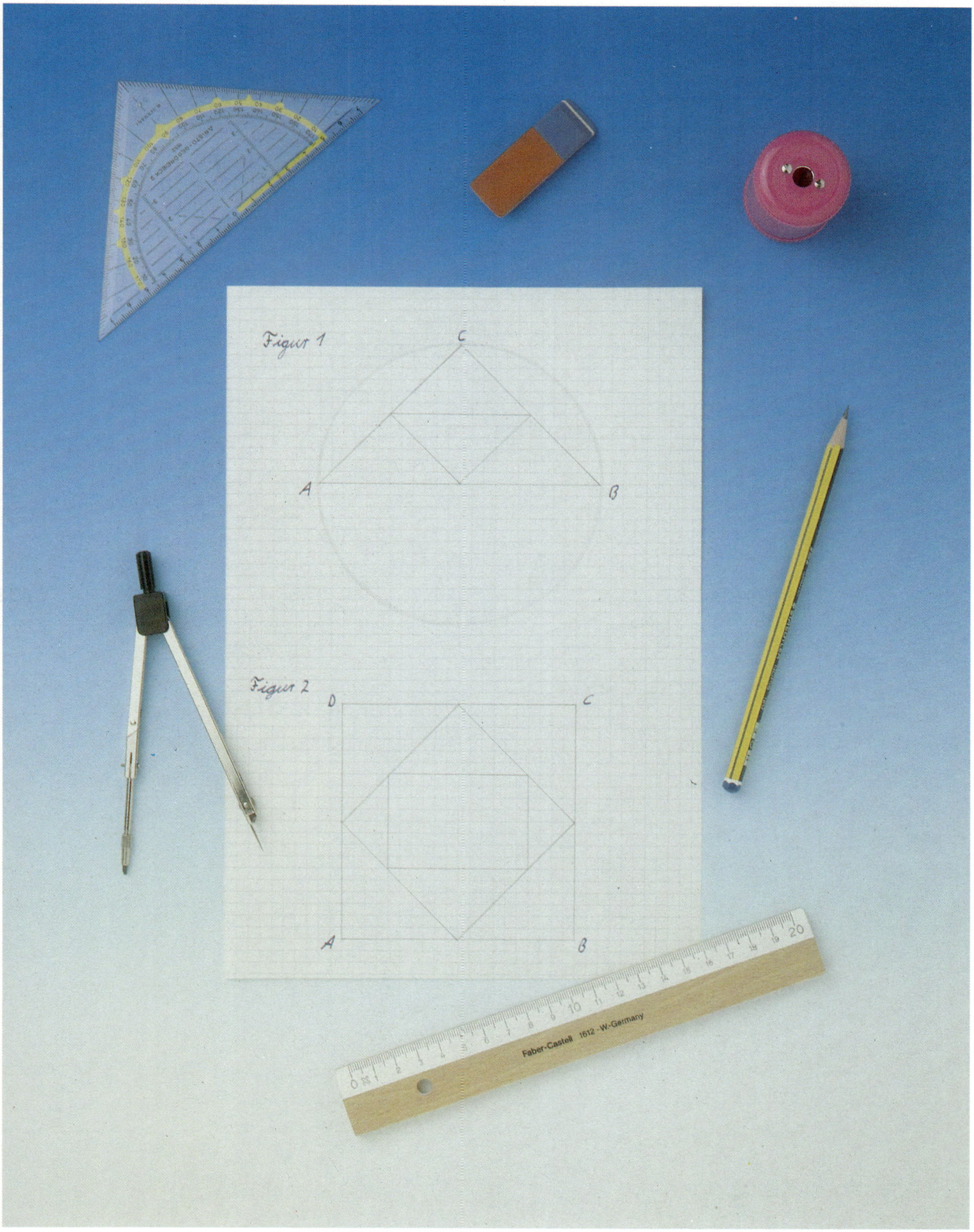

Wir zeichnen ein Dreieck

Zeichne ein Dreieck:

a = 3 cm

b = 5 cm

c = 6 cm

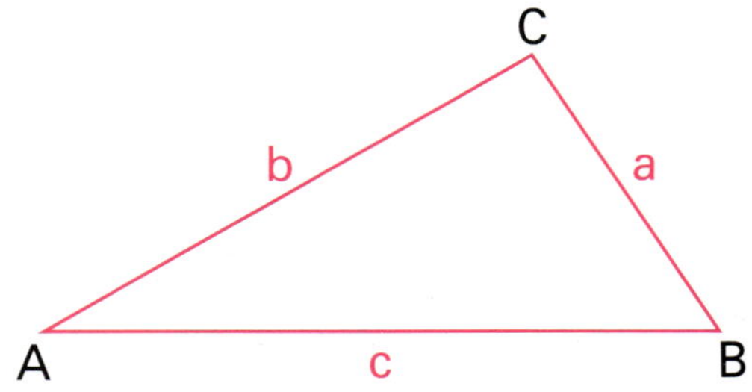

1. Schritt

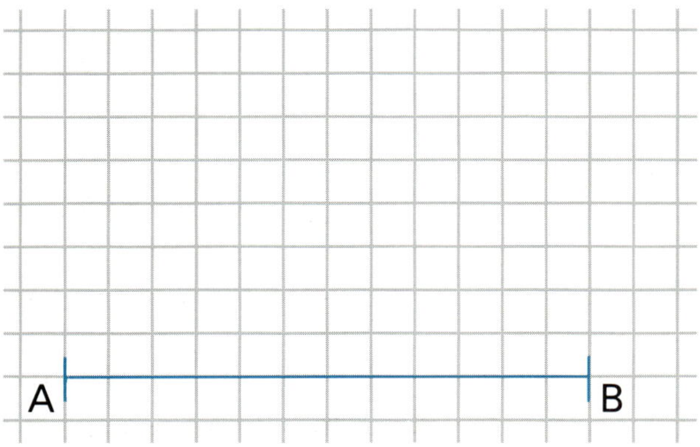

Zeichne c = 6 cm
mit den Endpunkten A und B.

2. Schritt

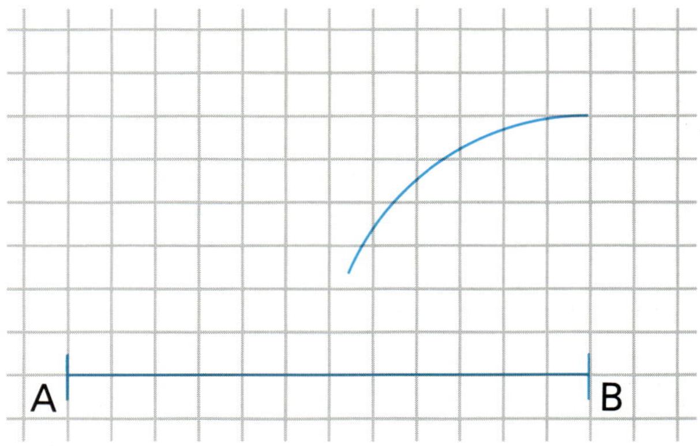

Zeichne einen Kreisbogen um B
mit dem Radius 3 cm.

3. Schritt

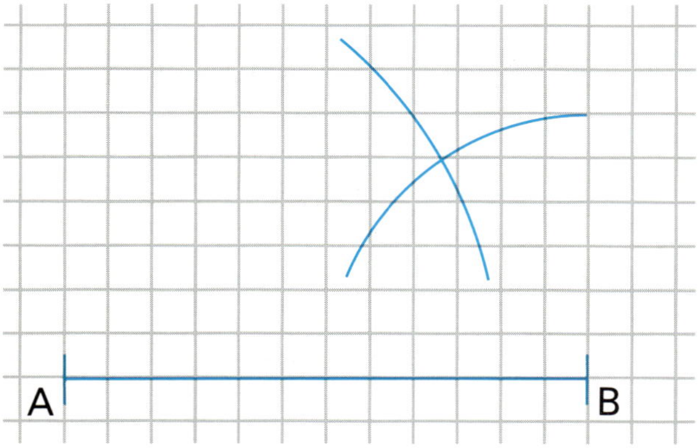

Zeichne einen Kreisbogen um A
mit dem Radius 5 cm.

4. Schritt

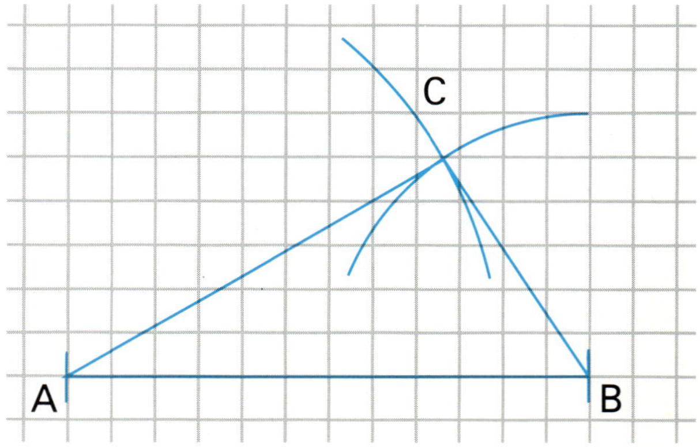

Der Schnittpunkt ist C.
Zeichne die Seiten a und b.

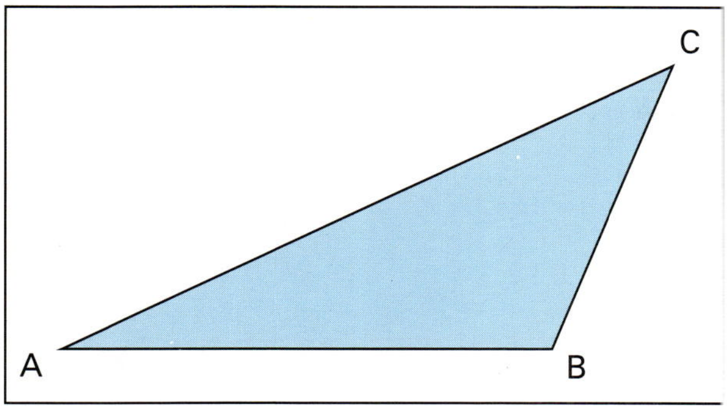

Zeichne Dreiecke.

1. a = 6 cm b = 4 cm c = 7 cm
2. a = 2 cm b = 6 cm c = 5 cm
3. a = 4,5 cm b = 2,5 cm c = 4,0 cm
4. a = 7,7 cm b = 3,1 cm c = 8,3 cm

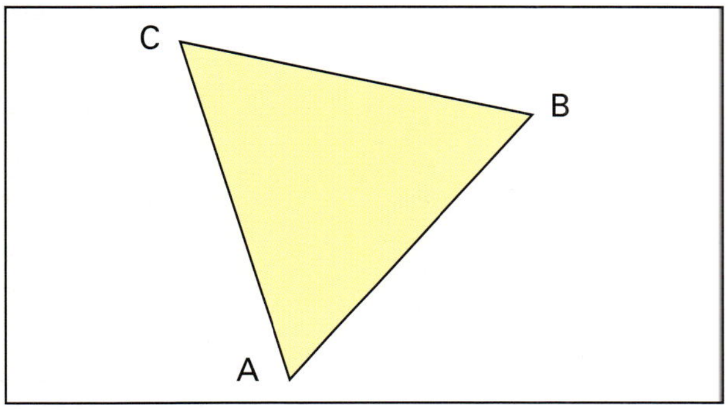

Zeichne gleichseitige Dreiecke.

5. a = 5 cm b = 5 cm c = 5 cm
6. a = 7,5 cm b = 7,5 cm c = 7,5 cm
7. a = 3,8 cm b = 3,8 cm c = 3,8 cm
8. a = 6,2 cm b = 6,2 cm c = 6,2 cm

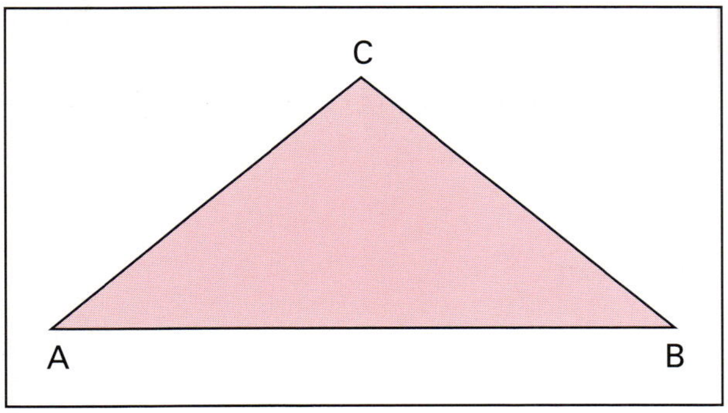

Zeichne gleichschenklige Dreiecke.

9. a = 3 cm b = 3 cm c = 4 cm
10. a = 5,5 cm b = 5,5 cm c = 6,5 cm
11. a = 7,1 cm b = 7,1 cm c = 4,9 cm
12. a = 5,8 cm b = 5,8 cm c = 6,2 cm

Versuche, Dreiecke zu zeichnen. Manchmal kann es nicht gelingen. Erkläre warum.

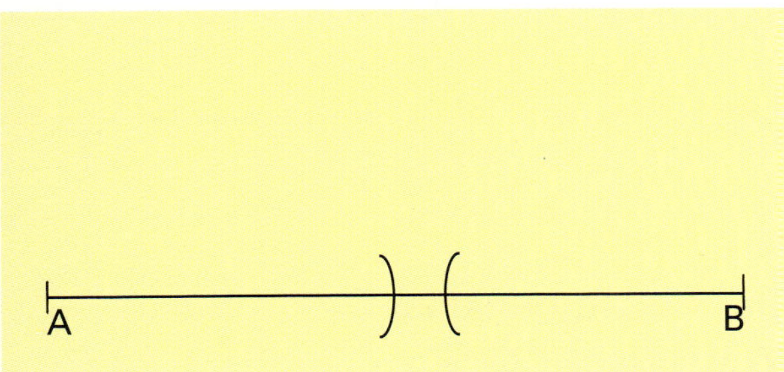

13.* a = 5 cm b = 3 cm c = 7 cm
14.* a = 3 cm b = 3 cm c = 7 cm
15.* a = 3,5 cm b = 3,5 cm c = 7 cm
16.* a = 4,5 cm b = 4,5 cm c = 7 cm

Wir nutzen den Winkel

Zeichne ein Dreieck:

b = 4 cm

c = 6 cm

α = 45°

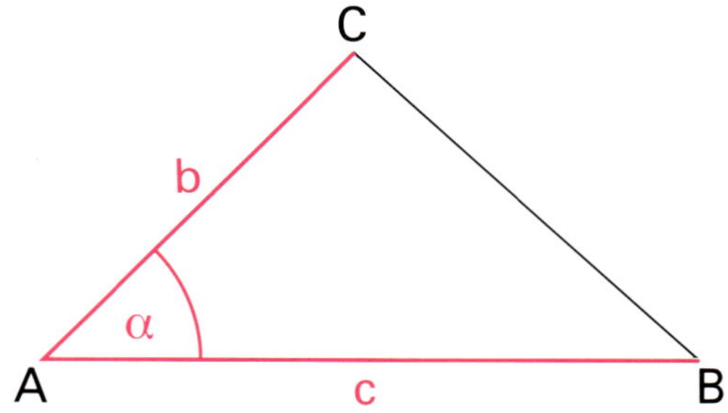

1. Schritt

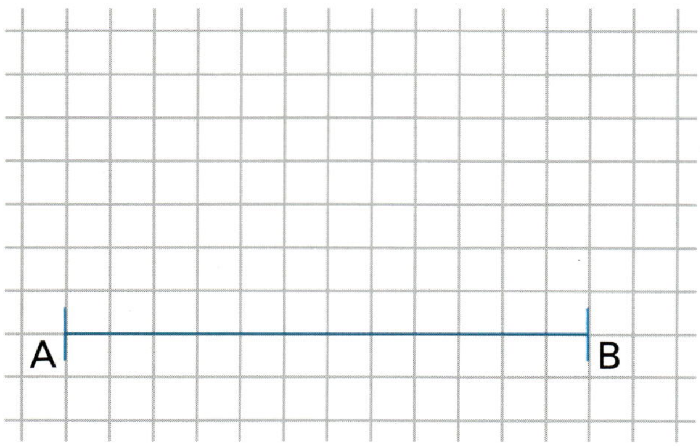

Zeichne c = 6 cm
mit den Endpunkten A und B.

2. Schritt

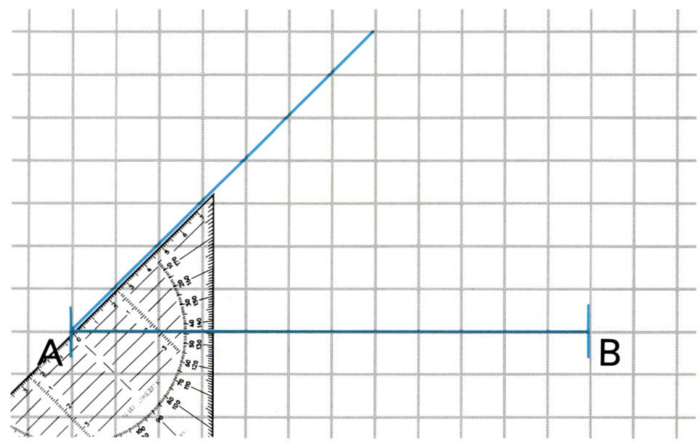

Trage den Winkel α = 45°
in A an.

3. Schritt

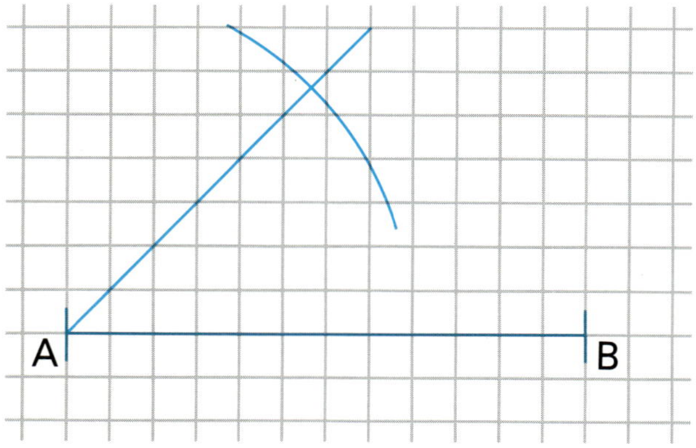

Zeichne einen Kreisbogen um A
mit dem Radius 4 cm.

4. Schritt

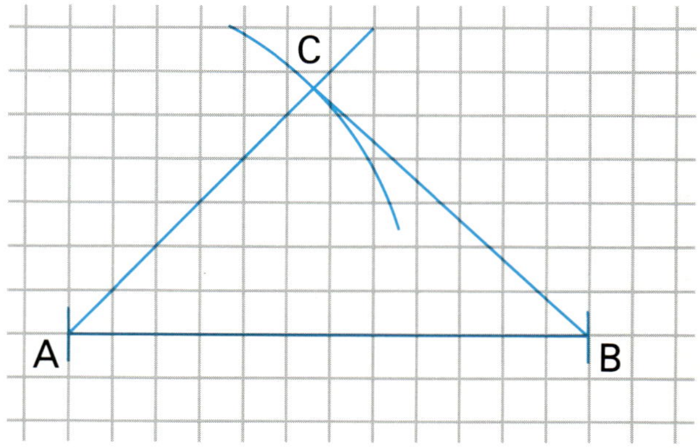

Der Schnittpunkt ist C.
Verbinde B mit C.

Zeichne Dreiecke. Miß die Länge der fehlenden Seite.

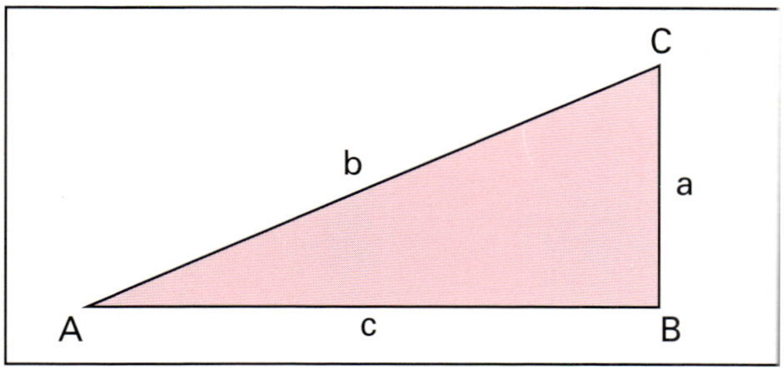

1. $b = 4$ cm $c = 6$ cm $\alpha = 60°$
2. $b = 2{,}5$ cm $c = 5{,}5$ cm $\alpha = 75°$
3. $b = 5{,}2$ cm $c = 6{,}1$ cm $\alpha = 90°$
4. * $b = 4{,}7$ cm $c = 5{,}9$ cm $\beta = 82°$

Zeichne Dreiecke. Färbe gleichseitige Dreiecke grün.

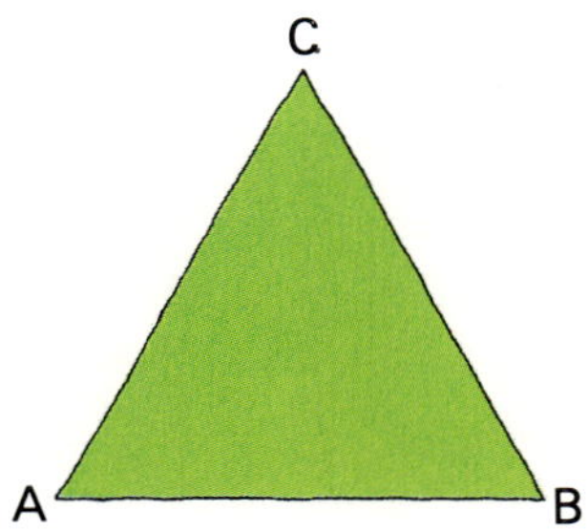

5. $b = 5$ cm $c = 6$ cm $\alpha = 90°$
6. $b = 7{,}3$ cm $c = 7{,}3$ cm $\alpha = 60°$
7. $a = 4$ cm $b = 4{,}5$ cm $c = 6$ cm
8. * $a = 6{,}3$ cm $b = 6{,}3$ cm $\gamma = 48°$

Zeichne Dreiecke. Färbe gleichschenklige Dreiecke blau.

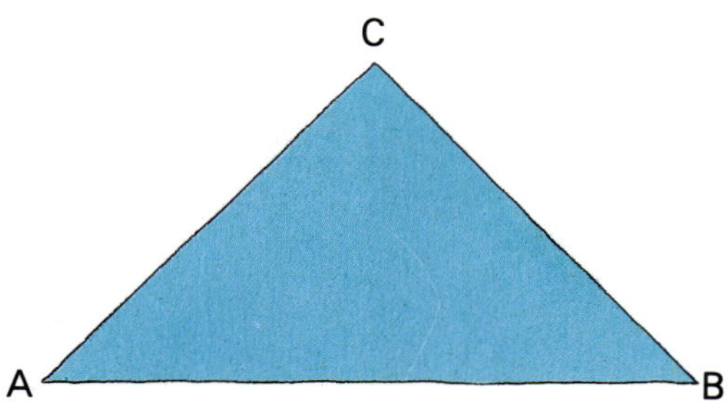

9. $a = 5{,}5$ cm $c = 5{,}5$ cm $\alpha = 60°$
10. $b = 8{,}2$ cm $c = 8{,}2$ cm $\alpha = 105°$
11. * $a = 5{,}9$ cm $b = 5{,}9$ cm $c = 5{,}9$ cm
12. * $a = 6$ cm $c = 6$ cm $\beta = 135°$

13

Zeichne ein Dreieck mit den Seiten $a = 4{,}5$ cm und $b = 5{,}0$ cm sowie dem Winkel $\gamma = 90°$. Miß die Größe der beiden anderen Winkel.

14 *

Zeichne ein Dreieck mit den Seiten $a = 5{,}3$ cm und $c = 7{,}1$ cm sowie dem Winkel $\beta = 50°$. Miß die Länge der fehlenden Seite.

15

Zeichne ein gleichseitiges Dreieck mit der Seitenlänge 9 cm. Miß den kürzesten Abstand zwischen Punkt B und der Seite b.

16 *

Zeichne ein gleichseitiges Dreieck mit der Seitenlänge 7,5 cm. Miß die drei Winkel und berechne die Winkelsumme.

Wir zeichnen und berechnen Dreiecke

Zeichne ein Dreieck:

$c = 7$ cm

$\alpha = 75°$

$\beta = 25°$

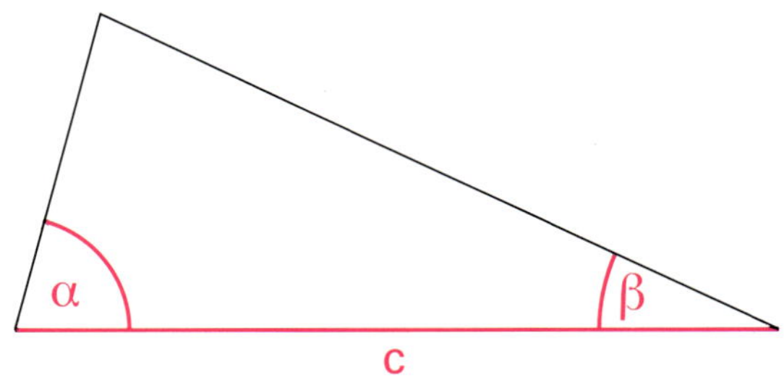

1. Schritt

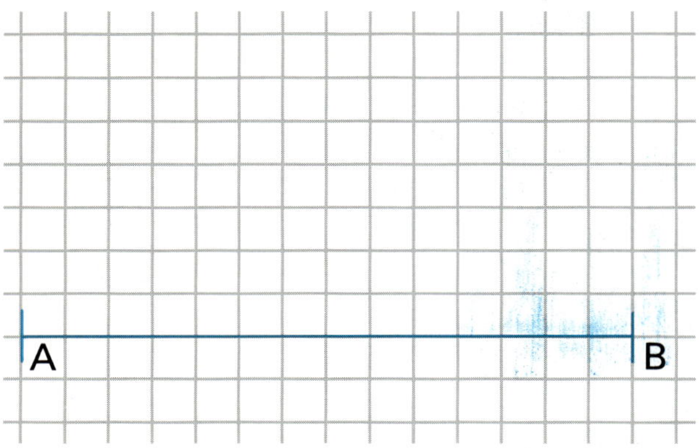

Zeichne $c = 7$ cm mit den Endpunkten A und B.

2. Schritt

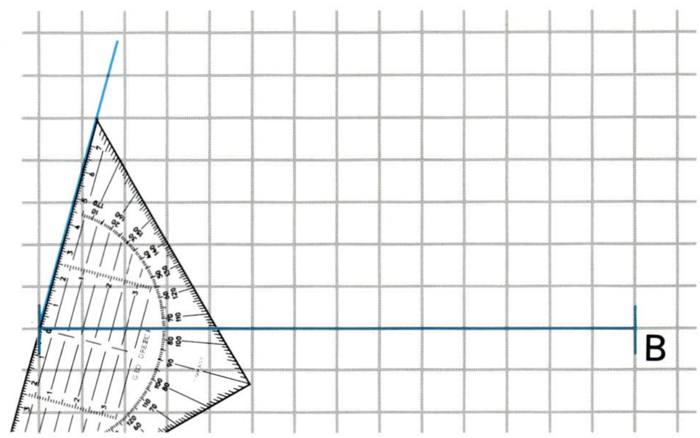

Trage den Winkel $\alpha = 75°$ in A an.

3. Schritt

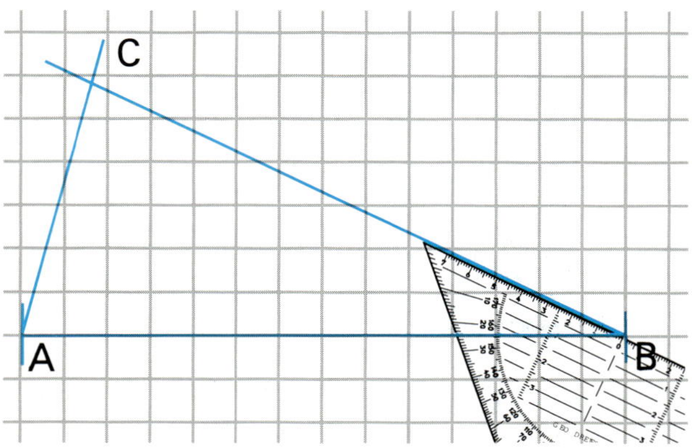

Trage den Winkel $\beta = 25°$ in B an.

4. Schritt

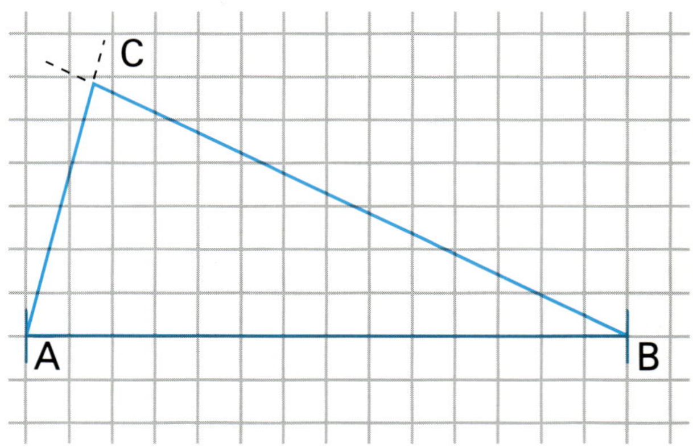

Der Schnittpunkt ist C.

Zeichne die Dreiecke. Miß die fehlenden Seitenlängen und den fehlenden Winkel.

1
$c = 6$ cm
$\alpha = 40°$
$\beta = 60°$

2
$c = 5{,}5$ cm
$\alpha = 70°$
$\beta = 70°$

3
$c = 7{,}3$ cm
$\alpha = 60°$
$\beta = 60°$

4
$c = 4{,}8$ cm
$\alpha = 46°$
$\beta = 54°$

5
$c = 4{,}0$ cm
$\alpha = 35°$
$\beta = 100°$

6
$c = 6{,}9$ cm
$\alpha = 90°$
$\beta = 20°$

7*
$a = 5{,}0$ cm
$\beta = 45°$
$\delta = 45°$

8*
$b = 7{,}5$ cm
$\alpha = 80°$
$\gamma = 55°$

Zeichne die Dreiecke. Berechne den Umfang.

$$u_{\triangle} = a + b + c$$

9
$a = 7{,}2$ cm
$b = 5{,}4$ cm
$c = 8{,}1$ cm

10
$a = 2{,}5$ cm
$b = 4{,}0$ cm
$c = 4{,}0$ cm

11
$a = 6$ cm
$b = 6$ cm
$c = 6$ cm

12
$a = 5{,}0$ cm
$b = 5{,}0$ cm
$c = 7{,}4$ cm

Zeichne die Dreiecke. Berechne den Flächeninhalt.

$$F_{\triangle} = \frac{g \cdot h}{2}$$

13*
$c = 6{,}3$ cm
$b = 4{,}8$ cm
$\alpha = 60°$

14*
$c = 4{,}6$ cm
$\alpha = 20°$
$\beta = 70°$

15*
$c = 6$ cm
$\alpha = 35°$
$\beta = 90°$

16*
$c = 7{,}5$ cm
$b = 7{,}5$ cm
$\alpha = 60°$

Zeichne Dreiecke. Die Seiten sollen doppelt so lang sein, wie bei den abgebildeten Dreiecken. Entnimm die erforderlichen Angaben den Abbildungen.

17*

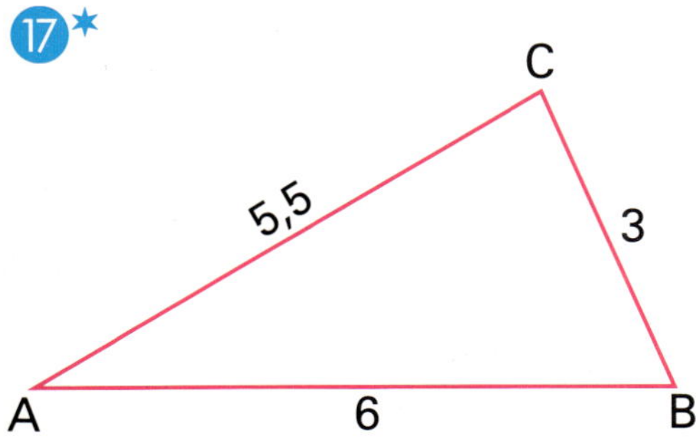

18*

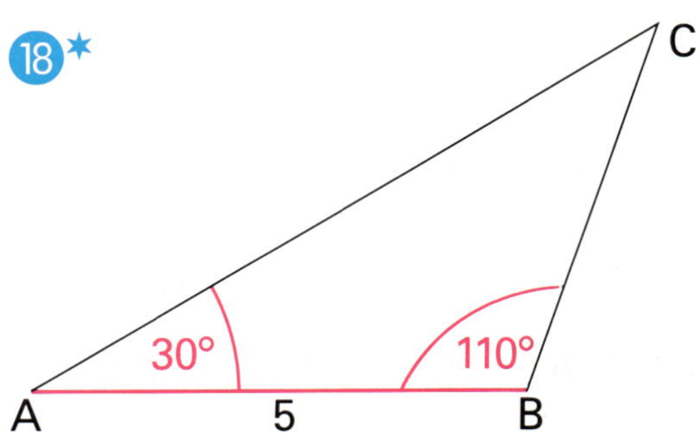

Wir zeichnen Parallelogramme

Zeichne ein Parallelogramm:

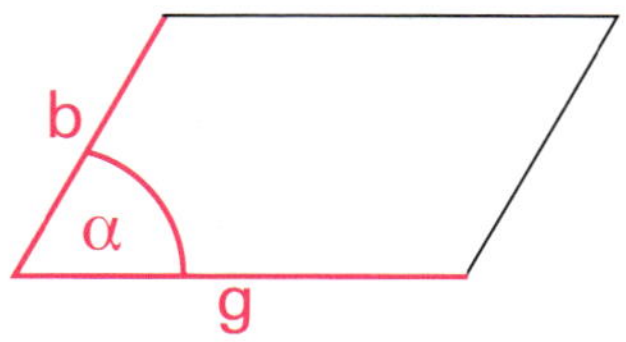

g = 4,5 cm

b = 3 cm

α = 60 °

1. Schritt

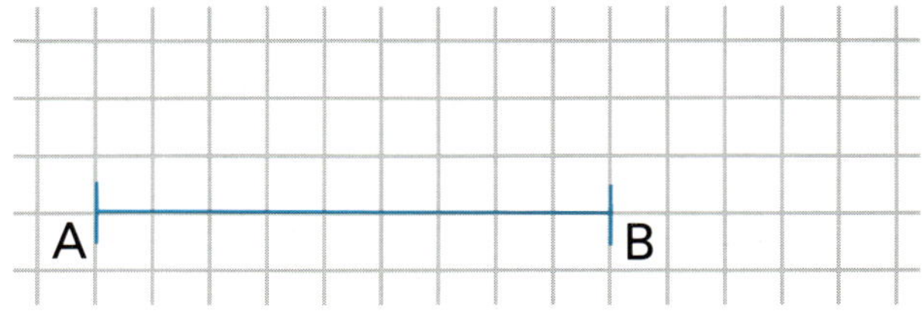

Zeichne g = 4,5 cm mit den Endpunkten A und B

2. Schritt

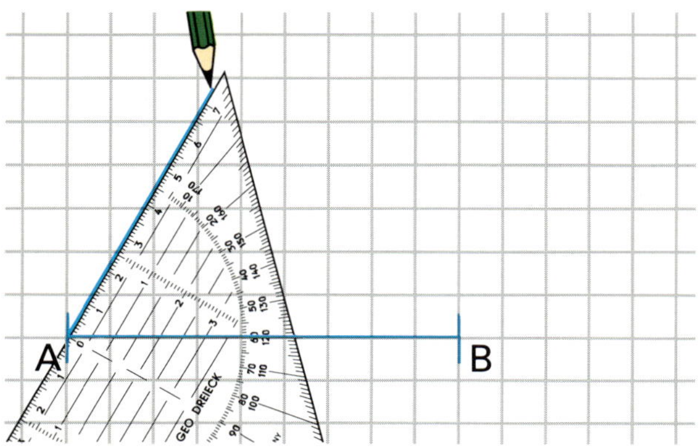

Trage einen Winkel von 60 ° in A an.

3. Schritt

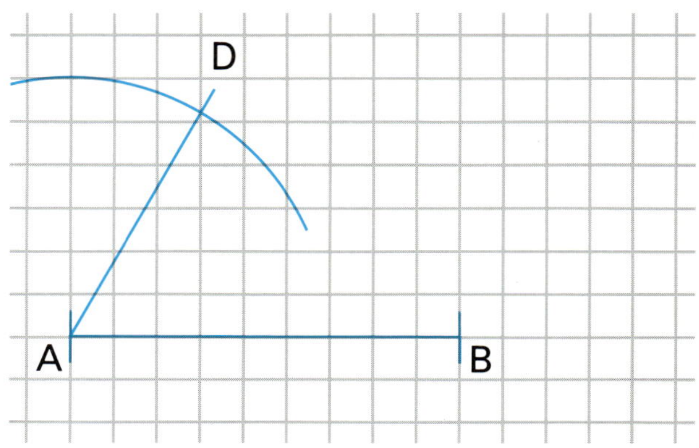

Zeichne einen Kreisbogen um A mit dem Radius 3 cm, der Endpunkt ist D.

4. Schritt

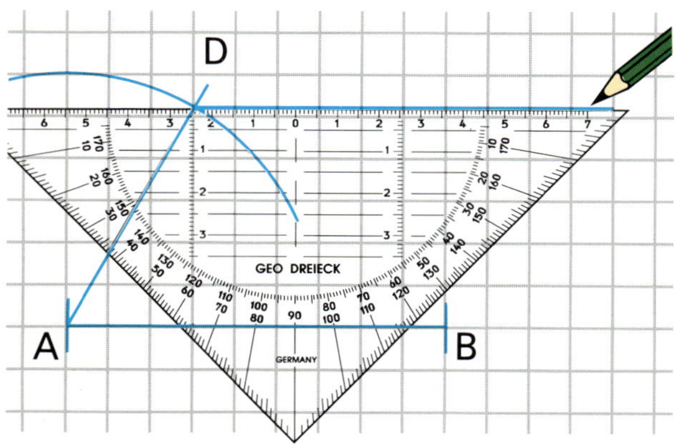

Zeichne eine Parallele zu g durch D.

5. Schritt

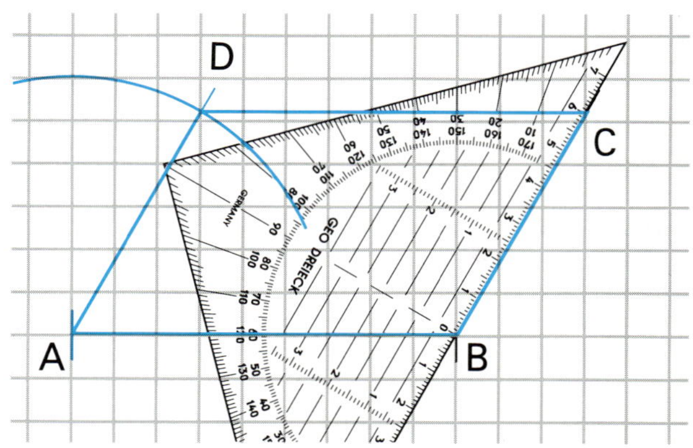

Zeichne eine Parallele zu b durch B, der Endpunkt ist C.

Zeichne die Parallelogramme.

1
$g = 5{,}0$ cm
$b = 4{,}0$ cm
$\alpha = 75°$

2
$g = 4{,}5$ cm
$b = 3{,}5$ cm
$\alpha = 60°$

3
$g = 6{,}5$ cm
$b = 2{,}5$ cm
$\alpha = 45°$

4
$g = 6{,}0$ cm
$b = 4{,}5$ cm
$\alpha = 120°$

5
$g = 4{,}8$ cm
$b = 3{,}7$ cm
$\alpha = 56°$

6
$g = 7{,}4$ cm
$b = 4{,}2$ cm
$\alpha = 82°$

7*
$g = 5{,}5$ cm
$b = 4{,}0$ cm
$\alpha = 90°$

8*
$g = 7{,}0$ cm
$b = 7{,}0$ cm
$\alpha = 90°$

Quadrate und Rechtecke sind besondere Parallelogramme.

Zeichne ein Rechteck mit den Seiten $\ell = 6$ cm und $b = 3$ cm.

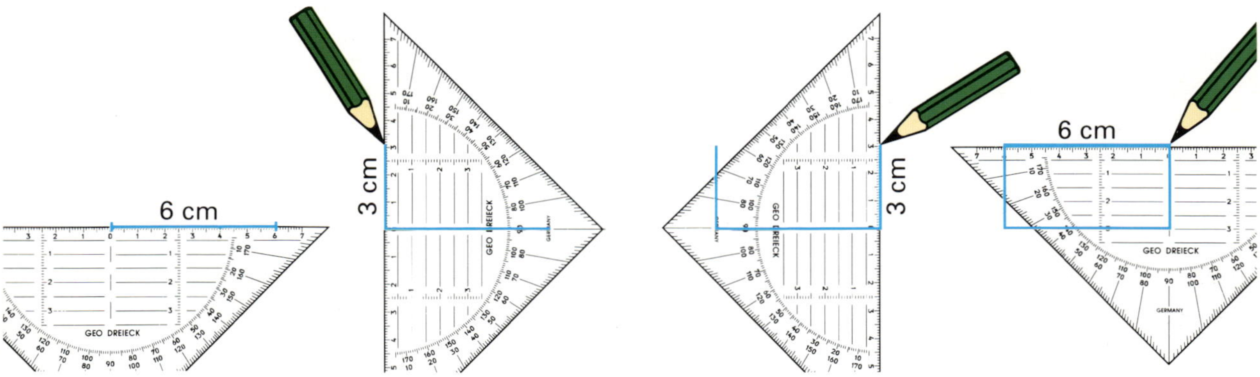

Zeichne Rechtecke.

9
$\ell = 9{,}0$ cm
$b = 7{,}0$ cm

10
$\ell = 5{,}5$ cm
$b = 5{,}5$ cm

11
$\ell = 8{,}0$ cm
$b = 4{,}5$ cm

12
$\ell = 2{,}5$ cm
$b = 2{,}5$ cm

13°
Zeichne ein Rechteck mit $\ell = 6{,}4$ cm und $b = 3{,}6$ cm. Berechne den Umfang und den Flächeninhalt.

$u_{▭} = 2 \cdot \ell + 2 \cdot b$

$F_{▭} = \ell \cdot b$

14°
Zeichne ein Quadrat mit der Seitenlänge 7,2 cm. Berechne den Umfang und den Flächeninhalt.

$u_{\square} = 4 \cdot a$

$F_{\square} = a \cdot a$

Parallelogramm, Raute, Drachen und Trapez

Lege zwei unterschiedlich breite Folienstreifen übereinander.
Es entsteht ein Parallelogramm.

Ein Parallelogramm ist ein Viereck, bei dem die gegenüberliegenden Seiten gleich lang und zueinander parallel sind.

Lege zwei gleich breite Folienstreifen übereinander.
In diesem Fall entsteht eine Raute.

Eine Raute ist ein Viereck, bei dem alle Seiten gleich lang und die gegenüberliegenden Seiten zueinander parallel sind.

Übertrage die Figuren in dein Heft. Schreibe darunter, welche Figuren Parallelogramme und welche Figuren auch Rauten sind.

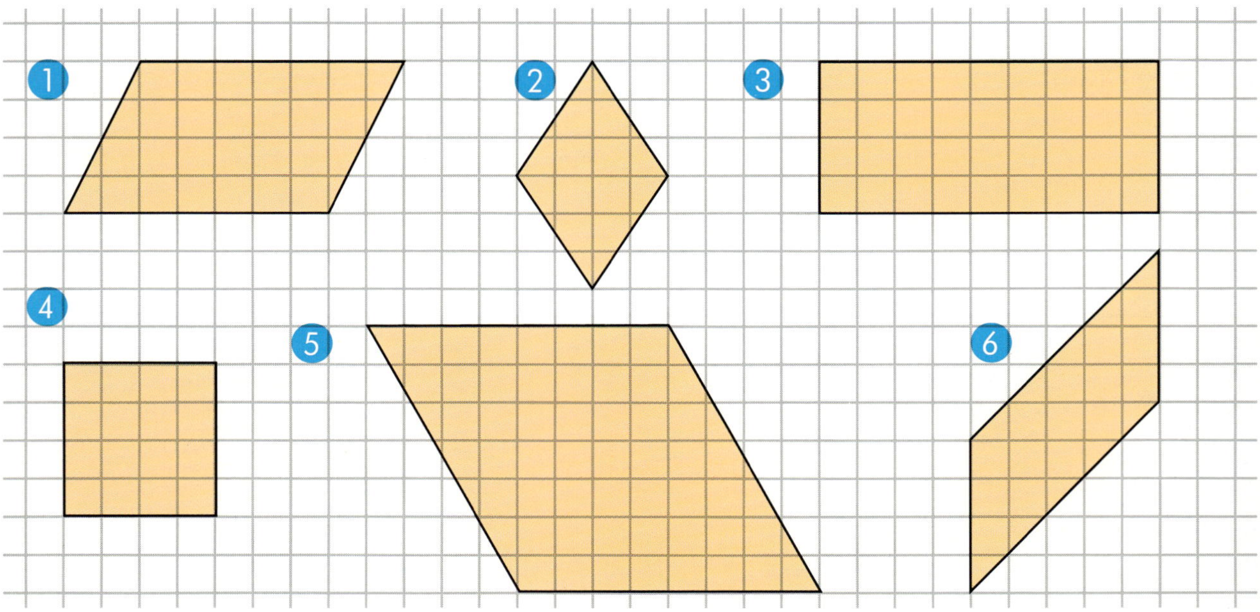

Schneide von einem Dreieck die Spitze ab. Es entsteht ein Trapez, wenn du parallel zur Grundlinie schneidest.

Ein Trapez ist ein Viereck, das zwei parallele Seiten hat.

Zeichne eine Strecke und konstruiere darauf zwei gleichschenklige Dreiecke. Es entsteht ein Drachen.

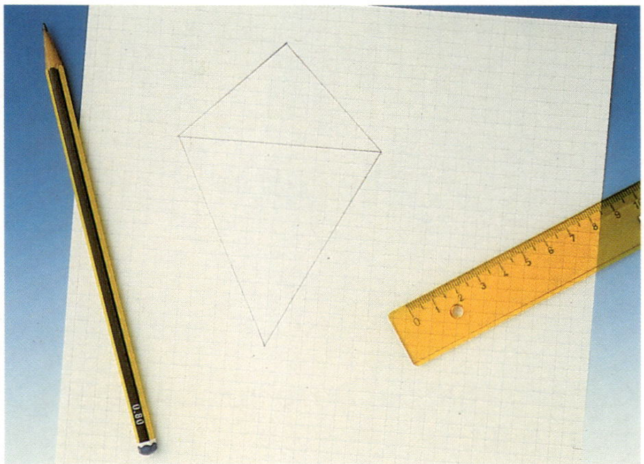

Ein Drachen ist ein Viereck, in dem die Diagonalen senkrecht aufeinander stehen.

Übertrage die Figuren in dein Heft.
Schreibe darunter, welche Figuren Trapeze und welche Figuren Drachen sind.

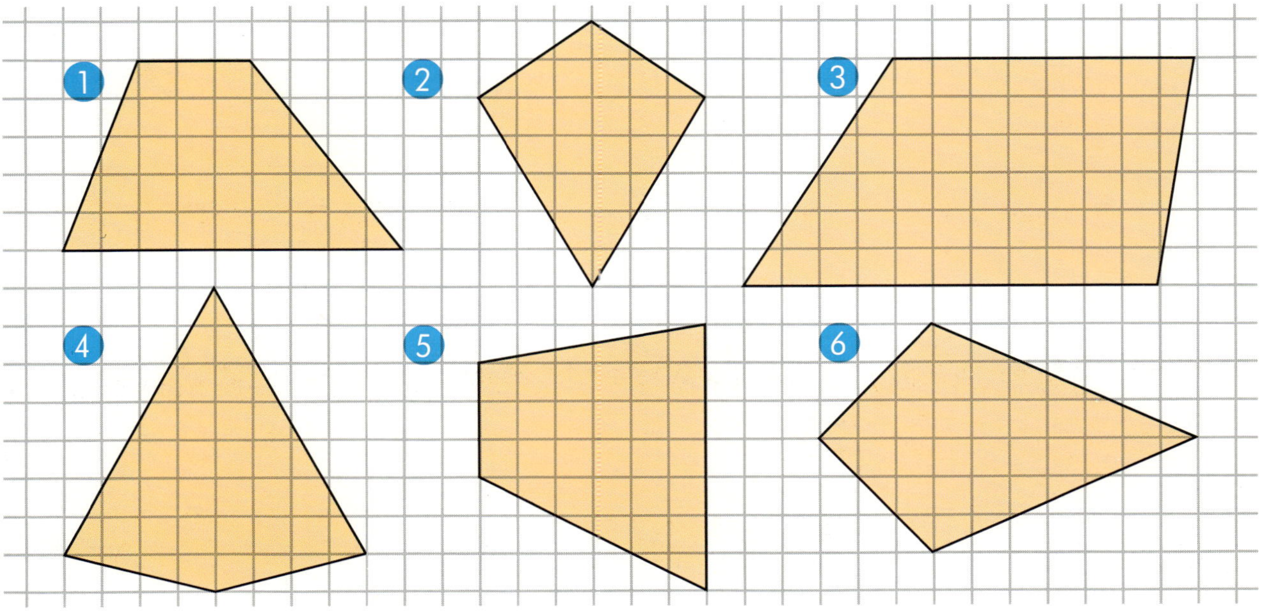

Zeichnungen nach Maßstab

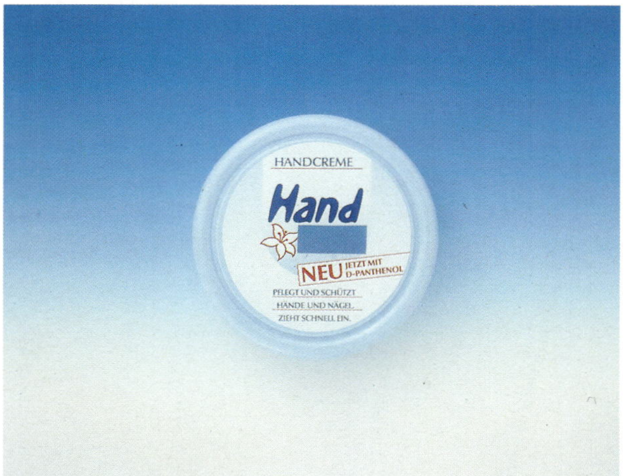

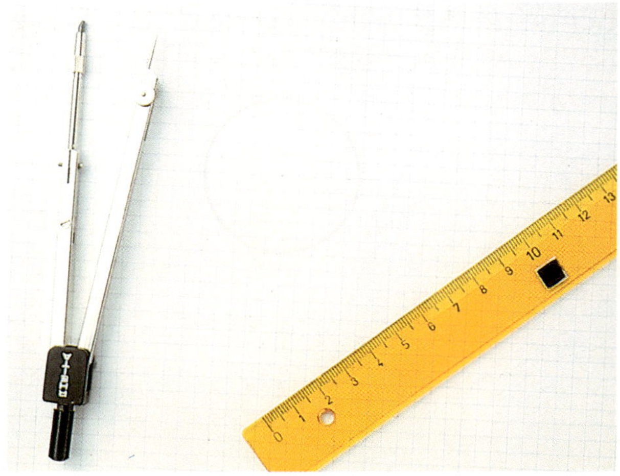

Katharina hat die Dose im Maßstab 1 : 2 gezeichnet.

Maßstab 1 : 2 heißt:
1 cm in der Zeichnung entsprechen
2 cm in der Wirklichkeit.

Zeichnung	*Wirklichkeit*
0,5 cm	1 cm
1 cm	2 cm
1,5 cm	3 cm

Zeichne die Figuren im Maßstab 1 : 2 in dein Heft.

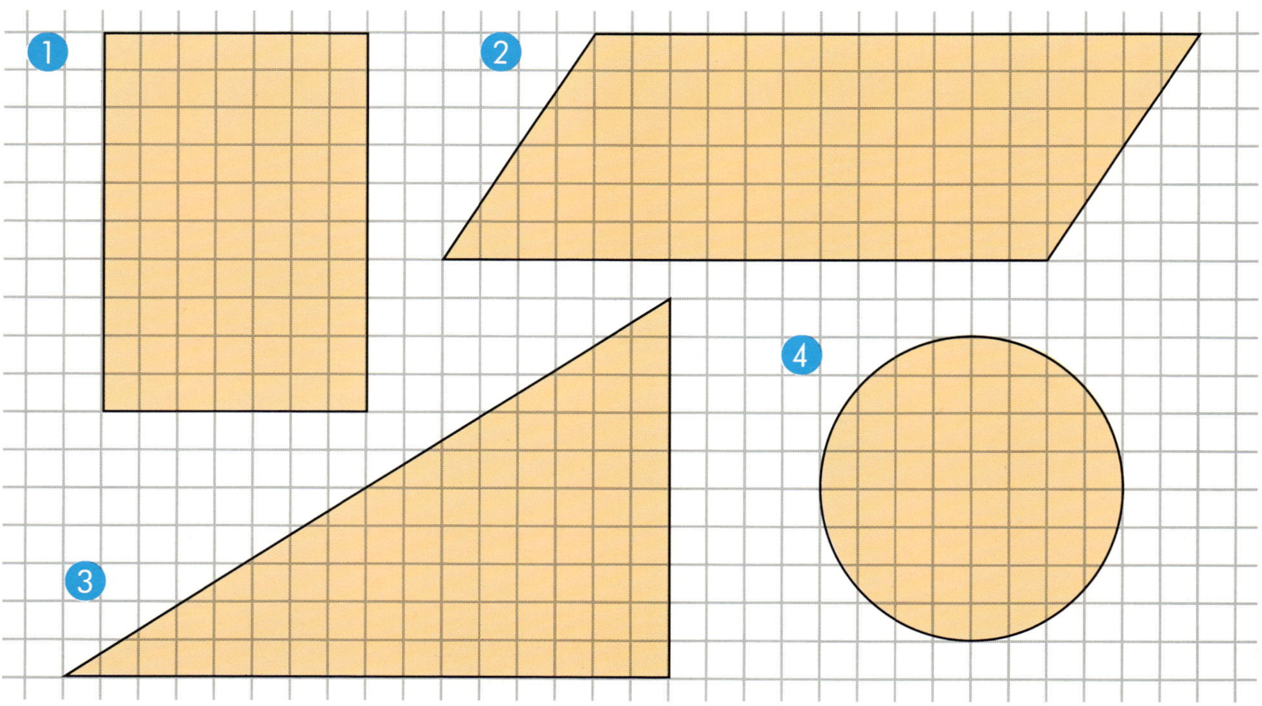

Familie Breuer zieht in eine neue Wohnung. Sie hat einen Plan der Wohnung im Maßstab 1 : 100 erhalten.

Zeichnung	*Wirklichkeit*
0,5 cm 1 cm 1,5 cm	50 cm 100 cm 150 cm

Maßstab 1 : 100 heißt:
1 cm in der Zeichnung entspricht 100 cm in der Wirklichkeit.

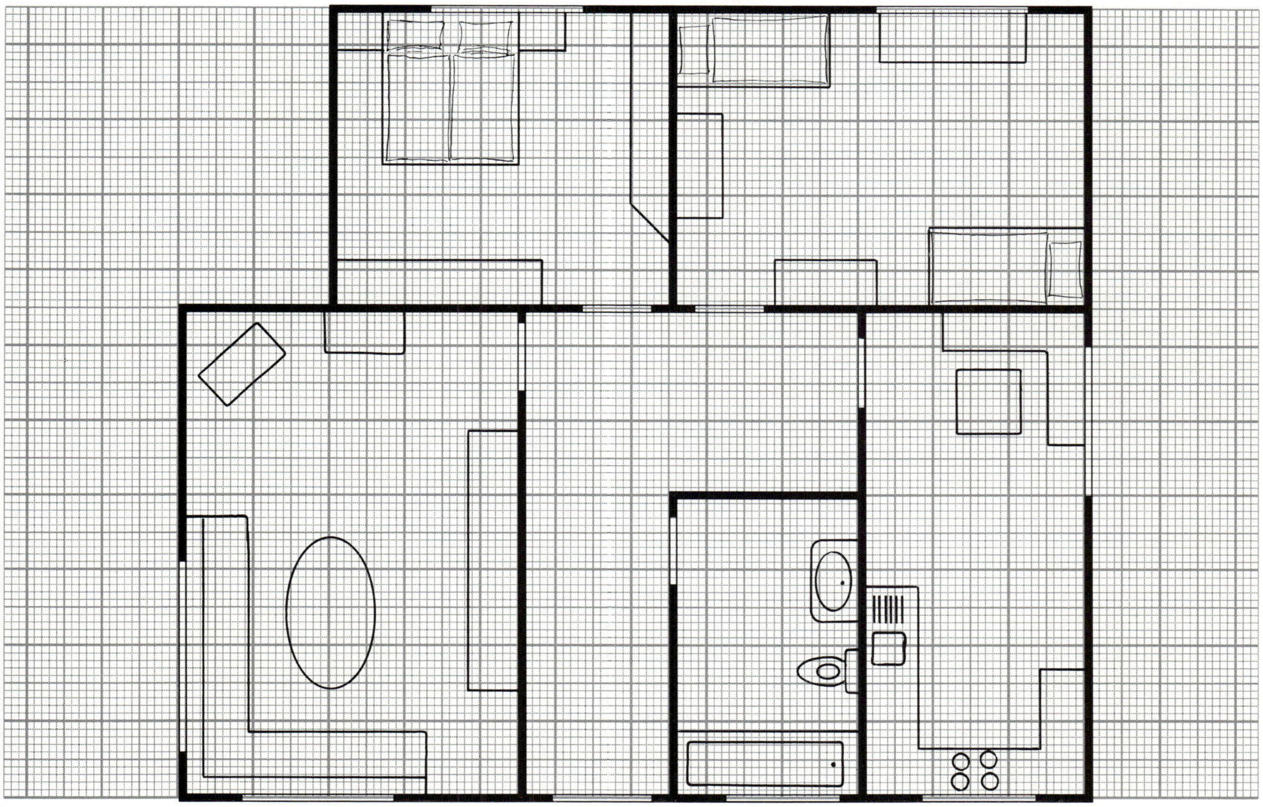

1
Wie breit ist das große Küchenfenster in Wirklichkeit?

2
Wie lang und wie breit ist das Badezimmer in Wirklichkeit?

3
Wie groß ist das Wohnzimmer? Berechne den Flächeninhalt.

4 *
Vergleiche die Größe von Kinderzimmer und Elternschlafzimmer.

5 *
Welcher Raum ist der kleinste der Wohnung? Berechne den Flächeninhalt.

6 *
Zeichne den Plan in dein Heft oder auf Millimeterpapier.

Zusammengesetzte Figuren

Dreiecke, Kreisflächen, Trapeze und Parallelogramme können wir sofort mit einer Formel berechnen. Andere Vielecke müssen wir zunächst in Teile zerlegen.

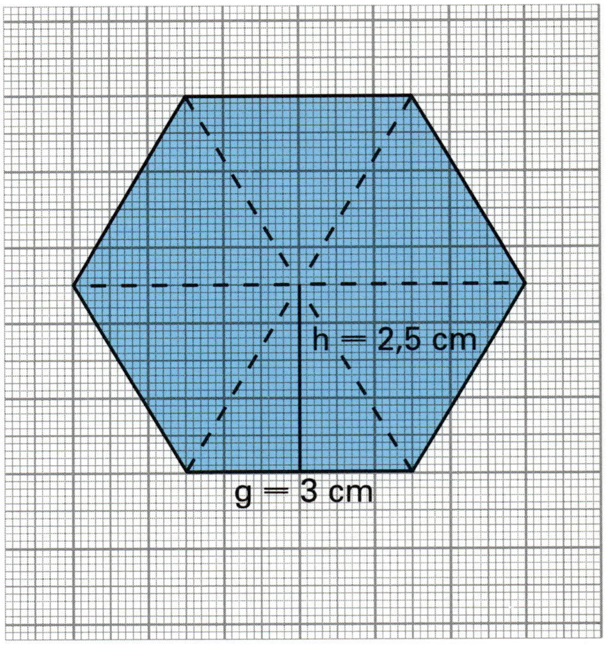

1

Berechne den Flächeninhalt des Sechsecks.
Wir zerlegen die Figur in sechs gleichgroße Dreiecke. Wir berechnen zuerst den Flächeninhalt eines Dreiecks und multiplizieren dann mit 6.

$F_{⬡} = F_{\triangle} \cdot 6$

Schritt 1: Dreieck berechnen

$F_{\triangle} = \frac{g \cdot h}{2}$

$3\ cm \cdot 2{,}5\ cm = 7{,}5\ cm^2$

$7{,}5\ cm^2 : 2 = ■\ cm^2$

$F_{\triangle} = ■\ cm^2$

Schritt 2: Multiplizieren

$F_{⬡} = F_{\triangle} \cdot 6$

$F_{\triangle} = 3{,}75\ cm^2$

$3{,}75\ cm^2 \cdot 6 = ■\ cm^2$

$F_{⬡} = ■\ cm^2$

2* Berechne den Umfang des oben abgebildeten Sechsecks.

3* Zeichne die Figur in dein Heft oder auf Millimeterpapier.

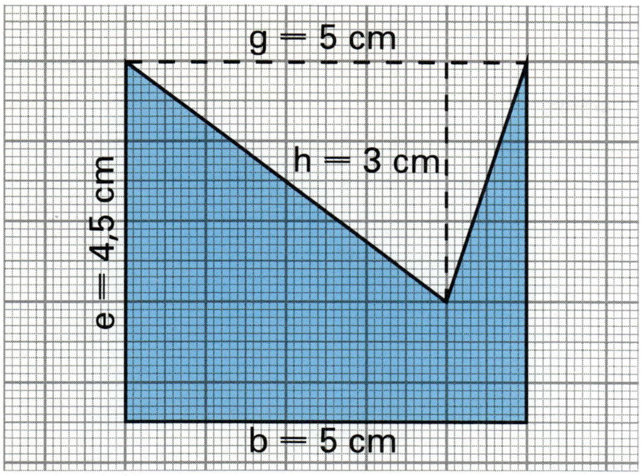

1

Berechne den Flächeninhalt.

$F_{\text{⊻}} = F_{\square} - F_{\triangle}$

Schritt 1: Rechteck berechnen.

Schritt 2: Dreieck berechnen.

Schritt 3: Dreieck vom Rechteck subtrahieren.

2

Berechne den Flächeninhalt.

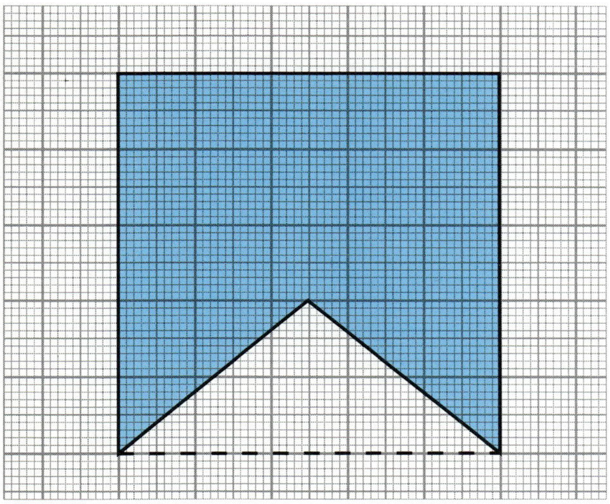

3

Berechne den Flächeninhalt.

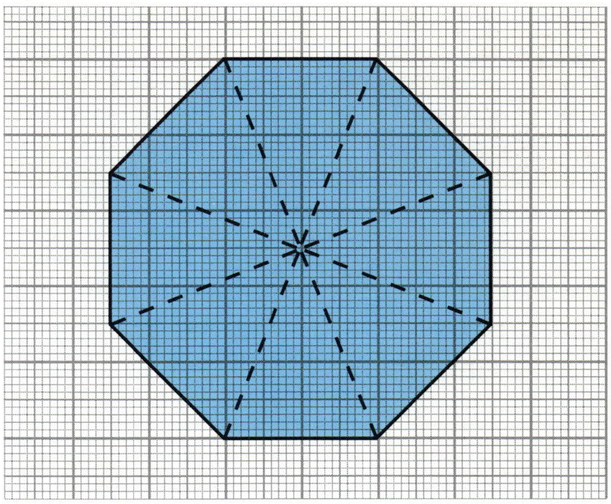

4

Berechne den Flächeninhalt.

5*

Berechne den Umfang der Figuren aus den Aufgaben 1, 2 und 3.

6*

Zeichne die Figuren aus den Aufgaben 1, 2 und 3 auf Millimeterpapier.

Zusammengesetzte Figuren

1

Berechne den Flächeninhalt.

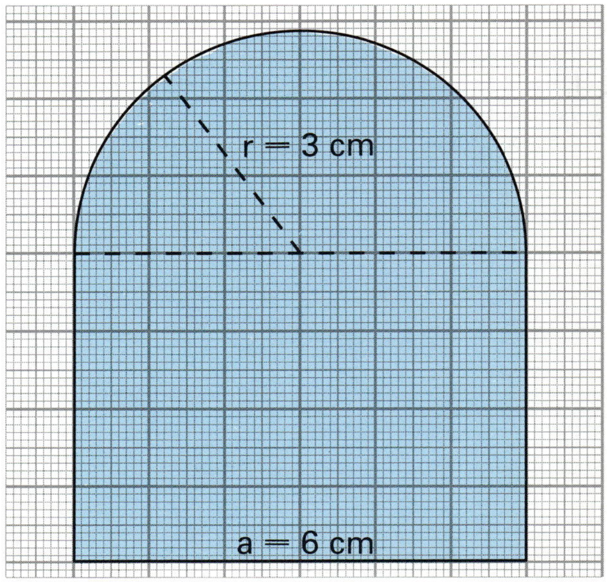

Schritt 1: Rechteck berechnen.

Schritt 2: Halbkreis berechnen.

Schritt 3: Rechteck und Halbkreis addieren.

2

Berechne den Flächeninhalt.

3

Berechne den Umfang.

4

Zeichne die Figur in dein Heft oder auf Millimeterpapier.

5

Erfinde Figuren, die deine Mitschülerinnen und Mitschüler berechnen können. Berechne deine Figuren zunächst selbst.

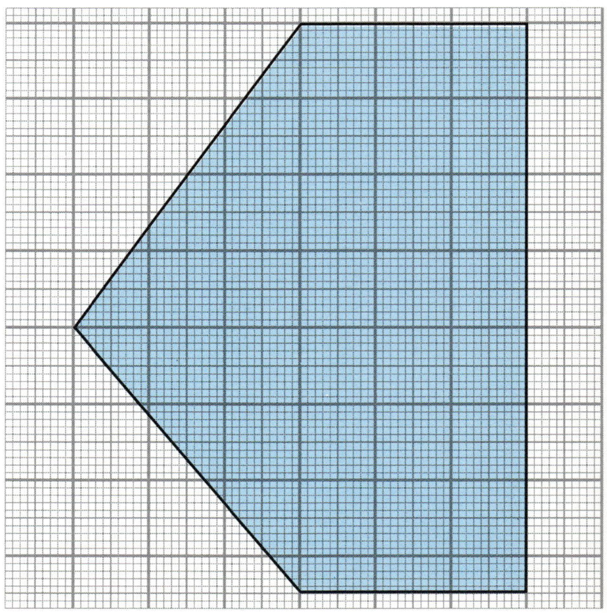

Berechne den Flächeninhalt.

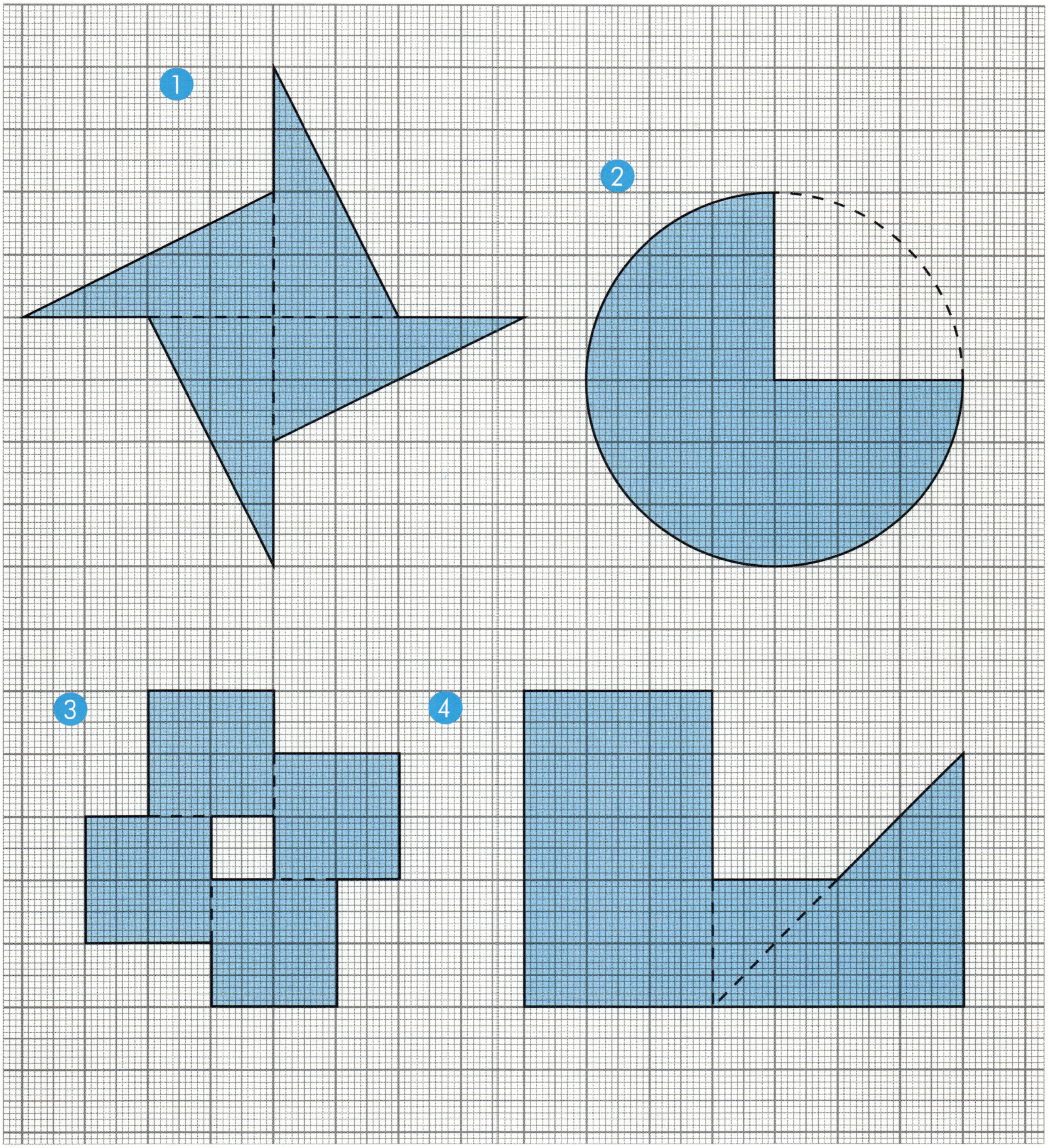

5*
Berechne den Umfang der Figuren 1, 2, 3 und 4. Nutze dazu ihre einzelnen Teile.

6*
Zeichne die Figuren 1, 2, 3 und 4 auf Millimeterpapier oder in dein Heft.

Wir messen Rauminhalte

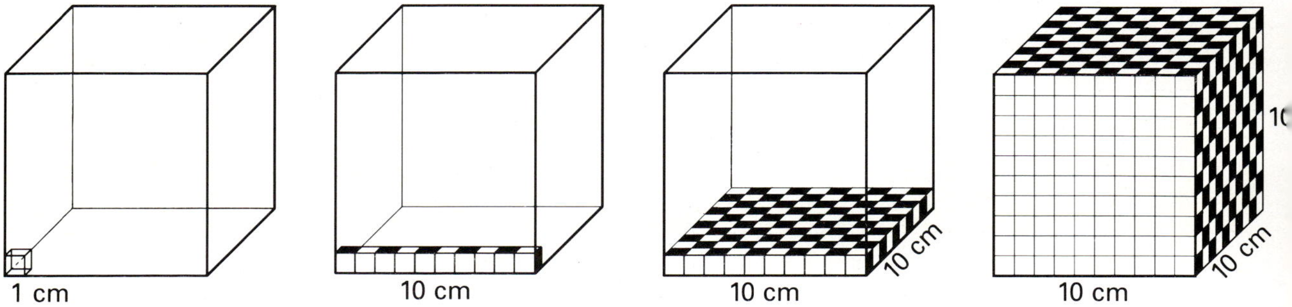

In eine Reihe passen 10 Zentimeterwürfel.
In eine Schicht passen $10 \cdot 10 = 100$ Zentimeterwürfel.
In einen Dezimeterwürfel passen 10 Schichten, das sind
$10 \cdot 10 \cdot 10 = 1000$ Zentimeterwürfel.

Also gilt: $1\ dm^3 = 1000\ cm^3$

Einheitswürfel	Kantenlänge	Rauminhalt
Millimeterwürfel	1 mm	$1\ mm^3$ (Kubikmillimeter)
Zentimeterwürfel	1 cm	$1\ cm^3$ (Kubikzentimeter)
Dezimeterwürfel	1 dm	$1\ dm^3$ (Kubikdezimeter)
Meterwürfel	1 m	$1\ m^3$ (Kubikmeter)

1
Welche der abgebildeten Gegenstände haben einen Rauminhalt von etwa $1\ mm^3$, $1\ cm^3$, $1\ dm^3$, $1\ m^3$?

2
Welche Angaben sind gleich?
$1\ m^3$, $1000\ cm^3$, $1000\ dm^3$,
$1\ cm^3$, $1\ dm^3$, $1000\ mm^3$

3
Ordne der Größe nach, beginne mit der größten Einheit: $1\ dm^3$, $1\ mm^3$, $1\ cm^3$, $1\ m^3$.

4
Ordne der Größe nach, beginne mit der kleinsten Einheit: $1\ dm^3$, $1\ mm^3$, $1\ cm^3$, $1\ m^3$.

Bei Rauminhalten rechnen wir mit der Umwandlungszahl 1000.

$1\ m^3 = 1000\ dm^3$
$1\ dm^3 = 1000\ cm^3$
$1\ cm^3 = 1000\ mm^3$

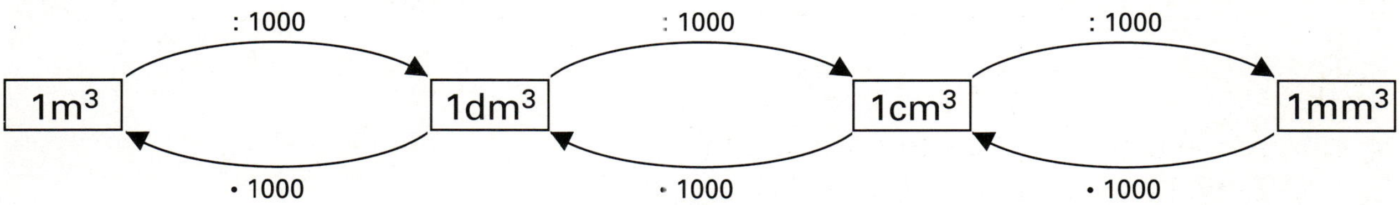

Rechne in die nächstkleinere Maßeinheit um.

$27\ cm^3 = 27000\ mm^3$ *$5{,}5\ m^3 = 5500\ dm^3$*

1	2	3	4*
$27\ cm^3$	$149\ dm^3$	$5{,}5\ m^3$	$0{,}7\ m^3$
$4020\ m^3$	$71\ cm^3$	$20{,}8\ cm^3$	$0{,}07\ m^3$
$101\ dm^3$	$4\ m^3$	$134{,}6\ dm^3$	$20{,}5\ cm^3$
$5\ cm^3$	$4\ dm^3$	$72{,}3\ m^3$	$2{,}05\ dm^3$

Rechne in die nächstgrößere Maßeinheit um.

$1725\ dm^3 = 1{,}725\ m^3$ *$681\ cm^3 = 0{,}681\ dm^3$*

5	6	7	8*
$1725\ dm^3$	$5208\ cm^3$	$681\ cm^3$	$40\ mm^3$
$4500\ mm^3$	$5208\ mm^3$	$500\ mm^3$	$400\ mm^3$
$12300\ mm^3$	$1900\ dm^3$	$841\ dm^3$	$5\ dm^3$
$6905\ cm^3$	$19000\ dm^3$	$702\ mm^3$	$50\ cm^3$

Wandle in dm^3 um und berechne die Summe.

9* $1{,}9\ m^3 + 6\ m^3 + 7208\ cm^3$

10* $560\ cm^3 + 22{,}3\ m^3 + 12400\ cm^3$

11* $32{,}5\ dm^3 + 0{,}642\ m^3 + 314\ dm^3$

12* $12\ m^3 + 0{,}445\ m^3 + 305\ dm^3$

13* $4{,}05\ m^3 + 1300\ cm^3 + 5{,}8\ dm^3$

14* $741\ cm^3 + 0{,}412\ dm^3 + 396\ cm^3$

Praktikum an der Tankstelle

Bei Flüssigkeiten, Gasen und feinkörnigen Stoffen wird der Rauminhalt oft in Liter (ℓ) angegeben.

1 Liter ist eine andere Bezeichnung für 1 dm^3. | $1\,\ell = 1\,dm^3$

Kleine Mengen werden in Milliliter ($m\ell$) angegeben. | $1\,\ell = 1000\,m\ell$

Große Mengen werden in Hektoliter ($h\ell$) angegeben. | $1\,h\ell = 100\,\ell$

$1\,\ell = 1\,dm^3$

$1\,\ell = 1000\,m\ell$

$100\,\ell = 1\,h\ell$

1

Ordne die Gegenstände nach der Größe des Rauminhalts.

2

Schreibe auf, in welchen Mengen die Waren verpackt sind.
Milch: 1 *ℓ*; Cola: . . .

3

Fülle einen Eimer randvoll mit Wasser. Benutze dazu ein Litermaß. Gib den Rauminhalt in Liter und in Kubikdezimeter an.

4

Wieviel Flüssigkeit paßt in eine Tasse, eine Kaffeekanne und ein Waschbecken? Schätze zuerst und miß dann nach.

5 *

Die Tankstelle am Neumarkt hat heute 305 *hl* Benzin, 14 200 *ℓ* Superbenzin und 149 *hl* Dieselkraftstoff verkauft. Berechne, wieviel *ℓ* Kraftstoff insgesamt verkauft wurden.

6 *

An der Tankstelle am Anger wurden heute für Zweitaktmotoren 85 *ℓ* Öl und 4 250 *ℓ* Benzin gemischt. Wieviel *hl* Kraftstoff wurden insgesamt verkauft?

7

45 dm^3 = ■ *ℓ*
800 dm^3 = ■ *ℓ*
2 304 dm^3 = ■ *ℓ*
729 *ℓ* = ■ dm^3

8

5 *ℓ* = ■ *ml*
306 *ℓ* = ■ *ml*
2,5 *ℓ* = ■ *ml*
1 000 *ml* = ■ *ℓ*

9 *

5 *ℓ* = ■ cm^3
306 *ℓ* = ■ cm^3
2,5 *ℓ* = ■ cm^3
1 000 cm^3 = ■ *ℓ*

10 *

63 *ℓ* = ■ dm^3
24 *ℓ* = ■ cm^3
750 *ml* = ■ *ℓ*
750 cm^3 = ■ *ℓ*

11

20 *hl* = ■ *ℓ*
450 *hl* = ■ *ℓ*
8,2 *hl* = ■ *ℓ*
3 000 *ℓ* = ■ *hl*

12

12 068 *ℓ* = ■ *hl*
12 *hl* = ■ *ℓ*
0,95 *hl* = ■ *ℓ*
505 *ℓ* = ■ dm^3

13 *

32 *ℓ* = ■ cm^3
509 *ml* = ■ cm^3
8 426 cm^3 = ■ *ℓ*
62 cm^3 = ■ *ml*

14 *

630 *ℓ* = ■ *hl*
2 200 *ml* = ■ *ℓ*
2,5 *hl* = ■ dm^3
3 740 *ℓ* = ■ dm^3

Praktikum auf dem Postamt

1

Vergleiche die Pakete miteinander.

a) Welche Pakete haben Ecken?

b) Welche Pakete haben Kanten, die parallel zueinander verlaufen?

c) Welche Pakete haben Kanten, die senkrecht zueinander verlaufen?

2

In der Paketleitstelle werden die Pakete auf ein Förderband gelegt, um nach den Empfangsgebieten geordnet zu werden. Dabei liegt jedes Paket mit einer Fläche auf dem Förderband. Benenne bei den Paketen im Bild oben jeweils diese Flächen.

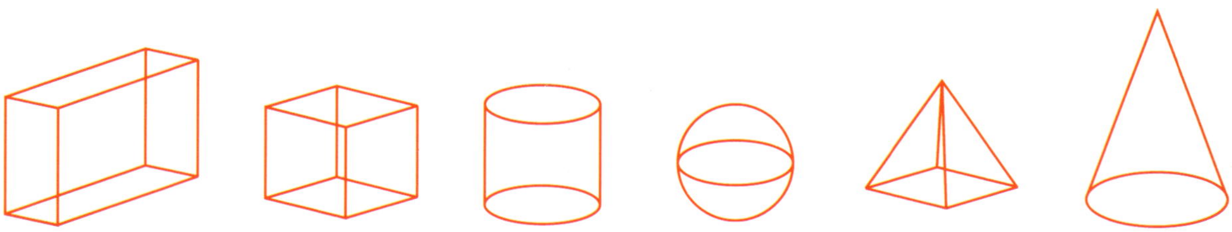

Rechtecksäule (Quader) | Würfel | Rundsäule | Kugel | Pyramide | Kegel

3

Vergleiche die Körper miteinander.

a) Welche Körper haben Ecken?

b) Welche Körper haben zueinander parallele Kanten?

c) Welche Körper haben zueinander senkrechte Kanten?

4

Du könntest einige Körper zum Zeichnen von Flächen benutzen.
Welche Flächen könntest du zeichnen?

5

Nenne Gegenstände in der Umwelt, die diesen Körpern besonders ähnlich sehen.

1

Für den Paketversand bietet die Bundespost Kartons in vier Größen an.

	Länge	*Breite*	*Höhe*
Größe 1	250 mm	175 mm	100 mm
Größe 2	350 mm	250 mm	120 mm
Größe 3	400 mm	250 mm	150 mm
Größe 4	500 mm	300 mm	200 mm

Berechne den Rauminhalt V des Kartons Größe 4.

Schritt 1: Grundfläche Ag berechnen.

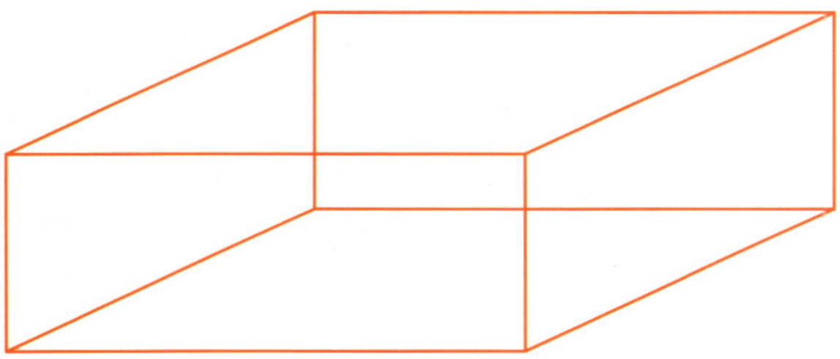

$Ag = \ell \cdot b$

$Ag = 500\ mm \cdot 300\ mm$

$Ag = \square\ mm^2$

Schritt 2: Grundfläche Ag mit der Höhe multiplizieren.

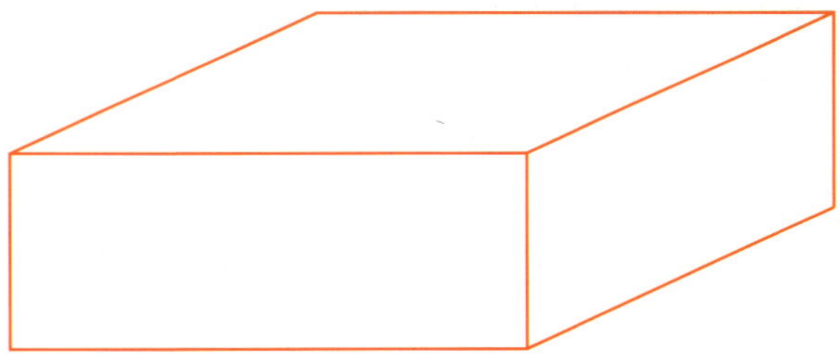

$V = Ag \cdot h$

$V = 150\,000\ mm^2 \cdot 200\ mm$

$V = \square\ mm^3$

2

Berechne den Rauminhalt des Kartons, der in der Tabelle mit „Größe 2“ angegeben ist.

3

Berechne den Rauminhalt des Kartons, der in der Tabelle mit „Größe 3“ angegeben ist.

4

Berechne den Rauminhalt des Kartons, der in der Tabelle mit „Größe 1“ angegeben ist.

5*

Suche einen Karton, den du als Paket nutzen könntest. Miß Länge, Breite und Höhe. Berechne den Rauminhalt.

Merke: Rauminhalt gleich Grundfläche mal Höhe $V = Ag \cdot h$

V kommt vom lateinischen Wort *volumina* (deutsch: Volumen = Rauminhalt)

Praktikum auf dem Postamt

1

Dieses Paket hat die Form einer Quadratsäule. Es ist 32 cm lang, 32 cm breit und 65 cm hoch.

a) Erkläre das Wort Quadratsäule.

b) Berechne den Rauminhalt.

Schritt 1: Grundfläche Ag berechnen.

$Ag = \ell \cdot \ell$
$Ag = 32\ cm \cdot 32\ cm$
$Ag = ■\ cm^2$

Schritt 2: Grundfläche Ag mit der Höhe multiplizieren.

$V = ■\ cm^2 \cdot 65\ cm$
$V = ■\ cm^3$

Berechne den Rauminhalt der Quadratsäulen.

2 ℓ = 93 cm, h = 104 cm

3 ℓ = 51 cm, h = 74 cm

4 ℓ = 19 cm, h = 202 cm

5 ℓ = 315 cm, h = 209 cm

6 ℓ = 47,8 cm, h = 50,5 cm

7 ℓ = 50,5 cm, h = 83 cm

8 ℓ = 20,09 cm, h = 41,3 cm

9 ℓ = 100,8 cm, h = 221,08 cm

10 ℓ = 17,6 cm, h = 8,4 cm

11 ℓ = 39,5 cm, h = 48 cm

12 ℓ = 12,7 cm, h = 27,1 cm

13 ℓ = 48 cm, h = 76 cm

Paket-Nr.	Länge	Breite	Höhe
■	12 cm	12 cm	25 cm
■	21 cm	12 cm	25 cm
■	84 cm	9 cm	25 cm
■	103 cm	49 cm	25 cm
■	109,5 cm	38,5 cm	25 cm

14

Sabine hat versucht, fünf Pakete der Größe nach zu ordnen. Thomas meint, die Pakete müßten anders geordnet werden. Beide beschließen, den Rauminhalt für jedes Paket genau zu berechnen. Stimmt Sabines Reihenfolge?

1

Dieses Paket hat die Form eines Würfels. Es ist 48 cm lang, 48 cm breit und 48 cm hoch.

a) Erkläre das Wort Würfel.

b) Berechne den Rauminhalt.

Schritt 1: Grundfläche Ag berechnen.

$Ag = \ell \cdot \ell$

$Ag = 48\text{ cm} \cdot 48\text{ cm}$

$Ag = \blacksquare\text{ cm}^2$

Schritt 2: Grundfläche Ag mit der Höhe multiplizieren.

$V = Ag \cdot h$

$V = \blacksquare\text{ cm}^2 \cdot 48\text{ cm}$

$V = \blacksquare\text{ cm}^3$

Berechne den Rauminhalt der Würfel.

2 ℓ = 50 cm **3** ℓ = 44 cm **4** ℓ = 103 cm **5** ℓ = 238 cm

6 ℓ = 50,5 cm **7** ℓ = 9,8 cm **8** ℓ = 10,3 cm **9** ℓ = 46,5 cm

Berechne den Rauminhalt der Rechtecksäulen.

10
ℓ = 24 cm
b = 12 cm
h = 8 cm

11
ℓ = 60 cm
b = 90 cm
h = 18 cm

12
ℓ = 40,5 cm
b = 20,5 cm
h = 17 cm

13
ℓ = 105 cm
b = 52,8 cm
h = 16,2 cm

14

Thomas behauptet, alle Pakete seien gleich groß. Sabine meint, daß sie unterschiedlich groß seien. Um das zu beweisen, prüft sie nach und berechnet für jedes Paket den Rauminhalt.
Hat Thomas recht?

Länge	Breite	Höhe	Rauminhalt
14	19	32	
64	19	7	
48,5	18	20,5	
32	18	14	

Praktikum auf dem Postamt

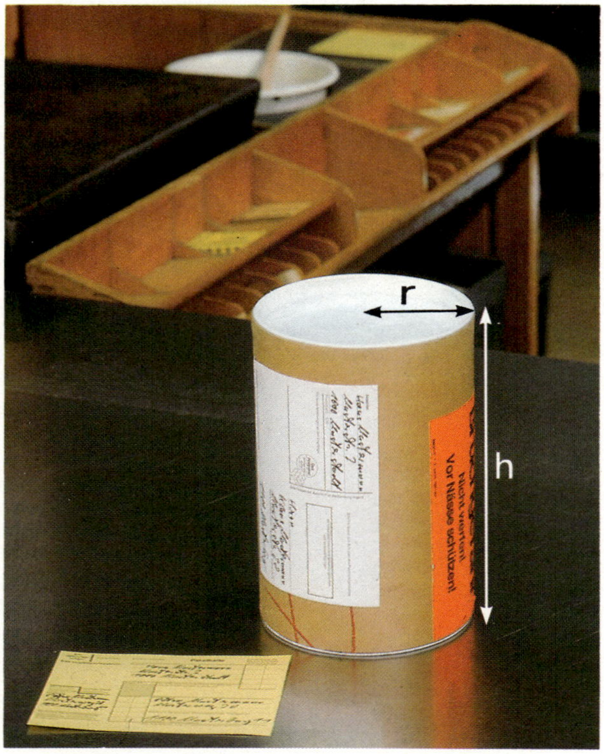

1

Dieses Paket hat die Form einer Rundsäule. Der Radius der Grundfläche beträgt 12 cm, die Höhe beträgt 25 cm.

a) Erkläre das Wort Rundsäule.

b) Berechne den Rauminhalt.

Schritt 1: Grundfläche Ag berechnen.

$Ag = 3{,}14 \cdot r \cdot r$

$Ag = 3{,}14 \cdot 12 \cdot 12$

$Ag = ■\ cm^2$

Schritt 2: Grundfläche Ag mit der Höhe multiplizieren.

$V = ■\ cm^2 \cdot 25\ cm$

$V = ■\ cm^3$

Berechne den Rauminhalt der Rundsäulen.

2
r = 12 cm
h = 24 cm

3
r = 59 cm
h = 59 cm

4
r = 480 mm
h = 500 mm

5
r = 305 cm
h = 96 cm

6
r = 2,60 m
h = 5,00 m

7
r = 17,14 cm
h = 12,90 cm

8
r = 0,90 m
h = 1,55 m

9
r = 0,45 cm
h = 0,72 cm

Rechne auch mit dem Taschenrechner.

10
r = 124 mm
h = 908 mm

11
r = 1,24 cm
h = 9,08 cm

12
r = 0,83 m
h = 0,09 m

13
r = 4 263 cm
h = 2 005 cm

14*

Errechne zuerst die Länge des Radius und berechne dann den Rauminhalt der Rundsäule.

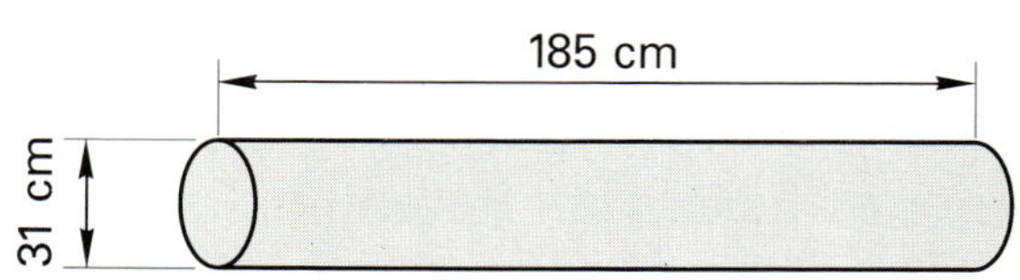

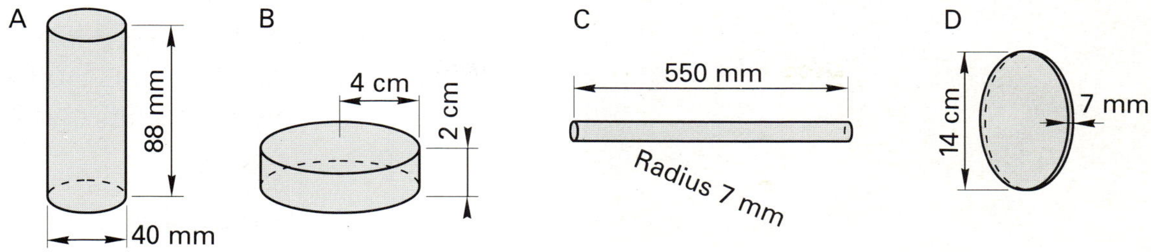

1

Berechne die Rauminhalte dieser Rundsäulen und ordne sie nach ihrem Rauminhalt. Beginne mit der größten.

2

Berechne den Unterschied zwischen dem Rauminhalt der größten und der kleinsten Rundsäule aus Aufgabe 1.

3

Berechne die Rauminhalte der Rundsäulen.

Paket	*Radius*	*Höhe*
1	20 cm	3,5 cm
2	3 dm	1,5 dm
3	48 mm	120 mm

4

Berechne die Rauminhalte der Rundsäulen.

Paket	*Durchmesser*	*Höhe*
6	3 m	0,9 m
7	60 mm	50 mm
8	105 cm	71 cm

Berechne die Rauminhalte und bestimme, um welche Körper es sich handelt.

5
ℓ = 20,8 cm
h = 12 cm

6
ℓ = 7,5 dm

7
r = 8,6 cm
h = 5,5 cm

8
ℓ = 10,09 cm

Rechne auch mit dem Taschenrechner.

9
r = 12,55 cm
h = 12,55 cm

10
ℓ = 403 mm
h = 705 mm

11
ℓ = 45 cm
h = 317 cm

12
r = 492 mm
h = 650 mm

13
ℓ = 75 mm
b = 92 mm
h = 25 mm

14
ℓ = 2,2 m
b = 1,09 m
h = 0,8 m

15
ℓ = 3,8 m
b = 1,75 m
h = 0,09 m

16
ℓ = 408 cm
b = 97 cm
h = 1305 cm

Bauen und Rechnen

1

Von Sibirien führt eine 3900 km lange Erdgasleitung nach Europa. Ein Rohr ist 12 m lang und hat einen Durchmesser von 138 cm.

a) Wie viele Rohre wurden für den Bau dieser Leitung benötigt?

b) Wieviel m^3 Gas paßt in ein Rohr?

*c) Wieviel Gas faßt die gesamte Rohrleitung von Sibirien nach Europa?

2

An der Schillerstraße wird ein Sammelbehälter für Altpapier aufgestellt.
Alle Seiten sind gleich lang.

a) Berechne den Rauminhalt in Kubikmetern.

b) Wie viele Kubikzentimeter sind das?

*c) Bei der Entsorgung wird das Altpapier auf die Hälfte seines Rauminhalts zusammengepreßt.
Wie viele Sammelbehälter kann ein LKW mit einem Laderaum von 36,864 m^3 entsorgen?

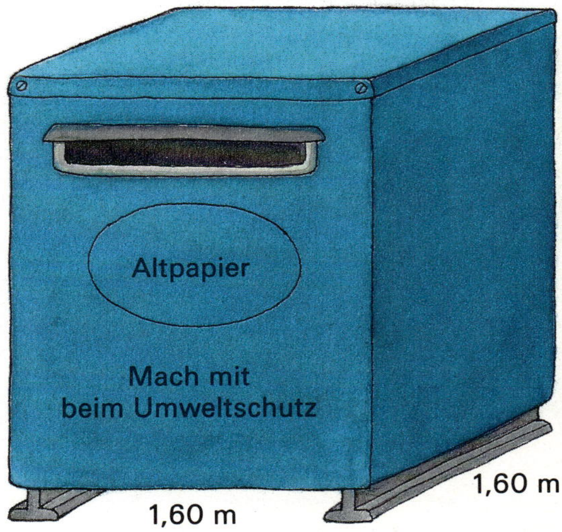

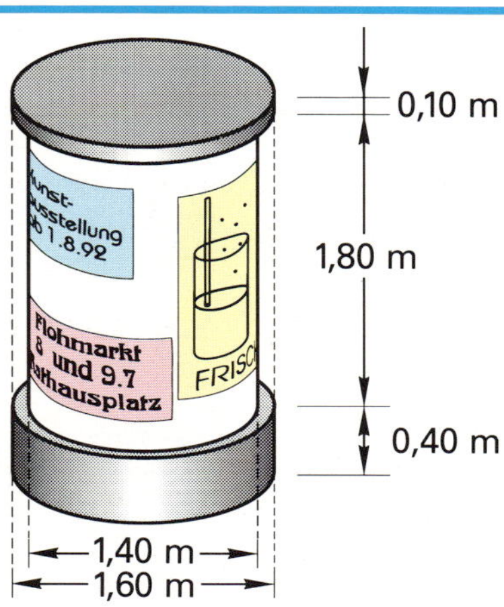

3*

Auf dem Marktplatz ist eine Litfaßsäule aufgestellt worden.

a) Aus welchen einzelnen Grundkörpern besteht diese Litfaßsäule?

b) Berechne das Volumen für jeden einzelnen Grundkörper.

c) Wie groß ist das Gesamtvolumen der Litfaßsäule?

1*

Das Nichtschwimmerbecken im Freibad hat eine Breite von 12,50 m und eine Länge von 21 m. Es ist 0,90 m tief.

a) Wieviel *hl* Wasser passen in das Nichtschwimmerbecken?

b) Wieviel *ℓ* Wasser sind das?

c) Wieviel *ℓ* Wasser sind im Becken, wenn es nur zur Hälfte mit Wasser aufgefüllt wird?

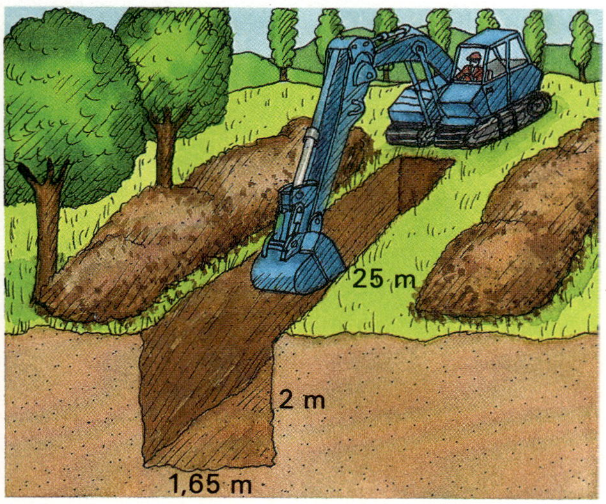

2

Ein Bagger hebt einen Graben von 25 m Länge aus. Der Graben ist 2 m tief und 1,65 m breit.

a) Wieviel m^3 Erdreich müssen ausgebaggert werden?

*b) Rechne aus, welchen Rauminhalt der Graben hätte, wenn er 50 m lang oder wenn er doppelt so breit wäre.

3*

Für die Albert-Schweitzer-Schule wird eine neue Turnhalle gebaut.

a) Berechne die Größe der Grundfläche dieser Turnhalle.

b) Berechne den Rauminhalt der halbrunden Dachkonstruktion.

c) Auf wieviel m^3 Luft muß die Klimaanlage dieser Turnhalle ausgelegt sein?

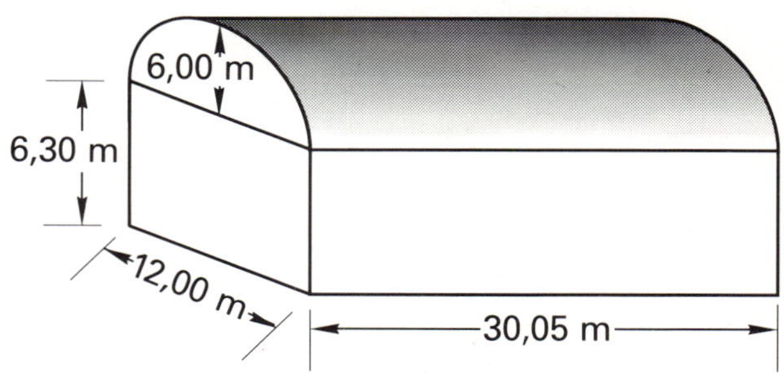

Bauen und Zeichnen

Ute hat mit Blumendraht das Kantenmodell einer Zündholzschachtel gebaut.
Martin zeichnet das Schrägbild.

Schritt 1: Länge ℓ zeichnen.

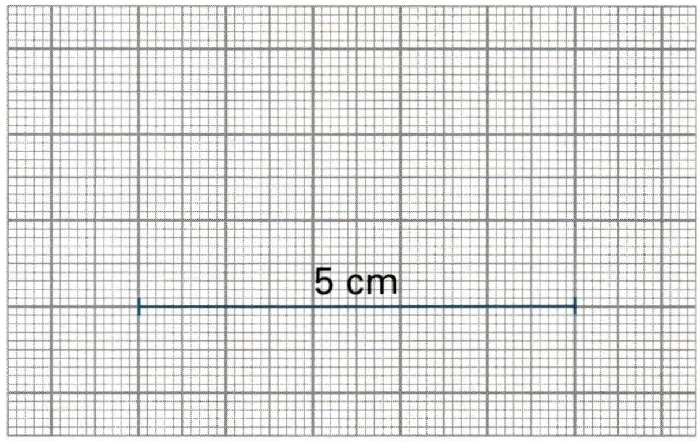

Schritt 2: Breite b zeichnen, 45° und halbe Länge.

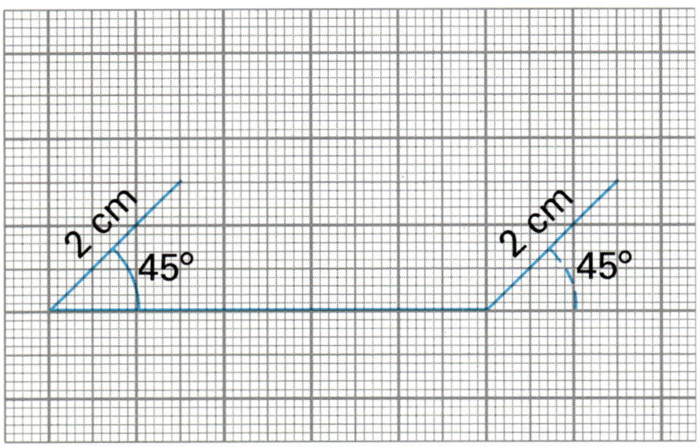

Schritt 3: Parallele zu ℓ zeichnen.

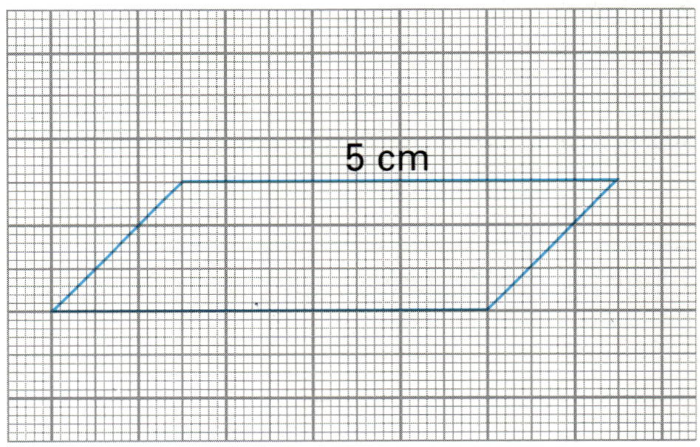

Schritt 4: Höhe h zeichnen, 90°.

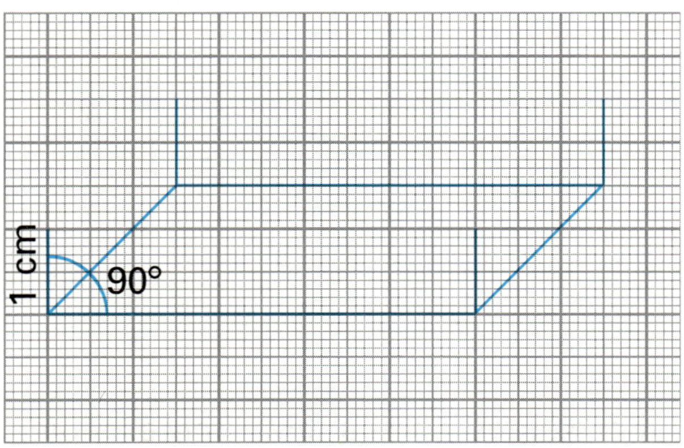

Schritt 5: Die fehlenden Kanten zeichnen.

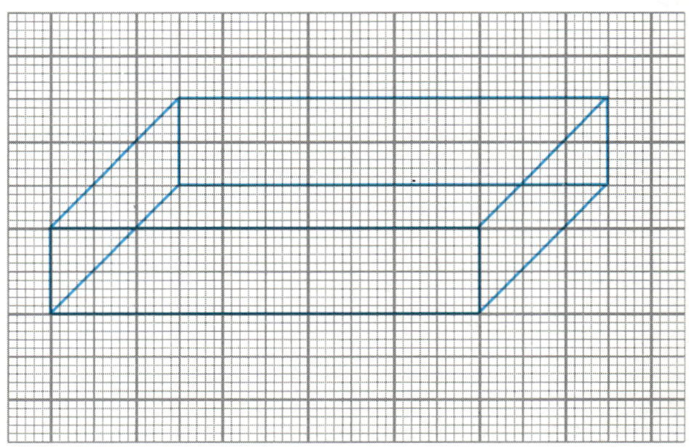

1
Baue das Kantenmodell des abgebildeten Ziegelsteins.

2*
Zeichne das Schrägbild des Ziegelsteins im Maßstab 1:2.

3
Berechne den Rauminhalt des Backsteins.

5
Baue das Kantenmodell der abgebildeten Milchpackung.

6*
Zeichne das Schrägbild der Milchpackung im Maßstab 1:2.

7
Berechne den Rauminhalt der Packung.

Zeichne die Schrägbilder auf Millimeterpapier oder in dein Heft.

8
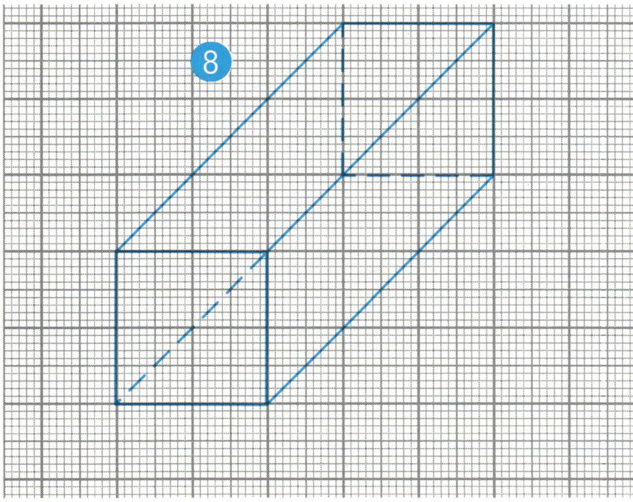

9
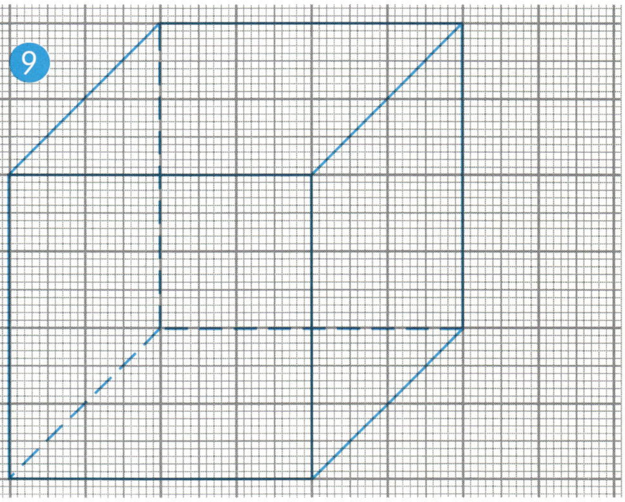

10* Zeichne das Schrägbild von 9 mit doppelter Kantenlänge auf Millimeterpapier.

Bauen und Berechnen

So wird eine Ecke gebastelt.

1

Baue aus Kartonstreifen und Ecken einen Würfel mit der Kantenlänge 10 cm. Beklebe die Seitenflächen.

2

Baue aus Kartonstreifen und Ecken einen größeren Würfel mit der Kantenlänge 20 cm.

3

Wie oft paßt der kleinere Würfel in den größeren Würfel hinein? Probiere aus.

4*

Berechne die Rauminhalte beider Würfel. Vergleiche die Rauminhalte. Was fällt dir auf?

5

Baue eine Quadratsäule, die 10 cm lang, 10 cm breit und 30 cm hoch ist.

6

Wie oft paßt der kleine Würfel in die Quadratsäule?

7*

Berechne den Rauminhalt der Quadratsäule. Vergleiche mit dem Rauminhalt des kleinen Würfels. Was fällt dir auf? Wie könntest du es erklären?

8*

Baue eine Rechtecksäule, deren Rauminhalt doppelt so groß ist wie der Rauminhalt der Quadratsäule aus Aufgabe 5. Erkläre wie du vorgegangen bist.

9*

Zeichne Kantenmodelle der Quader aus den Aufgaben 1, 2 und 5 im Maßstab 1:2.

10*

Zeichne ein Kantenmodell des Quaders, den du in Aufgabe 8 gebaut hast, im Maßstab 1:4.

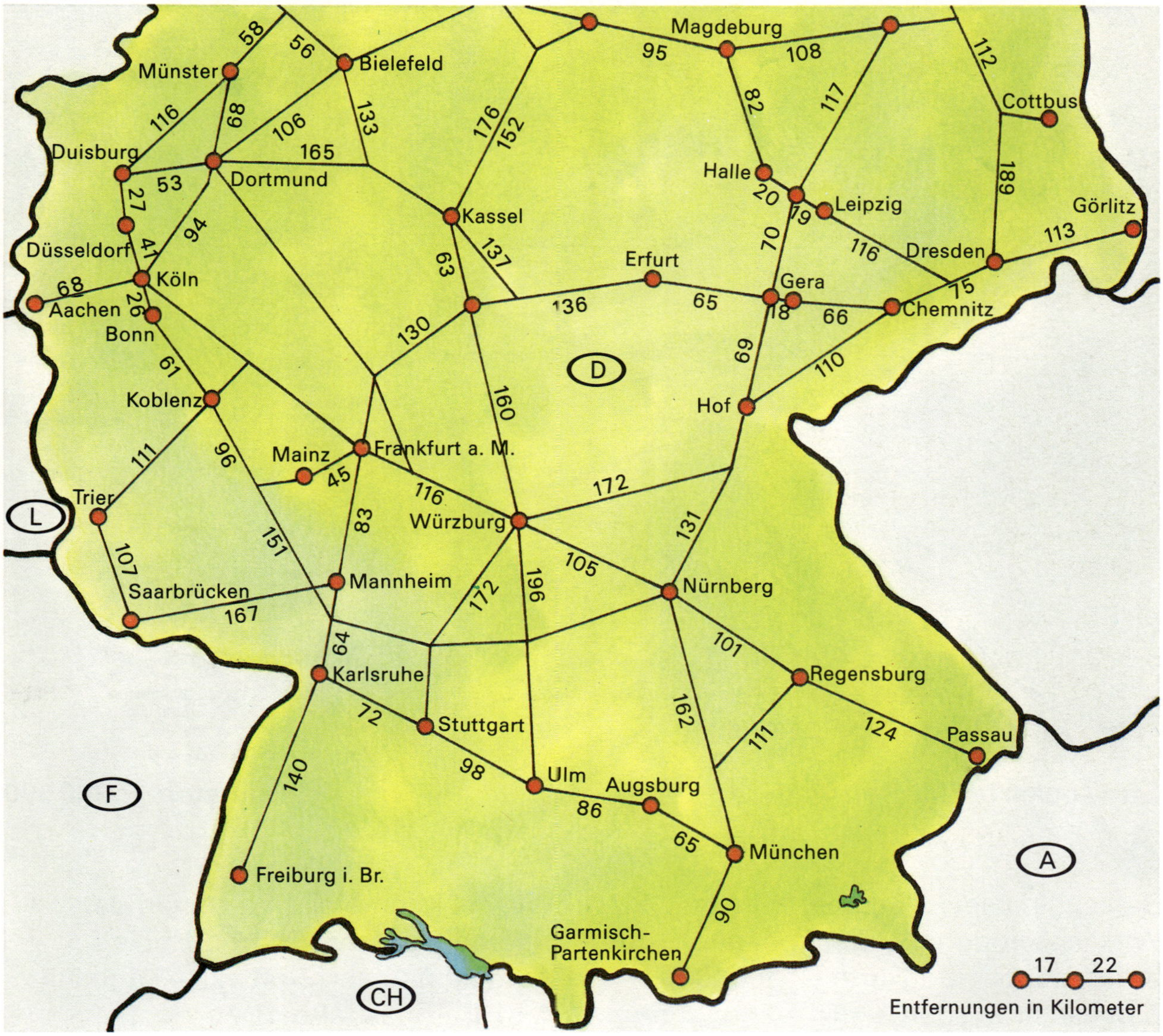

Entfernungskarte Deutschland (Süd)

1

Bestimme die Entfernungen folgender Städte zueinander.

- Nürnberg – München
- Regensburg – München
- Nürnberg – Passau
- Karlsruhe – Augsburg
- Frankfurt – Freiburg
- Ulm – Kassel

2

Bestimme die Entfernungen der folgenden Rundkurse.

- Frankfurt – Mannheim – Karlsruhe – Stuttgart – Ulm – Würzburg – Frankfurt
- Stuttgart – Ulm – Augsburg – München – Nürnberg – Würzburg – Stuttgart

Straßenkarte und Stadtplan

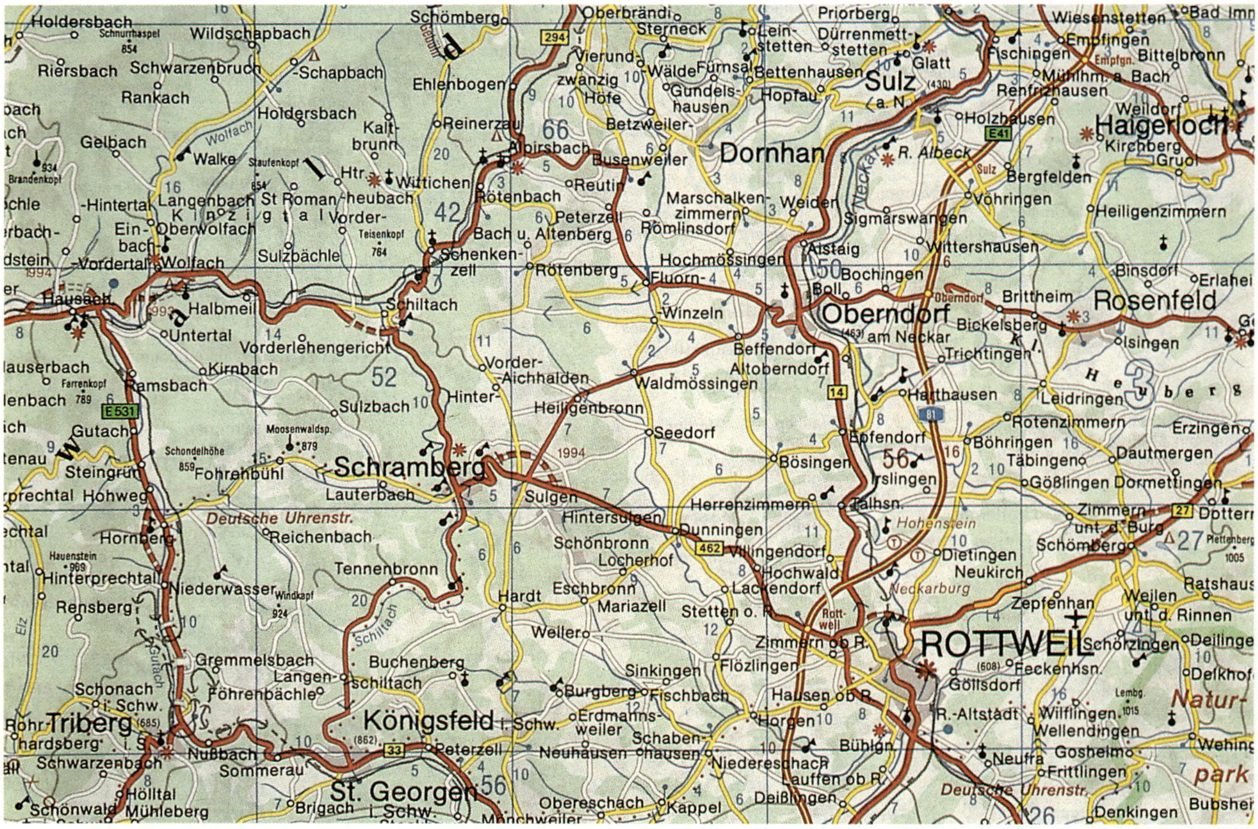

Straßenkarte um Rottweil **Maßstab 1 : 300 000**

1

Berechne, wieviel Kilometer in der Wirklichkeit durch 1 Zentimeter auf dieser Straßenkarte (1 : 300 000) dargestellt werden.

2

Wieviel Kilometer sind es von der Autobahnabfahrt Oberndorf bis zur Autobahnabfahrt Rottweil (Autobahn A 81, Europastraße 41)?

3

Herr Reble fährt die Bundesstraße 462 von Schramberg bis nach Rottweil. Wieviel Kilometer legt er auf seiner Fahrt zurück?

4

Frau Wiedemann wohnt in Schramberg und arbeitet in Oberndorf. Wieviel Kilometer muß Sie jeden Tag ungefähr fahren?

5*

Familie Reble macht eine Rundfahrt von Schramberg über Hausach, Triberg und St. Georgen. Wieviel Kilometer legt sie ungefähr zurück?

5*

Peter Moser wohnt in Rosenfeld und macht eine Radtour zur Ruine bei Herrenzimmern. Beschreibe den kürzesten Weg. Wieviel Kilometer sind es ungefähr?

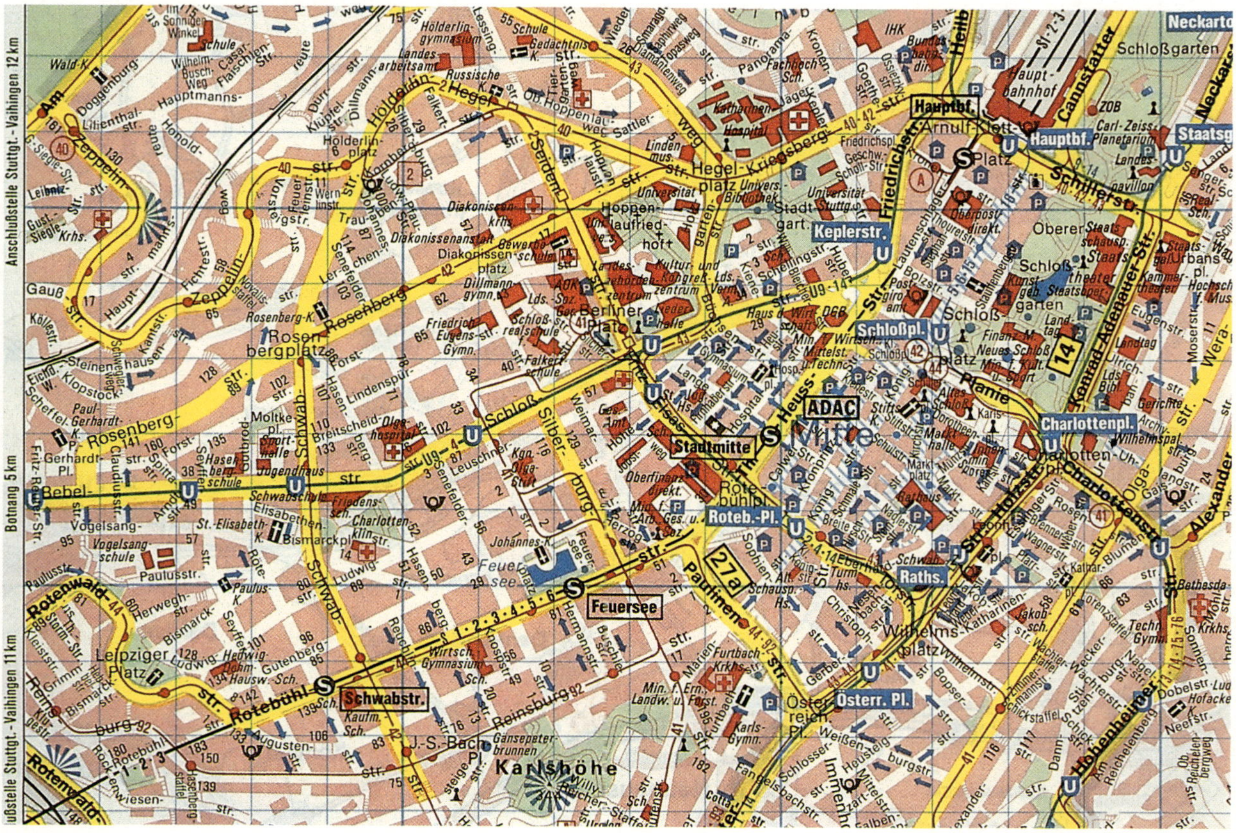

Innenstadtkarte von Stuttgart (Ausschnitt) **Maßstab 1 : 20 000**

1

Berechne, wieviel Meter in der Wirklichkeit durch 1 cm auf der Karte dargestellt werden.

2

Berechne, wieviel Zentimeter auf der Karte genau einem Kilometer in der Wirklichkeit entsprechen.

3

Robert geht vom Rosenbergplatz bis zur Universitätsbibliothek am Hegelplatz zu Fuß. Wieviel Kilometer muß er ungefähr laufen?

4

Frau Wägele fährt mit der U-Bahn vom Hauptbahnhof über Keplerstraße zum Rotebühl-Platz. Wieviel Kilometer legt sie mit der Bahn zurück?

5

Herr Baumann fährt mit der S-Bahn von der Schwabstraße zum Hauptbahnhof.
Wieviel Kilometer sind das ungefähr?

6

Doris geht von der Johannes-Kirche am Feuersee zum Katharinen-Hospital am Hegelplatz. Beschreibe den kürzesten Weg. Wieviel Meter legt sie ungefähr zurück?

Pläne und technische Zeichnungen

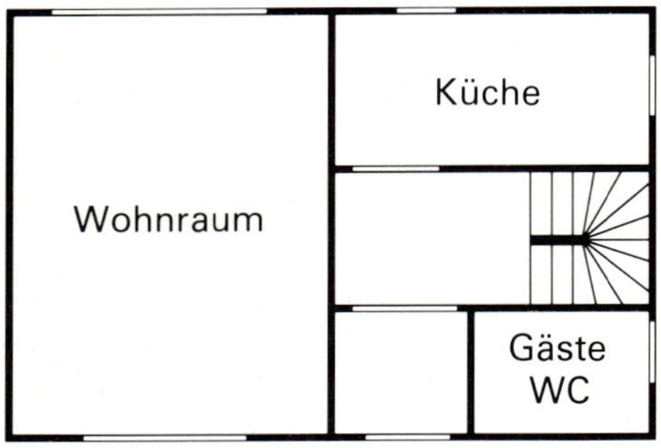

Erdgeschoß

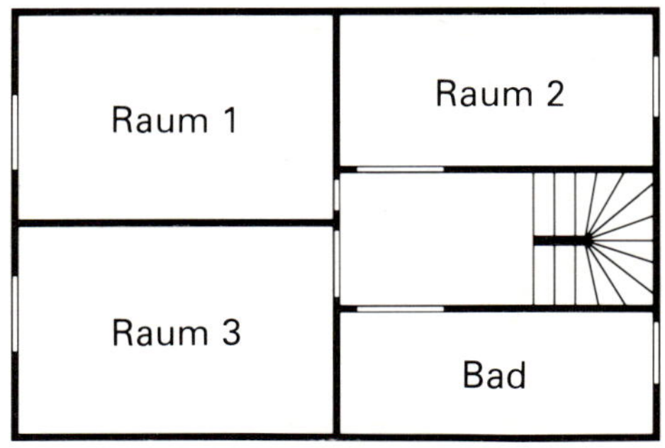

Obergeschoß

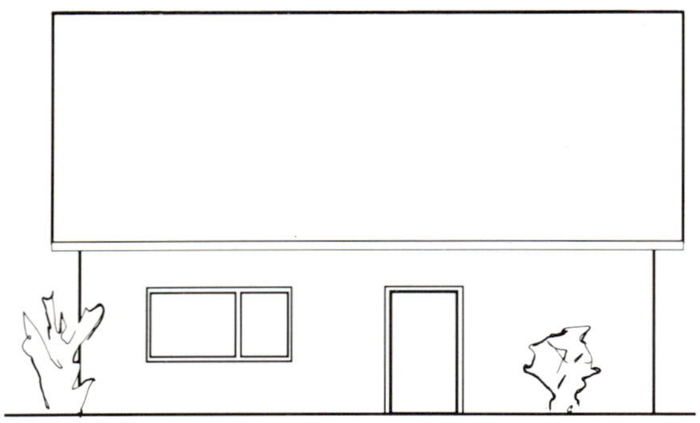
Vorderansicht

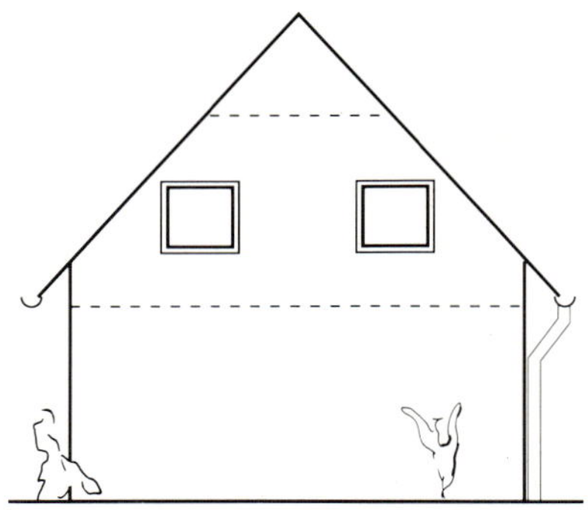
Giebelansicht Nord

Maßstab
1 : 150

1
Berechne Länge, Breite und Höhe des Hauses.

2
Wie groß ist die Grundfläche des Hauses?

3
Wie hoch ist das Erdgeschoß?

4
Wie hoch ist das Obergeschoß?

5
Raum 1, Raum 2 und der Wohnraum sollen mit Teppichboden ausgelegt werden.
a) Berechne die Gesamtfläche dieser Räume.
b) Berücksichtige, daß etwa 15 % Verschnitt gerechnet wird. Wieviel m^2 Teppichboden muß beschafft werden?

6*
Bei der Wohnraumnutzung aller Räume mit Dachneigung wird ein Abschlag von 30 % der Wohnfläche berücksichtigt.
a) Für welche Wohnräume muß dieser Abschlag angesetzt werden?
b) Berechne unter Berücksichtigung der Dachneigung die Wohnfläche der Räume 1, 2 und 3.

A

B

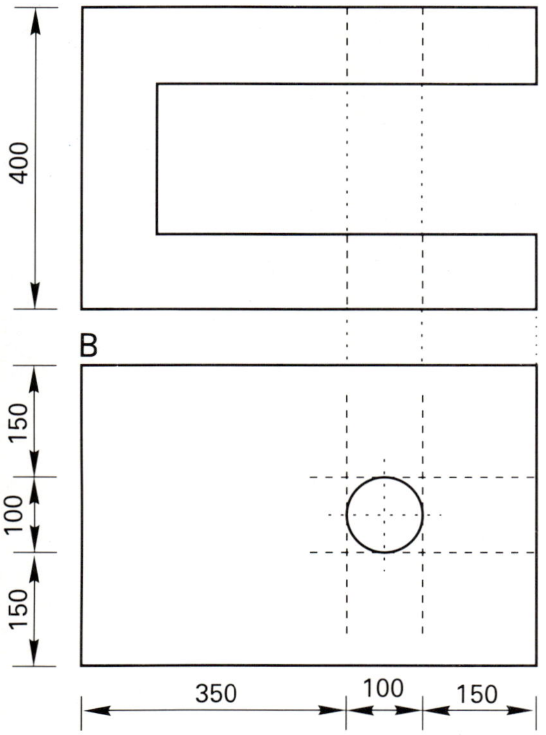

C

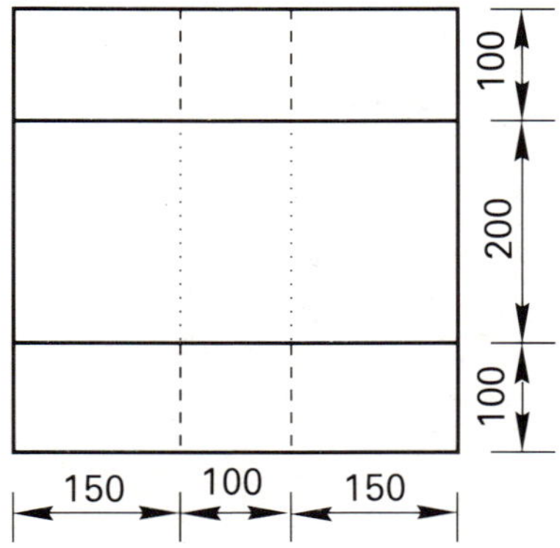

Anhänge-
vorrichtung

(Alle Angaben
in Millimeter)

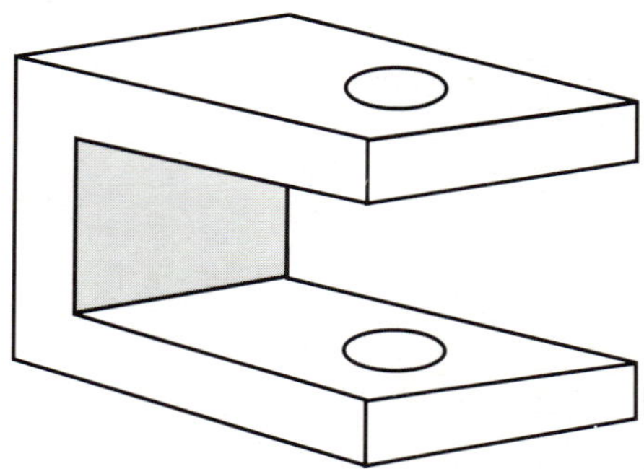

1

Beschreibe, wie die Anhängevorrichtung benutzt werden kann.

2

Beschreibe die drei Seiten der oben gezeichneten Anhängevorrichtung.

3

Berechne Länge, Höhe und Breite der Anhängevorrichtung in cm.

4

Berechne den Radius der Bohrung für den Bolzen.

5

Die Anhängevorrichtung wird aus einem Metallstück in Form einer Quadratsäule gestanzt.
Berechne die Oberfläche und das Volumen des Metallstücks.

6

Bei der Herstellung der Anhängevorrichtung fällt durch die Entfernung des Mittelstücks Metallrest an.
Berechne das Volumen dieses Metallrests.

Kleine und große Dinge

1

Maike hat eine Lupe, die um das 3,5fache vergrößert. Die Briefmarke, die sie betrachtet, ist 3,2 cm lang und 2,6 cm breit. Wie groß erscheint sie unter der Lupe?

2

Berechne die fehlenden Werte.

Faktor	Wirklichkeit	Lupenbild
a) 2,7	4,5 cm	■ cm
b) 4,3	■ cm	9,8 cm
c) ■	3,2 cm	9,6 cm

3

Gerd betrachtet ein Pantoffeltierchen unter dem Mikroskop. Das Mikroskop vergrößert um das 170fache. Miß in der Abbildung nach und berechne die Länge des Pantoffeltierchens in der Wirklichkeit.

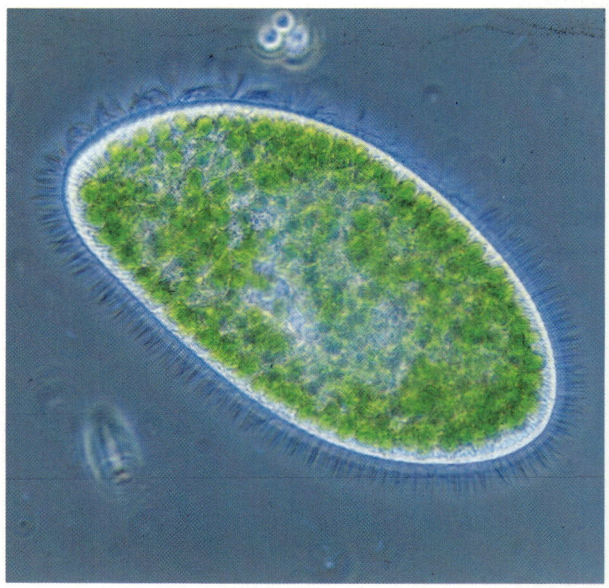

4

Berechne die fehlenden Werte.

Faktor	Wirklichkeit	Mikroskopbild
a) 220	0,1 mm	■ cm
b) 450	■ mm	4,5 cm
c) ■	0,12 mm	3,6 cm

1

Der Fernsehturm bei Stuttgart ist 210 m hoch. Auf einem Foto erscheint der Turm 4 cm hoch.
Berechne den Verkleinerungsfaktor.

2

Silke stellt die Höhe des Stuttgarter Fernsehturms durch eine Linie von 5 cm dar. Wie lang muß dementsprechend die Linie für das Ulmer Münster (161 m) gezeichnet werden?

3

Auf einem Foto ist der Feldberg 9,95 cm hoch abgebildet.
Der Verkleinerungsfaktor beträgt 15000.
Wie hoch ist der Feldberg in Wirklichkeit?

4

Der Watzmann in den Alpen ist 2713 m hoch. Wie muß der Verkleinerungsfaktor gewählt werden, wenn man ein 13 cm hohes Modell dieses Berges bauen will?

Höchster Berg in ...

Deutschland:	Zugspitze	2963 m
Europa:	Montblanc	4810 m
Asien:	Mount Everest	8848 m
Afrika:	Kibo	5955 m
Amerika:	Aconcagua	6958 m

5*

Der höchste angegebene Berg soll mit einer Linie von 10 cm dargestellt werden.

a) Berechne den Verkleinerungsfaktor.
b) Wie lang sind dementsprechend die Linien für die anderen angegebenen Berge?
c) Stelle alle Berge jeweils mit einer Linie dar und benutze dabei den Verkleinerungsfaktor 100 000.

Bevölkerungsentwicklung

Die Bevölkerung Deutschlands (in Millionen Einwohner)

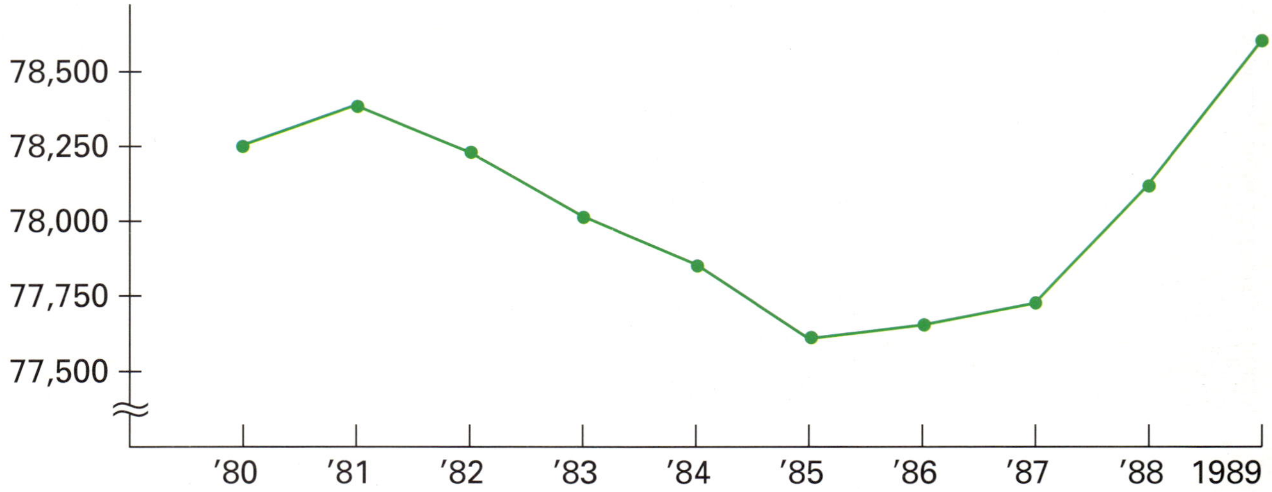

1980	78,28	Mio. Einwohner
1981	78,40	Mio. Einwohner
1982	78,24	Mio. Einwohner
1983	78,09	Mio. Einwohner
1984	77,80	Mio. Einwohner
1985	77,62	Mio. Einwohner
1986	77,64	Mio. Einwohner
1987	77,72	Mio. Einwohner
1988	78,12	Mio. Einwohner
1989	78,68	Mio. Einwohner

1

In den zehn Jahren von 1980 bis 1989 hat sich die Zahl der Einwohner in Deutschland auf und ab entwickelt. Berechne, wie viele Einwohner Deutschland in diesem Zehnjahreszeitraum durchschnittlich hatte.

Rechne so:
Addiere alle Zahlen und teile durch die Anzahl der Jahre.

2

In den Jahren von 1985 bis 1989 ist die Zahl der Einwohner jährlich gewachsen.

a) Stelle den Zuwachs an Einwohnern pro Jahr fest.
b) Wie groß ist der durchschnittliche Zuwachs pro Jahr in diesem Zeitraum?

3

In den Jahren von 1981 bis 1985 ist die Zahl der Einwohner jährlich geringer geworden.

a) Stelle die Verringerung an Einwohnern pro Jahr fest.
b) Wie groß ist die durchschnittliche Verringerung pro Jahr in diesem Zeitraum?

Bevölkerung nach Ländern (in Tausend Einwohner)

	1986	1987	1988	1989
Baden-Württemberg	9296	9286	9378	9505
Bayern	10997	10903	10994	11114
Berlin	3093	3260	3318	3379
Brandenburg	2659	2665	2668	2664
Bremen	657	660	660	667
Hamburg	1576	1593	1597	1610
Hessen	5535	5508	5545	5602
Mecklenburg-Vorpommern	1960	1971	1976	1976
Niedersachsen	7196	7162	7171	7218
Nordrhein-Westfalen	16671	16712	16801	16954
Rheinland-Pfalz	3612	3631	3642	3670
Saarland	1044	1056	1054	1057
Sachsen	5049	5032	5025	4979
Sachsen-Anhalt	3014	3008	3006	2995
Schleswig-Holstein	2631	2554	2560	2574
Thüringen	2720	2718	2721	2713

1

Lies aus der Tabelle ab, wie sich die Bevölkerung deines Bundeslandes von 1986 bis 1989 entwickelt hat.

2

Berechne die durchschnittliche Zahl der Einwohner im Dreijahreszeitraum von 1987 bis 1989 für Bayern.

3

Berechne die durchschnittliche Zahl der Einwohner von 1987 bis 1989 für Baden-Württemberg.

4

Berechne die durchschnittliche Zahl der Einwohner von 1986 bis 1987 für Rheinland-Pfalz.

5

In Sachsen hat die Zahl der Einwohner ständig abgenommen.

a) Berechne die jährliche Abnahme.

b) Berechne die durchschnittliche Abnahme.

6

Berechne die durchschnittliche Zahl der Einwohner im Vierjahreszeitraum von 1986 bis 1989 für die Länder Hessen und Thüringen zusammen.

Gewichte

1 Die Dose hat ein Bruttogewicht von 710 g. Das Nettogewicht beträgt 600 g. Wieviel wiegt die Dose ohne Inhalt?

> Nettogewicht + Tara = Bruttogewicht
> Mit Tara bezeichnet man das Verpackungsgewicht.

4

Stelle jeweils das Gewicht der Verpackung (Tara) fest.

a) Netto 4750 kg Brutto 4960 kg
b) Netto 3,4 kg Brutto 3650 g
c) Netto 0,7 t Brutto 780 kg
d) Netto 7,2 t Brutto 7380 kg
e) Netto 6580 kg Brutto 7,1 t

4

Stelle jeweils das Gewicht der Verpackung (Tara) fest.

a) Netto 4750 kg Brutto 4960 kg
b) Netto 3,4 kg Brutto 3650 g
c) Netto 0,7 t Brutto 780 kg
d) Netto 7,2 t Brutto 7380 kg
e) Netto 6580 kg Brutto 7,1 t

3

Stelle jeweils das Nettogewicht fest.

a) Brutto 625 g Tara 17 g
b) Brutto 3,8 kg Tara 0,2 kg
c) Brutto 8,5 kg Tara 350 g
d) Brutto 4 t Tara 150 kg
e) Brutto 5,2 t Tara 0,09 t

5

Stelle jeweils den fehlenden Wert fest.

	Brutto	Netto	Tara
a)	■	6,2 t	150 kg
b)	0,03	■	20 kg
c)	75 kg	6900 g	■
d)	0,7 kg	■	50 g

Güterverkehr in 1000 t Bruttogewicht pro Jahr (Wasserstraßen)

Wasserstraße	Güter insgesamt	auf ausländischen Schiffen
Lahn ab Steeden	18	16
Mosel ab Grenze	15 359	9 741
Saar	3 599	1 792
Main-Donau-Kanal	2 527	143
Main (Mündung bis Würzburg)	5 472	838
Neckar	10 655	1 545
Donau (Kelheim-Regensburg)	2 247	1 741
Donau (Regensburg-Vilshofen)	2 601	2 069

Die Schiffsladung ist als Bruttogewicht angegeben. Das Nettogewicht ist das Gewicht der Ladung ohne Container, Paletten oder Behälter.

1

Wie viele Tonnen Güter wurden auf dem Neckar befördert? Vergleiche den Gütertransport auf dem Neckar mit dem auf der Mosel.

2

Wieviel Nettogewicht wurde auf der Mosel von ausländischen Schiffen befördert, wenn etwa 870 t Tara anzusetzen ist?

3

Auf der Saar muß etwa 6 % der Ladung als Tara berücksichtigt werden. Berechne Tara in Tonnen.

4

Auf dem Main-Donau-Kanal wird die Nettoladung mit 92 % der Bruttoladung angesetzt. Berechne die Nettoladung.

5

Auf der Donau von Kelheim bis Regensburg wird etwa 7 % der Ladung als Tara angesetzt. Berechne, wieviel Nettogewicht befördert wurde.

6

Auf der Donau von Regensburg bis Vilshofen beläuft sich das Nettogewicht auf etwa 91 % des beförderten Bruttogewichts. Berechne Tara.

7*

a) Wieviel Bruttogewicht wurde monatlich durch ausländische Schiffe im Durchschnitt auf dem Neckar befördert?
b) Das Nettogewicht betrug monatlich durchschnittlich 109 000 t. Berechne Tara in Tonnen und Prozent vom Bruttogewicht.

8*

a) Berechne, wieviel Bruttogewicht im Durchschnitt monatlich auf dem Neckar befördert wurde.
b) Das Nettogewicht betrug monatlich durchschnittlich 821 900 t. Berechne Tara in Tonnen und Prozent vom Bruttogewicht.

Haushaltskosten

Energieverbrauch der Familie Bangert pro Jahr

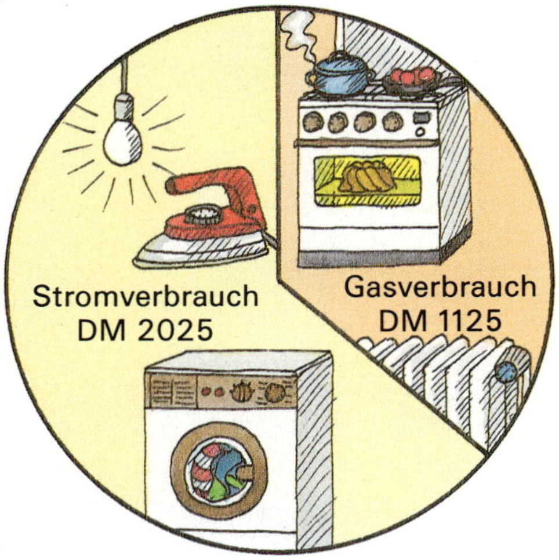

PKW-Haltung der Familie Bangert pro Monat

Freizeitkosten der Familie Bangert pro Monat

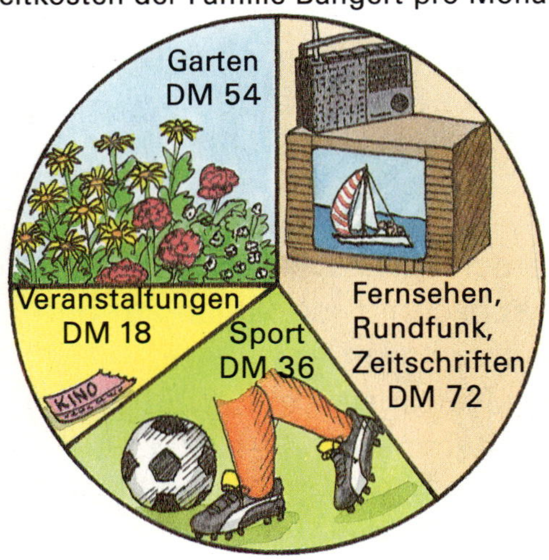

1. Berechne die Prozentanteile jeder Energieausgabe an den Gesamtausgaben.

2. Berechne die Bruchteile jeder Energieausgabe an der Gesamtausgabe. Kürze, wenn möglich.

3. Berechne die Bruchteile der einzelnen PKW-Kostenbereiche an den Gesamtkosten. Kürze, wenn möglich.

4. Berechne, mit wieviel Prozent der Gesamtkosten die einzelnen Ausgaben für einen PKW anzusetzen sind.

5. Berechne den Anteil der einzelnen Freizeitbereiche als Bruchteile an den Gesamtkosten. Kürze, wenn möglich.

6. Berechne, mit wieviel Prozent der Gesamtkosten die einzelnen Freizeitbereiche anzusetzen sind.

7.* Ermittle die fehlenden Werte des monatlichen Haushaltsplans der Familie Bangert:

Nahrung	1 270,00 DM
Energie	▒ DM
PKW	▒ DM
Freizeit	▒ DM
Miete	▒ DM
Gesamt	2 646,25 DM

Durchschnittliche Ausgaben für Nahrungs- und Genußmittel eines Vier-Personen-Haushalts pro Monat (Statistisches Jahrbuch 1991)

Art	DM	Art	DM
Fleisch	65,52	Kartoffeln, Gemüse	46,98
Wurstwaren	87,–	Brot, Backwaren	82,31
Fischwaren	8,16	Zucker, Süßwaren	54,07
Milch, Joghurt u. ä.	45,52	Getreide, Gewürze	33,74
Käse	32,90	Sonstige Nahrungsmittel	28,92
Eier	9,03	Getränke, Säfte	71,64
Butter, Fette	8,39	Alkoholische Getränke	51,18
Obsterzeugnisse	39,56	Tabakwaren	27,16

1

Berechne die Gesamtkosten der Ausgaben für Nahrungs- und Genußmittel
a) pro Monat, b) pro Jahr.

2

Wieviel Prozent der Gesamtkosten lassen sich einsparen, wenn man auf Alkohol und Tabakwaren verzichtet?

3

Wie groß ist der Anteil in Prozent der Kosten für tierische Produkte (Milch, Käse, Butter) an den Gesamtkosten?

4

Wie groß ist der Anteil in Prozent der Kosten für Fleisch-, Wurst- und Fischwaren an den Gesamtkosten?

5

Wie groß ist der prozentuale Anteil der Kosten für Obst- und Gemüseprodukte an den Gesamtkosten?

6

Wie groß ist der prozentuale Anteil der Kosten für Brot- und Backwaren an den Gesamtkosten?

7

Ein 2-Personen-Haushalt gibt im Durchschnitt 59 % des Betrages aus, der für einen 4-Personen-Haushalt benötigt wird.
Wieviel DM gibt ein 2-Personen-Haushalt für Nahrungsmittel aus?

8

Berechne die Ausgaben eines 2-Personen-Haushalts (entspricht etwa 59 % des 4-Personen-Haushalts) für:
a) Fleisch-, Wurst- und Fischwaren,
b) Obst- und Gemüseprodukte,
c) Brot- und Backwaren.

Arbeitszeit und Bruttoverdienst

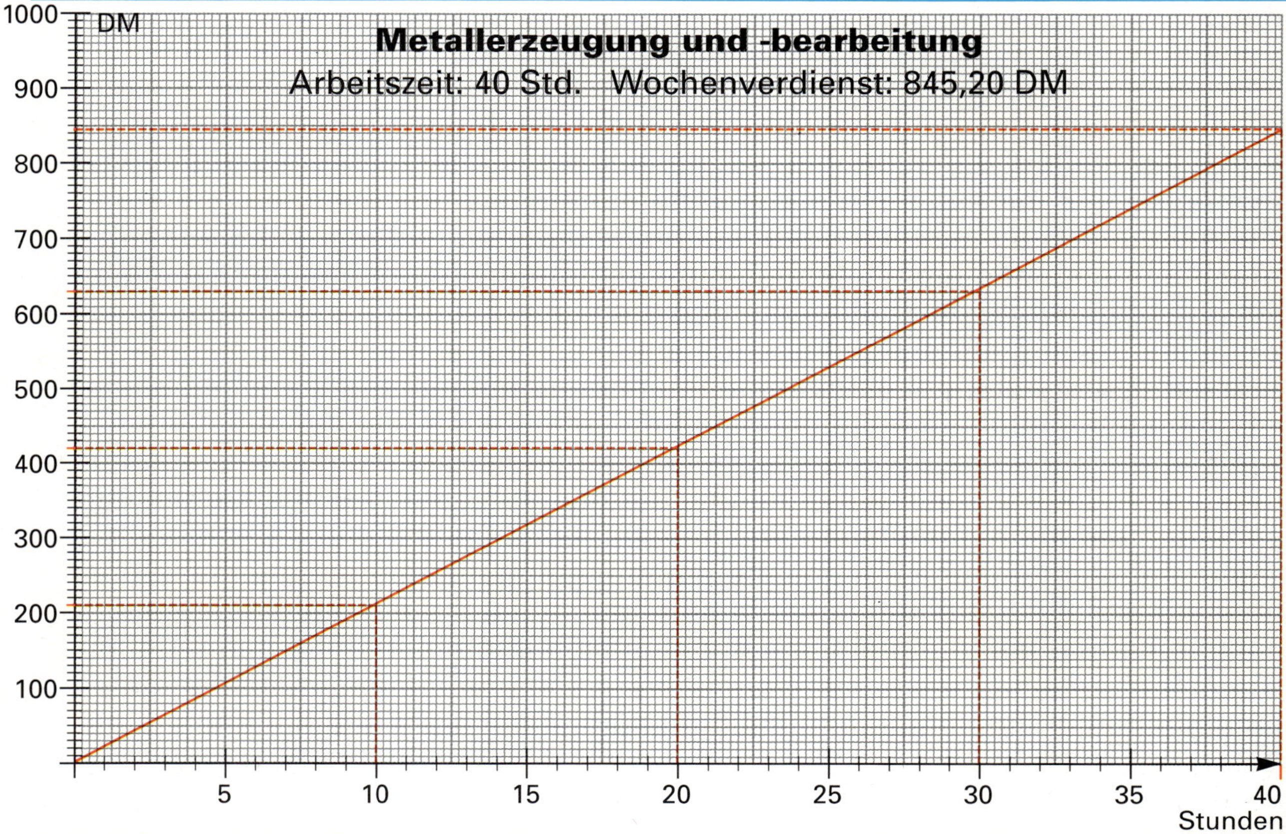

Hier gilt: Je mehr gearbeitet wird, desto mehr wird verdient.

1

Auf welcher Achse kann man die Arbeitszeit, auf welcher Achse kann man den Verdienst ablesen?

2

Schau dir das Diagramm an und lies ab, wie hoch der Wochenlohn bei einer Arbeitszeit von 30 Stunden ist.

3

Lies im Diagramm ab, wieviel DM der Wochenlohn bei einer Arbeitszeit von 37 Stunden beträgt.

4

Ein Diagramm läßt sich selten so genau ablesen. Prüfe die Angaben durch Nachrechnen.

5

In der Metallerzeugung wird 1990 im Durchschnitt 39,4 Stunden gearbeitet. Wieviel DM beträgt dann der durchschnittliche Wochenlohn? Lies im Diagramm ab und prüfe durch Nachrechnen.

6

Wie viele Stunden in der Woche muß ein Metallarbeiter durchschnittlich arbeiten, um einen Wochenverdienst von 800 DM zu erzielen? Lies im Diagramm ab und rechne nach.

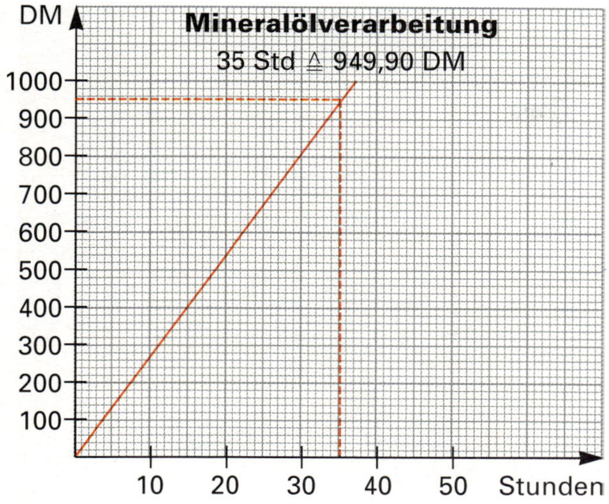

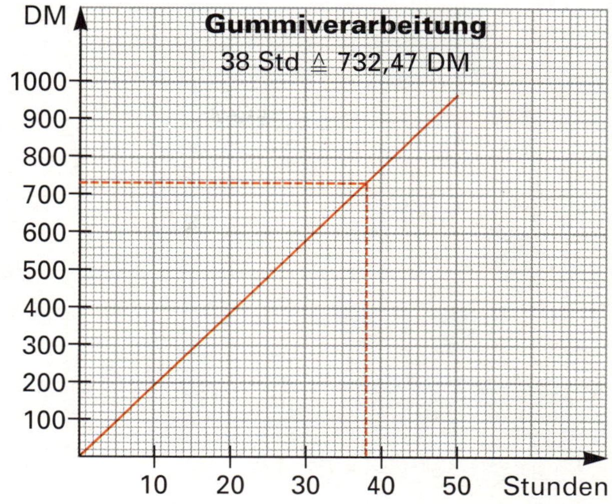

In verschiedenen Wirtschaftszweigen ist der Bruttoverdienst (Verdienst ohne Abzüge) verschieden hoch.

1

Vergleiche die Diagramme zur Mineralölverarbeitung und zur Gummiverarbeitung miteinander. In welchem Wirtschaftszweig ist der Verdienst höher?

2

Berechne den Stundenlohn, der in der Mineralölverarbeitung und in der Gummiverarbeitung verdient wird. Vergleiche die unterschiedlichen Stundenlöhne.

3

In der Mineralölverarbeitung wird durchschnittlich 39,4 Stunden in der Woche gearbeitet (Stand 1990). Berechne den Wochenverdienst.

4

Berechne den Wochenverdienst in der Gummiverarbeitung bei einer durchschnittlichen Wochenarbeitszeit von 39,2 Stunden.

Schiffsbau (Stand 1990)

Arbeitszeit	Verdienst
10 Stunden	*
20 Stunden	440,80 DM
30 Stunden	*
40 Stunden	*

5*

Übernimm die Tabelle Schiffsbau in dein Heft und berechne die fehlenden Angaben. Zeichne ein Diagramm.

6*

Ein Feinmechaniker erhält einen Stundenlohn von 19,07 DM. Erstelle eine Tabelle. Zeichne ein Diagramm.

Abfallbeseitigung und Abfallverwertung

Im Innenstadtbezirk werden einmal wöchentlich die Mülltonnen geleert. Es werden 3 Müllfahrzeuge eingesetzt. Die Entleerung ist in 5 Stunden abgeschlossen.
Im Amt für Abfallverwertung wird ausgerechnet, wieviel Zeit benötigt wird, wenn 4 Fahrzeuge eingesetzt werden. Überlege: Brauchen mehr Fahrzeuge mehr Zeit oder brauchen mehr Fahrzeuge weniger Zeit?

3 Müllfahrzeuge benötigen			*5 Stunden*
1 Müllfahrzeug benötigt	*3 · 5 Stunden*	=	*15 Stunden*
4 Müllfahrzeuge benötigen	*15 Stunden : 4*	=	*3,75 Stunden*

Mit 4 Fahrzeugen ist die Entleerung in 3,75 Stunden abgeschlossen.

Abfuhrbezirk West

Anzahl Fahrzeuge	Abfuhrzeit
1	*
2	*
3	10,67 Stunden
4	8 Stunden
5	*
6	5,34 Stunden

1

Sachbearbeiter Beckmann hat für den Abfuhrbezirk West eine Tabelle aufgestellt. Zeichne die Tabelle in dein Heft und ergänze die fehlenden Angaben.

2

Im Abfuhrbezirk Nord werden für eine Abfuhrzeit von 12 Stunden 8 Fahrzeuge benötigt. Stelle eine Tabelle für 1 bis 8 Fahrzeuge auf. Runde auf zwei Stellen nach dem Komma.

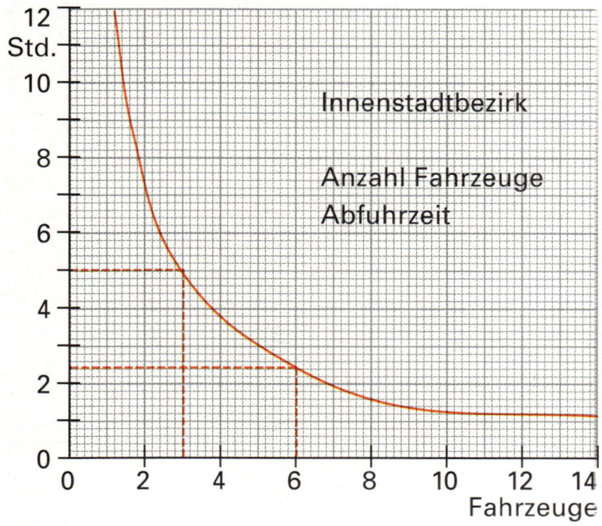

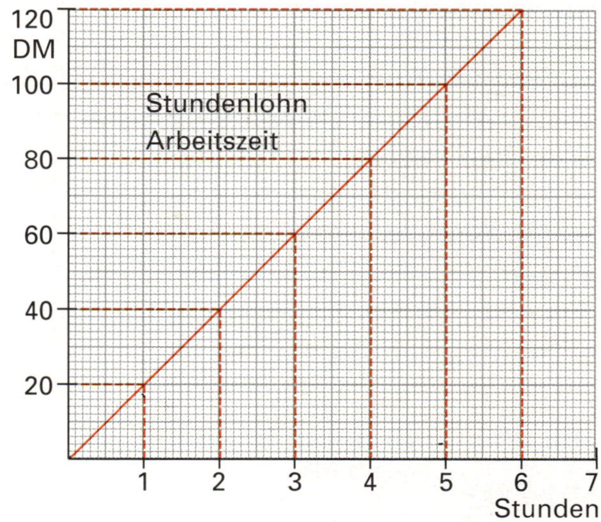

Umgekehrtes Verhältnis:
Je mehr Fahrzeuge eingesetzt werden, **desto weniger** Zeit wird benötigt.

Direktes Verhältnis:
Je mehr Arbeitszeit angesetzt wird, **desto mehr** wird verdient.

1

Vergleiche die Diagramme miteinander. Erläutere den Kurvenverlauf.

2

Erstelle für beide Diagramme die dazugehörige Tabelle.

Prüfe bei jeder Aufgabe: direktes oder umgekehrtes Verhältnis?

3

Vier Altglascontainer werden fünfmal monatlich geleert. Aus Kostengründen soll nur noch zweimal im Monat geleert werden. Wie viele Altglascontainer werden nun benötigt?

4

Fünf Altglascontainer können etwa 3 200 kg Altglas aufnehmen. Wieviel kg Altglas kann gesammelt werden, wenn auf einem Recyclinghof 8 Container aufgestellt werden?

5*

Im Klärwerk muß wegen Reparaturarbeiten ein Vorklärbecken entleert werden. Wenn das Klärwerk die eigenen 3 Pumpen einsetzt, ist die Arbeit in 54 Stunden beendet. Die Feuerwehr hilft mit noch 6 Pumpen aus. In welcher Zeit kann nun das Vorbecken entleert werden?

6*

Die Beschaffung von 3 Pumpen kostete 10 434 DM. Damit bei Reparaturarbeiten in Zukunft auf die Hilfe der Feuerwehr verzichtet werden kann, wird entschieden, noch 7 Pumpen zu kaufen. Wieviel DM muß im städtischen Haushalt dafür bereitgestellt werden?

Güterumschlag

❶

Zur Beförderung von 623 Paletten Ziegelsteine werden 7 Lastwagen gebraucht. Wie viele Lastwagen der gleichen Größe werden beladen, wenn 979 Paletten zu transportieren sind?

a) Zeichne die Tabelle in dein Heft und ergänze die fehlenden Angaben.

b) Zeichne ein Diagramm.

Paletten	Lastwagen
*	1
*	2
*	3
*	4
*	5
*	6
623	7
*	8

❷

Zur Beförderung von 216 Festmeter Holz werden 18 Fuhrwerke benötigt. Wieviel Festmeter kann man mit 23 Fuhrwerken befördern?

❸*

Zum Aufstapeln von Holz auf dem Lagerplatz eines Sägewerks benötigen 4 Gabelstapler 6 Stunden und 30 Minuten. Ein Gabelstapler ist ausgefallen. Wieviel Zeit wird nun zum Aufstapeln benötigt?

❹

Die 7 LKW einer Ulmer Spedition legen zusammen am Tag durchschnittlich 2 436 km zurück. Die Spedition kauft noch einen LKW dazu. Wie viele Kilometer können nun täglich durchschnittlich gefahren werden?

❺*

Zur Entladung eines LKW mit Stückgut benötigen 4 Arbeiter 60 Minuten. Ein Arbeiter fehlt. Wie lange benötigen die anderen Arbeiter nun zur Entladung?

Bagger	Stunden
1	*
2	21
3	*
4	*
5	*
6	*

1*

Zwei Bagger benötigen zum Aushub einer Baugrube 21 Stunden.
Wie viele Stunden werden benötigt, wenn 3 Bagger zur Verfügung stehen?

a) Zeichne die Tabelle in dein Heft und ergänze die fehlenden Angaben.
b) Überlege, ob beliebig viele Bagger eingesetzt werden können.

2*

Zum Transport einer großen Stückgutladung setzt die Eisenbahn 3 Züge mit je 36 Güterwagen ein. Aus wie vielen Wagen muß jeder Zug bestehen, wenn nur 2 Züge gebildet werden, um alle Wagen zu ziehen?

3*

Um 15 Tankwagen der Eisenbahn zu füllen, braucht man 4 Stunden und 30 Minuten. Wie lange dauert es, bis 21 Tankwagen gefüllt sind?

4

In jeder Woche fließen durch die Rohrfernleitungen in Deutschland durchschnittlich 1,5 Mio. Tonnen Rohöl. Wieviel Mio. Tonnen Rohöl werden durchschnittlich in einem Monat bewegt?

5*

Um ein Vorratslager in Ludwigshafen für Mineralöl zu füllen, benötigen 5 Pumpen 87 Stunden. Wie lange dauert es, wenn eine Pumpe mehr (eine Pumpe weniger) eingesetzt wird?

Herr Weber kauft einen PC

Welche Begriffe kennst du schon?

Ein Computer ist eine Maschine, die Daten aufnimmt, speichert, nach einem Programm verarbeitet und wieder ausgibt.

Herr Weber will noch wissen, was Daten sind. Die Verkäuferin sagt: Daten sind Zahlen oder Buchstaben. Herr Weber antwortet: Dann ist mein Taschenrechner ja auch ein Computer.

Bei jedem Computer läuft das gleiche ab.

- **E**ingabe der Daten
- **V**erarbeitung der Daten
- **A**usgabe der Daten

1

Überlege, ob Herr Weber recht hat? Beantworte dazu folgende Fragen:

a) Ist der Taschenrechner eine Maschine?
b) Nimmt der Taschenrechner Daten auf?
c) Welche Daten kann man eingeben?
d) Kann der Taschenrechner die Daten speichern?
e) Kann der Taschenrechner die Daten verarbeiten?
f) Welche Programme stehen beim Taschenrechner zur Verfügung?
g) Wie kann man Programme auswählen?
h) Kann der Taschenrechner die verarbeiteten Daten wieder ausgeben?
i) Wie geschieht die Datenausgabe?

Ein Taschenrechner kann nur Zahlen verarbeiten. Ein PC dagegen kann Zahlen und Buchstaben verarbeiten. Ein einfacher Taschenrechner hat nur Programme für die Grundrechenarten zur Verfügung. Einen PC kann man mit vielen anderen Programmen ausstatten.

PC - Hardware

Mit **Hardware** werden alle Geräte bezeichnet. Dazu gehören der Computer und alle Ein- und Ausgabegeräte. Mit **Software** werden die Programme bezeichnet.

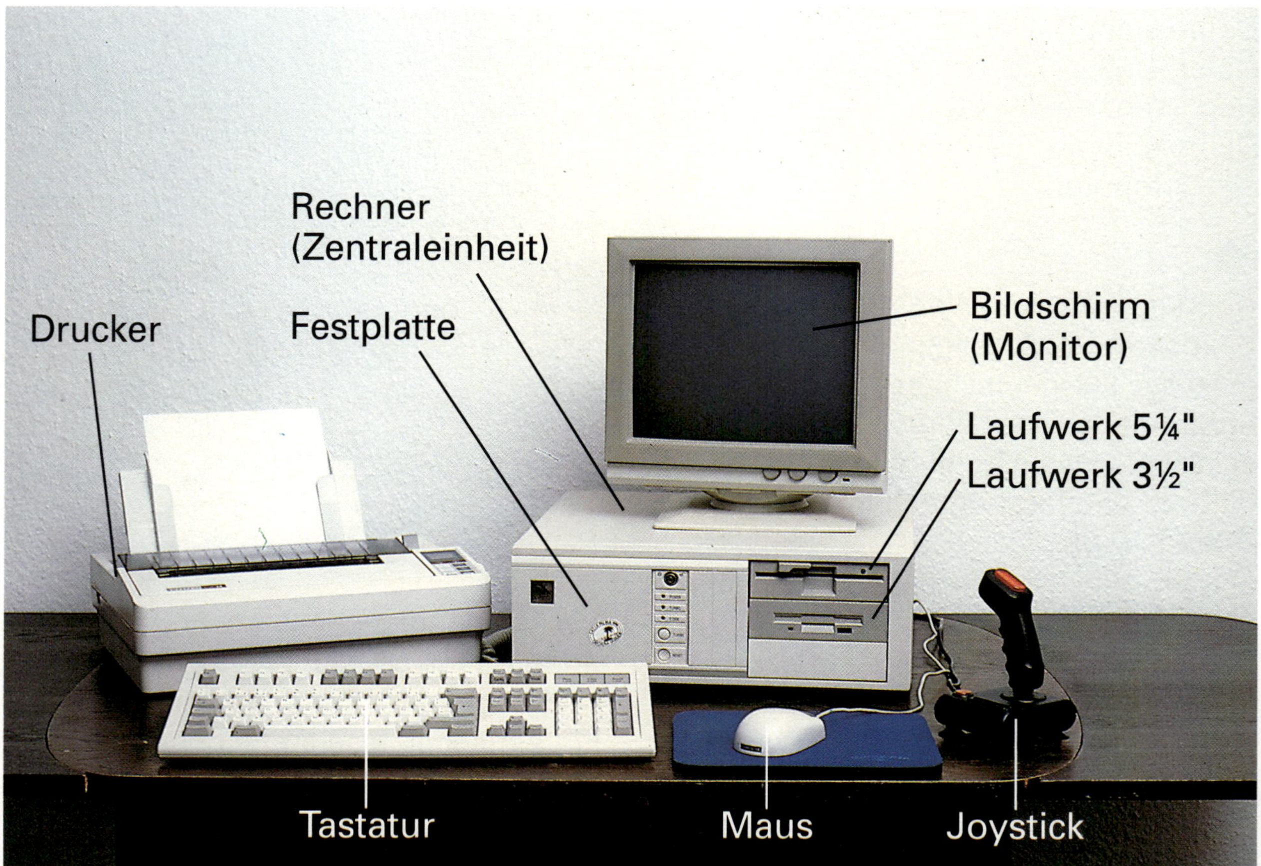

Das wichtigste an einem Computer ist der sogenannte Rechner. Der Rechner speichert die Programme und sorgt für die Verarbeitung der Daten.
Der Rechner ist in einem Gehäuse untergebracht und daher nicht zu sehen. Alle anderen Geräte sind Eingabegeräte oder Ausgabegeräte.

Die Laufwerke
Die meisten PC haben zwei Laufwerke, ein 5.25″-Laufwerk für größere Disketten und ein 3.5″-Laufwerk für kleinere Disketten.

Das Zeichen ″ heißt Zoll und ist eine englische Längeneinheit. Disketten sind magnetische Scheiben, auf denen Programme und Daten gespeichert werden können. Die Diskette wird in das passende Laufwerk gesteckt. Sie kann herausgenommen und bei anderen Computern eingesetzt werden.

Die Festplatte
Die Festplatte ist fest eingebaut und funktioniert wie ein großer Speicher. Sie kann viel mehr Daten speichern als eine Diskette.

Der Bildschirm

1

Ist der Bildschirm oder Monitor ein Ein- oder Ausgabegerät?

Der Drucker

2

Ist der Drucker ein Ein- oder Ausgabegerät? Erkläre.

Der Joystick

Mit dem Joystick kann man Zeichen (Bilder, Symbole), die auf dem Bildschirm dargestellt sind, auswählen oder bewegen. Der Joystick wird mit einem Steuerknüppel und mit Tasten bedient.

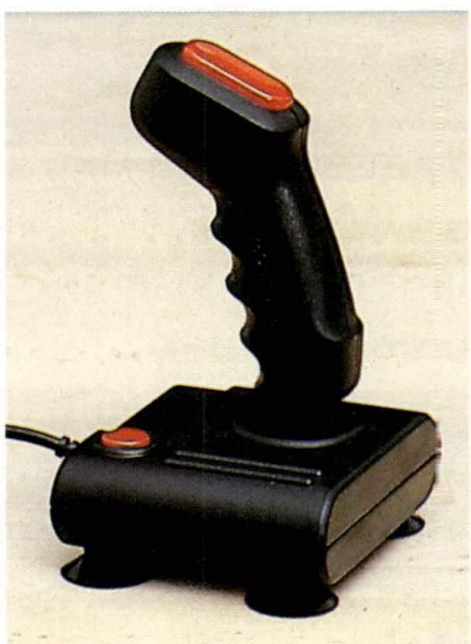

3

Ist der Joystick ein Ein- oder Ausgabegerät? Erkläre.

Die Maus
Die Maus funktioniert wie der Joystick. Man bedient jedoch keinen Steuerknüppel, sondern bewegt die Maus über die Tischplatte. Diese Bewegungen werden auf den Bildschirm übertragen. Die Maus hat wie der Joystick auch Tasten.

4

Ist die Maus ein Ein- oder Ausgabegerät? Erkläre.

PC-Bedienung

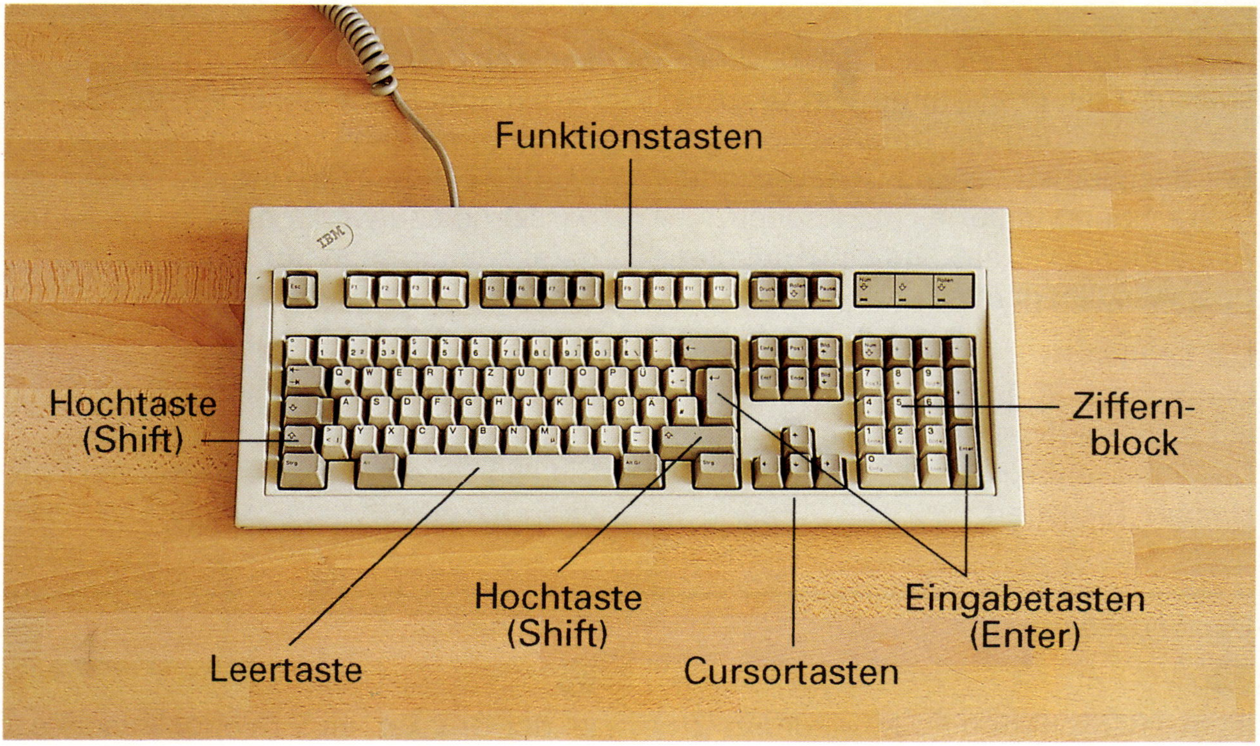

Die Tastatur ist das wichtigste Eingabegerät. Mit der Tastatur lassen sich Zahlen, Buchstaben und Sonderzeichen als Daten eingeben.
Es gibt verschiedene Tastaturen. Auf jeder Tastatur findet man Funktionstasten: Ihre Bedeutung wird durch das jeweilige Programm bestimmt.

1

Zeige auf deiner Tastatur die Funktionstasten.
In der Mitte sind Tasten für Ziffern, Buchstaben und Zeichen angeordnet.

2

Schreibe das Wort COMPUTER auf den Bildschirm.

3

Schreibe nun das Wort COMPUTER auf den Bildschirm und halte die Shift-Taste dabei gedrückt. Was stellst du fest?

4

Schreibe nun den Text
COMPUTER KÖNNEN NICHT ALLES
auf den Bildschirm. Erkläre die Funktion der Leertaste.
Dir ist sicher aufgefallen, daß auf dem Bildschirm die Buchstaben immer dort geschrieben werden, wo ein bestimmtes Zeichen blinkt. Dieses Zeichen nennt man Cursor.

5

Betätige die Cursor-Tasten und beschreibe, welche Funktion sie haben.

Erzeuge folgendes Muster auf dem Bildschirm.

1

```
       A
      A A
     A   A
    A     A
   A       A
  AAAAAAAAAAA
 A           A
A             A
```

2

```
          #     #
        #   #   #
      #       # #
    #     #     #
  #               #
# # # # # # # # # # #
#                   #
#   #     #     #   #
#               #   #
# # # # # # # # # # #
```

3

```
* * *           * * *
* * *           * * *
* * *           * * *
          *
        * * *

  * *         * *
    * * * * * *
      * * * *
```

4

```
9               1
9 8           2 1
9 8 7       3 2 1
9 8 7 6   4 3 2 1
9 8 7 6 5 4 3 2 1
9 8 7 6   4 3 2 1
9 8 7       3 2 1
9 8           2 1
9               1
```

Die Enter-Taste dient dazu, Daten an den Rechner zu übergeben. Wenn du etwas auf den Bildschirm geschrieben hast, kannst du mit der Enter-Taste diese Zeichen an den Rechner zur Verarbeitung übergeben. Wenn das Computerprogramm deine Eingabe nicht versteht, wirst du durch eine Fehlermeldung darauf aufmerksam gemacht.

5

Schreibe etwas auf den Bildschirm und drücke danach die Enter-Taste.
Was geschieht?

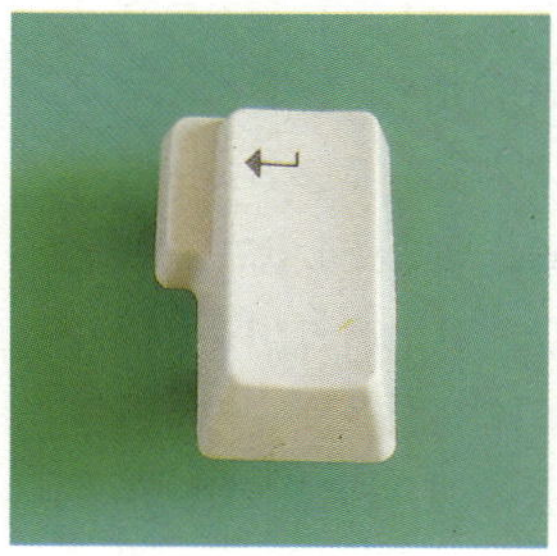

Bevor ein Zeichen verarbeitet werden kann, wird es im Rechner gespeichert. Wieviel ein Rechner speichern kann, wird durch die Maßeinheit Byte angegeben. Zum Speichern eines Zeichens wird genau 1 Byte benötigt.

1 Kilobyte	=	1024 Byte
1 Megabyte	=	1024 Kilobyte

6

Es sollen 12 Millionen Zeichen gespeichert werden. Gib an, wieviel Megabyte (MB) Speicherplatz benötigt wird.

7*

Eine Schreibmaschinenseite besteht aus ungefähr 4000 Zeichen.
Wie viele Seiten passen ungefähr auf eine Festplatte mit 80 MB?

PC-Software

Ohne Programme kann man mit einem Computer nichts anfangen.
Es gibt unterschiedliche Programme für verschiedene Aufgaben, z.B. Betriebssysteme, Textverarbeitungs- und Grafikprogramme. Wenn man Programmdisketten kauft, erhält man meistens dazu ein Handbuch.
Im Handbuch wird erklärt, wie man ein Programm benutzt.

1

Gehören Programme zur Hardware oder zur Software?

Das wichtigste Programm ist das Betriebssystem.

2

Gehört das Betriebssystem zur Hardware oder zur Software?

Da man das Betriebssystem immer wieder braucht, ist es in der Regel auf der Festplatte gespeichert.
Wenn du das Betriebssystem geladen hast, kannst du nun das Programm laden, mit dem du arbeiten willst.
Es gibt auch Computer, die ein eingebautes Betriebssystem haben. Wenn man diesen Computer einschaltet, ist das Betriebssystem sofort bereit.

3

Stelle fest, ob dein Computer ein eingebautes Betriebssystem hat oder ob ein Betriebssystem zuerst eingeladen werden muß.

4

Welche Vorteile hat ein eingebautes Betriebssystem?
Welche Vorteile hat es, wenn man Betriebssysteme einladen kann?

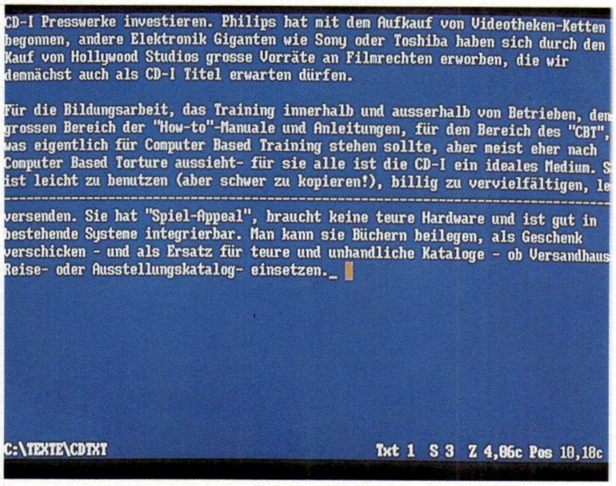

Ein Programm zur Textverarbeitung ermöglicht es, auf dem Bildschirm Texte zu entwerfen. Schreibfehler kann man leicht berichtigen. Man kann Wörter ändern, Sätze vertauschen oder löschen sowie Wörter oder Sätze nachträglich einsetzen. Wenn alles stimmt, kann man den Text mit dem Drucker ausdrucken.

1

Welche Vorteile haben Textverarbeitungsprogramme gegenüber Schreibmaschinen?

Ein Grafikprogramm ermöglicht es, mit Hilfe der Maus auf dem Bildschirm technische Zeichnungen und Bilder zu erstellen. Linien und Flächen kann man so oft ändern, wie man möchte. Dann kann man es ausdrucken lassen.

2

a) Wodurch unterscheidet sich ein Grafik- von einem Textverarbeitungsprogramm?
b) Welche Vorteile hat ein Grafikprogramm gegenüber einem Zeichenbrett?

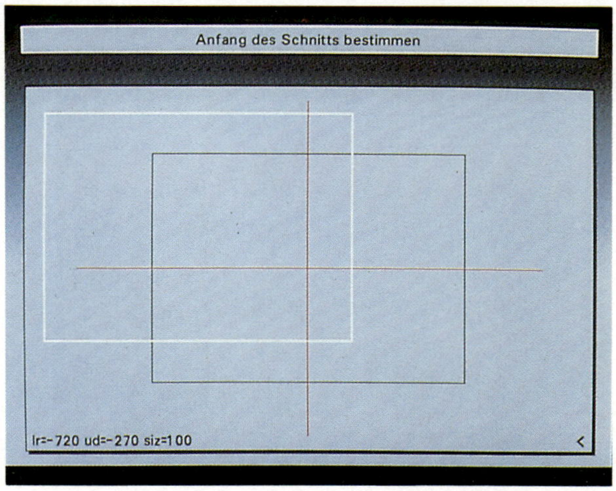

Mit einem Programm zur Verwaltung von Adressen kann man Adressen speichern, ändern, löschen und nach bestimmten Merkmalen ausgeben, z. B. alle Adressen mit der Postleitzahl 8000.

3

Welche Vorteile hat ein Adressenprogramm gegenüber einem Notizbuch? Wie viele Adressen mit je 200 Zeichen lassen sich auf einer Diskette mit 1,2 MB speichern?

Berufseingangstest

Auf den folgenden Seiten findest du Aufgaben, wie sie in einem Berufseingangstest auch vorkommen können. Bei einem solchen Test solltest du diese Punkte unbedingt beachten:

- Die Testanweisung genau befolgen.
- Zuerst die Aufgaben bearbeiten, die du lösen kannst.
  Du brauchst nicht der Reihe nach vorzugehen.
- Wenn du zu lange an einer Aufgabe rechnest, wähle lieber eine andere.
  Du gerätst sonst leicht unter Zeitdruck.

Am Ende jedes Tests kannst du anhand der Kontrollzahlen prüfen, wie viele Aufgaben du gelöst hast. Eine Zahl bleibt immer übrig.

Test 1 — Grundrechenarten

Übertrage in dein Heft und rechne.

1

7 · 3025
4025 : 5
4,72 · 6
12,9 : 3
212 · 46

9 · 6518
1525 : 25
2037,4 : 61
45,3 · 2,7
447,2 : 17,2

9752	61
33,4	805
21175	4,3
314,1	122,31
26	28,32
58662	

2

316 − 212 + 815
873 + 441 − 615
2,75 + 6,4 − 0,5
5,4 + 8,23 − 4,1
10,09 − 5,25 + 1

1026,45 − 965,07
145632 + 245367
562345 − 124
45,2 − 22,06 + 5
463,03 + 17,03 − 8

717,25	919
5,84	28,14
390999	699
8,65	9,53
472,06	61,38
562221	

3

9864 : 12
71 · 2034
12,6 : 0,2
1006 · 15
88,08 : 12

16,4 · 73
74508 : 42
56 · 9457
33 · 726
1036 : 56

63	15090
1197,2	18,5
312,5	1774
23958	7,34
144414	822
529592	

4

5712 · 3
8742 : 5
3,4 − 2,1
17,09 − 6
9315 : 15

1234 + 56
166 · 266
8684 − 345
16432 : 13
2224 · 225

1,3	500400
1264	11,09
8339	621
1290	1726
44156	1748,4
17136	

Test 2 – Brüche

Mache die Brüche gleichnamig, wenn notwendig.

$\frac{3}{8} + \frac{5}{8}$ $\quad \frac{5}{9} - \frac{2}{9}$ $\quad \frac{4}{5} + \frac{3}{10}$

$\frac{2}{5} + \frac{4}{15}$ $\quad \frac{4}{3} - \frac{2}{6}$ $\quad \frac{5}{8} - \frac{1}{2}$

$\frac{11}{10}$	$\frac{6}{6}$	$\frac{3}{9}$	$\frac{10}{15}$	$\frac{8}{8}$	$\frac{3}{6}$	$\frac{1}{8}$

Kürze, wenn möglich.

$\frac{3}{5} \cdot \frac{1}{6}$ $\quad \frac{2}{5} \cdot \frac{5}{12}$ $\quad \frac{2}{5} \cdot \frac{1}{2}$

$\frac{4}{7} \cdot \frac{6}{9}$ $\quad \frac{3}{9} \cdot \frac{4}{7}$ $\quad \frac{5}{6} \cdot \frac{3}{10}$

$\frac{4}{21}$	$\frac{1}{4}$	$\frac{1}{5}$	$\frac{1}{10}$	$\frac{1}{8}$	$\frac{8}{21}$	$\frac{1}{6}$

Test 3 – Prozentrechnung

Zu jeder Aufgabe gehören drei Kontrollzahlen. Nur eine ist richtig.

420 DM = 100 %
42 DM = ■ %

9	10	11

100 % = 500 DM
8 % = ■ DM

39	40	41

6 % = 30 DM
100 % = ■ DM

300	600	500

540 DM = 100 %
189 DM = ■ %

35	36	37

100 % = 625 DM
15 % = ■ DM

93,75	93,25	93,50

12 % = 48 DM
100 % = ■ DM

450	200	400

Test 4 – Sachrechnen

Zu jeder Aufgabe gehören drei Kontrollzahlen. Nur eine ist richtig.

Für eine Bluse braucht man $\frac{3}{4}$ m Stoff. Wieviel Stoff braucht man für 15 Blusen?

11,75 m	12,25 m	11,25 m

Ein Marmorblock von $\frac{12}{17}$ t wird gleichmäßig in 3 Teile geteilt. Wie schwer ist jeder Teil?

$\frac{4}{17}$ t	$\frac{3}{17}$ t	$\frac{5}{17}$ t

Bei einem Verdienst von 3100 DM werden 868 DM Steuern und Abgaben fällig. Wie hoch ist der Prozentsatz der Abzüge?

27 %	28 %	25 %

Familie Boll hat ein Monatseinkommen von 3600 DM. 25 % davon entfallen auf die Miete. Wie hoch ist die Miete?

930 DM	870 DM	900 DM

Test 5 – Flächen

Miß und rechne.

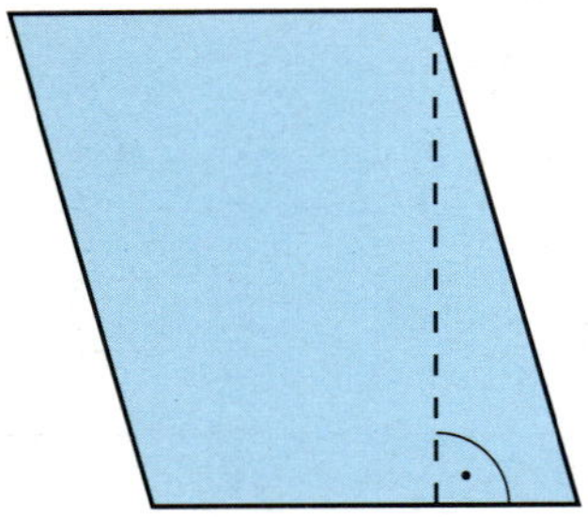

$A = ?\ cm^2$

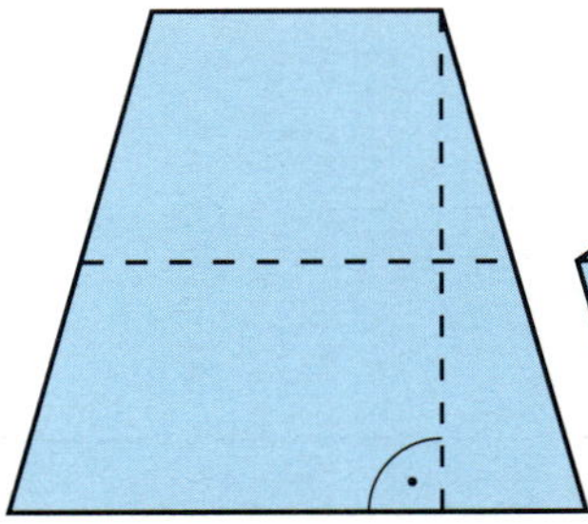

$A = ?\ cm^2$

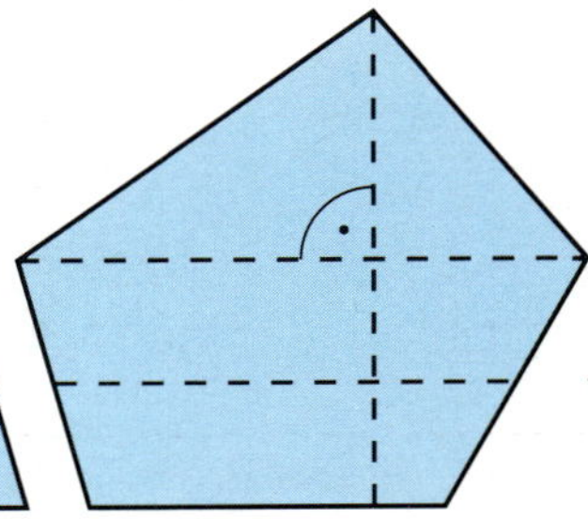

$A = A_{\triangle} + A_{⏢} = ?\ cm^2$

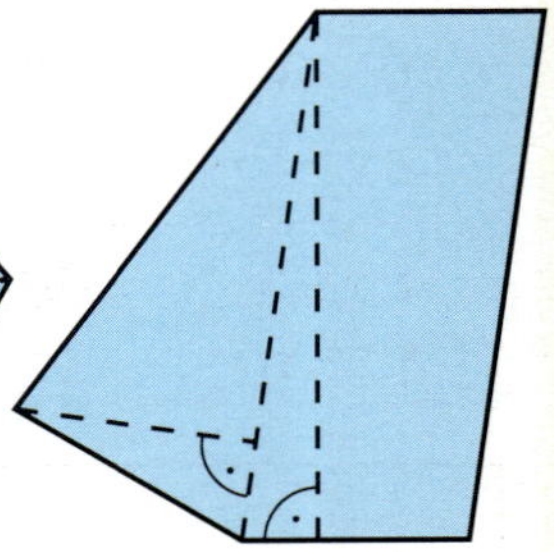

$A = ?\ cm^2$

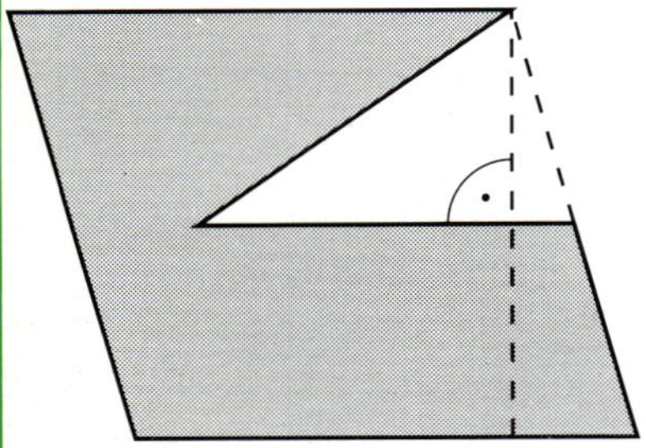

$A = A_{▱} - A_{\triangle} = ?\ cm^2$

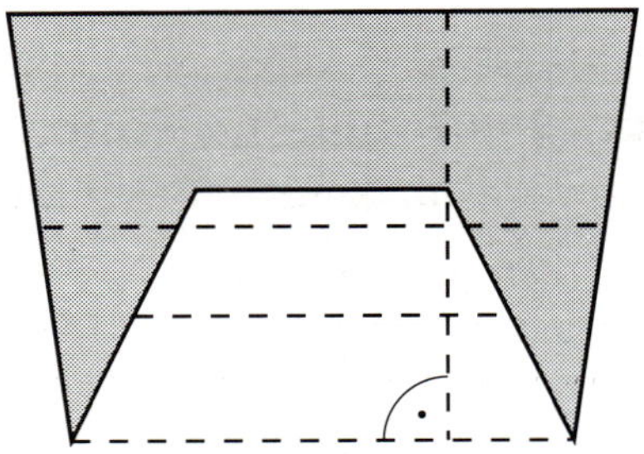

$A = ?\ cm^2$

$A = ?\ cm^2$

9,3	11,05	9,1	10,5	13,7	12,5	10,5	8,1

Test 6 – Körper

$V_{Tischplatte} = ?\ cm^3$

$V_{Rundsäule} = ?\ cm^3$

$V_{Bodenplatte} = ?\ cm^3$

$V_{Tisch} = ?\ cm^3$

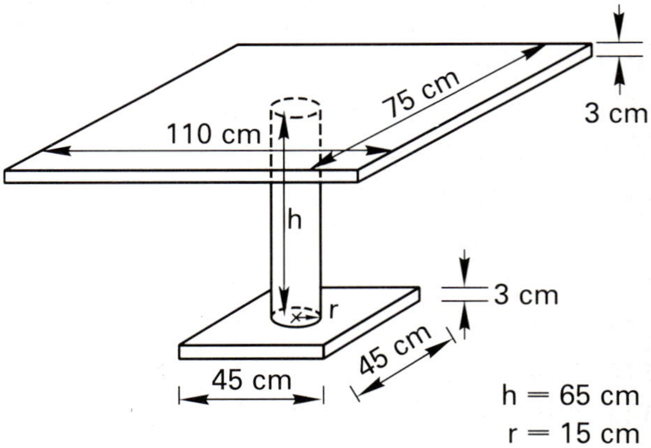

45 922,5	87 437,5	24 750	76 747,5	6 075

Test 7 — Schlußrechnen (direktes Verhältnis)

Je mehr gearbeitet wird, desto mehr wird verdient.

21 Std.	1 071 DM	11 Std.	561 DM	36 Std.	1 872 DM
24 Std.	■ DM	12 Std.	■ DM	24 Std.	■ DM
13 Std.	663 DM	44 Std.	2 244 DM	5 Std.	255 DM
14 Std.	■ DM	34 Std.	■ DM	15 Std.	■ DM

765 714 1 734 1 024 1 224 1 248 612

Test 8 — Schlußrechnen (umgekehrtes Verhältnis)

Je mehr Pumpen arbeiten, desto schneller ist das Becken gefüllt.

Pumpen	Std.
4	16
2	■
8	■
16	■

8 10 32 4

Pumpen	Std.
10	24
■	12
■	8
■	6

40 30 20 50

Pumpen	Std.
12	60
■	10
36	■
■	15

52 20 72 48

Test 9 — Sachrechnen

Zu jeder Aufgabe gehören drei Kontrollzahlen. Nur eine ist richtig.

5 kg Zementfarbe kosten 65 DM. Wieviel kg Zementfarbe bekommt man für 162,50 DM?

12,7 kg 12,3 kg 12,5 kg

Das Abdichten von Fensterrahmen mit Kunststoffmasse kostet für 12 m 114 DM. Wieviel DM kosten 18 m?

171 DM 169 DM 173 DM

Eine Telefonleitung soll von 6 Arbeitern in 4 Tagen verlegt werden. Wie viele Arbeiter sind erforderlich, um die gleiche Telefonleitung schon in drei Tagen zu verlegen?

4 8 6

An einem Staubecken muß eine undichte Stelle mit Sandsäcken gesichert werden. 12 Arbeiter benötigen hierfür 25 Minuten. Wie lange brauchen 8 Arbeiter?

38,3 min 36,7 min 37,5 min

Test 10 — Zahlenfolgen

Notiere die fehlenden Zahlen.

1	2	4	6	8	10	?	2	5	9	13	17	21	?
3	1	2	4	7	11	?	4	6	9	13	18	24	?
5	49	40	31	22	13	?	6	10	12	17	19	24	?
7	64	32	16	8	4	?	8	3	6	12	24	48	?
9	?	15	25	35	45	55	10	?	9	15	21	27	33
11	?	7	9	10	12	13	12	?	8	13	12	17	16

7 4 18 16 96 2 12 26 5 31 6 25 3

Test 11 — Zeichenfolgen

Notiere die Zahl des Zeichens, das nicht zur Reihe gehört.

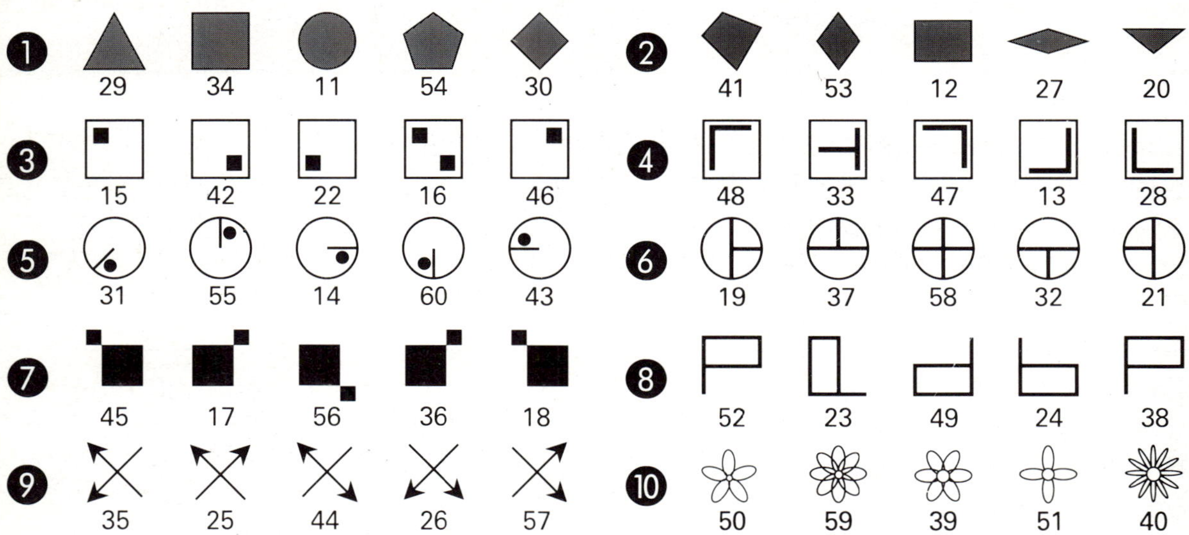

58 31 44 11 24 16 20 50 56 33 15